21世纪高等院校规划教材·工程图学系列

工程制图解题分析

主　编　黄皖苏

副主编　黄笑梅

中国科学技术大学出版社

2008·合肥

内 容 简 介

本书是“工程图学系列教材”之一。与《现代工程图学(上)》、《现代工程图学(下)》、《工程图学应用教程》和《工程制图基础》配套，作为学习“工程图学”课程的辅助教材。

全书共分 12 章，即点、直线和平面的投影；投影变换及综合题解；曲线、曲面的投影；立体、截交线和相贯线；组合体；机件的表达方法；标准件和常用件；零件图；装配图；轴测图；计算机绘图；试题范例和试卷分析等。

图书在版编目（CIP）数据

工程制图解题分析/黄皖苏主编. —合肥：中国科学技术大学出版社，2008.8
（工程图学系列教材）
ISBN 978-7-312-02373-6

I. 工… II.黄… III. 工程制图-高等学校-解题 IV. TB23-44

中国版本图书馆 CIP 数据核字（2008）第 089425 号

中国科学技术大学出版社 出版发行
（安徽省合肥市金寨路 96 号，邮编：230026）
中国科学技术大学印刷厂印刷
全国新华书店经销

开本：787×1092/16 印张：15.375 字数：370 千
2008 年 8 月第 1 版 2008 年 8 月第 1 次印刷
印数： 1—7000 册
ISBN 978-7-312-02373-6 定价：26.00 元

前　言

根据《高等工业学校画法几何及制图课程教学基本要求》的精神，吸收多所院校“工程图学”教材的精华，总结我室多年来“工程图学”课程的教学经验，为方便“工程图学”课程的教学，合肥工业大学工程图学教研室组织编写了“工程图学系列教材”，主要包括：《现代工程图学(上)》及《现代工程图学(下)》（机械类)、《工程制图基础》（非机械类)、《工程图学应用教程》（电子及应用理科类)、《工程制图解题分析》（各类)、《计算机绘图》（各类)、《画法几何与阴影透视》及《画法几何与阴影透视习题集》（建筑学类等)、《土木工程制图》及《土木工程制图习题集》（土建类）等。

本书是“工程图学系列教材”之《工程制图解题分析》。与《现代工程图学(上)》、《现代工程图学(下)》和《工程图学应用教程》配套，作为学习“工程图学”课程的辅助教材。

“工程图学”是工科院校学生必须掌握的一门技术基础课。作业练习、模型测绘、零部件测绘等实践教学环节是学好本门课程的重要手段和方法，也是学生在学习的过程中所遇到的最大的问题。常听到学生抱怨：“课能听懂、书也能看明白，但一拿起题目就无从下手。”究其原因，用一组平面投影图形表达三维几何形体的理论，对学生来说是一个全新的概念。只有具备了很强的空间思维、空间分析能力，才能熟练运用本门课程的理论去解决问题。而这一点，正是初学本门课程的学生所欠缺的。再加上作图的基本技能和技巧也不具备，使得本门课程的学习效果不佳。针对这一问题，我们在总结多年的教学经验、参考现行的多种版本教材的基础上，并参照最新的《国家标准》，编写了这本《工程制图解题分析》，以期对需要学习本课程的学生或其它工程技术人员能尽快掌握所学知识有所帮助。

编写时，选题的原则是博采众长、由浅入深、由易而难。全面考虑了各类专业应掌握的工程图学知识和要求，尽量覆盖所有的知识点。解题的指导思想是，注重培养空间思维、空间分析以及灵活运用所学知识解决实际问题的能力。例题的求解方法是作者根据多年的教学经验，尽量贴近学生的思维方式而给出，力求总结出一套符合读者认识规律的解题技巧。

任何事物都是有利有弊，如在习题中给出解题提示或习题解答类的书籍常常会在无意中限制了读者的思路，本书也不例外。由于解题思路不同，几乎所有的基础理论及除国家标准规定画法外的实际应用例题，都有两个或两个以上的解题方法和解。虽然本书作者在编写的过程中已充分考虑到这一点，但仍然建议读者在阅读本书每个例题时，应多换几个思路，想一想是否还有其它的解题方法和解，以达到开阔思路的目的。如果在读完本书后，你对本书中多数例题均给出了两个或两个以上的解题方法或解，则说明你已经真正掌握了工程图学的基本理论，并能灵活运用它解决在工程中需要用图样来表达的问题。

全书共分十二章，即点、直线和平面的投影；投影变换及综合题解；曲线、曲面的投影；立体、截交线和相贯线；组合体；机件的表达方法；标准件和常用件；零件图；装配图；轴测图；计算机绘图；试题范例和试卷分析。

本书由黄皖苏主编、黄笑梅任副主编。各章编写人员（按章节顺序）：屈新怀（第1章，第7章，第9章，第10章）、黄皖苏（第2章，第3章，第5章、第11章）、黄笑梅（第4章，第6章、第8章、第12章），最后由主编黄皖苏审校定稿。

本书由李学京审阅。在编写及出版过程中，合肥工业大学工程图学教研室、合肥工业大学教材科和中国科学技术大学出版社给予了大力支持，在此谨致谢忱。

限于我们水平有限，书中难免有缺点甚至错误，恳请读者批评指正。

编　者

2008年5月

目 录

前 言 ....(I)
第1章 点、直线和平面的投影 ....(1)
1.1 内容要点 ....(1)
1.2 解题要领 ....(1)
1.3 习题与解答 ....(2)
1.3.1 点的投影 ....(2)
1.3.2 直线的投影 ....(4)
1.3.3 平面的投影 ....(11)
1.3.4 直线与平面、平面与平面的相对位置..(17)
第2章 投影变换及综合题解 ....(30)
2.1 内容要点 ....(30)
2.2 解题要领 ....(30)
2.3 习题与解答 ....(31)
2.3.1 换面法 ....(31)
2.3.2 旋转法 ....(40)
第3章 曲线、曲面的投影 ....(45)
3.1 内容要点 ....(45)
3.2 解题要领 ....(45)
3.3 习题与解答 ....(46)
3.3.1 曲线的投影和实长 ....(46)
3.3.2 曲面的投影 ....(46)
3.3.3 圆的投影 ....(49)
3.3.4 螺旋线的投影 ....(51)
第4章 立体、截交线和相贯线 ....(52)
4.1 内容要点 ....(52)
4.2 解题要领 ....(52)
4.3 习题与解答 ....(54)
4.3.1 立体的投影及表面取点取线..(54)
4.3.2 平面与立体表面相交，求截交线的投影..(58)
4.3.3 直线与立体表面相交，求交点的投影..(64)
4.3.4 两立体相交，求相贯线的投影..(65)

第5章 组合体……(76)
5.1 内容要点……(76)
5.2 解题要领……(76)
5.3 习题与解答……(77)
5.3.1 组合体三视图的画法及尺寸标注……(77)
5.3.2 补画视图中所缺的图线……(81)
5.3.3 根据两视图补画第三视图……(90)
第6章 机件的表达方法……(104)
6.1 内容要点……(104)
6.2 解题要领……(104)
6.3 习题与解答……(104)
6.3.1 视图……(104)
6.3.2 剖视图……(108)
6.3.3 断面图及规定画法……(126)
6.3.4 机件表达方法的综合应用……(130)
第7章 标准件和常用件……(138)
7.1 内容要点……(138)
7.2 解题要领……(138)
7.3 习题与解答……(138)
7.3.1 螺纹及螺纹联接件……(138)
7.3.2 键连接……(144)
7.3.3 轴承与弹簧……(145)
7.3.4 齿轮……(146)
第8章 零件图……(149)
8.1 内容要点……(149)
8.2 解题要领……(149)
8.3 习题与解答……(150)
8.3.1 由轴测图画零件图……(150)
8.3.2 表面粗糙度……(156)
8.3.3 极限与配合……(157)
8.3.4 读零件图……(159)
第9章 装配图……(170)
9.1 内容要点……(170)
9.2 解题要领……(170)
9.3 习题与解答……(171)

9.3.1 拼画装配图 .... (171)
9.3.2 拆画零件图 .... (177)
第10章 轴测图 .... (190)
10.1 内容要点 .... (190)
10.2 解题要领 .... (190)
10.3 习题与解答 .... (191)
10.3.1 基本体的正等轴测图 .... (191)
10.3.2 组合体的正等轴测图 .... (192)
10.3.3 斜二等轴测图 .... (195)
10.3.4 轴测剖视图 .... (196)
第11章 计算机绘图 .... (198)
11.1 内容要点 .... (198)
11.2 解题要领 .... (198)
11.3 习题与解答 .... (201)
11.3.1 工程图样的计算机绘制 .... (201)
11.3.2 尺寸标注 .... (204)
11.3.3 工程图样中的文本注释 .... (208)
第12章 考题范例和试卷浅析 .... (211)
12.1 机械类：现代工程图学(上)及现代工程图学(下) .... (211)
12.1.1 考题范例 .... (211)
12.1.2 试卷浅析 .... (213)
12.1.3 参考答案 .... (214)
12.2 机械类：现代工程图学(下) .... (216)
12.2.1 考题范例 .... (216)
12.2.2 试卷浅析 .... (220)
12.2.3 参考答案 .... (220)
12.3 非机械类和电器类：工程制图基础 .... (224)
12.3.1 考题范例 .... (224)
12.3.2 试卷浅析 .... (227)
12.3.3 参考答案 .... (228)
12.4 管理类及电子类：工程图学应用教程 .... (230)
12.4.1 考题范例 .... (230)
12.4.2 试卷浅析 .... (233)
12.3.4 参考答案 .... (234)

第 1 章　点、直线和平面的投影

1.1　内 容 要 点

本章基于正投影的原理，从三面投影体系的建立开始，论述了空间几何元素点、线、面的投影及有关投影的几个重要性质、定理。讨论了点、线、面之间的相对位置及其在投影图上的反映。

知识结构图：

- 点、直线和平面
  - 投影
    - 点、线、面在第一分角中各种位置的投影特性
    - 求直线、平面的倾角，线段实长、平面图形实形
  - 相对位置
    - 直线上点的投影特性
    - 在平面上取点、取直线的方法
    - 平行、相交、交叉两直线的投影特性及直角定理
    - 线、面与特殊位置面平行、相交、垂直的投影作法
    - 线、面与一般位置面平行、相交、垂直的投影作法

本章习题围绕上述内容设置，主要包括：

1）求一般位置线段的实长和倾角、平面图形的实形。

2）在已知直线上取点的作图法（直线上的点的投影具有从属性和定比性）。

3）在已知平面上取点和直线的投影作法（利用点和直线在平面上的几何条件作图）。

4）求直线和平面相交的交点、两平面相交的交线的投影并判别可见性。

5）直线与平面平行、平面与平面平行的基本作图法。

6）直线与平面垂直、平面与平面垂直的基本作图方法（利用直角投影定理及直线与平面垂直的几何条件）。

7）点、直线、平面之间的定位问题及度量问题。

1.2　解 题 要 领

在解答本章习题时应从题给条件及要求出发，根据投影的基本理论、性质、定理，充分运用平面几何、立体几何知识分析题给条件的几何要素在空间的位置，几何要素之间的相对位置关系及它们在投影图上的反映，确定解题方法及步骤。解题时要求题目理解准确，理论运用熟练，解题思路清晰，作图步骤清楚。

在学习本章内容时，既要注重理论知识的学习又要注重空间想象力的培养。一般地，我们研究的对象与我们生活周围的常见模型有关，在学习初期，要注意利用生活空间中的一些常见模型（如墙面、地面可看做投影面）来思考问题，以此来锻炼自己的空间想象、空间分析和空间构思能力。其次，对书本上已经归纳起来的投影规律、定理等应认真地领会，并结合平面几何、立体几何知识，通过着重研究各种图例，达到能够灵活运用这些投影规律和定理的能力，在学习的过程中还应养成良好的作图习惯，勤作图、作好图。

1.3 习题与解答

1.3.1 点的投影

1-1 第一分角点 A 与 H 面的距离等于其与 V 面的距离,并知 a',试画出其他两面投影。

分析：点A在Ⅰ分角的角平分面上,故其Z坐标值等于Y坐标值，据此可求出a,a'。

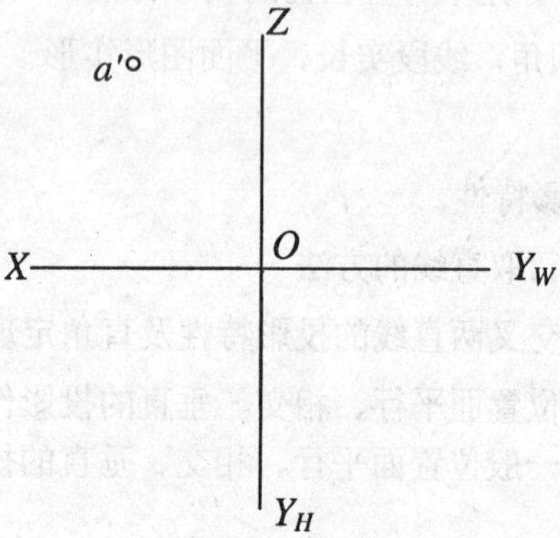

图 1-1 题

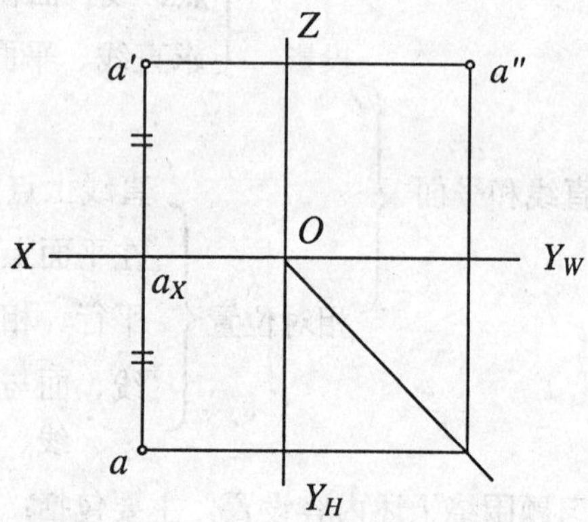

图 1-1 解

作图过程或作图要点说明：

1)由a'作OX轴的垂线，垂足为a_x，并延长。

2)在该延长线上量取$aa_x=a'a_x$得a。

3)利用 45° 辅助线作出 a''。

1-2 指出下列各图中的错误,并改正。

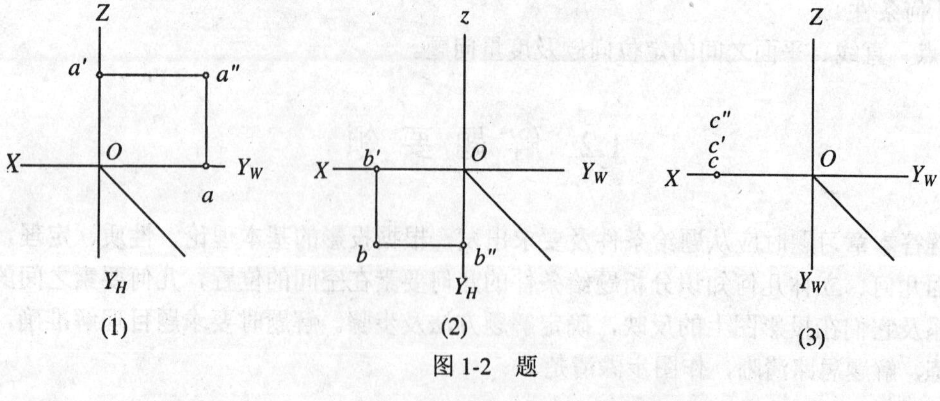

图 1-2 题

分析：由 a、a''可知空间点 A 在 W 面上，a 应同时在 Y 轴及 H 面上，所以 a 应在 Y_H 轴上。空间点 B 在 H 面上，b''应同时在 Y 轴及 W 面上，所以 b''应在 Y_w 轴上。由 c、c'可知空间点 C 在 X 轴上，故 c''应画在原点处。

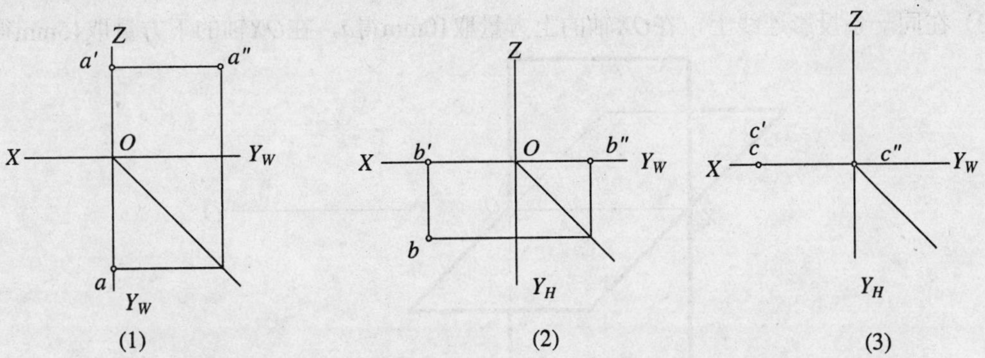

图 1-2　解

作图过程或作图要点说明：略。

1-3　点 B 在点 A 之左 10mm、之上 15mm、之后 7mm，点 C 在点 A 的正后方且距 A 点 7mm，求作 B、C 两点的三面投影，重影点需判别可见性。

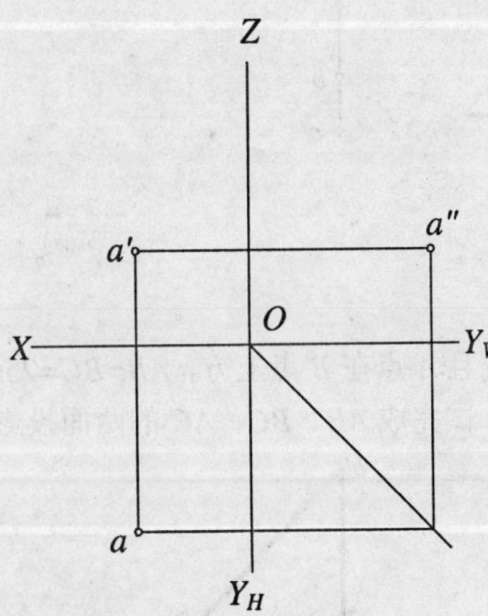

图 1-3　题

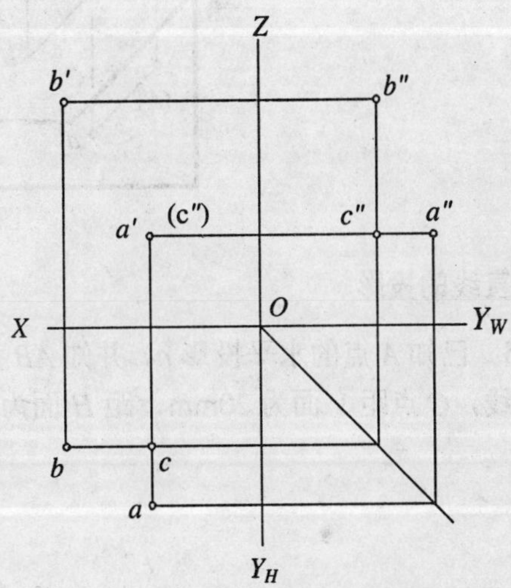

图 1-3　解

分析：在 OX 轴下方距 OX 轴越近表明该点越靠后，其 Y 坐标值越小。据题意可知 B、C 两点的 Y 坐标值都比 A 点小 7mm，点 B 在点 C 的左边。A、C 两点为 V 面的重影点，A 在 C 的正前方，故 a'可见，c'不可见。

作图过程或作图要点说明：略

1-4　点 A 与点 $B(12,10,15)$对称于 OX 轴，作出点 A 与点 B 的直观图及投影图。

分析：点 A 与点 B 对称于 OX 轴表示空间点 A 与点 B 的连线垂直相交于 OX 轴，故点 A 的坐标应为(12,-10,-15)，即点 A 在第三分角内。

作图过程或作图要点说明：

1）按坐标数值作点B的投影。

2）在同一条投影连线上，在OX轴的上方量取10mm得a，在OX轴的下方量取15mm得a'。

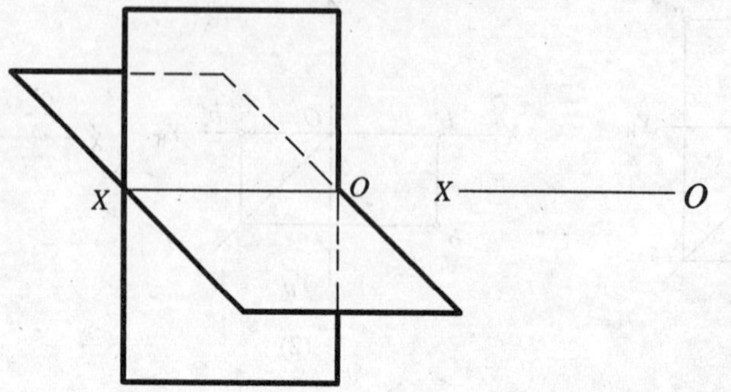

图 1-4 题

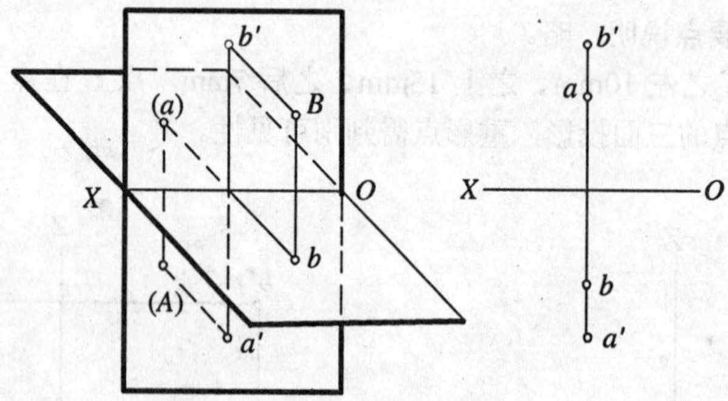

图 1-4 解

1.3.2 直线的投影

1-5 已知 A 点的水平投影 a，并知 AB 为铅垂线且 A 点在 B 点上方，$AB=BC=25$mm，BC 为水平线，C 点距 V 面为 20mm，距 H 面为 10mm，试完成 AB、BC、AC 的两面投影。

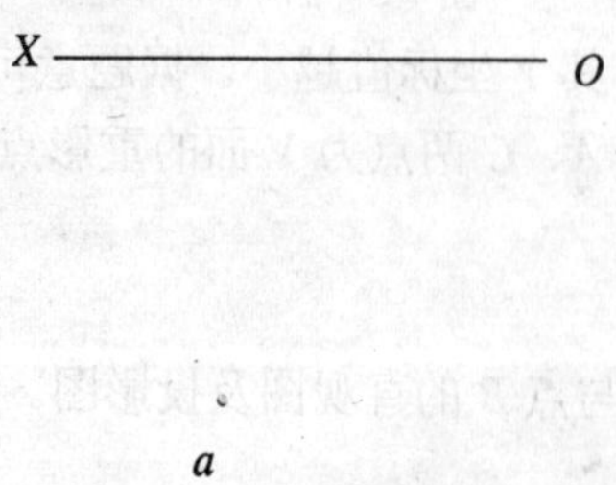

图 1-5 题

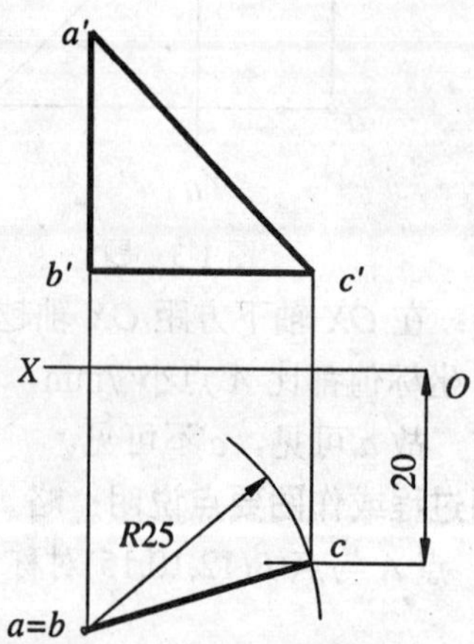

图 1-5 解

分析：因为BC为水平线，所以其水平投影bc=25mm，正面投影$b'c'$平行于OX轴，又知c、c' 距OX轴分别为20mm、10mm，这样可先求出C点的两面投影，再求出b'。因为AB是正垂线，所以水平投影为一点，正面投影垂直于OX轴且$a'b'$=25mm，由此求出a′。

作图过程或作图要点说明：

1) 以 a 为圆心，25mm 为半径画弧，由 OX 轴向下量 20mm，交所画弧线于 c 点。

2) 由 c 作投影连线，并在该线上从 OX 轴向上量 10mm 得 c'。

3) 过 c'作 $c'b'$平行于 OX 轴，得 b'。

4) 由 b'竖直向上量 25mm,得 a'点。

1-6　在已知线段 AB 上求一点 $M(m',m)$，使其将 AB 分成 1:3，再求一点 $N(n',n)$，使 AN=25mm。

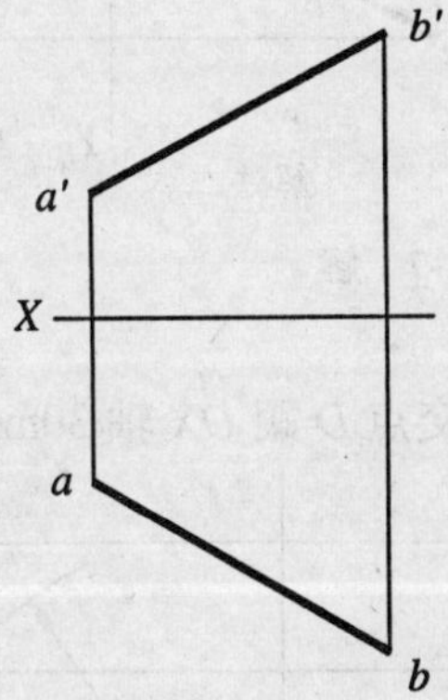

图 1-6　题

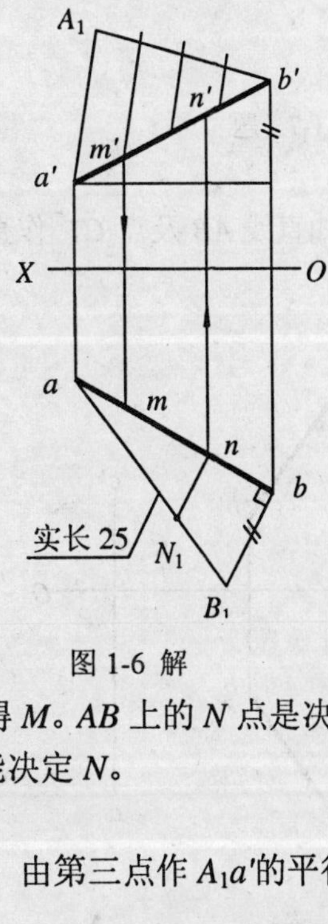

图 1-6 解

分析：M 点将 AB 分为 1:3,可先把 AB 四等分即可求得 M。AB 上的 N 点是决定 AN=25mm 的一点,因此先要利用直角三角形法则求出 AB 的实长才能决定 N。

作图过程或作图要点说明：

1) 由 b'任引一斜线，将其四等分，端点 A_1 与 a'相连，由第三点作 A_1a'的平行线得 m'；再作出 m。

2) 在水平投影上作直角三角形求得 $AB=aB_1$，量取 aN_1=25 作出 N_1,返回投影上得 n，n'。

1-7　已知线段 AB 的两投影，求 AB 上与 H、V 面等距的点 C 的面两投影。

分析：解法一：点 C 与 H、V 面等距,即 $Y_C=Z_C$,故利用平面几何原理作 $a'b'$对称于 OX 轴的线段 a_1b_1，则 a_1b_1 与 ab 的交点即为 c 点的水平投影。

解法二：因点的侧面投影能同时反映其 Y、Z 两坐标，故也可以借助侧面投影作图。

作图过程或作图要点说明：

解法一：1）作出 a'点对称于 OX 轴的点 a_1 及 b'点对称于 OX 轴的点 b_1。

2）连接 a_1b_1 交 ab 与 c,由 c 作出 c'。

解法二：1)求出线段 AB 的侧面投影 $a''b''$。

2)过原点作 ZOY_W 的分角线 OM，交 $a''b''$于 c'',由 c''作出 c'及 c。

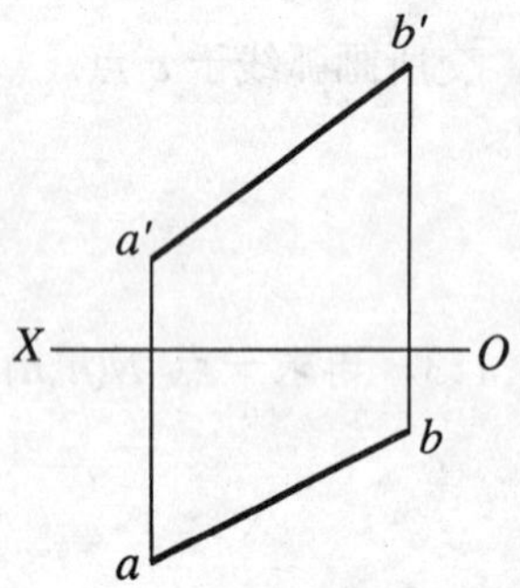

图 1-7 题

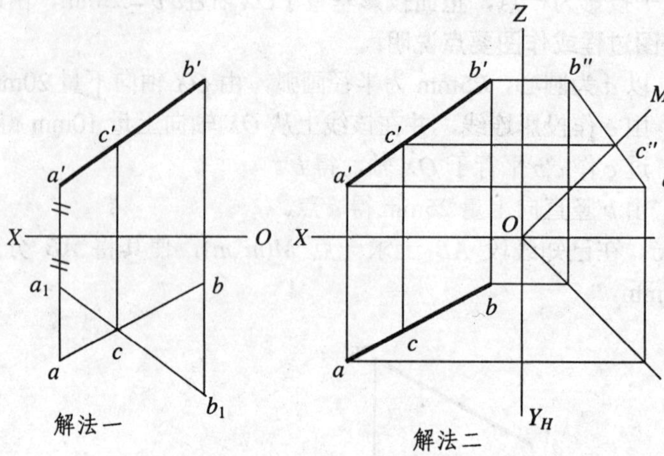

图 1-7 解

1-8 已知直线 AB 及点 C，作直线 DC 交 AB 于点 D，交点 D 距 OX 轴 30mm。

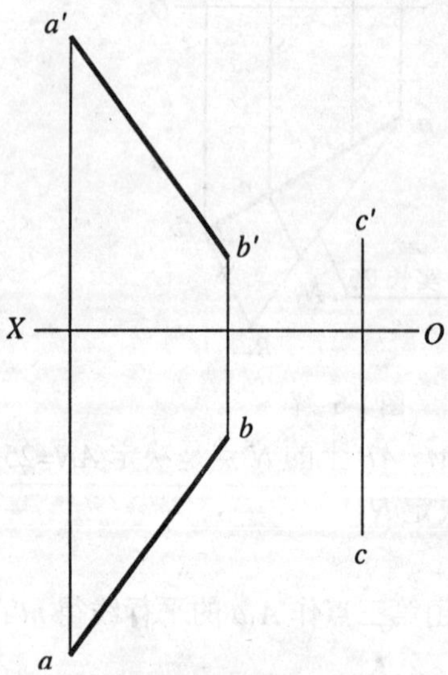

图 1-8 题

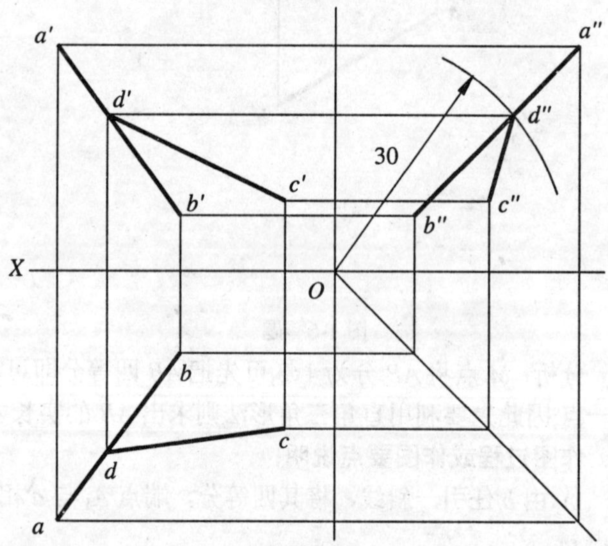

图 1-8 解

分析：本题作图要点是在直线AB上确定距OX轴为30mm的点D,由于OX轴在侧面投影中积聚为一点O，因此空间一点与OX轴的距离可以在侧面投影中得以反映。

作图过程或作图要点说明：

1) 求出 AB 及 C 的侧面投影 $a''b''$、c''；

2) 以 O 为圆心，半径 30mm 画弧交 $a''b''$于 d'',由 d''作出 d'及 d；

3) 连接 cd、$c'd'$、$c''d''$即为所求。

1-9　求 AB 线段的 α 角；CD 线段的 β 角。

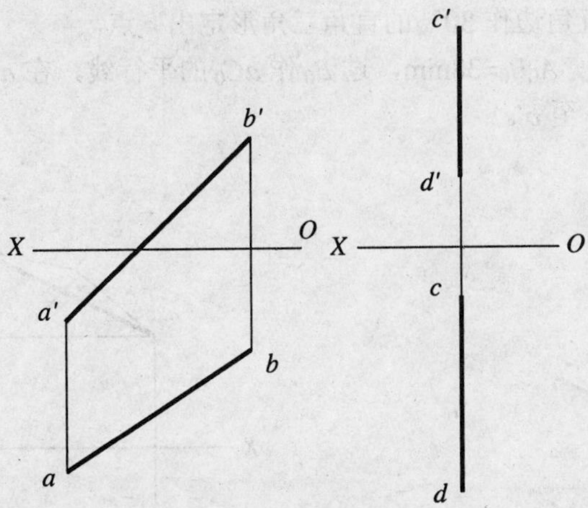

图 1-9　题

分析：求AB的 α 角须用AB的水平投影和AB两点的Z坐标差组成直角三角形（注意Z差不受线段端点在OX轴上或下的位置影响），水平投影长和斜边的夹角为 α；求CD的 β 角，须用CD的正面投影长和CD两点的Y坐标差组成三角形，这里的Y差就等于cd，正面投影长和斜边的夹角为 β。

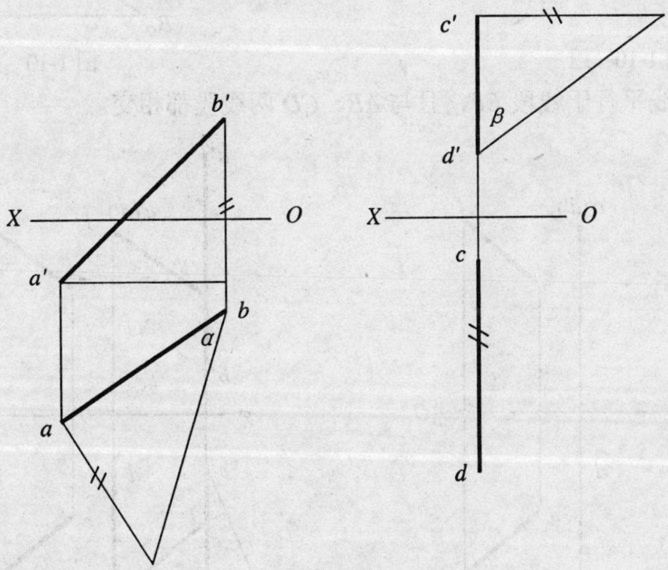

图 1-9　解

作图过程或作图要点说明：略。

1-10　已知线段AB实长等于38mm，其 β=30°，且已知$a'b'$的部分投影，试补全线段AB的两投影。

分析：由线段 AB 的部分正面投影和 β 角可组成直角三角形，利用 AB 实长已知可求 A、B 两点的 Y 坐标差，由此可作出 b 和 b'点。

作图过程或作图要点说明：

1) 在 $a'b'$ 的部分投影上任取一点 c'，作投影连线 $c'C_0$，过 a 作 $aC_0 \perp c'C_0$，并在其延长线上截取 $C_0A_0=a'c'$，以 C_0A_0 为一直角边作 30° 的直角三角形定出 c 点。

2）延长 A_0c 到 B_0，使 A_0B_0=38mm，过 B_0 作 aC_0 的平行线，在 ac 的延长线上定出 b。

3）延长正面投影 $a'c'$ 至 b'。

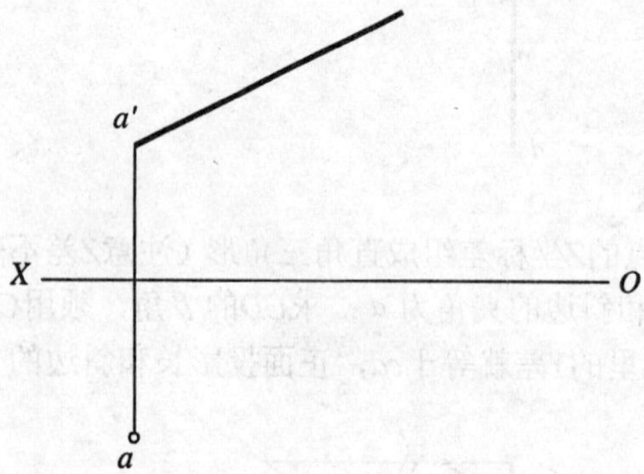

图 1-10 题

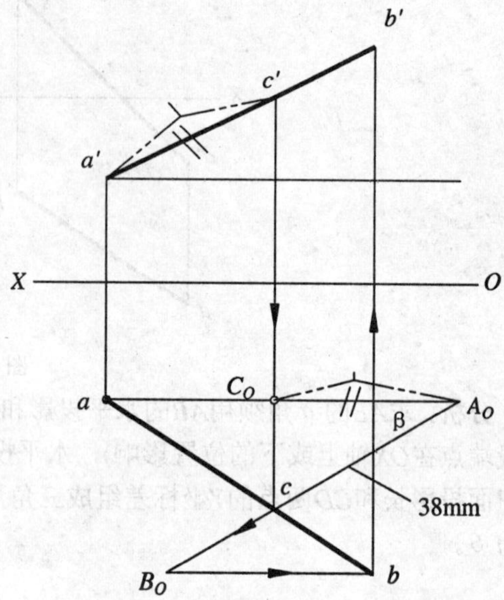

图 1-10 解

1-11 作一直线平行于线段 EF，且与 AB、CD 两线段都相交。

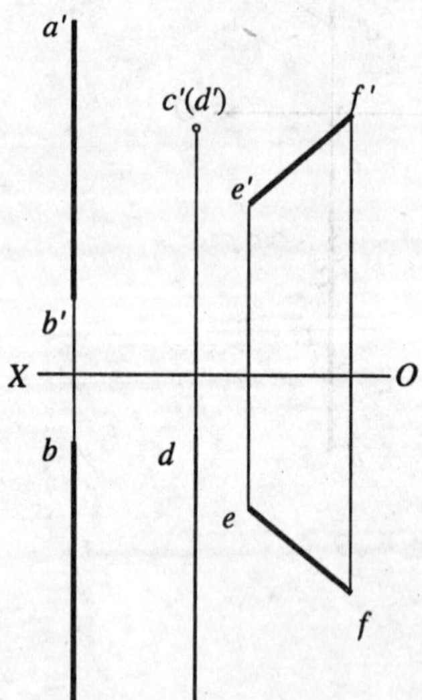

图 1-11 题

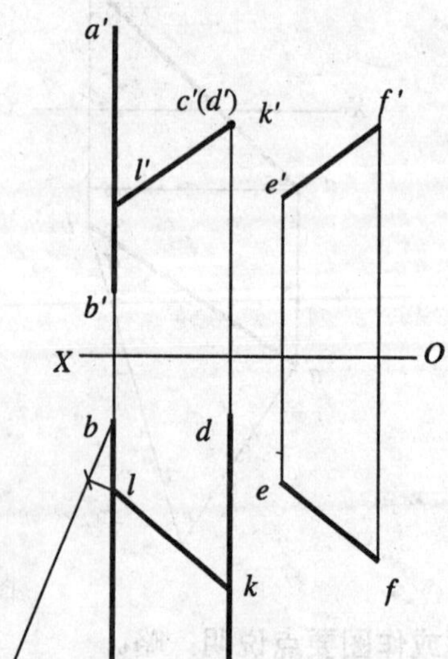

图 1-11 解

分析：所给线段 EF 为一般位置线，线段 CD 为正垂线，因此，在正面投影中过 $c'(d')$ 且与 $e'f'$ 平行即得直线 KL 的正面投影 $k'l'$；线段 AB 是侧平线，要确定其上的点 L 的水平投影 l，则要用点分线段成比例的特性引比例线段求得。

作图过程或作图要点说明： 略。

1-12　作直线 MN 与直线 EF 正交，且与 AB、CD 两直线都相交。

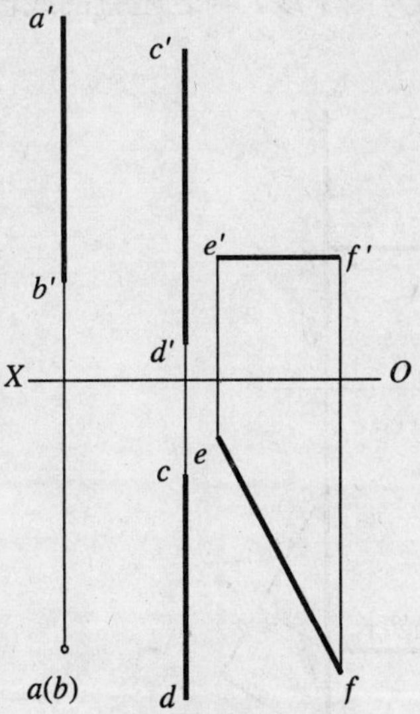

图 1-12　题

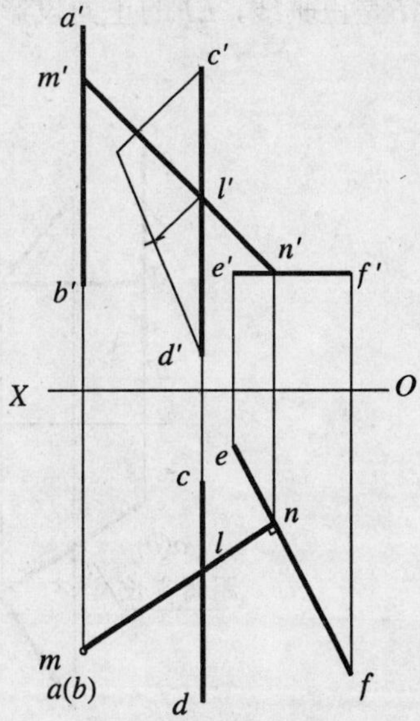

图 1-12　解

分析： 直线 MN 与 EF 正交,且 EF 为水平线,由直角投影定理可知其水平投影上成直角,而 AB 为铅垂线，交线 MN 的水平投影 mn 必过 $a(b)$，由此可先作出水平投影。

作图过程或作图要点说明：

1）过 $a(b)$作 mn 垂直于 ef，垂足为 n，过 n 引投影连线交 $e'f'$ 于 n'。

2）再确定 MN 与 CD 的交点 L 的正面投影 l'，连 n'、l'并延长至 $a'b'$得 m'。

1-13　作两交叉直线的公垂线 EF，分别与 AB、CD 交于 E、F，并标出 AB、CD 间的真实距离。

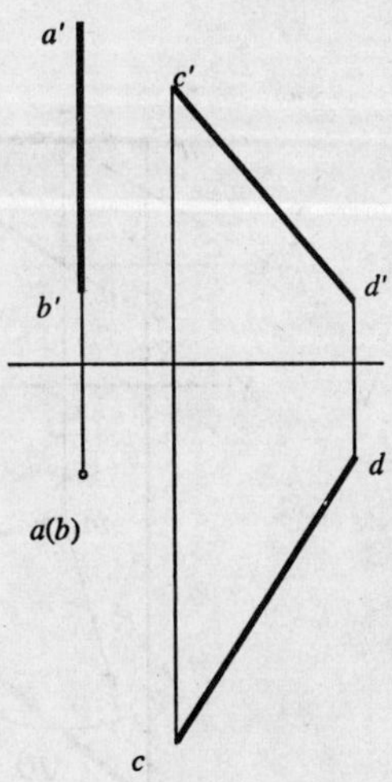

(一)

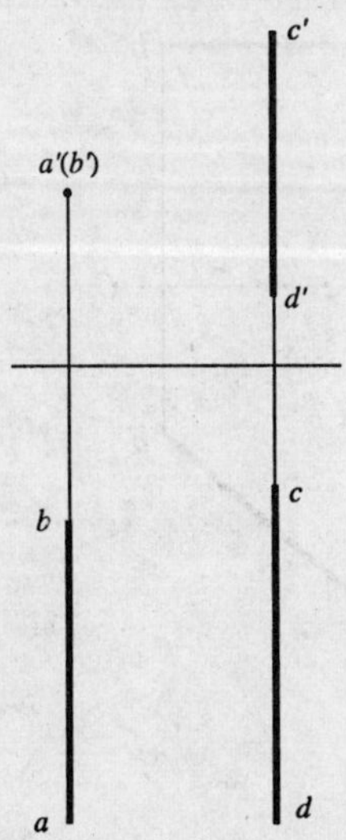

(二)

图 1-13　题

分析：(一)中*AB*线段为铅垂线，与其垂直的线段必定是水平线，*CD*为一般位置线，但与之垂直的水平线可以在水平投影中表现为直角。

(二)中*AB*是正垂线，*EF*的正面投影必过$a'(b')$，且*CD*为侧平线，与之垂直的线段必定是侧垂线。

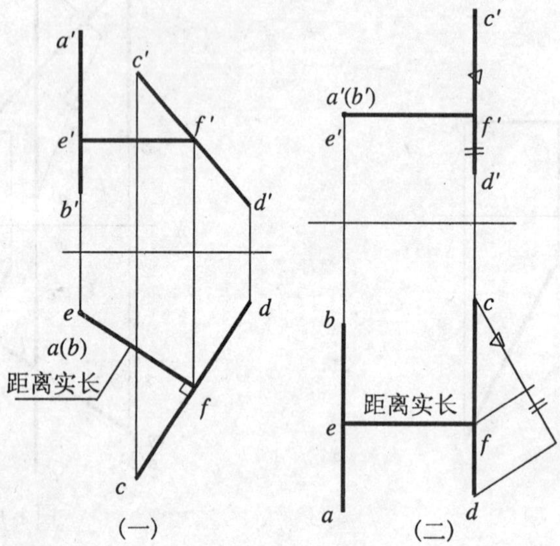

图 1-13 解

作图过程或作图要点说明：

(一)中：过$a(b)$作cd的垂线交cd于f，由f引投影连线交$c'd'$于f'，过f'做*OX*轴的平行线交$a'b'$于e'，即得*EF*的两面投影。

(二)中：过a'（b'）作*OX*轴的平行线交$c'd'$于f'，在cd上确定f点（利用点分线段成比的特性作图），过f作*OX*轴的平行线交ab于e。

1-14 作线段*MN*的两面投影，其$\alpha=30°$，*N*点在直线*AB*上。

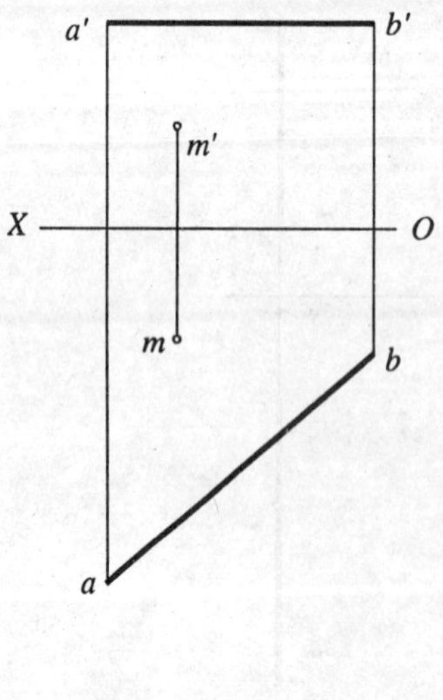

图 1-14 题

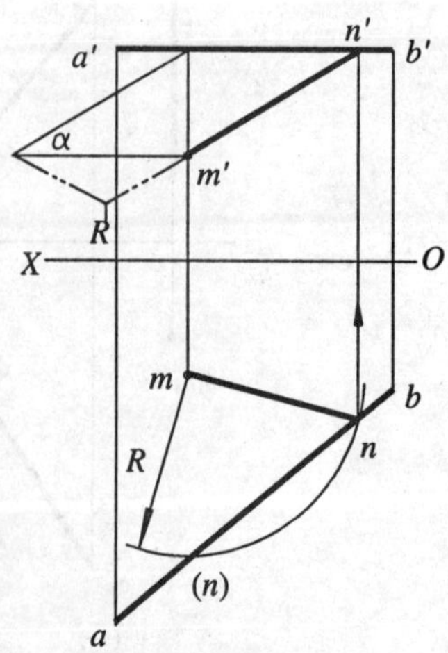

图 1-14 解

分析: N 点在水平线 AB 上,从正面投影可看出 MN 两端点的 Z 坐标差无论 N 点在 AB 的哪一处都是一样的,以该坐标差为一直角边和 α 角构成一直角三角形,另一直角边即为要求的 MN 的水平投影。

作图过程或作图要点说明:

1) 由 m'点 c 引 $a'b'$的垂线,以此垂线为一直角边和 α 角构成直角三角形;

2) 以另一直角边的长为半径,以 m 为圆心作圆弧交 ab 于 n,由 n 引投影连线交 $a'b'$于 n'。

1-15　作线段 CD 的垂直平分线 EF，点 E 距 V 面 40mm，$EF=CD$ 且同时也被 CD 平分。

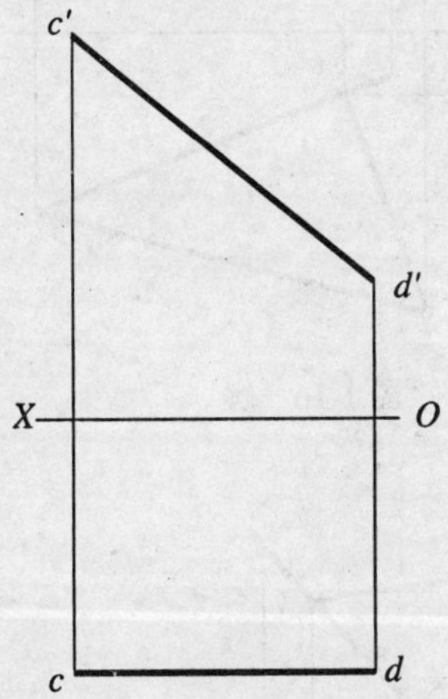

图 1-15　题

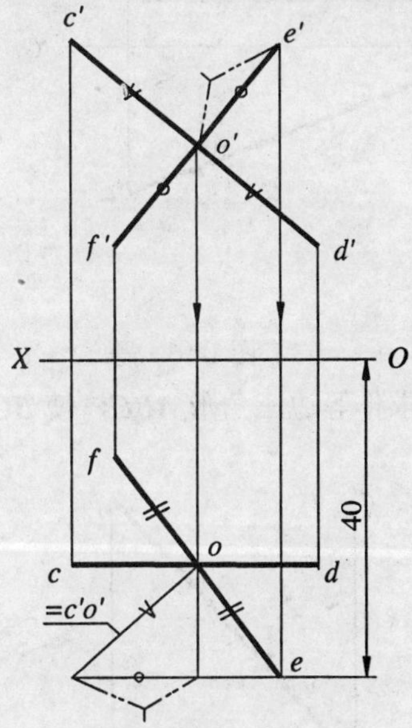

图 1-15　解

分析: CD 为正平线,EF 的正面投影必在 CD 正面投影的垂直平分线上;E 点距 V 面 40mm，则 E 点到 CD 中点 O 的 Y 坐标差是一定的,由于 $EF=CD$，且同时也被 CD 平分,则 $OE=OC$，由 OE 的 Y 差和实长构造直角三角形即可求得 OE 的正面投影长。

作图过程或作图要点说明:

1)作 $c'd'$的中垂线得 o'点并作投影连线交 cd 于 o 点。

2)延长 $o'o$ 并在其上截取到 OX 轴 40mm 的点 E_0，以 OE_0 为一直角边，$o'c'$长为斜边作一直角三角形，则另一直角边为 $o'e'$长，由 e'得出 e。

3)由 $OE=OF$ 定出 f 和 f'。

1.3.3　平面的投影

1-16　完成等腰直角三角形 ABC 的两面投影。已知 AC 为斜边，顶点 B 在直线 NC 上。

分析: ABC 是等腰直角三角形，故两腰 AB、BC 垂直且相等。图中 NC 是水平线,B 在 NC 上，故水平投影 $ab\perp bc$ 且 $bc=BC$，再利用直角三角形法作出 a'。

作图过程或作图要点说明:

1）由 a 作 ab 垂直于 cn，垂足为 b，在 $c'n'$上定出 b'。

2）以 AB 的 Y 坐标差为直角边及 AB 的实长（$=bc$）为斜边作直角三角形，则另一直角边为 $a'b'$长。

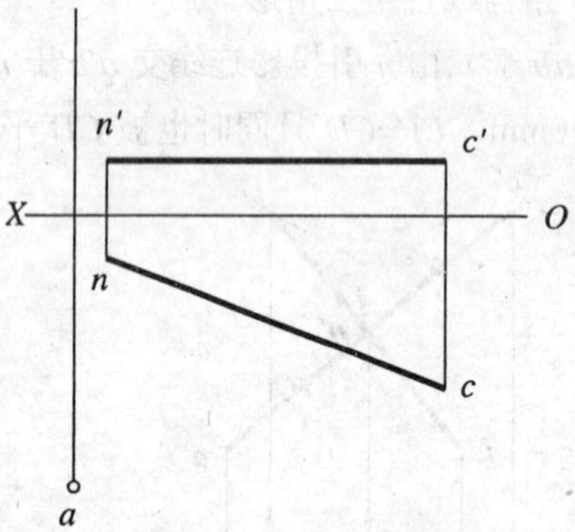

图 1-16　题

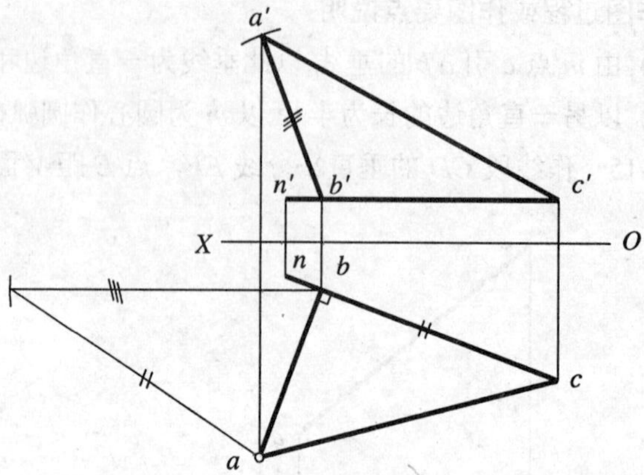

图 1-16　解

1-17　求作等边三角形 ABC，使 BC 边在直线 EF 上。

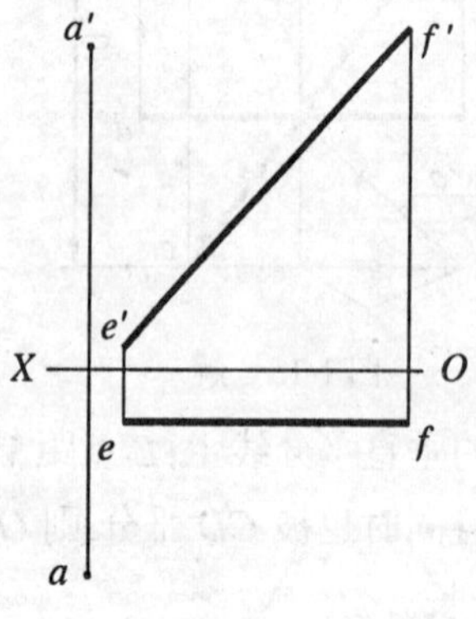

图 1-17　题

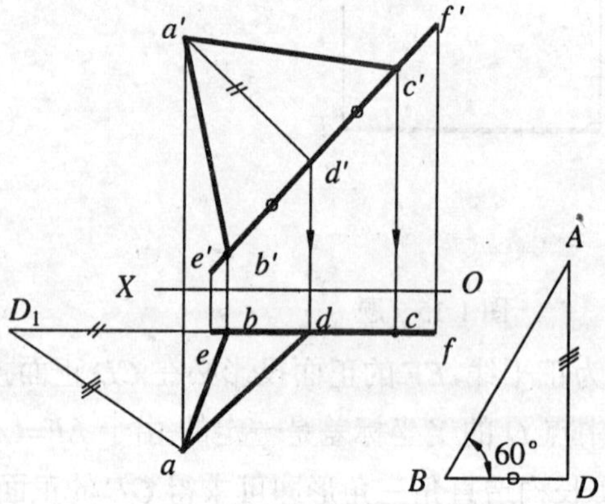

图 1-17　解

分析：等边三角形的高垂直且平分各边。图中EF为正平线，BC又在EF上，则BC边的高AD在V面上的投影$a'd'$垂直于$e'f'$。因此先作出高AD的两投影并求出其实长，再由AD实长作出该等边三角形的实形，得实长BC。

作图过程或作图要点说明：

1）由 a' 引垂线交 $e'f'$于 d'，同时得 d。以 ad 坐标差和 $a'd'$作直角三角形，求得 AD 实长 $aD1$。

2）以 AD 实长为直角边作一 60° 三角形 ADB，斜边 AB 为等边三角形的边长，另一直角边 BD 为边长 BC 的一半。

1-18　补全平面图形的水平投影。

分析：该平面图形为五边形，由题可知其中A、B、C三点的两面投影，所以该五边形平面已确定，又知属于这个平面的另外两个顶点的正面投影，所以只要根据点在平面上的几何条件作图,就可求出这两点的水平投影,从而完成平面图形的水平投影。

作图过程或作图要点说明：略。

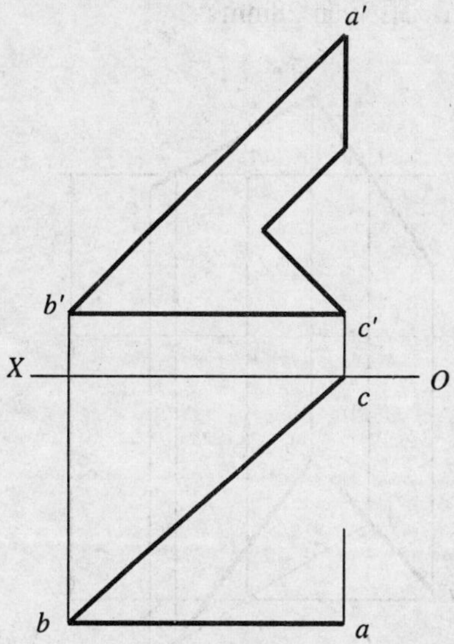

图 1-18　题

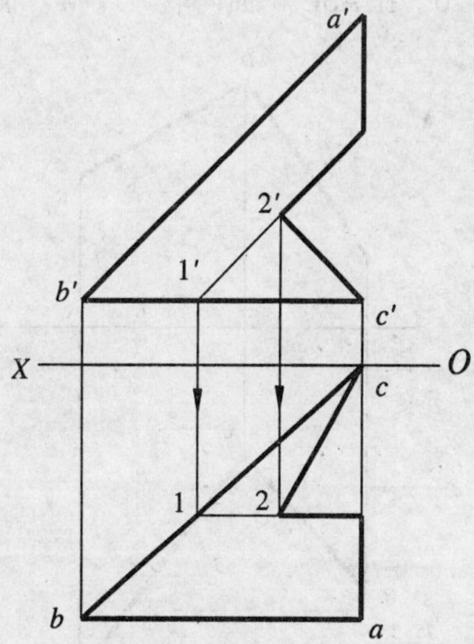

图 1-18　解

1-19　已知*AB*为正平线，试补全平面图形*ABCDE*的水平投影。

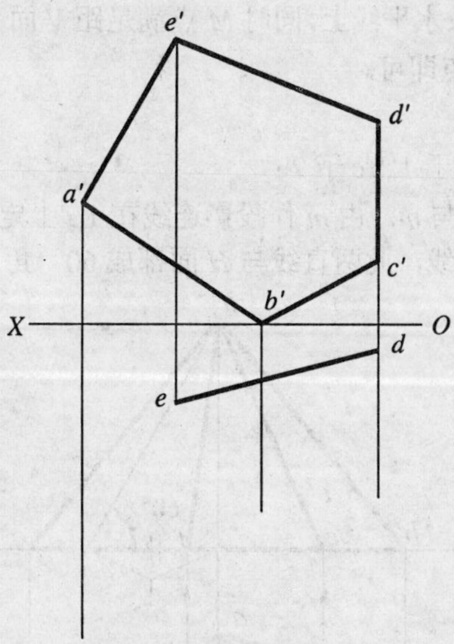

图 1-19　题

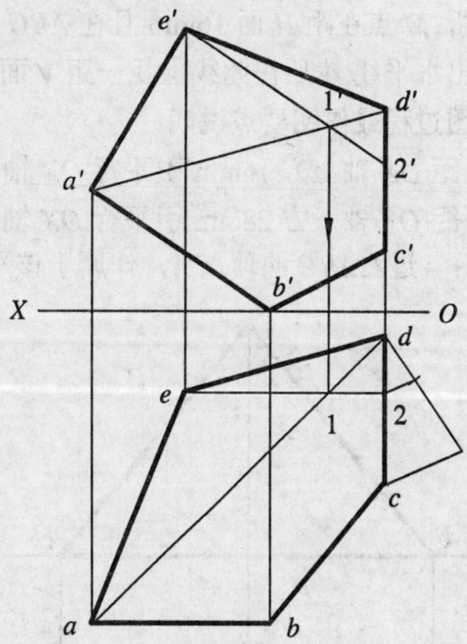

图 1-19　解

分析：该题的关键是如何把握 *AB* 是正平线这个条件。虽然 *AB* 的水平投影无法直接作出，但在该平面内，过 *E* 同样可作出与 *AB* 平行的正平线。

作图过程或作图要点说明：

1) 过e'引$e'2'$平行于$a'b'$交$c'd'$于2',过e作$e2$平行于OX轴,用点分线段成定比的特性作出c;

2) 由$a'b'$、$e'2'$的交点 1'求出 1，连 $d1$ 延长求出 a，过 a 作 ab // OX 轴得 b,连接 $abcd$，完成水平投影。

1-20　在 ABC 平面内取一点 M，使其距 H 面 16mm，距 V 面 28mm。

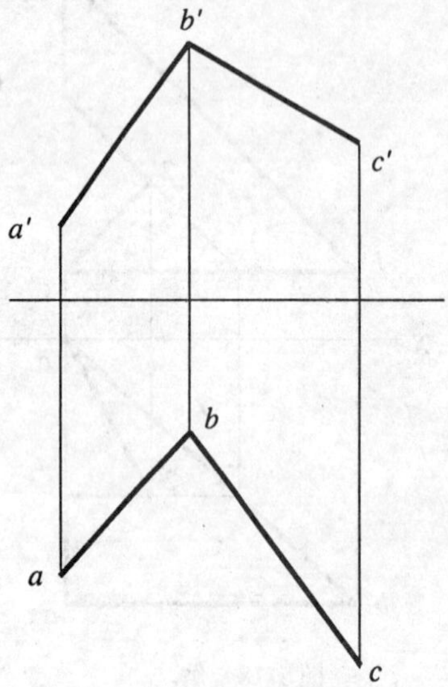

图 1-20　题

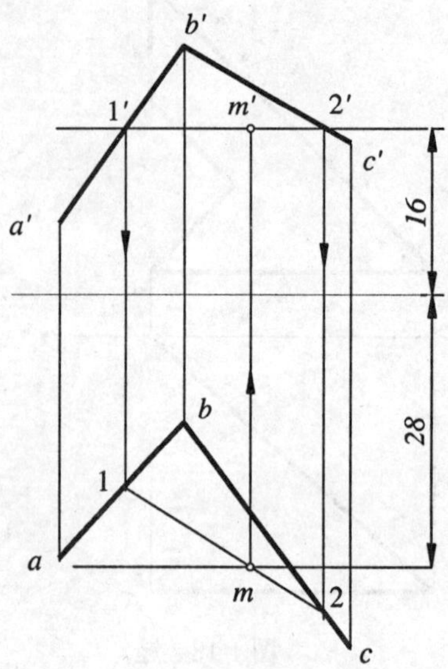

图 1-20　解

分析: M 点在距 H 面 16mm 且在 ABC 面内的一条水平线上，同时 M 点满足距 V 面 28mm。可先作出水平线,然后在此线上找一距 V 面 28mm 的点即可。

作图过程或作图要点说明:

1）距 OX 轴上方 16mm 引平行 OX 轴的线交 $a'b'$于 1',b'c'于 2';

2）距 OX 轴下方 28mm 引平行 OX 轴的线交 12 与 m。由 m 作投影连线在 1'2'上定出 m'。

1-21　过△ABC 的顶点 A，作属于该平面的两直线，此两直线与 H 面都成 60° 角。

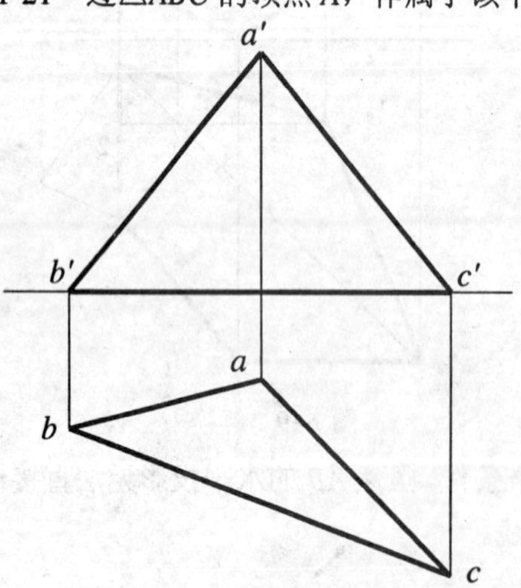

图 1-21　题

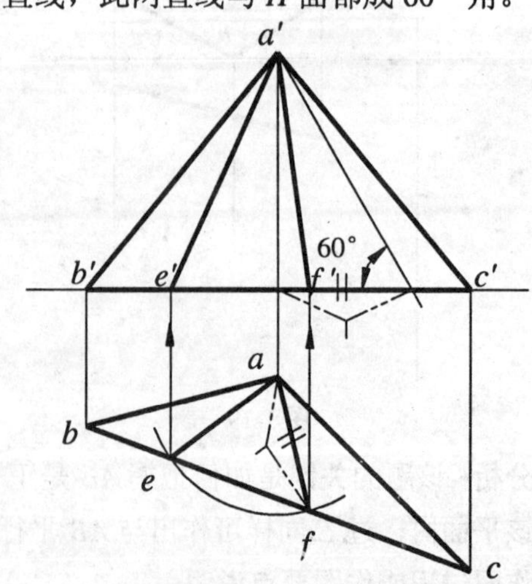

图 1-21　解

分析：作属于△ABC 的直线需过 A 点及 ABC 面上的另一点。据题意，该点可在 BC 边上取，因为 BC 边是水平线，其上任一点距点 A 的 Z 坐标差是定值，可利用该坐标差及 α 角构成直角三角形,另一直角边就是所求线段水平投影的长度。

作图过程或作图要点说明：

1）以点 a'和直线 $b'c'$上任一点的 Z 坐标差及 α=60° 作一直角三角形，得所求线段水平投影的长度。

2）以 a 为圆心、所求线段水平投影的长度为半径画弧，交 bc 于 e、f 两点，再定出 e'、f'。AE、AF 为所求两直线。

1-22　已知直线 AB 为某平面内对 H 面的最大斜度线，试作该平面，并求该平面对 H 面的倾角和对 V 面的倾角。

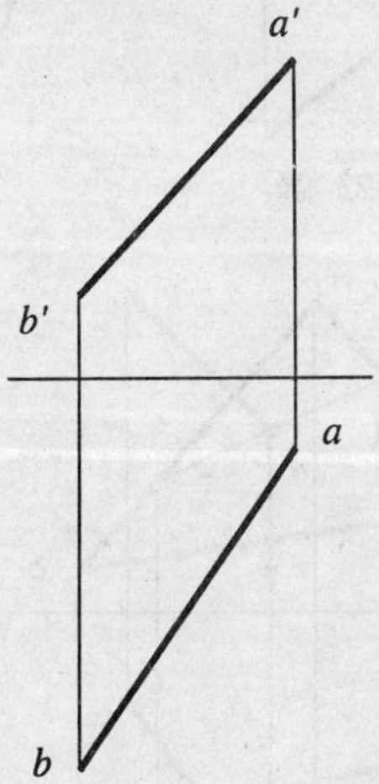

图 1-22　题

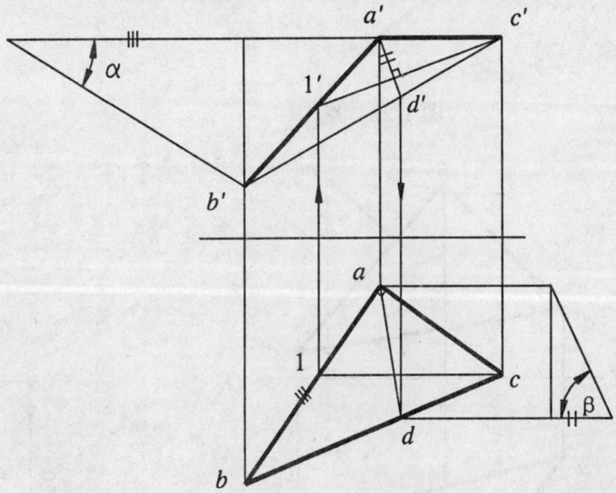

图 1-22　解

分析：AB 是对 H 面的最大斜度线，由最大斜度线的概念可知：AB 与 H 面的夹角就是 α；并且 AB 和垂直相交于 AB 的水平线可构成平面,再找出该平面上对 V 面的最大斜度线,从而求出该平面对 V 面的倾角 β。

作图过程或作图要点说明：

1) 过 A 作水平线 AC 且使 $AC \perp AB$，则 ABC 构成一平面，即为所求平面。

2) 过 C 作正平线 CI,再作 $AD \perp CI$。

3) 求出 AB 与 H 面的夹角 α；AD 与 V 面的夹角 β。

1-23　已知平面 ABC 与 H 面夹角 α=30° ，AB 边平行于 H 面，试通过求最大斜度线的方法作出 c'。

分析：由于 AB 是水平线,过 C 作 AB 的垂线,该垂线就是 ABC 平面对 H 面的最大斜度线。

作图过程或作图要点说明：

过 c 作 ab 的垂线，以垂线的长度及 α 角作一直角三角形；以另一直角边的长度为 Z 坐标差从 $a'b'$向上或向下量得 c'(两解)。

1-24　已知线段 *MN* 与△*ABC* 平面交于点 *N*，且点 *N* 距 *V* 面 20mm，补全 *MN* 的两面投影。

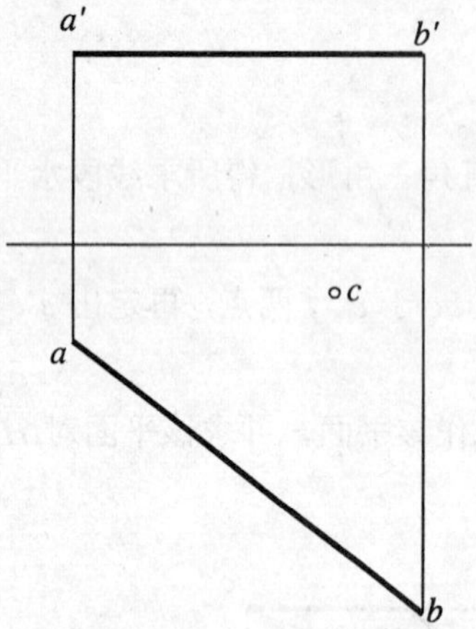

图 1-23　题

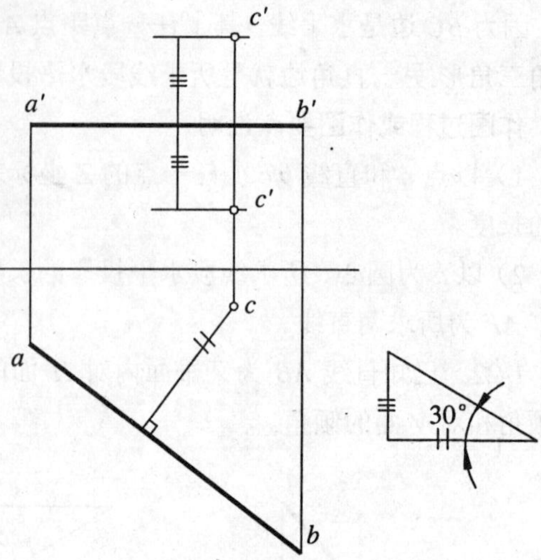

图 1-23 解

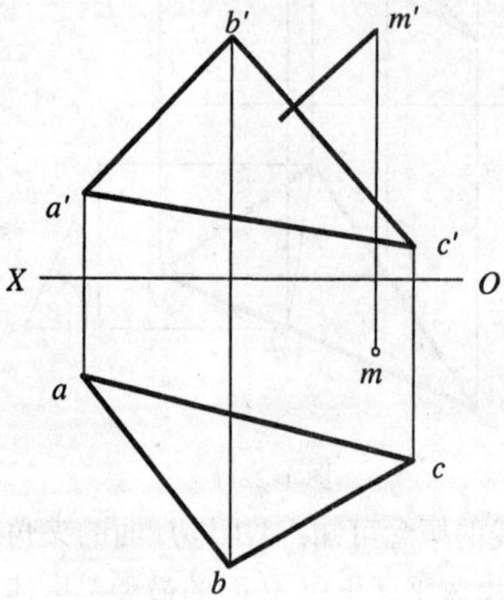

图 1-24 题

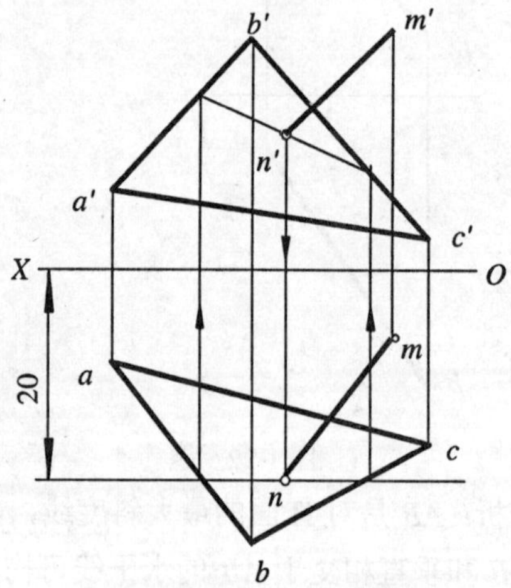

图 1-24 解

分析：该题所给的平面 *ABC* 是一般位置面，点 *N* 是 *MN* 与平面的交点，既在线上又在面上，可利用属于面上的点的投影特性及 *N* 点距 *V* 面 20mm 投影作图。

作图过程或作图要点说明：

先作出距 *V* 面 20mm 且属于 *ABC* 面的辅助线的两面投影。利用已知的 *m'n'* 部分投影，在该辅助线的正面投影上定出 *n'*，再作出 *n*，连接 *mn*、*m'n'*。

1-25　已知△*ABC* 为等边三角形，且△*ABC* 平面与△*EFG* 平面平行，求△*ABC* 的两面投影。

分析：因为等边三角形 *ABC* 的边 *AB* 为铅垂线，所以由 AB=*a'b'* 为已知条件可作出 *ABC* 实形。因为 *AB* 上的高 *CD* 垂直于 *AB*，所以 *CD* 应为水平线，即 *cd*=*CD*，又因为 *ABC* 平行于铅垂面 *EFG*，所以 *abc* // *efg*，这样可求出 *c*；由 *d'* 为 *a'b'* 的中点且 *c'd'* // *OX*，求出 *c'd'*。

作图过程或作图要点说明：

1) 以 $a'b'(=AB)$为边长作出等边三角形 ABC 的实形,并作 AB 的高 CD。

2) 在 $a'b'$、ab 上分别定出中点 D 的两投影 d'、d。过 abd 作直线平行于 efg,在该直线上量得 $cd=CD$，得 c 点。

3) 由 d'点作 $c'd'$ // OX 轴,交 c 点的投影连线于 c'点。

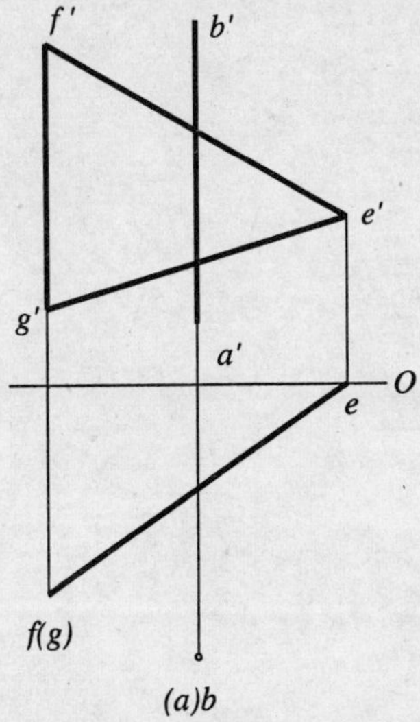

图 1-25　题

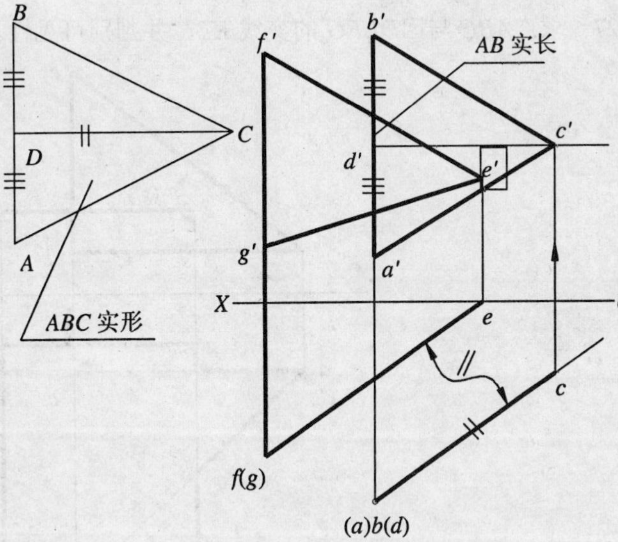

图 1-25　解

1.3.4　直线与平面、平面与平面的相对位置

1-26　求△ABC 与△DEF 的交线 KL，并判别可见性。

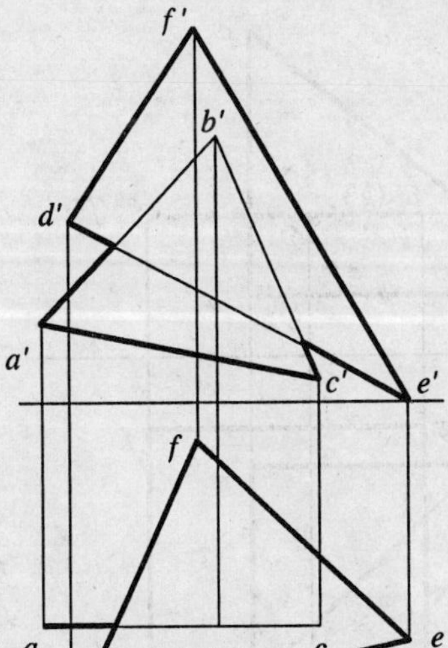

图 1-26　题

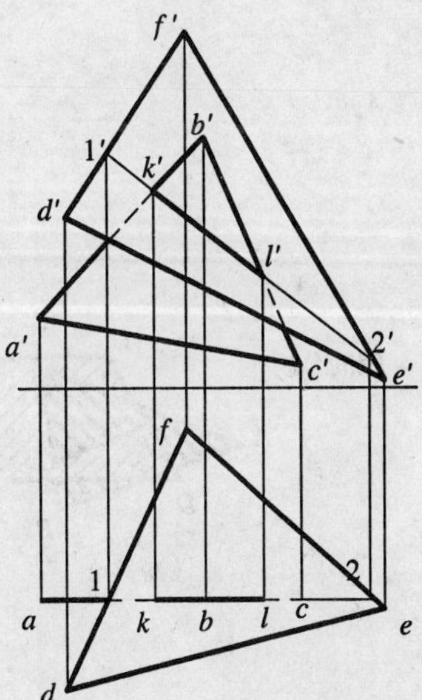

图 1-26　解

分析：题中所给△ABC 为正平面，△DEF 为一般面。由于正平面 ABC 的水平投影 abc 有

积聚性，故交线的水平投影一定在 *abc* 上，交线的正面投影可利用在一般面上取线的方法求出。

作图过程或作图要点说明：

1) 由正平面的水平投影 *abc* 定出与一般面交线的水平投影 12。

2) 在一般面上定出 1′2′，两面共有部分为 *k′l′*、*kl*。

3) 再判别可见性，如图 1-26 解所示。

1-27　求△*ABC* 与□*DEFG* 的交线 *KL*，并判别可见性。

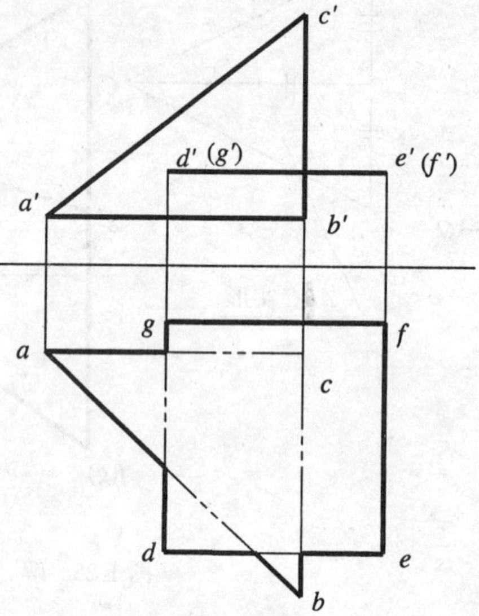

图 1-27　题

分析：四边形 *DEFG* 为水平面，*V* 面投影有积聚性，因此两平面交线为水平线，且与 *AB* 平行，其 *V* 面投影已知。

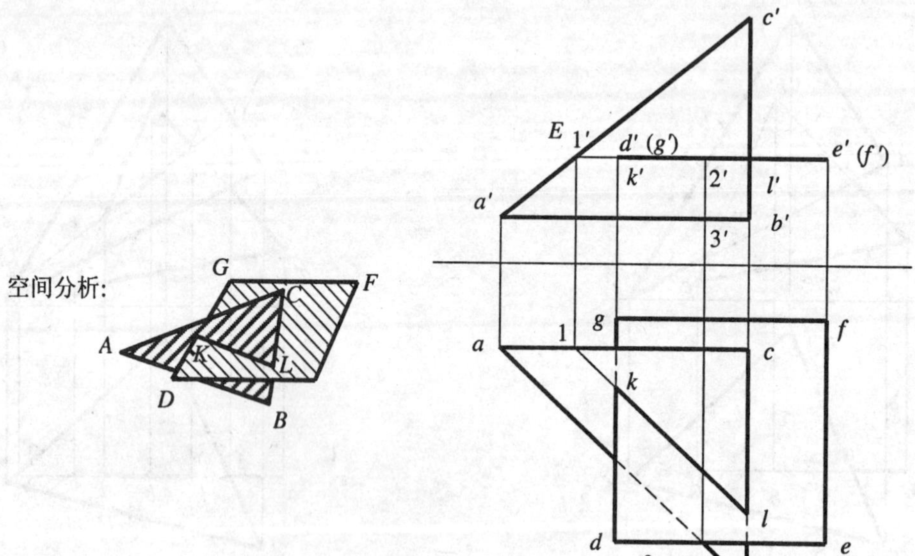

图 1-27　解

作图过程或作图要点说明：

1) 延长 $d'e'f'g'$ 交 $a'c'$ 于 $1'$，在 ac 上作 1，过 1 作 ab 的平行线，交 dg 于 k，交 bc 于 l。求出 $k'l'$，LK 即为两平面交线。

2) 利用重影点（II、III）判别可见性。

1-28　求直线与平面的交点 K，并判别可见性。

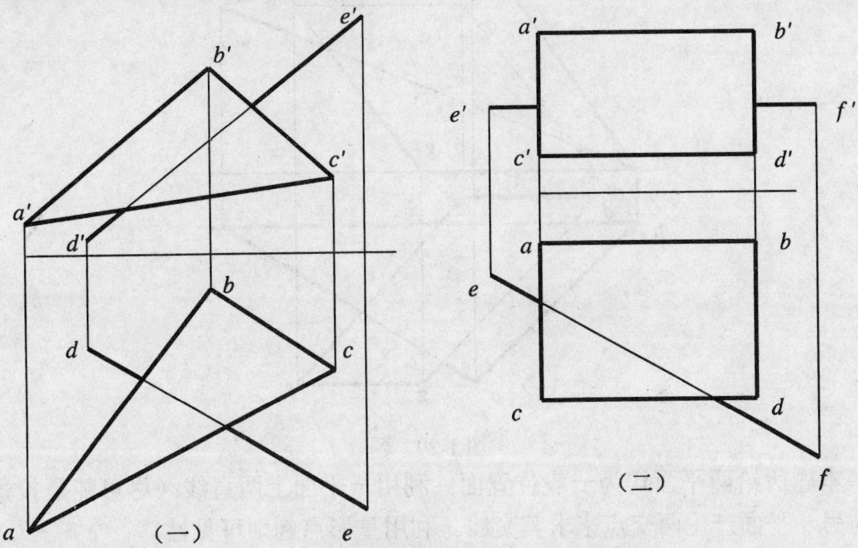

图 1-28　题

分析：题中所给直线与平面的两面投影均无积聚性，故求交点需作辅助平面。先过一般线作一辅助平面 P，求出平面 P 与已知平面的交线 I II，I II 与已知直线的交点 K，即为所求。P 为把直线某投影作为积聚性投影的特殊面。

空间分析图：

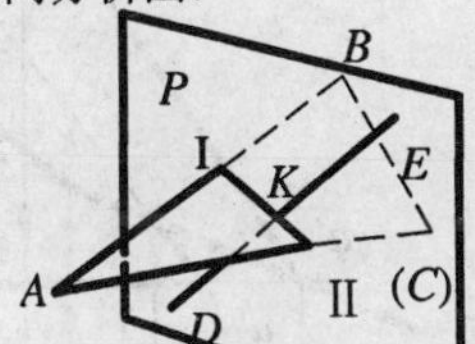

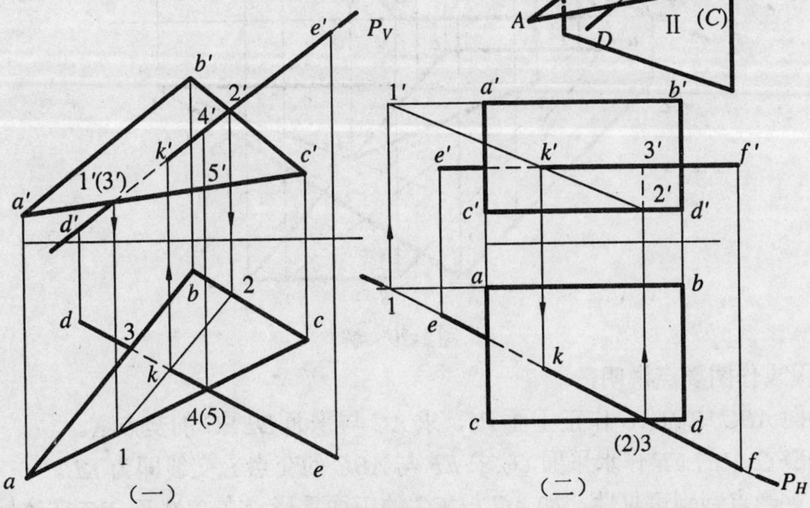

图 1-28　解

作图过程或作图要点说明：略。

1-29　求两平面的交线 KL，并判别可见性。

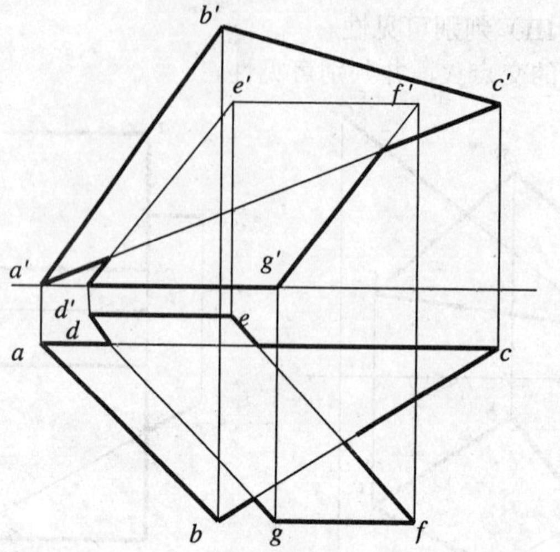

图 1-29　题

分析：本题所给两平面均为一般位置面。利用一平面上两直线（尽可能是投影重叠部分的直线）与另一平面产生两交点来求其交线。利用重影点判别可见性。

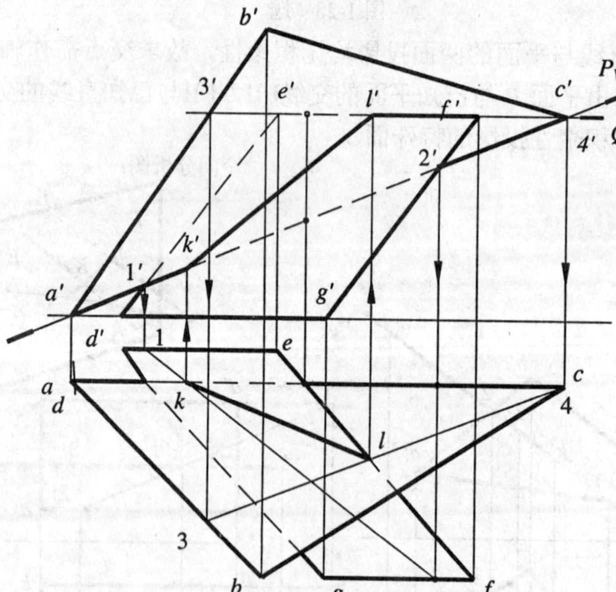

图 1-29　解

作图过程或作图要点说明：

1) 过平面 ABC 中的 AC 作正垂面 P_V，求 AC 与平面 $DEFG$ 的交点 K。

2) 过 $DEFG$ 中的 EF 作水平面 Q_V,求 EF 与 ABC 的交点 L,交线即为 KL。

3) 利用重影点判别可见性：如 AC 与 FG 的正面重影点在 2′处,而 FG 在该处在前,因此正面投影 2′处的 2′f ′l′可见,被挡住的 k′2′画成虚线。如图 1-29 解所示。

1-30　过点 A 作一直线 AB 平行于△CDE，且直线 AB 上所有点与 H、V 面等距。

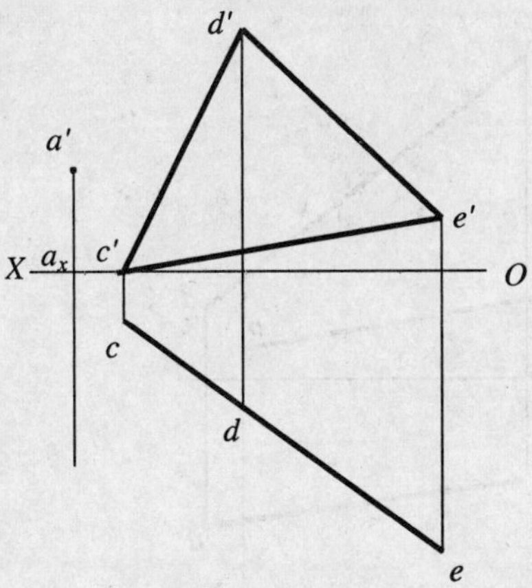

图 1-30　题

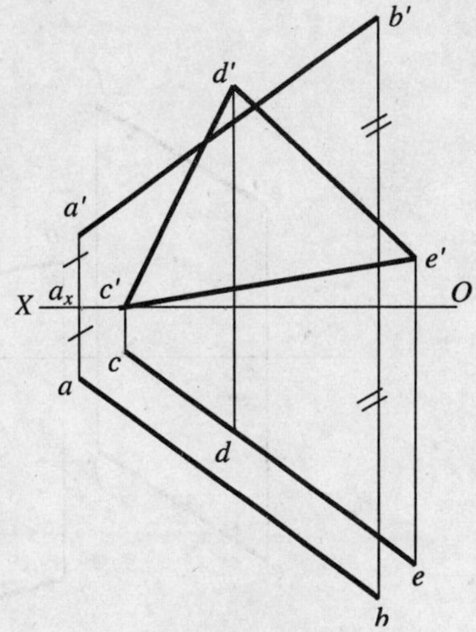

图 1-30　解

分析：CDE 为铅垂面，AB 平行于 CDE,故 $ab//cde$。A 点与 B 点的 Y 坐标等于 Z 坐标。

作图过程或作图要点说明：

1）在 $a'a_x$ 的延长线上量取 $a'a_x=aa_x$；

2）过 a 作 $ab//cde$；

3）作 $bb'\perp OX$，交 OX 于 bx，量取 $b'bx=bbx$，求出 b'点，连接 $a'b'$完成作图。

1-31　已知线段 MN=30mm，点 N 在点 M 之后，且线段 MN 与△ABC 平行，试完成线段 MN 和△ABC 的两面投影。

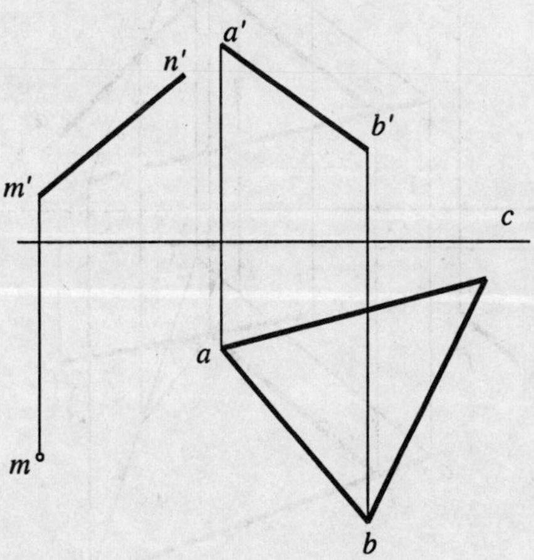

图 1-31　题

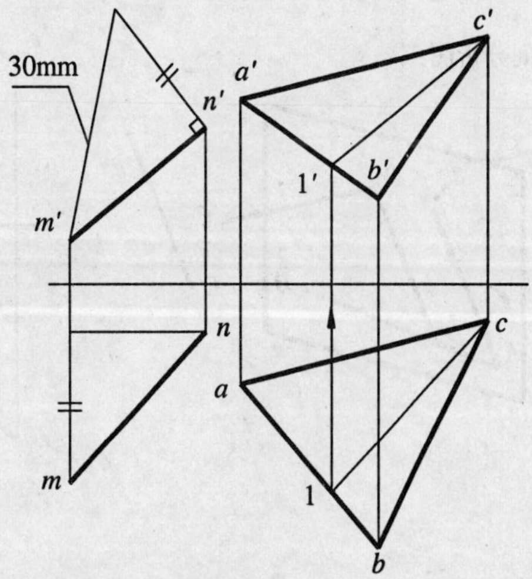

图 1-31　解

分析：因为线段MN的实长、$m'n'$投影已知、可利用直角三角形法求出水平投影长mn；再根据直线与平面平行的几何条件，利用直线AB的两投影及c作出c'。

作图过程或作图要点说明：略。

1-32 作直线 *KL*，使其与已知直线 *AB*、*CD* 均相交，与直线 *EF* 平行。

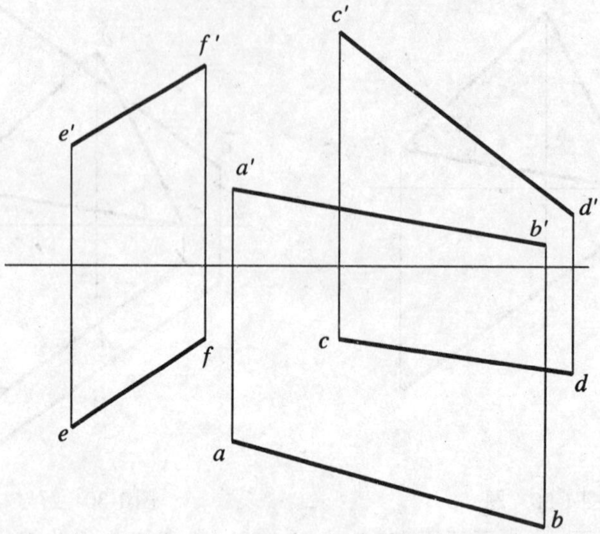

图 1-32 题

分析：如空间分析图所示：包含已知直线 *AB* 作一平面平行于直线 *EF*，求出直线 *CD* 与该平面的交点 *K*，过 *K* 作 *KL*//*EF* 交 *AB* 于 *L*，*KL* 即为所求。

空间分析图：

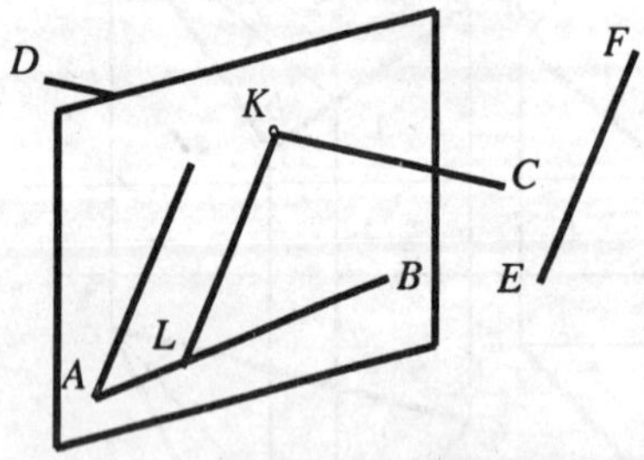

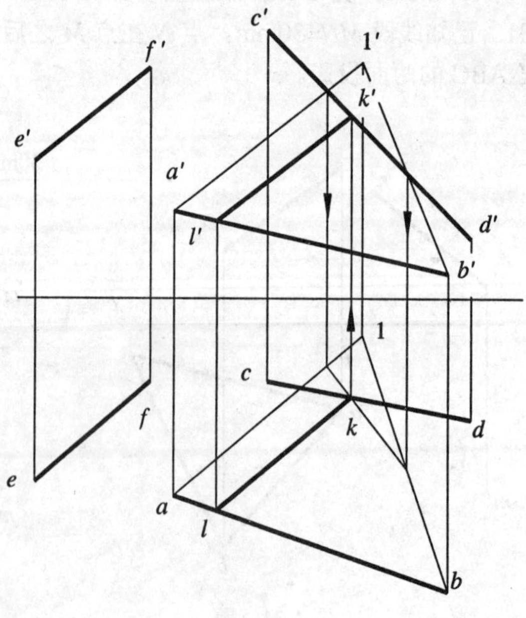

图 1-32 解

作图过程或作图要点说明：略。

1-33 求点 K 到△*ABC* 平面的距离的两面投影和实长。

分析：该题所给平面分为铅垂面和一般面两种情况。（一）中由点 K 向铅垂面引垂线，该垂线一定为水平线，水平投影反映直角，垂足 D 的水平投影 d 在 abc 上。距离实长 $KD=kd$。

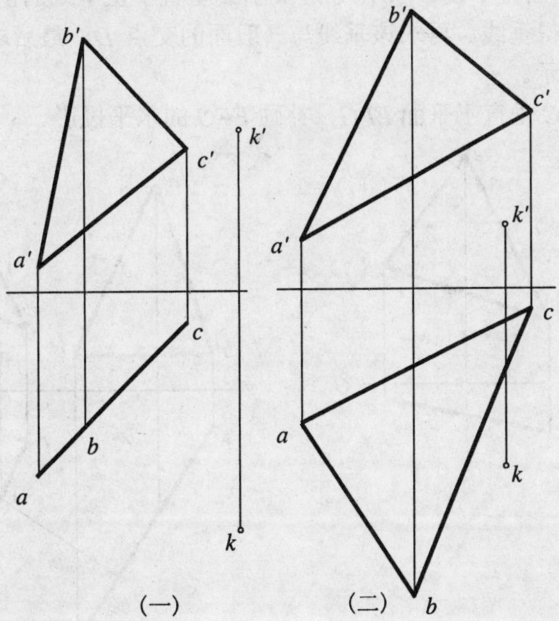

图 1-33　题

（二）中所给平面为一般面，根据直线与平面垂直的几何条件作出垂线（一般线）；求得垂足（一般线与一般面相交）；再求实长。

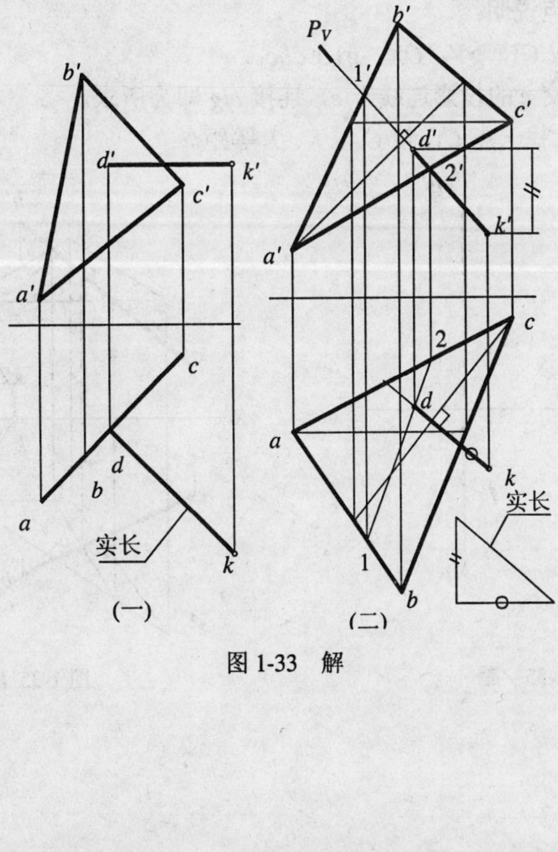

图 1-33　解

作图过程或作图要点说明：

(一)中由水平投影 *k* 作 *abc* 的垂线,交点为 *d*。由正面投影 *k'd'*//*OX*,得 *k'd'*。*kd* 为距离实长。

(二)中先在平面内作出正平线、水平线,过 *k'* 引线垂直于正平线的正面投影,过 *k* 引线垂直于水平线的水平投影,即得垂线。再求该垂线与一般面的交点 *D*，最后求出 *KD* 实长。具体作法如图 1-33 解（二）所示。

1-34　已知平面 *ABC* 垂直于平面 *EFG*，补画 *EFG* 的水平投影。

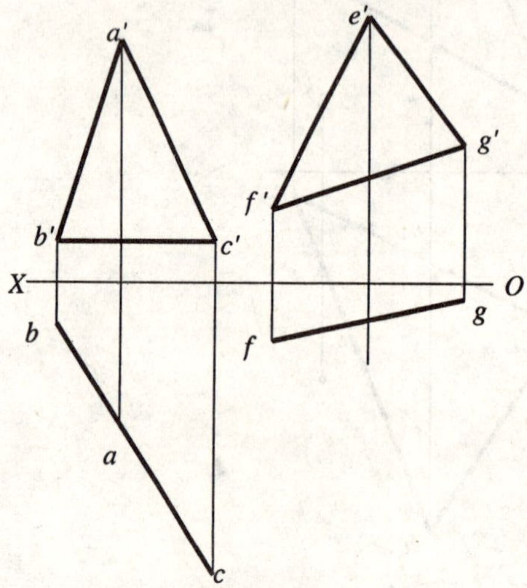

图 1-34　题

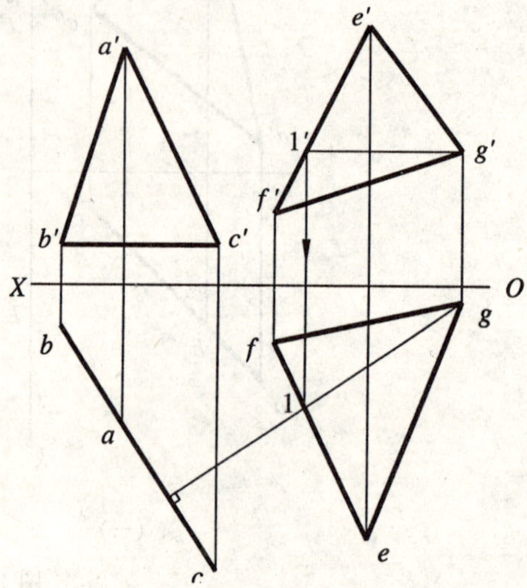

图 1-34　解

分析：如果能在 *EFG* 平面内作一条与 *ABC* 平面垂直的直线，则两平面垂直的关系确定。由于 *ABC* 为铅垂面，所以垂直于 *ABC* 平面的直线必为水平线。

作图过程或作图要点说明：

1）过 *G* 作一水平线 *GI*，*g'1'*// *OX*，*g*1⊥*abc*。

2）连接 *f* 1 并延长交 *e'* 的投影连线于 *e*，连接 *efg* 即为所求。

1-35　在直线 *AB* 上找一点 *C*，使 *C* 与 *K*、*L* 等距。

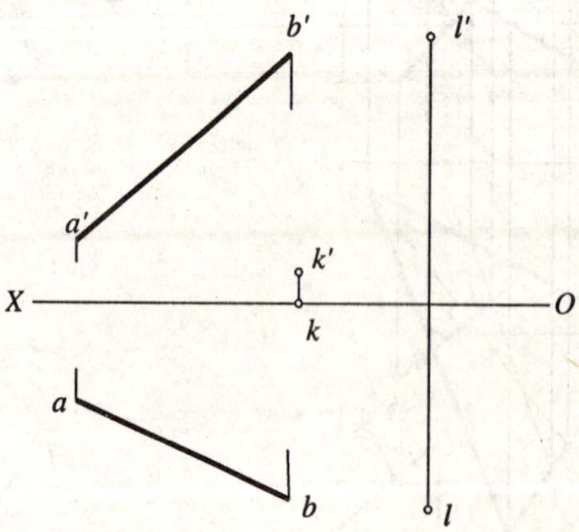

图 1-35　题

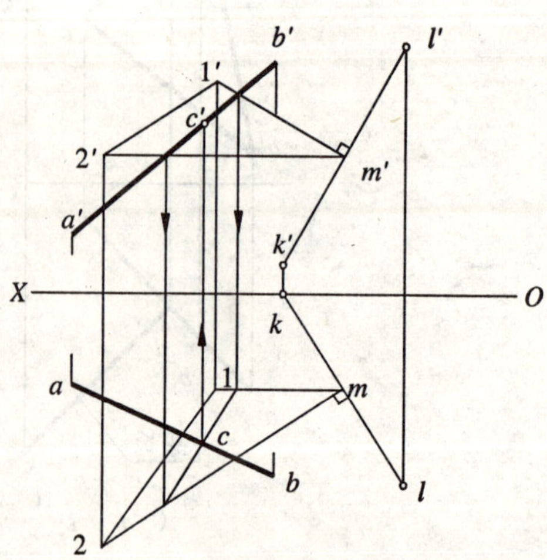

图 1-35 解

分析：与 *K*、*L* 两点距离相等的点的轨迹为 *KL* 的中垂面，该中垂面与直线 *ab* 的交点就是所求的 *C* 点。

作图过程或作图要点说明：

1)连 *KL* 并作 *KL* 的中点 *M*。

2)过 *M* 作平面 *M*ⅠⅡ垂直于 *KL*。

3)求 *M*ⅠⅡ与 *AB* 的交点 *C*。

1-36　过点 *A* 作一直线与平面 *CDEF* 平行，并与直线 *MN* 垂直。

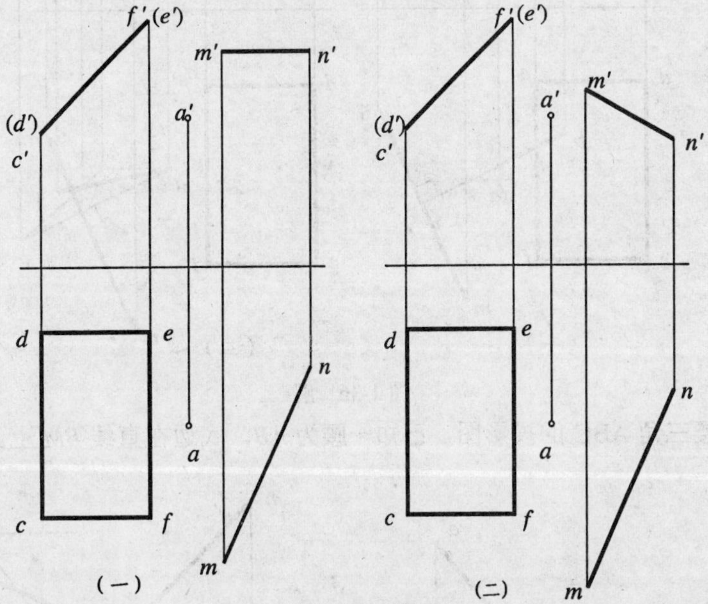

图 1-36　题

分析：该题中平面 *CDEF* 是正垂面，所求直线的正面投影应平行于 *c'd'e'f '*。而直线 *MN* 给出两种情况,一为水平线（如图 1-36 解一），一为一般线，（如图 1-36 解二）。第一种情况较为简单，第二种情况则需过 *A* 作 *MN* 的垂面，然后在该垂面内过 *A* 点作直线平行于正垂面 *CDEF*。

作图过程或作图要点说明：第一种情况略。

第二种情况：

1）过 *A* 作线段 *MN* 的垂面。

2）过 *a'*作 *a'b'* // *c'd'e'f '*，并在第一步所作的垂面内作出 *AB* 的水平投影 *ab* 即可。

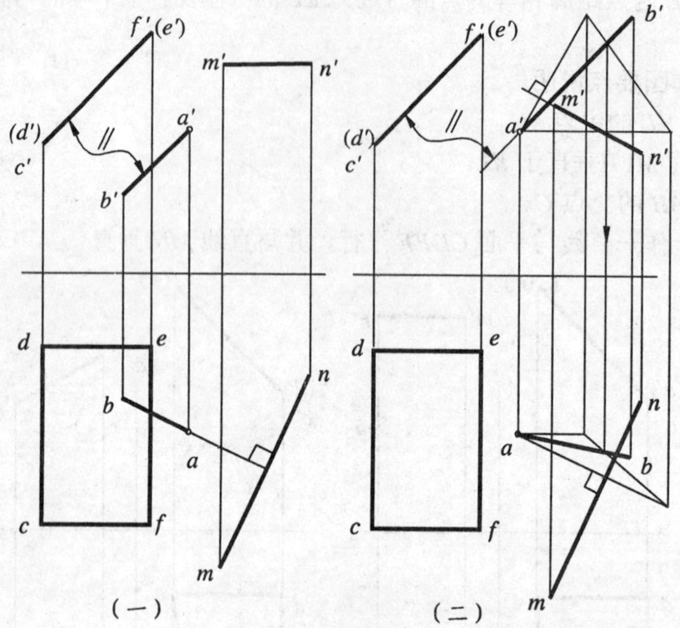

图 1-36 解

1-37 作等腰三角 ABC 的投影图，已知一腰为 *AB*，底边在直线 *BM* 上。

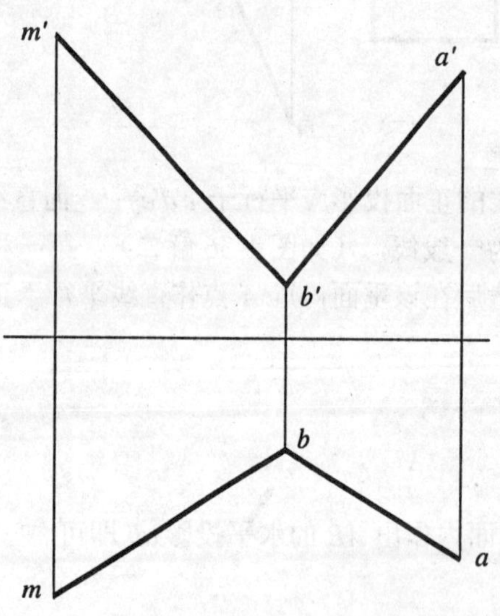

图 1-37 题

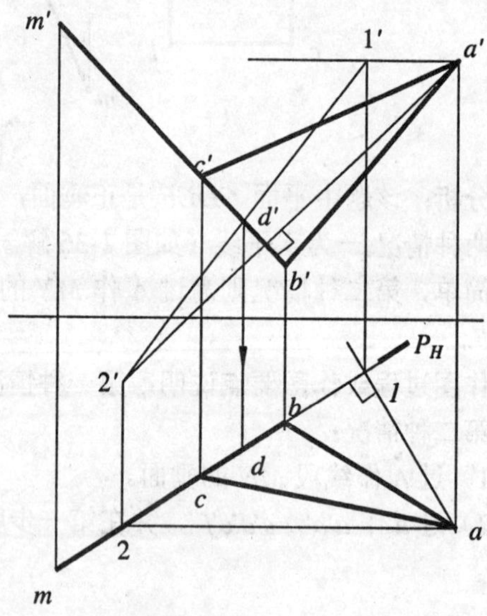

图 1-37 解

分析：等腰三角形 *ABC* 底边 *BC* 的高 *AD* 垂直平分 *BC*。因此过顶点 *A* 作底边的垂面 *A* I II，求出该垂面与底边的交点 *D* 点（垂足）的两投影。据点在线上点分线段成定比的性质，即可求出 *C* 点。

作图过程或作图要点说明：

1）过顶点 *A* 作线段 *BM* 的垂面 *A* I II。

2）求垂面 AⅠⅡ与 BM 的交点得垂足 D。

3）由于 D 点平分底边，则可决定底边的另一端点 C。

1-38　已知 BC 是等腰三角形 ABC 的底边，高 AD 为 45mm，完成 ABC 的水平投影。

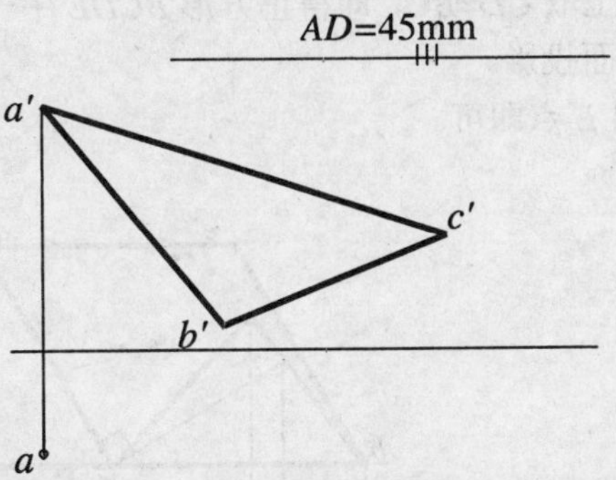

图 1-38　题

分析：由已知条件可先求得 D 点的两投影。据等腰三角形高 AD 垂直于底边 BC 可知 BC 位于 AD 的垂面上，作出该垂面 DⅠⅡ，因 $b'c'$已知，所以可在该垂面上取线 bc。

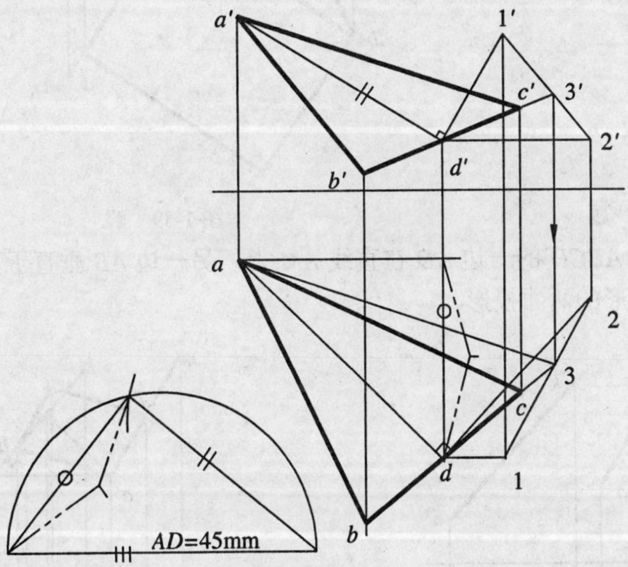

图 1-38　解

作图过程或作图要点说明：

1）作 $b'c'$的中点 d'，连 $a'd'$，由利用直角三角形法求出 ad。

2）作 AD 的垂面 DⅠⅡ，则 BC 属于 DⅠⅡ。

3）延长 $b'c'$交 1′2′于 3′点,在水平投影 12 上作出 3 点，连 $d3$ 并延长交 b'、c'的投影连线于 b、c。

1-39　以水平线 BC 为边作一正方形 $BCDE$，使之垂直于三角形 ABC。

分析：与△ABC 垂直的平面必包含一条与 ABC 平面垂直的线段，根据正方形的特点，过 B 或 C 引△ABC 的垂线，并在这垂线上决定其长度等于 BC（即 bc）得正方形第二条边。

作图过程或作图要点说明：

1）过 C 在△ABC 平面内作正平线 CⅡ。

2) 过 C 引△ABC 平面的垂线 CⅠ（$c1\perp bc$，$c'1'\perp c'2'$，Ⅰ为垂线上任一点）。

3) 求出 CⅠ实长，在 CⅠ上取 $CD=BC$，即得正方形 $BCDE$ 中一端点 D，据直线上的点分线段成定比的性质作出 D 的两面投影。

4）由平行相等关系定出 E 点即可。

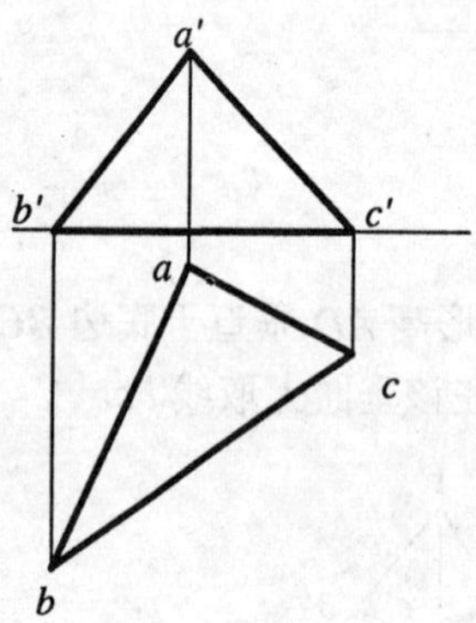

图 1-39 题

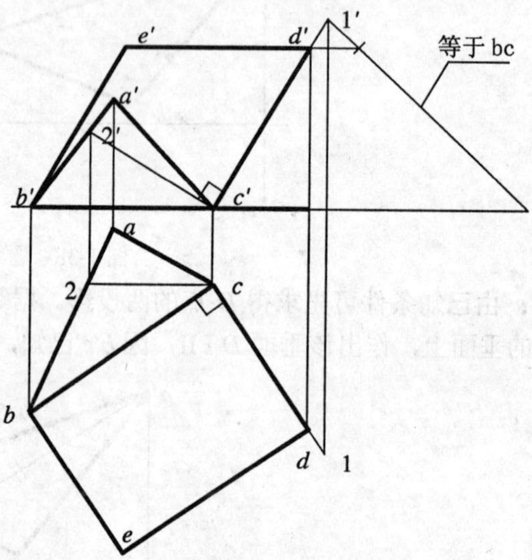

图 1-39 解

1-40 已知菱形 $ABCD$ 的一边 AD 在直线 AM 上，另一边 AB 垂直于直线 KN，点 B 在直线 KN 上，完成该菱形的两面投影。

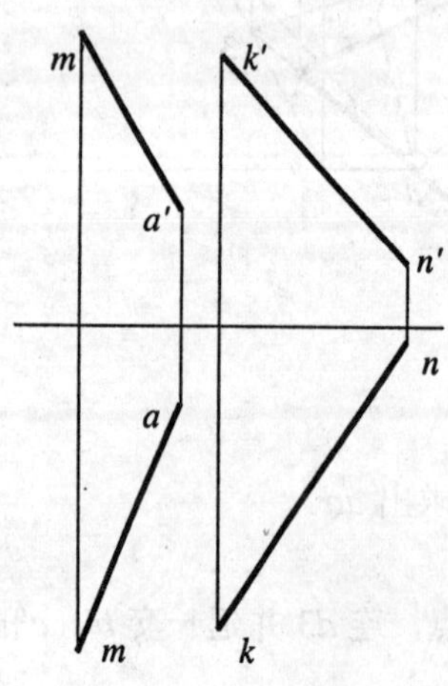

图 1-40 题

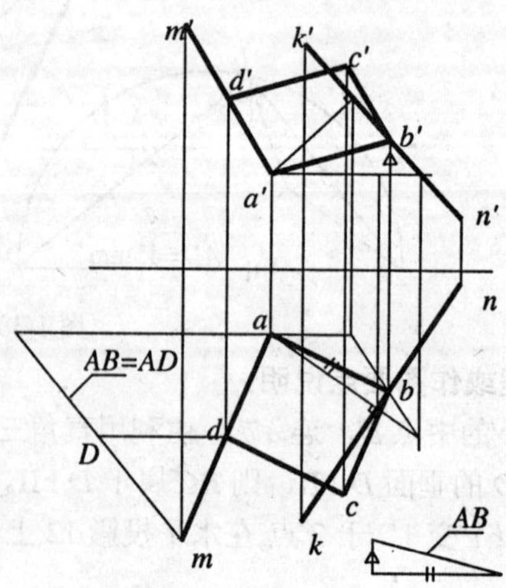

图 1-40 解

分析：由已知 $AB\perp KN$，可包含 A 作 KN 的垂面，求出 KN 与该垂面的交点即为 B。再用直角三角形法求出 AB、AN 的实长。根据菱形的特点在上 AM 取点 D，使 $AD=AB$。

作图过程或作图要点说明：

1）过点 *A* 作平面垂直于线段 *KN*，求出 *KN* 与该平面的交点 *B*。

2)求线段 *AB*、*AM* 的实长。在 *AM* 上取 *AD*=*AB*，得 *D*，用点分线段成定比的性质作出其两面投影。

3)由平行相等关系作出点 *C* 的两面投影。

第2章 投影变换及综合题解

2.1 内容要点

本章主要通过改变空间几何元素对投影面的相对位置或者改变投影方向，以达到简化解题的目的。具体内容包括使用换面法和旋转法来求一些图形的实形与实长，以及解决一些角度、距离的度量问题；同时也可以根据已知的角度、距离等来反求点、线、面的投影。

2.2 解题要领

投影变换就是将空间几何元素从处于一般位置转变为具有积聚性或反映真实形状的特殊位置的过程，进而达到解题的目的。达到上述投影变换的方法很多，在本章我们主要介绍的是换面法和旋转法。

（1）换面法

换面法的关键是选择新的投影面，即确定新轴的方位。新投影面必须与保留投影面垂直并且位置有利于解题。

运用换面法解题的基础是熟练掌握点的换面规律。点的换面是直线和平面换面的基础，在进行换面时，注意每次只能换一个投影面，并且对 *V* 面和 *H* 面要交替进行换面。在每次换面后正确标注新投影轴名称，可以有效的避免错误的发生。

在解题时，首先认真分析空间几何要素间的相互关系，然后选择最佳方案，合理的确定新轴的位置；求换面后的新投影时，注意将所有几何元素一起变换，以保持空间几何元素间原有的相对位置。

（2）旋转法

采用旋转法时，需要指定旋转轴。通常旋转轴可选投影面平行线或投影面垂直线。本章主要介绍绕垂直线旋转。此时，又可分为绕指明的垂直轴旋转和绕不指明的垂直轴旋转两种方法。本章只介绍绕指明的垂直轴旋转。用这种方法解题时，要清楚的掌握几何要素在两投影面上投影的变化规律。

旋转法的五要素，即旋转轴、旋转平面、旋转点、旋转中心和旋转半径，是旋转法的基础，熟练掌握这些要素也是解题的基础。

运用旋转法解题过程中，要始终注意遵循“三同原则”，即同轴、同方向和同角度。旋转法的核心是确定旋转轴，旋转轴决定了其他几个要素，要根据具体问题合理确定旋转轴的位置。

2.3　习题与解答

2.3.1　换面法

2-1　用换面法求 AB 的实长及其对 V 面的夹角 β。

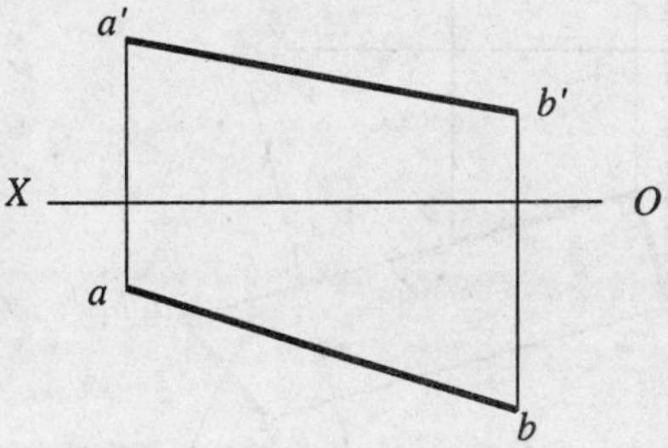

图 2-1　题

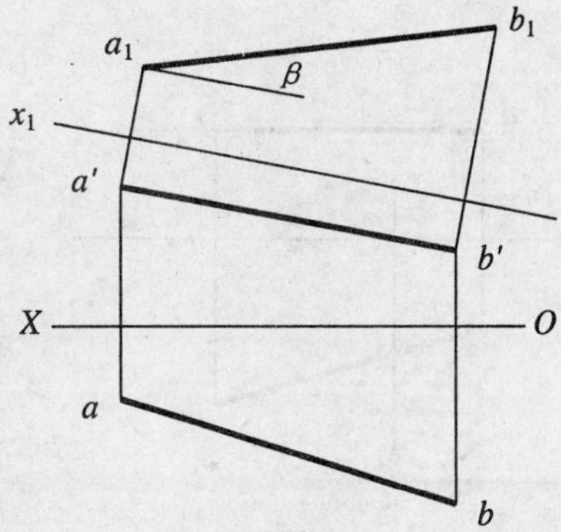

图 2-1　解

分析：要求线段实长及对投影面的夹角需将一般位置直线通过换面法转变为投影面平行线即可。由于本题需求 β 角，故应将直线换成水平线。

作图过程或作图要点说明：

1）作新轴 ox_1;

2）按照点的换面规律，求得 a_1、b_1;

3）连接 a_1b_1，则 $a_1b_1=AB$，a_1b_1 与 ox_1 的夹角就是 AB 直线与 V 面的夹角 β。

2-2　求平面的实形。

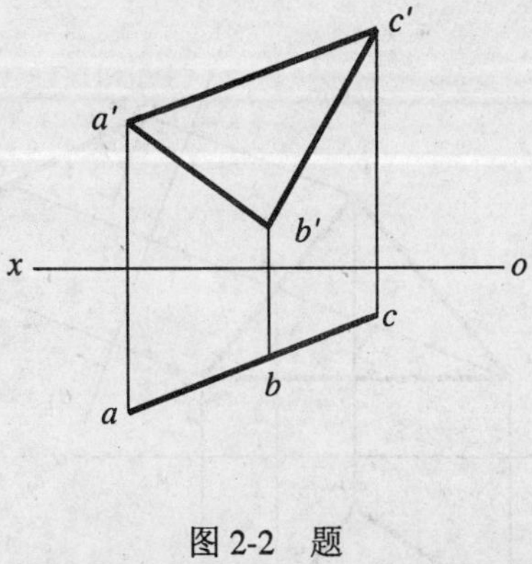

图 2-2　题

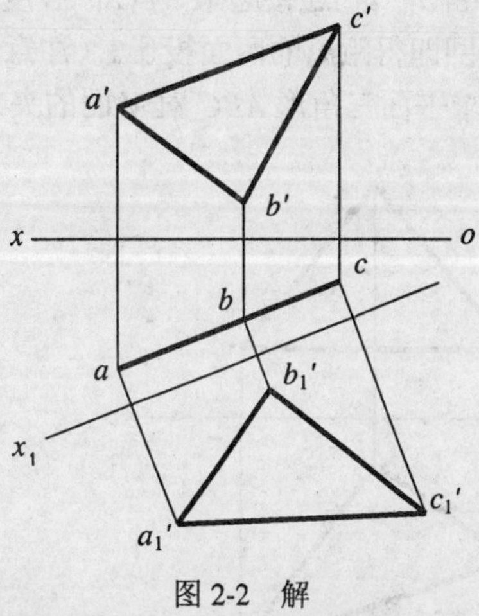

图 2-2　解

分析：若平面与投影面平行，则该平面在此投影面上的投影反映其实形，因此本题实质是垂直面如何变换为平行面的问题。由平行面的投影特性，只需新投影轴平行于平面积聚成线的那个投影，则经一次换面即可使平面变为新投影面的平行面。

作图过程或作图要点说明：

1）用 V_1 代替 V：作 $ox_1//abc$；

2）按照点的换面规律，分别求出 a、b、c 在 V_1 投影面上的投影 a_1'、b_1'、c_1'。

连接 a_1b_1、a_1c_1、b_1c_1。则△$a_1b_1c_1$ 反映△ABC 的实形。

2-3 用换面法求直线 AB 与 C 点之间的距离及投影。

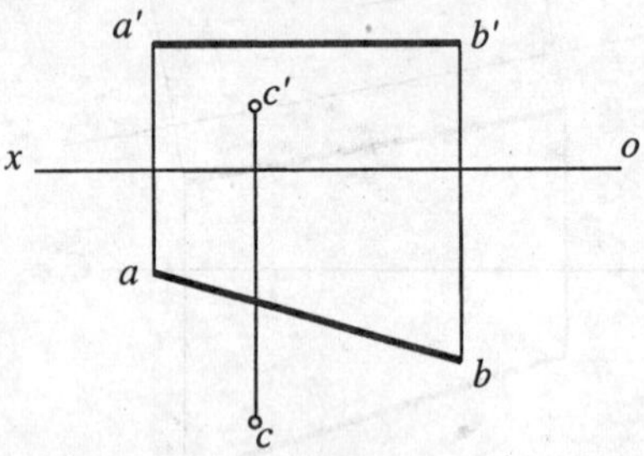

图 2-3 题

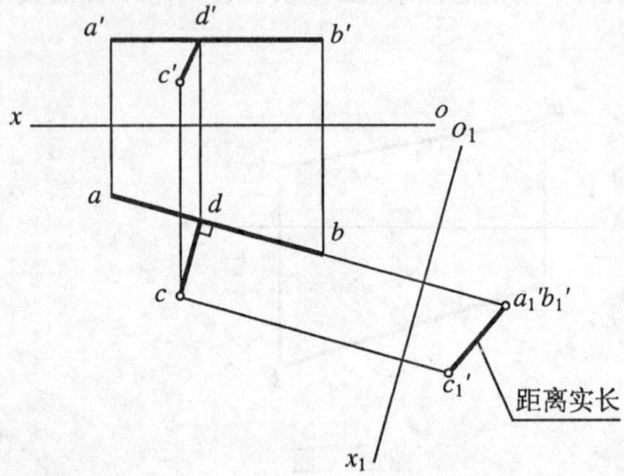

图 2-3 解

分析：点到直线的距离即为点向直线所作垂线的长度。只要把直线变换为投影面垂直线，则所作垂线就变成新投影面的平行线，即可得到两者距离。距离的投影可以通过返回原投影得到。

作图过程或作图要点说明：

1）使用一次换面将投影面平行线 AB 变换为投影面的垂直线（在新投影积聚为点），同时将 C 点变换；

2）将 $c_1'a_1'$ (b_1')连接起来，$c_1'a_1'$ 长度即为点到直线的距离；

3）返回即得距离的两面投影。（注意：$cd//o_1x_1$）

2-4 求平面三角形 ABC 对 V 面的夹角 β。

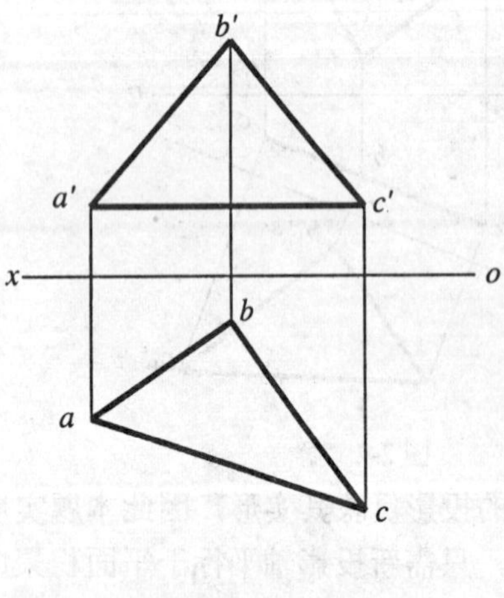

图 2-4 题

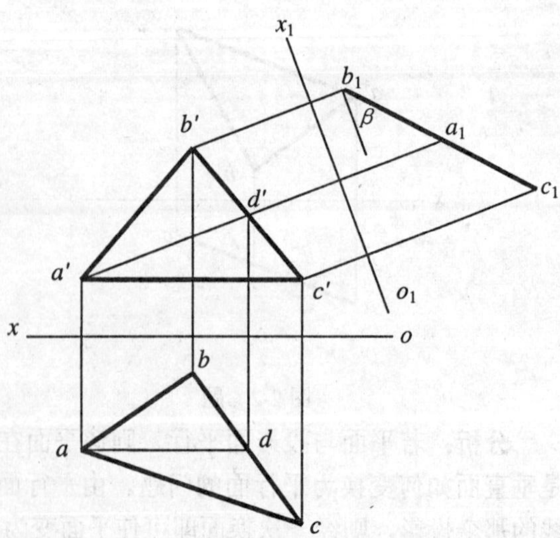

图 2-4 解

分析：要求对 V 面的夹角，只需将三角形变换为铅垂面，在新投影面体系中，铅垂面的积聚性投影与新投影轴的夹角即为所求。

作图过程或作图要点说明：

1）在△abc 上求作正平线 AD(a′ d'，ad)；

2）选择 H_1 面垂直于 a' d'，作 $o_1x_1 \perp a'$ d'；

3）△abc 在 H_1 面的投影 b_1 a_1 c_1 与 o_1x_1 的夹角即为所求。

2-5　求两面三角形 ABC 与 BCD 的夹角。

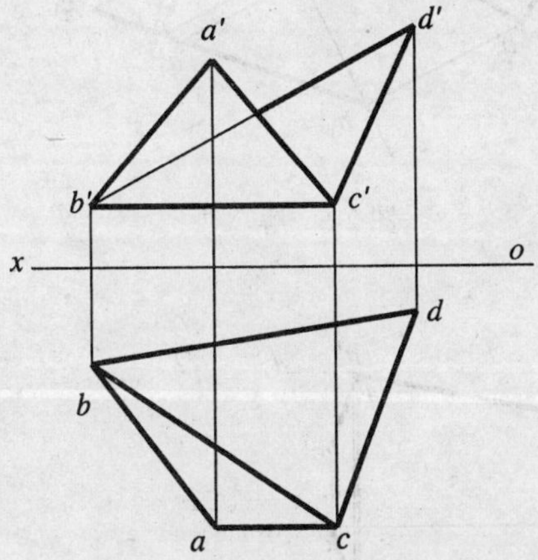

图 2-5　题

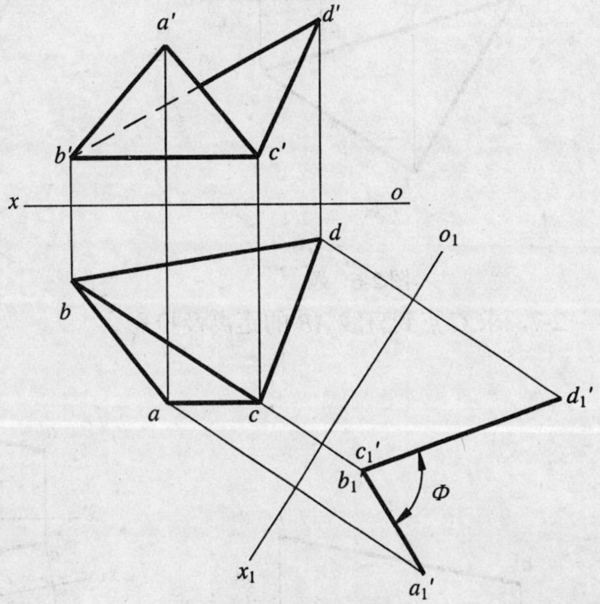

图 2-5　解

分析：当相交的两平面同时为某一投影面的垂直面时，则该两平面在此投影面的积聚性投影反映两平面夹角。

作图过程或作图要点说明：

1）选择垂直于 bc 的直线为变换投影轴 o_1x_1；

2）变换△abc 和△bcd 得到积聚性投影 b_1' (c_1')a_1' 和 b_1' (c_1')d_1'；

3）两者夹角即为所求。

2-6　求点 D 到平面三角形 ABC 的距离及投影。

分析：求点到平面的距离可以转化为点到直线的距离，通过把平面转化为投影面垂直面得到其积聚性投影，然后过点作积聚性投影的垂线，返回即得。

作图过程或作图要点说明：

1）经一次换面得到投影面垂直面 a_1' b_1' c_1'，同时得到 d_1'；

2）过 d_1' 点作 $a_1'b_1'c_1'$ 的垂线，垂足 k_1'，则 $d_1'k_1'$ 即为所求距离实长；

3）返回，即得实长投影 dk、$d'k'$。

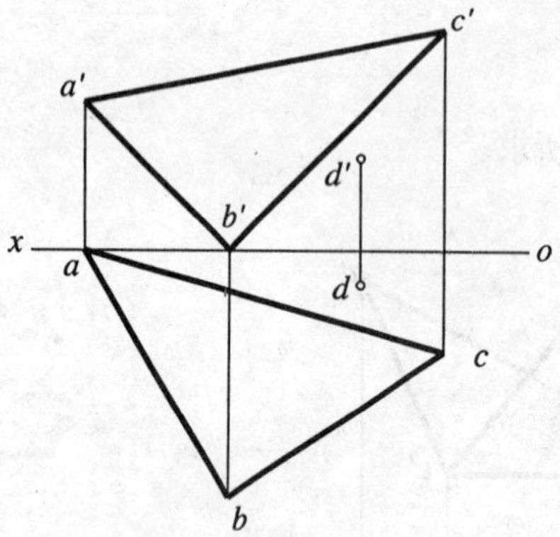

图 2-6　题

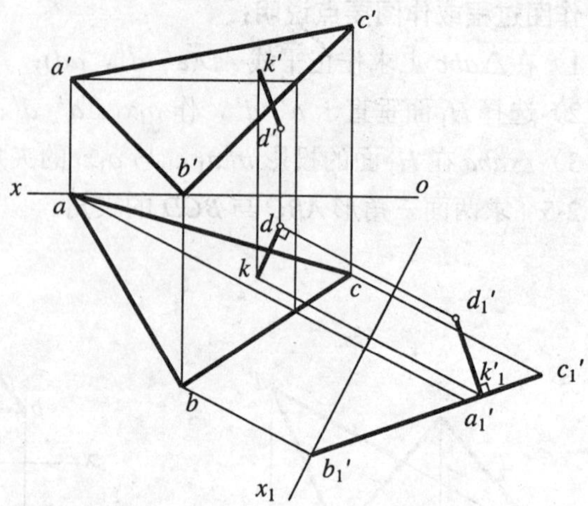

图 2-6　解

2-7　求 C 点到直线 AB 的距离及投影。

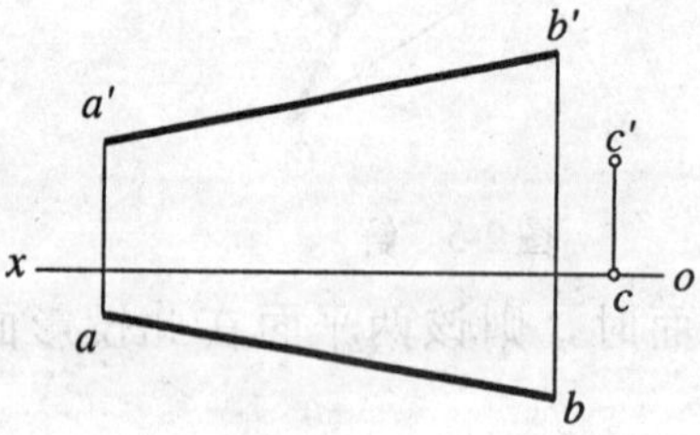

图 2-7　题

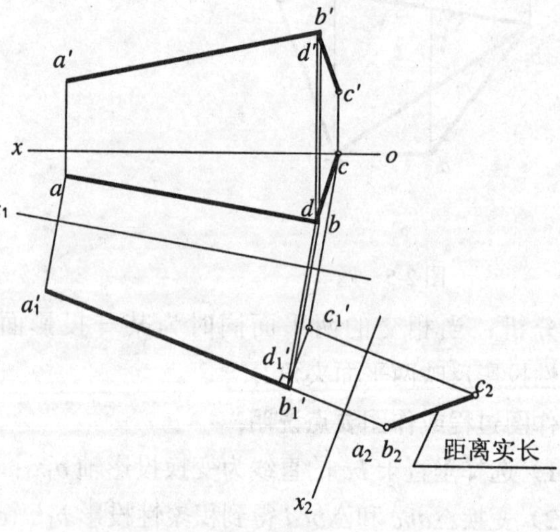

图 2-7　解

分析：点到直线距离可通过将直线变换为投影线垂直线变为两点之间距离。注意，一般位置直线经过两次换面，才能变换为投影面垂直线。

作图过程或作图要点说明：

1）将直线经一次变换为投影面的平行线得到投影面平行线 $a_1'b_1'$，同时变换点得到 c_1'；

2）再次变换得到直线的积聚性投影 a_2b_2 及点的投影 c_2；

3）连接 $a_2b_2c_2$，即为距离实长，返回即可得到投影。

2-8　求三角形平面 ABC 与 V 面的夹角 β，并在该平面上作一条 AD 线，且 AD 长为 30 毫米，并交 BC 与 D。

分析： 求平面与 V 面夹角，只需将△ABC 变换为 H 面的垂直面；求 AD 的实长，只需在第一次变换的基础上将三角形平面变换为实形，以 A 点为圆心，30mm 为半径作圆，与 BC 的交点即为 D，返回即得。

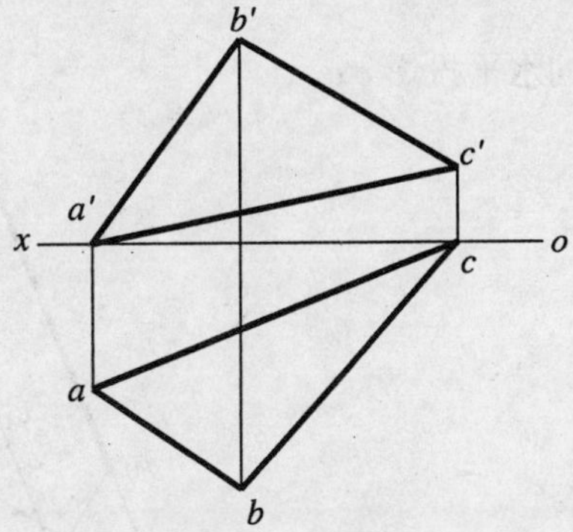

图 2-8　题

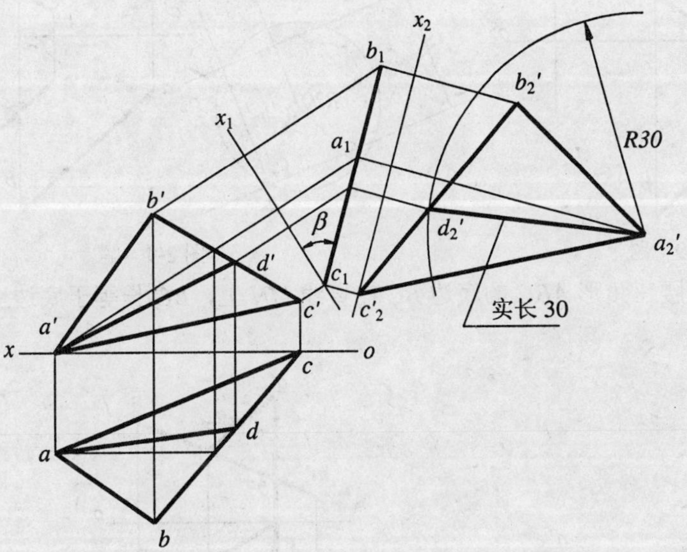

图 2-8　解

作图过程或作图要点说明：

1）更换 H 面，得到△ABC 在 H_1 面上的投影 $a_1\ b_1\ c_1$，则 $a_1\ b_1\ c_1$ 与 $o_1\ x_1$ 轴的夹角即为 β 角；

2）再更换 V 面，得到△$a_2'\ b_2'\ c_2'$，即为实形；

3）以 a_2' 点为圆心，以 30mm 为半径作圆，交 $b_2'\ c_2'$ 于 d_2'，连接 $a_2'\ d_2'$，返回即得所求 AD。(本题有两解)。

2-9　已知平行两直线 AB、CD 相距 20mm，用换面法求 CD 的水平投影（只求一解）。

分析： 通过二次变换将一般位置直线变换为投影面垂直线，则平行两条平行直线之间距离转变为两点之间距离，距已知点距离为定值的点的轨迹为圆。

作图过程或作图要点说明：

1）经 V/H_1 换面将 AB 变换为投影面平行线，得到 a_1b_1；

2）经 V_2/H_1 换面得到直线 AB 的积聚性投影 $a_2'b_2'$，以此为圆心，以 20mm 为半径作圆，同时作平行于 o_2x_2 轴直线，并使该直线到 o_2x_2 的距离等于 d' 到 o_1x_1 轴距离；该直线与圆交点即为 c_2' d_2'；

3）返回 c_2' d_2' 即得 CD 的水平投影 $c\,d$。

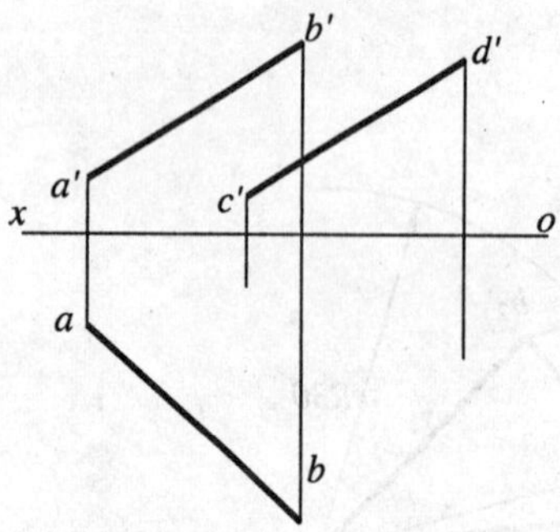

图 2-9　题

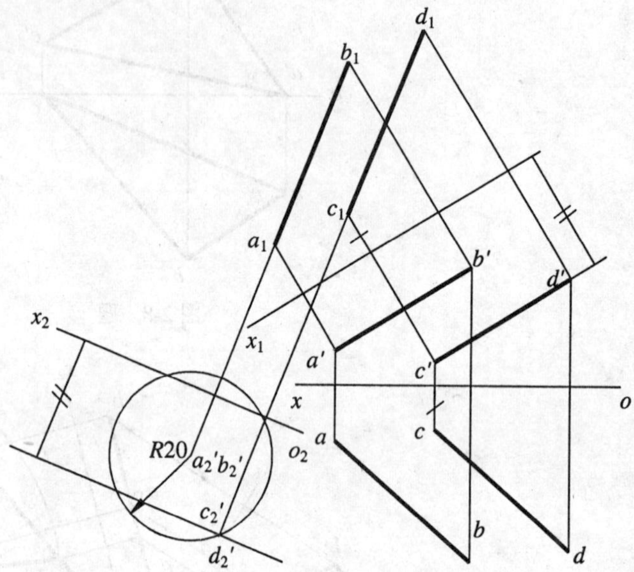

图 2-9　解

2-10　已知等腰三角形 ABC 的底边 BC 在直线 MN 上，BC 长等于底边上的高，试作出该等腰三角形。

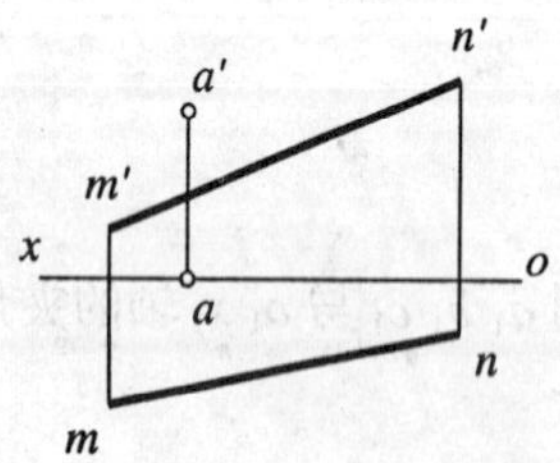

图 2-10　题

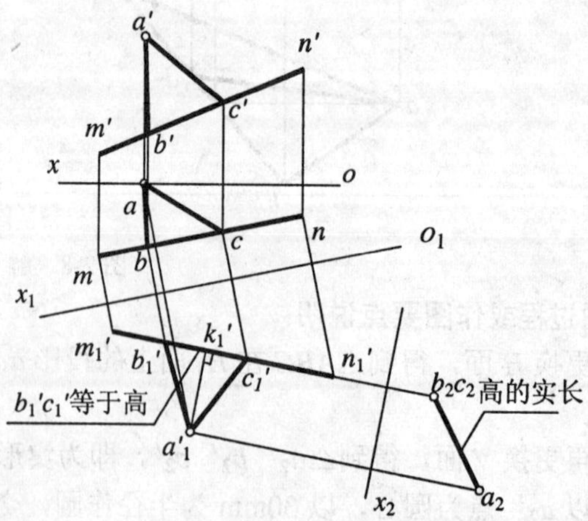

图 2-10　解

分析：要作该三角形，首先要求出底边的高，该高可由两次换面转化为点点之间距离；得到该距离实长后，以 a_1' 到 b_1' c_1' 的垂足为圆心、高的实长的一半为半径作圆得等腰三角形的其他两顶点。

作图过程或作图要点说明：

1）经 V_1/H 换面得到直线 MN 实长，同时转换 A 点，过 a_1' 向 $m_1'n_1'$ 作垂线，垂足为 k_1'；

2）经 V_1/H_2 换面得到三角形高的实长；以 k_1' 为圆心，实长的一半为半径作圆，交 $m_1'n_1'$ 得到三角形其他两顶点；

3）返回两顶点，连接，即得所求。

2-11　已知三角形 ABC 和三角形 ABD 的两面角为 60°，用换面法作三角形 ABD 的水平投影，并判别可见性。

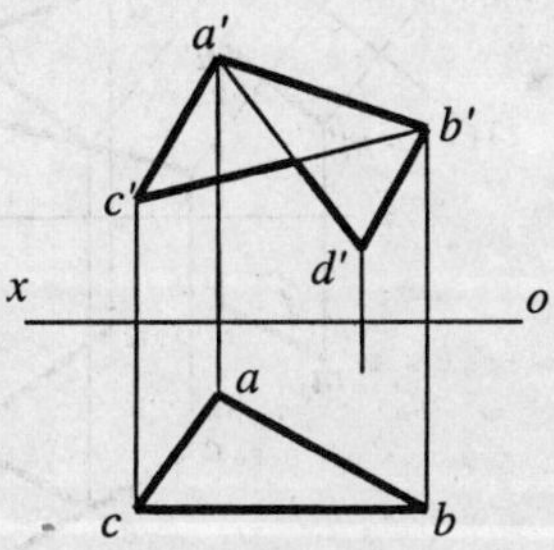

图 2-11　题

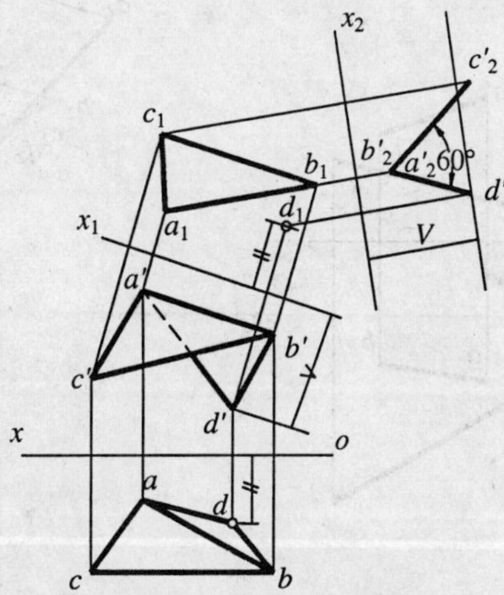

图 2-11　解

分析：两平面相交于 AB 线段，只有将 AB 线段变换为投影面垂直线，才能使两平面同时变换为同一投影面的垂直面。此时，由两面夹角可确定平面 ABD 的积聚性投影。

作图过程或作图要点说明：

1）通过两次变换将 AB 线段变换为投影面垂直线 $a_2'b_2'$，三角形 ABC 积聚为 $a_2'b_2'c_2'$；

2）由两面夹角及投影变换性质，得到 d_2' 点，连接 $b_2'd_2'$ 得到三角形 ABD 的积聚投影 $a_2'b_2'd_2'$；

3）返回 d_2' 点投影，得到 d 点，连接 ad，bd 即得三角形 ABD 水平投影。其中 $a'd'$ 中不可见部分，用虚线表示。

2-12　用换面法作一直线 EF，使其平行于直线 MN，并与 AB、CD 直线相交。

分析：要使直线 EF 与 MN 平行，则 EF 的各面投影需与 MN 的各面投影平行，要与直线 AB 和 CD 相交，可通过换面将直线 MN 变换为投影面垂直线，积聚为点，则 EF 也积聚为一点，同时找到直线 AB 与 CD 的重影点，将该点作为直线 EF 的积聚性投影，返回即可得到直线 EF 的投影。

作图过程或作图要点说明：

1）经 V/H_1 换面将直线 MN 变换为投影面平行线，得到 m_1n_1；同时变换直线 AB 与 CD，

得到 a_1b_1 和 c_1d_1；

2）经 V_2/H_1 换面将直线 MN 变换为投影面垂直线，得到积聚性投影 $m_2'n_2'$；同时变换直线 AB 和 CD，得到 $a_2'b_2'$ 和 $c_2'd_2'$，两者的重影点即为直线 EF 的积聚性投影 $e_2'f_2'$；

3) 返回 $e_2'f_2'$，即可得到直线 EF 直线的两面投影。

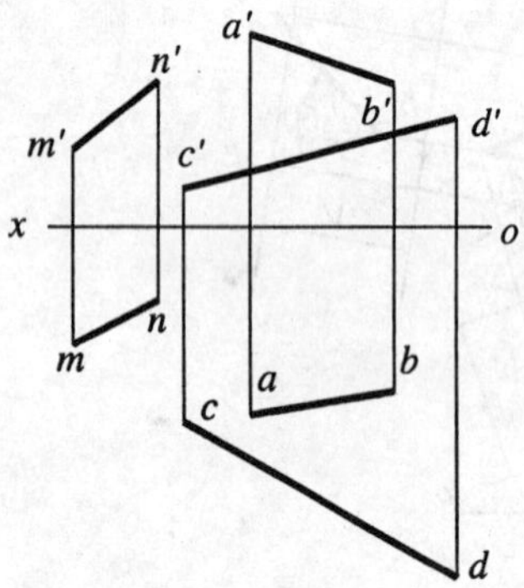

图 2-12 题

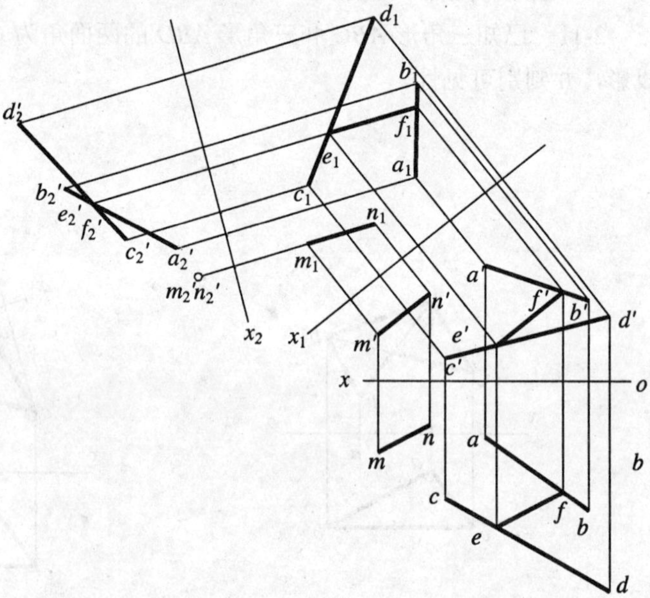

图 2-12 解

2-13 已知 AB 和 CD 为交叉两直线，其公垂线 $EF=L$，且交于两交叉直线的中点，试求出 CD 线的投影，并讨论有几解？

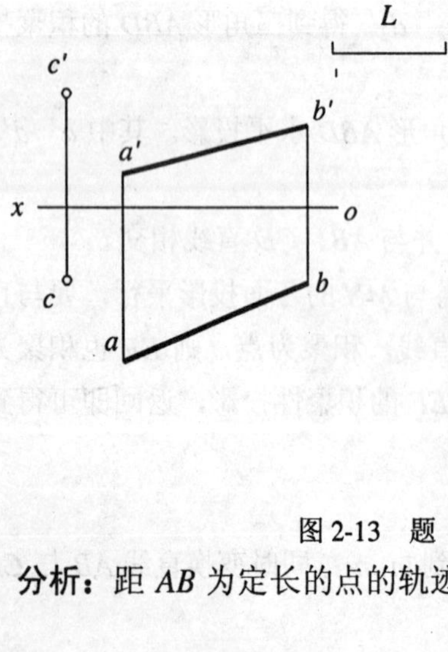

图 2-13 题

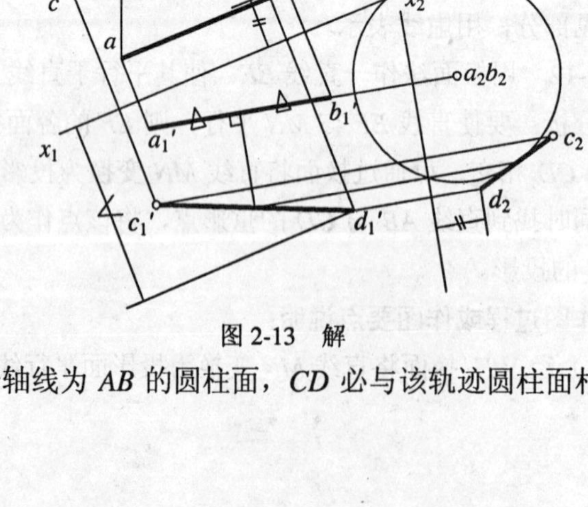

图 2-13 解

分析：距 AB 为定长的点的轨迹为一轴线为 AB 的圆柱面，CD 必与该轨迹圆柱面相切，

若将 AB 变换为投影面的垂直面，则轨迹圆柱面积聚为一圆，则 CD 在新投影面中的投影必与该圆相切。

作图过程或作图要点说明：

1）分别经过 V_1/H 和 V_1/H_2 换面得到 a_2b_2 和 c_2；

2）以 a_2b_2 为圆心，以给定的 L 长为半径作圆；

3）过 c_2 点向圆作切线，交该圆于一点，以此点为圆心，以该点到 c_2 距离为半径作圆，延长 c_2 与该点的直线交圆，即为 d_2 点；

4）由公垂线通过两直线的中点得到 d_1' 点，返回该点即可得到 CD 线的两面投影。

5）该题有两解。

2-14　作一直角等腰三角形 ABC，直角边 $AB=AC=20$mm，BC 边上的高在 AM 线上，且为该平面对 H 面的最大斜度线（AM 为一般位置线）。

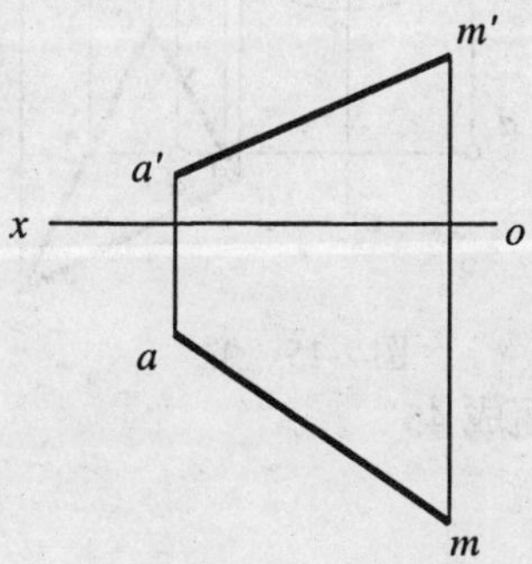

图 2-14　题

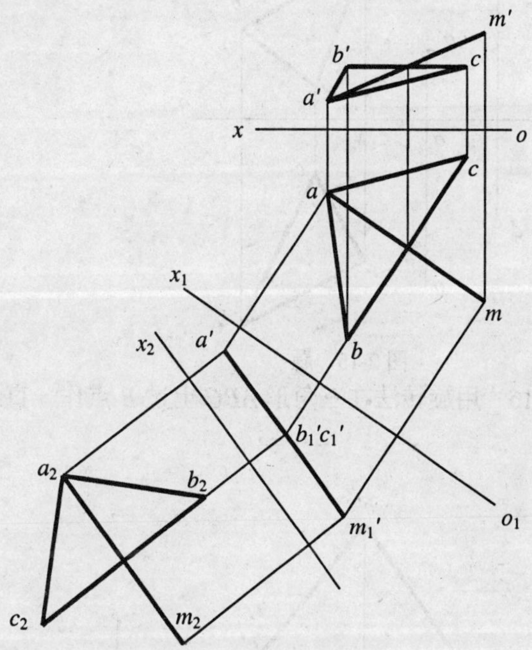

图 2-14　解

分析： 平面内垂直于该面内投影面平行线的直线为最大斜度线，又由于底边高 AD 垂直于底边 BC，由此确定底边 BC 为投影面平行线。通过两次换面得到 AM 直线实形后，根据等腰直角三角形的性质，即可得到该三角形投影。

作图过程或作图要点说明：

1）通过 V_1/H 变换将 AM 变换为投影面平行线，得到 $a_1'\ m_1'$；

2）继续通过 V_1/H_2 变换将 AM 变换为 a_2m_2；

3）根据等腰直角三角形性质，作三角形，得到 $a_2b_2\ c_2$；

4）返回三角形 $a_2b_2\ c_2$，根据底边 BC 为投影面平行线，得到 bc 和 $b'\ c'$；

连接得到三角形 ABC。

2.3.2 旋转法

2-15 将 D 点绕 o-o 轴旋转到三角形 ABC 平面上。

分析：D 点绕正垂轴旋转，其运动轨迹的正面投影为圆，水平投影为平行于 ox 轴的直线；圆所在的平面与三角形 ABC 平面产生交线Ⅰ Ⅱ，该交线与 D 点的旋转圆周产生交点 D_1，此点满足所求。

作图过程或作图要点说明：

1）以 o' d' 为半径，o' 为圆心作圆；

2）过 d 作 ox 轴平行线，延长与△abc 相交于 1、2，由此求出 1′ 2′ 与正面圆周交于 d_1' 点，由此得到 d_1。

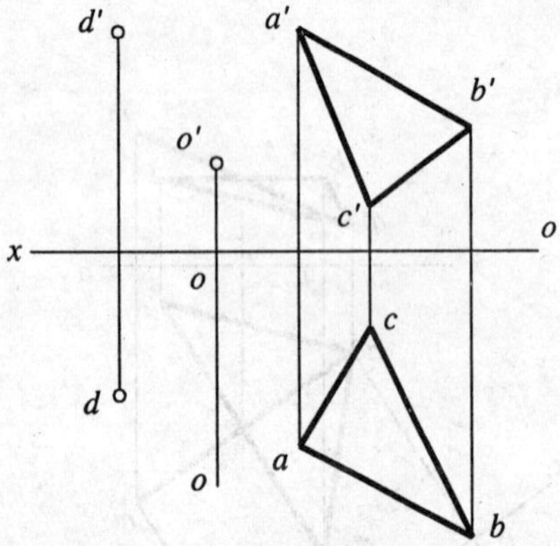

图 2-15 题

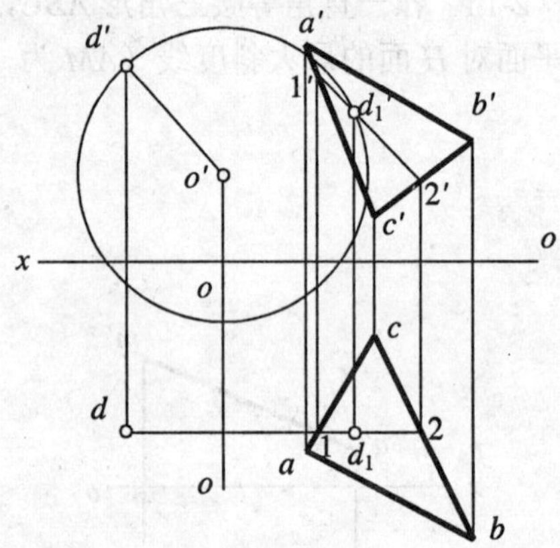

图 2-15 解

2-16 用旋转法在三角形 ABC 上过 B 点作一直线与 H 面成 45°。

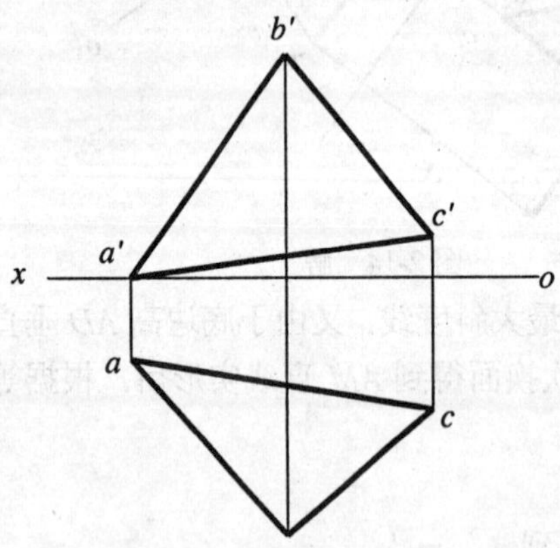

图 2-16 题

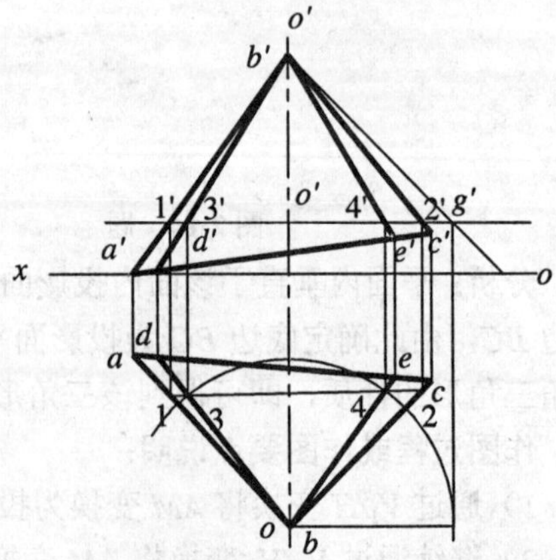

图 2-16 解

分析：本题有多种解法，如直角三角形法等；使用旋转法时，可以将一条与 H 面成 45° 的线段绕铅垂线旋转到△ABC 平面上，从而获得一条在三角形平面上又与 H 面成 45° 角的线段。

作图过程或作图要点说明：

1）过 B 点作铅垂轴 $o\text{-}o$，同时过 B 点作一条与 H 面成 45° 角的正平线 BG；

2）将 BG 绕 $o\text{-}o$ 旋转，得到过 G 点的圆平面与三角形平面的交线Ⅰ Ⅱ；

3）圆与交线Ⅰ Ⅱ相交，得到Ⅲ、Ⅳ点，旋转 BG 到Ⅲ、Ⅳ点，得到在△ABC 上满足条件的两线段 BD 和 BE。

2-17　用旋转法求△ABC 的实形。

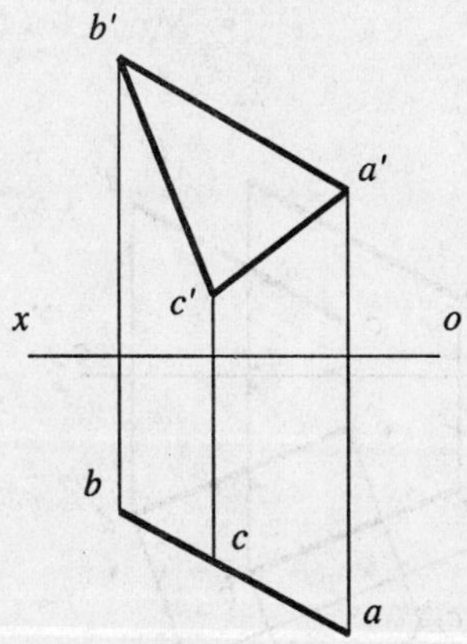

图 2-17　题

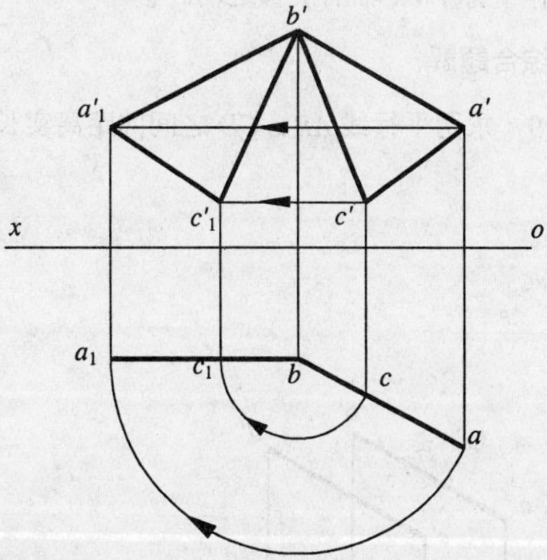

图 2-17　解

分析：△ABC 为铅垂面，所以只须把△ABC 绕铅垂线旋转轴，把其旋转到正平面位置，那么其在 V 面的新投影△a_1' b_1' c_1' 即反映△ABC 的实形。

作图过程或作图要点说明：

1）取铅垂轴通过点 B，将 acb 旋转到平行于 ox 轴的位置，得到 bc_1a_1；

2）根据 bc_1a_1 得到△ABC 在 V 面的投影 b' c_1' a_1'，b' c_1' a_1' 即为△ABC 实形。

2-18　用旋转法求△ABC 对 V 面的夹角 β。

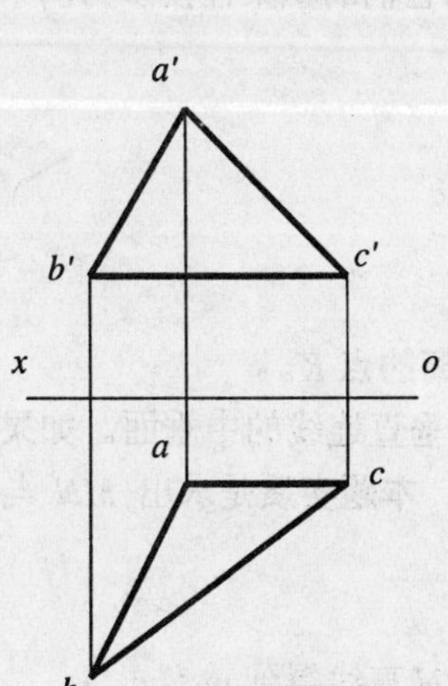

图 2-18　题

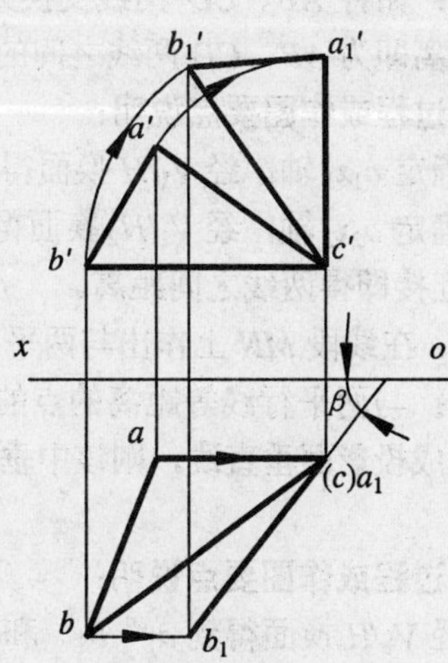

图 2-18　解

分析：若要求$\triangle ABC$的β角，则应把$\triangle ABC$旋转成铅垂面。首先应把面内的任一条正平线旋转成铅垂线，因此旋转轴应取为正垂线。

作图过程或作图要点说明：

1）由题可知AC为正平线，取过C点的正垂线为旋转轴，把AC旋转为铅垂线；

2）旋转得到的$\triangle ABC$的水平投影a_1b_1（c）积聚为一直线，其与ox轴的夹角即为所求；

3）注意，A、B两点在旋转时须保证同轴、同方向、同角度。正面投影形状不变，水平投影各点作平行于ox轴的平移运动。

2.3.3 综合题解

2-19 求两平行线AB、CD之间的距离实长。

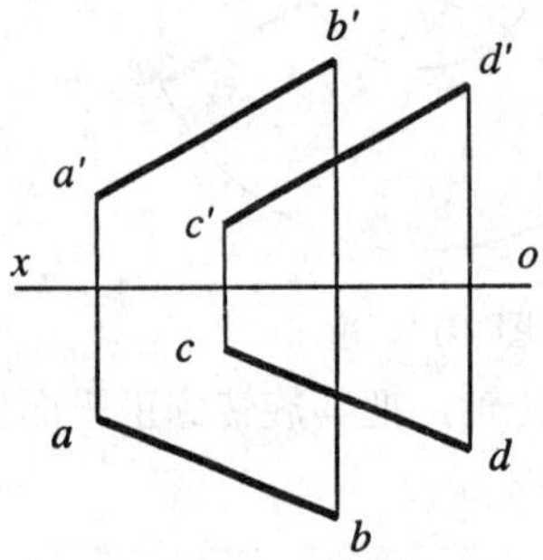

图 2-19 题

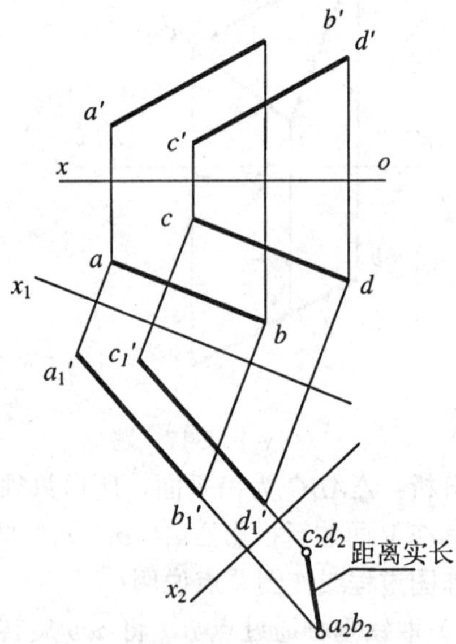

图 2-19 解

分析：如将AB、CD两线变换为投影面的垂直线，则它们的积聚性投影为两个点，这两个点的距离即为AB、CD两线之间的距离实长。

作图过程或作图要点说明：

1）确定o_1x_1轴，经V_1/H换面得到a_1' b_1'和c_1' d_1'；

2）确定o_2x_2轴，经V_1/H_2换面得到a_2b_2和c_2d_2；

3）连接即得两线之间距离。

2-20 在线段MN上作出与两平行线段AB、CD等距离的点K。

分析：与两平行线等距离的点的轨迹是两平行线之间垂直连线的中垂面。如果将两平行线换面变成投影面垂直线，则该中垂面也就积聚为一直线。本题实质是求出MN与该中垂面的交点。

作图过程或作图要点说明：

1）经V_1/H换面得到a_1' b_1'和c_1' d_1'，同时变换MN直线得到m_1' n_1'；

2）确定o_2x_2轴，经V_1/H_2换面得到a_2b_2和c_2d_2，同时变换MN得到m_2n_2；

3）作$(a_2)b_2\ (c_2)d_2$的中垂线，交m_2n_2与k_2点；

4）返回，即得所求。

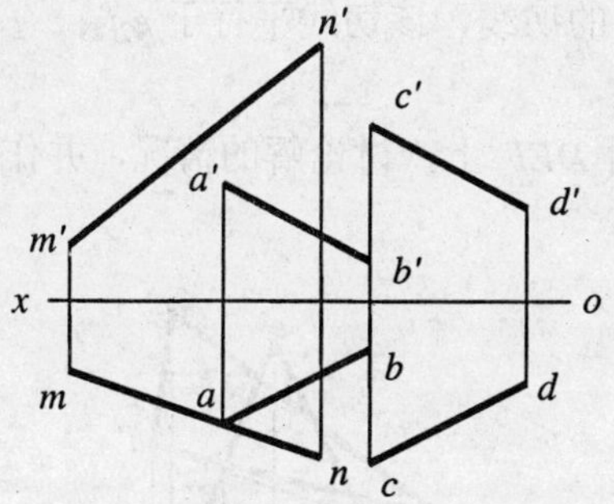

图 2-20　题

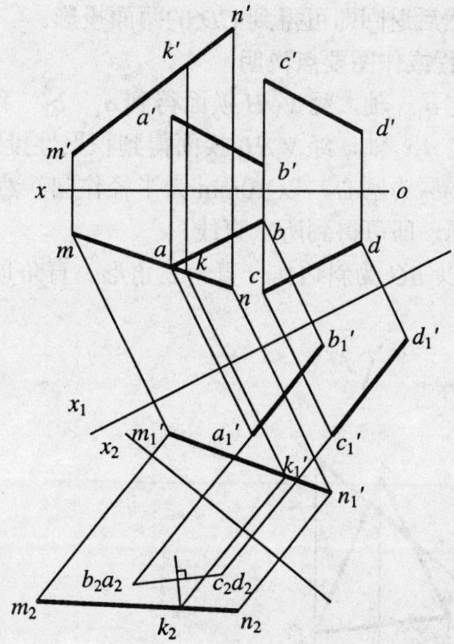

图 2-20　解

2-21　两交叉直线 *AB* 和 *CD* 相距 10mm，*CD* 平行于已知直线 *EF*，求 *CD*。（*AB*、*EF* 已知，*C* 点的水平投影已知）

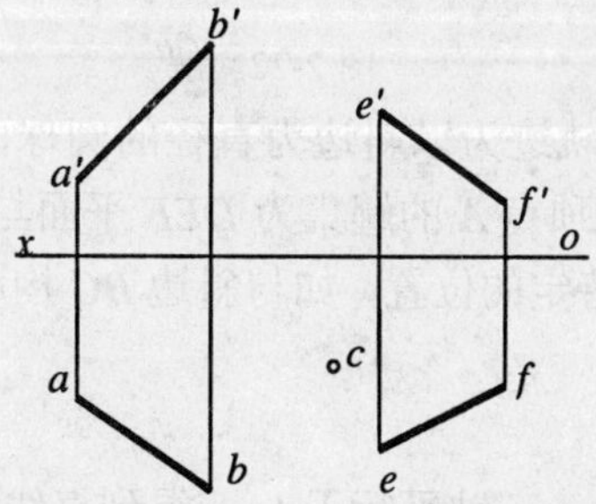

图 2-21　题

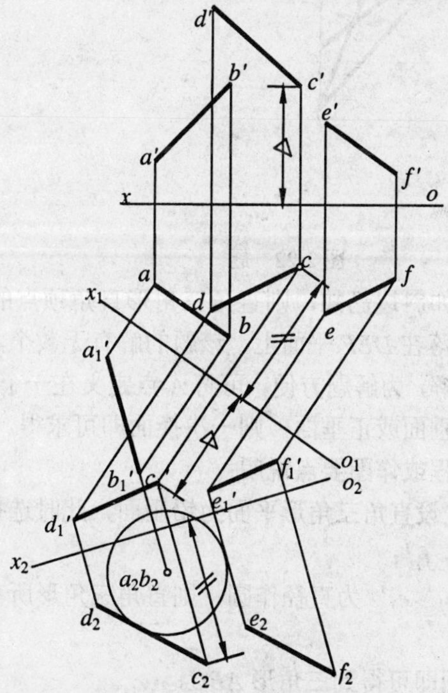

图 2-21　解

分析：当 AB 直线积聚为点时，则距离 AB 直线 10mm 的直线是以 AB 的积聚性投影为圆心，以 10mm 为半径的圆的切线集合，同时由 CD 直线平行于直线 EF，即可得到该切线，即 CD 直线。然后返回即可得到 CD 的两面投影。

作图过程或作图要点说明：

1）确定 o_1x_1 轴，经 V_1/H 换面得到 a_1' b_1' 和 e_1' f_1'；

2）确定 o_2x_2 轴，经 V_1/H_2 换面得到积聚性投影 a_2b_2 和直线 e_2f_2；

3）以 a_2b_2 为圆心，以 10mm 为半径作圆，然后作该圆的切线，该切线平行于 e_2f_2；

4）返回，即可得到所求直线。

2-22 以 BC 为斜边作一直角三角形，直角顶点在平面 DEF 上，讨论解的情况，并作出一解。

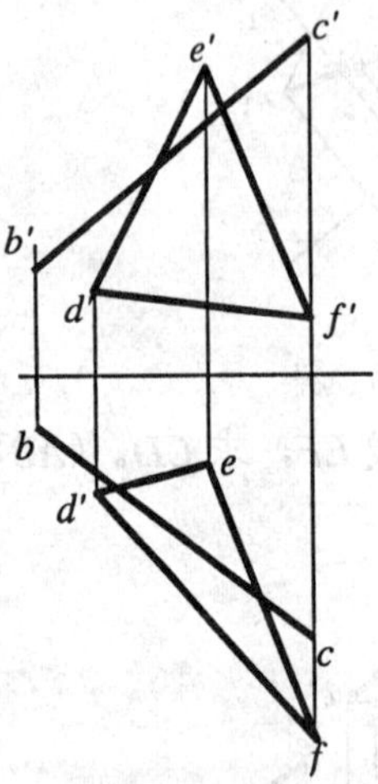

图 2-22 题

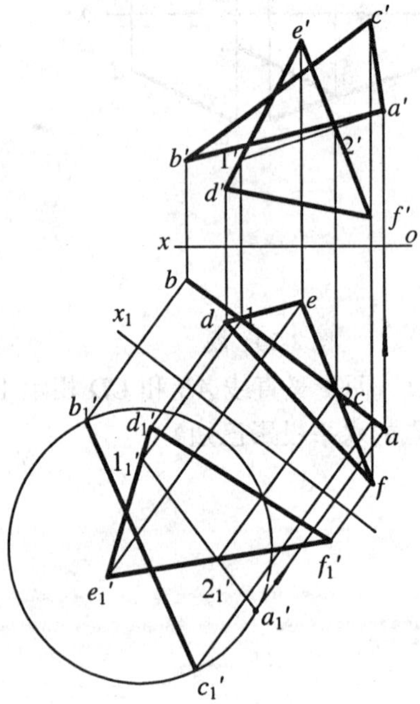

图 2-22 解

分析：如斜边已知，则直角三角形直角顶点的轨迹为以斜边为直径的圆球面，题目同时要求顶点 A 落在 DEF 平面上，该题的解有无数个，顶点 A 的解集为 DEF 平面与球面的交线。本题只求一解，为解题方便，可将 A 点定义在一个特定的位置，如与斜边 BC 构成的直角三角形平面为铅垂面或正垂面，则一次换面即可求得。

作图过程或作图要点说明：

1）首先设直角三角形平面为铅垂面，此时选择 o_1x_1 轴平行于 bc，得到直线 b_1' c_1' 和三角形 d_1' e_1' f_1'；

2）以 b_1' c_1' 为直径作圆，则直角三角形所在的铅垂面和 DEF 平面的交线Ⅰ Ⅱ与该圆交于 a_1' 点；

3）返回即可得到三角形 ABC。

第 3 章　曲线、曲面的投影

3.1　内 容 要 点

本章主要介绍了工程中较常用的曲线和曲面的形成以及各种曲线、曲面投影特性，在此基础上重点介绍了如何求曲线的投影和实长、圆的投影、如何在曲面表面取点和螺旋线的形成和投影。

3.2　解 题 要 领

1．曲线的投影与实长

1）投影：曲线可视为点的集合，因此要求曲线的投影，只需求出曲线上一系列点的投影后，再将其同面投影依次光滑连接后即可得到曲线的投影。在曲线上取点时，要注意画出曲线上的特殊点（如最高、最低点；最前、最后点；最左、最右点等），这样在描绘曲线投影时更准确。

2）实长：求曲线实长的常用方法是图解法，即用直线段逼近曲线近似求解。方法是首先将曲线分段，在曲线上取足够多的点，再用折线代替曲线，然后使用直角三角形法求得每段折线的实长后，再展成直线即得到曲线的实长。

2．曲面的投影

曲面可分为直线面和曲线面，曲面的投影和平面一样只要作出能惟一确定曲面几何要素的投影即可。如作出母线、定点、导线、导面等，就能完全确定曲面。

有时为了更加清晰的反映投影图，通常还要画出曲面的轮廓线以确定曲面的范围。对复杂的曲面，还要画出一系列的素线及截交线，以便进一步表达曲面性质。

3．圆的投影

圆在所平行的投影面上的投影反映圆的实形，在其余两投影面上的投影积聚成一直线，其长度等于圆的直径，且平行于对应的投影轴；当圆所在的平面为一般位置平面时，圆在各投影面上的投影均为椭圆，且各个椭圆的长短轴不同，必须分别求解，求解长短轴的方向和大小，通常用最大斜度线法或换面法求解。

4．螺旋线的投影

当动点沿着圆柱面（圆锥面）的直母线作等速直线运动的同时该动点又沿着圆柱面（圆锥面）的轴线作等速回转运动时，此动点的运动轨迹是圆柱螺旋线（圆锥螺旋线）。

螺旋线的投影可以根据其形成原理求解。首先将导程和底面圆周等分成相同的份数，然后作出各分点的素线的正面和水平投影，由导程的正面投影各分点作水平线，与相应素线相交得到若干点，若是圆锥螺旋线则还要求出这些点的水平投影，依次光滑连接，即得螺旋线的两面投影。

3.3 习题与解答

3.3.1 曲线的投影和实长

3-1 已知曲线的两面投影，求曲线的实长。

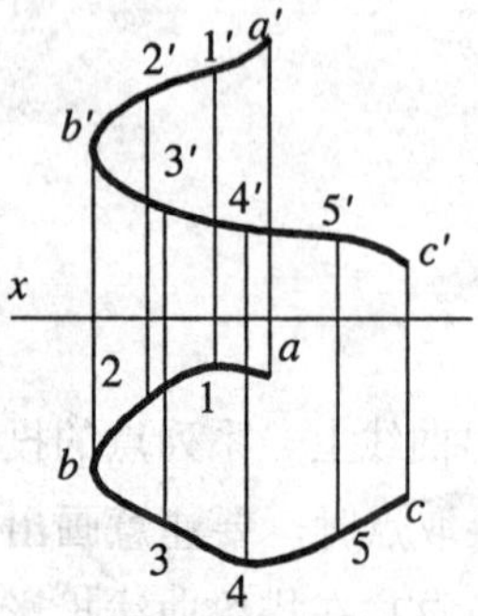

图 3-1 题

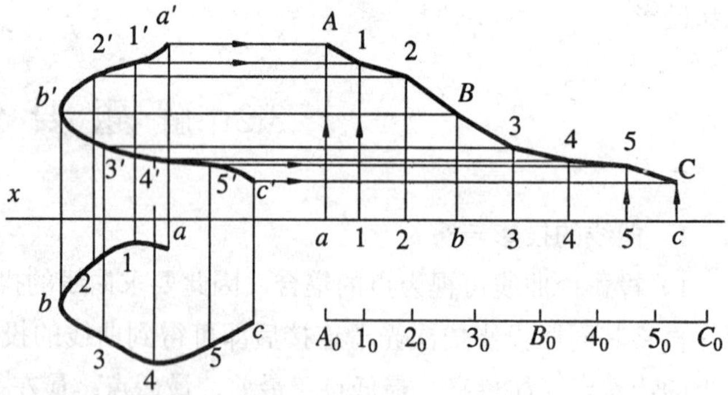

图 3-1 解

分析：曲线可视为一系列点的集合，所以要求曲面实长，首先将曲线分段，在曲线上取足够多的点，再用折线代替曲线，然后使用直角三角形法求得每段折线的实长后，再展成直线即得到曲线的实长。

作图过程或作图要点说明：

1）根据曲线形状在曲线上取点，将曲线分为若干段；

2）对各段使用折线段代替曲线段；

3）用直角三角形法求各折线段的实长；

4）将各段实长展成一条直线段即可得到曲线段的实长。

3.3.2 曲面的投影

3-2 作出圆柱面的水平投影，并补画线段 AC 的其他投影。

分析：圆柱面的水平投影为矩形；AC 的正面投影为曲线，其在其他两面上的投影同样为曲线，而且侧面投影积聚在圆周上，可直接得到，求水平投影首先在 AC 上取一般点，并通过二求三的方法得到这些一般点的投影，连接即可得到水平投影。

作图过程或作图要点说明：

1）A、C 两点的水平和侧面投影由投影性质求得；

2）在 a' c' 上取一般点 $1'$、$2'$，根据侧面投影积聚性，求出 $1''$、$2''$，再用二求三方法求出 1、2；

3）将各点依次光滑连成曲线。

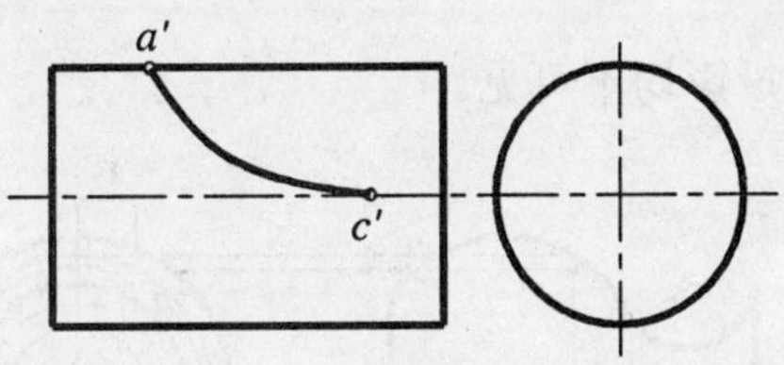

图 3-2　题

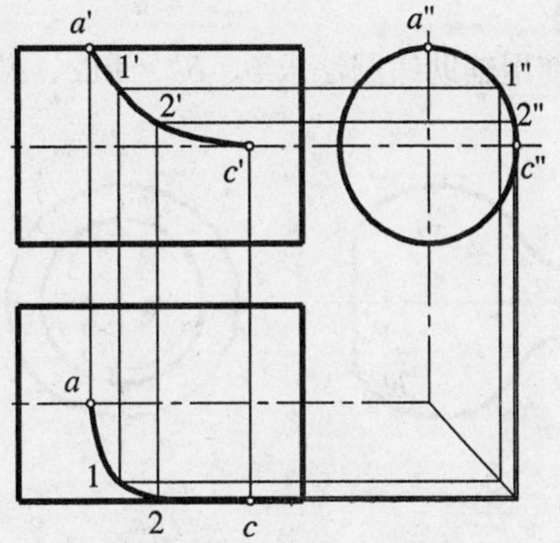

图 3-2　解

3-3　补全圆锥表面上线的其他两面投影。

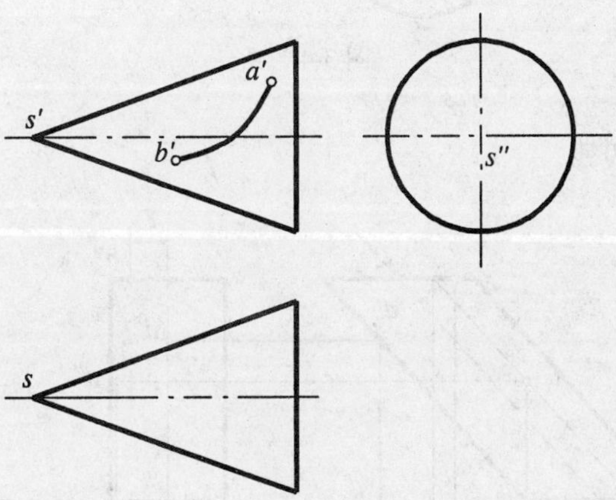

图 3-3　题

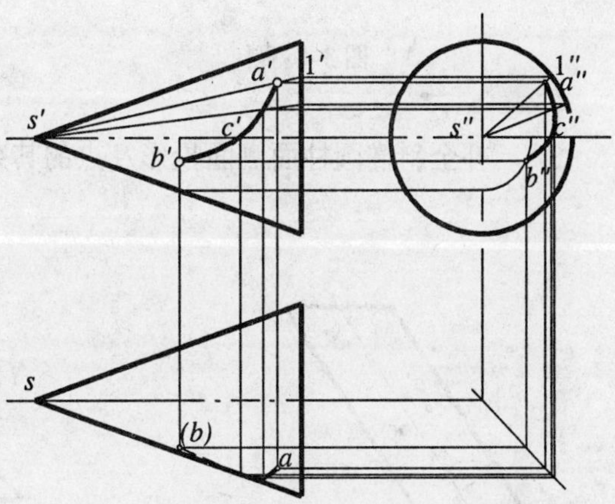

图 3-3　解

分析：A 点利用辅助素线法作图，先求出素线 $S\ I$ 的侧投影，对应求出 a'' 后再用点的二求三求出 a；B 点利用辅助纬圆法作图，该纬圆在侧面反映圆弧，因此先作侧面投影；c 点在轮廓线上。

作图过程或作图要点说明：

1）利用辅助素线法作图求 A 点侧投影 a''，然后二求三求 a；

2）利用辅助纬圆法求 b'' 及 b；

3）c 点在轮廓线上，为可见性的分界点；

4）将各点依次光滑连成曲线。

3-4　补画回转体的水平投影，并找出其面 A、B、C、D 四点的其他两投影。

分析：A 点正面投影在轴线上，水平投影在转向轮廓线上，B 点正面投影在转向轮廓线上，水平投影在轴线上，通过二求三得侧面投影；B、C 两点投影可由辅助纬圆法求得。

作图过程或作图要点说明：

1）作出回转体的水平投影，投影图同正面投影；

2）因 a' 可见，因此 a 点在水平投影在转向轮廓线的前面，二求三得 a''；b、b'' 求法同；

3）使用辅助纬圆法求 b、b'' 和 c、c''，其投影均不可见。

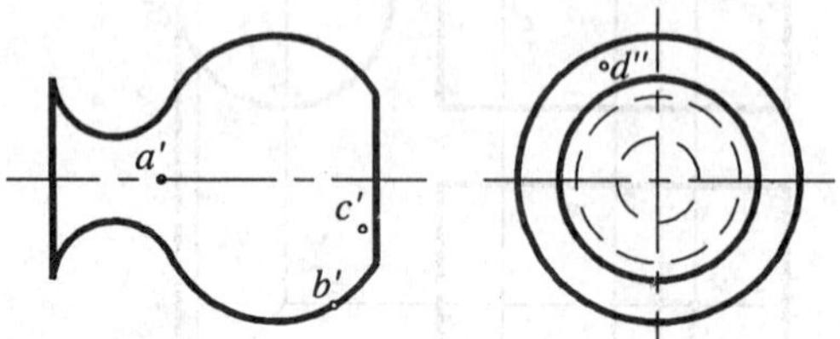

图 3-4 题

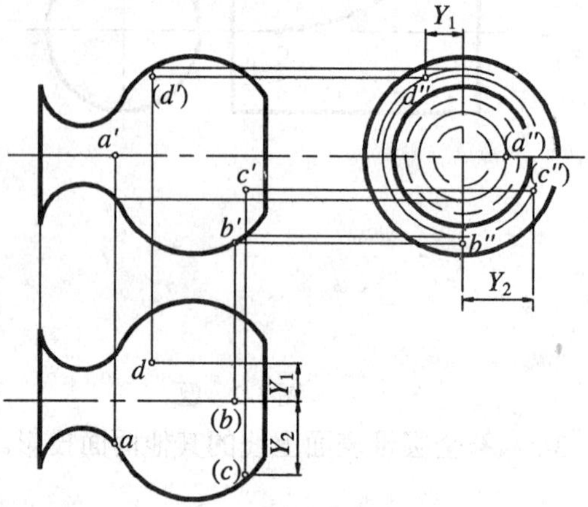

图 3-4 解

3-5 补全斜椭圆柱面侧面投影及点的其余投影。

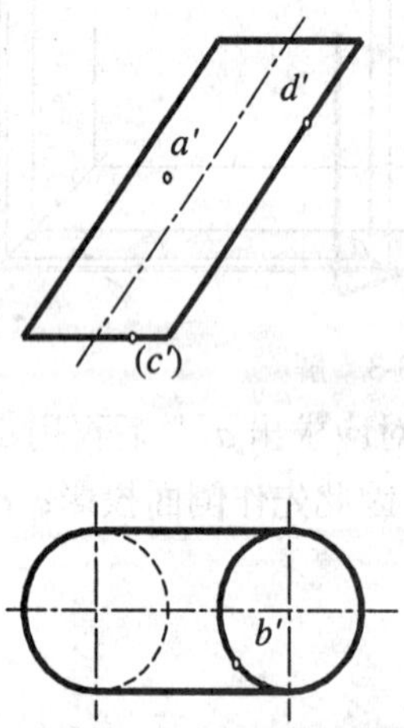

图 3-5 题

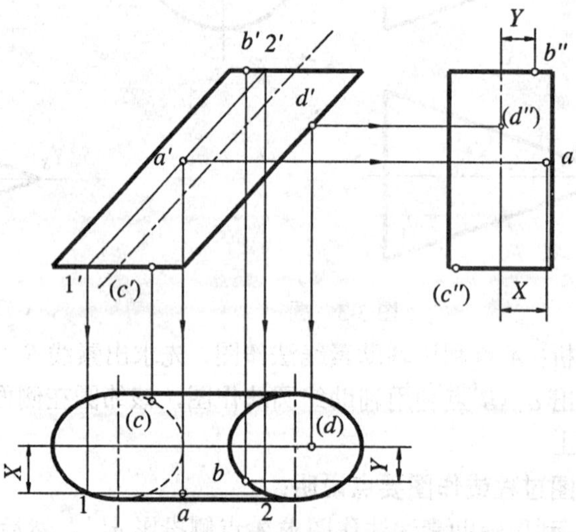

图 3-5 解

分析：柱面上取点的方法与平面上取点的方法相似，只要包含点的已知投影作辅助素线，并判断可见性。

作图过程或作图要点说明：

1）A 点为一般位置点，作辅助素线ⅠⅡ，得水平投影 a，二求三得 a''；

2）B、C 投影分别位于上下椭圆上，其投影可直接得到；

3）D 点投影位于正面投影的右转向轮廓线上，同样可直接得到其投影。

3-6 补全斜圆锥面侧面投影及点的其余两投影。

分析：锥面上取点的方法与柱面取点的方法类似，同样可以采用辅助素线法求得；而且也可以通过辅助曲线圆来求得。

作图过程或作图要点说明：

1）补画斜圆锥侧面投影，可通过二求三得到；

2）A 点为一般位置点，过 a' 作辅助素线 $s'm'$，水平投影为 sm，过 a' 点作投影线交 sm 得 a，二求三得 a''；

3）B 点位于底面圆周，由可见性并过 b' 作投影线，交水平投影底面圆于 a，二求三得到 b''，其不可见。

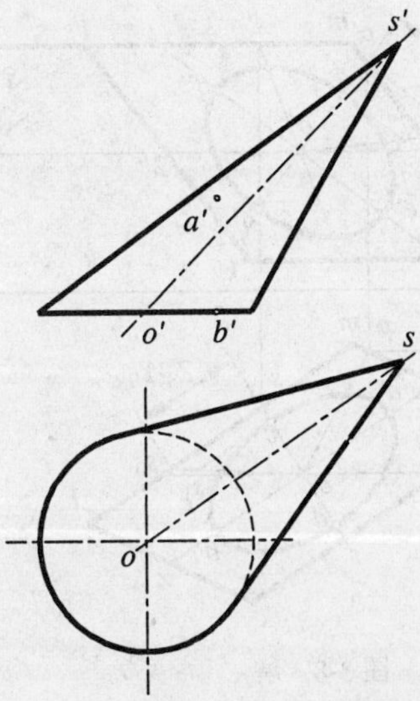

图 3-6　题

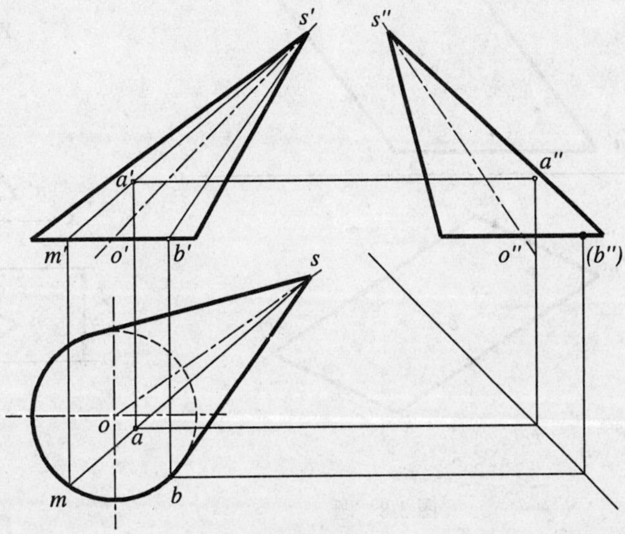

图 3-6　解

3.3.3　圆的投影

3-7　作出三角形 ABC 内切圆的投影。

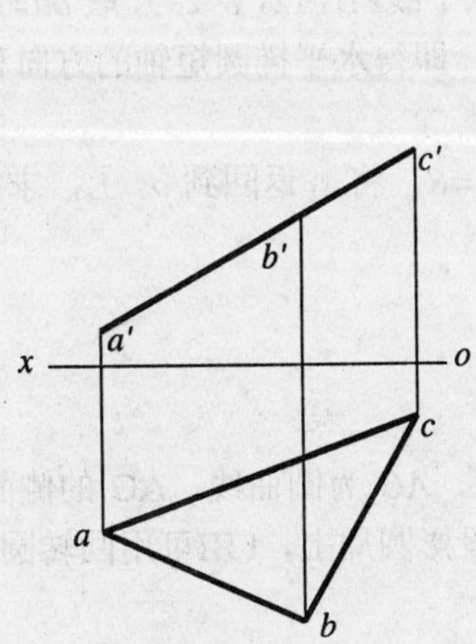

图 3-7　题

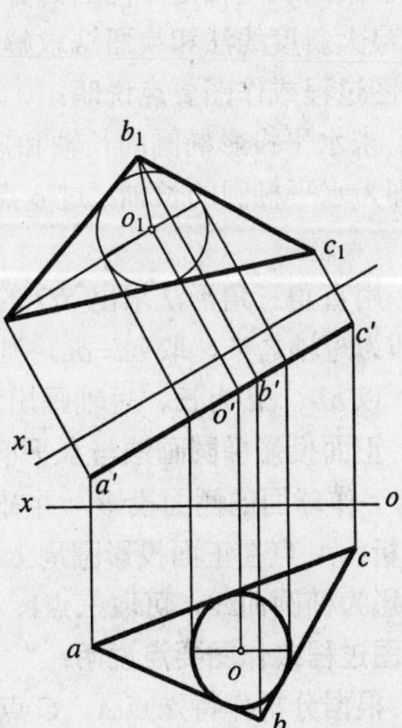

图 3-7　解

分析：三角形 *ABC* 为正垂面，要作内切圆，须首先用换面法作出三角形的实形；在返回内切圆投影时，要注意区分椭圆的长短轴。

作图过程或作图要点说明：

1）通过一次换面得到三角形实形；

2）在三角形实形上作出内切圆；

3）返回内切圆投影，得到内切圆投影。

3-8　在一般位置平面上 *KLMN* 上有以 *O* 为圆心，直径为 2*R* 的圆，试作其两面投影。

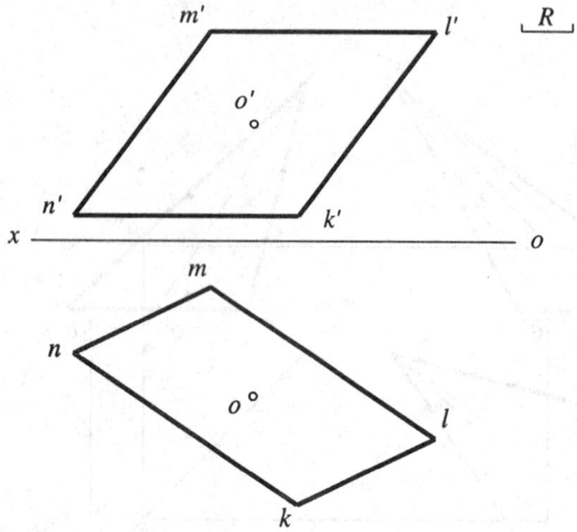

图 3-8　题

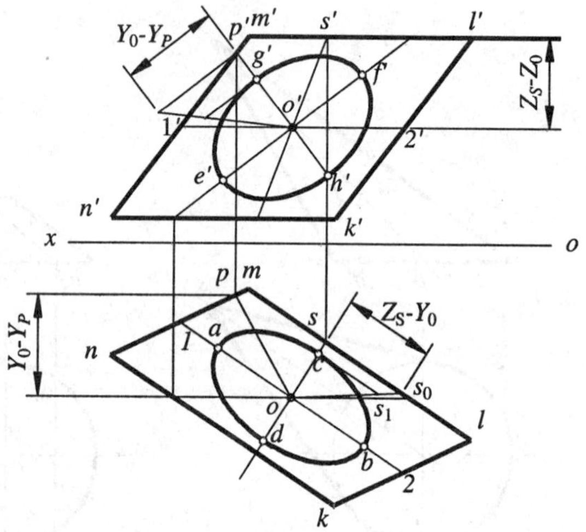

图 3-8　解

分析：当圆所在的平面为一般位置平面时，圆在各投影面上的投影均为椭圆，需注意的是每个椭圆的长短轴是不同的，并且必须分别求解。欲画椭圆必须求出长短轴的方向和大小，通常用最大斜度线法和换面法求解，本题使用的方法是最大斜度线法。

作图过程或作图要点说明：

1）求水平投影椭圆的长轴和短轴，过 *o* 点作平面内的水平线ⅠⅡ(12，1′2′)，取 *oa*=*ob*=*R*，则 *ab* 即为水平椭圆的长轴；过 *o* 点作 *so*⊥12，再求出 *s′ o′* 即得水平椭圆短轴的方向和两面投影；

2）用直角三角形法求出 *SO* 的实长 os_0，在 os_0 上取 $os_1=R$，将 s_1 返回到 *os* 上，求得 *c*，则 *oc* 即为短轴之半，取 *od*=*oc*，则 *cd* 即为短轴；

3）以 *ab*、*cd* 为长、短轴画出水平椭圆；

4）正面投影椭圆画法与水平椭圆相似。

3-9　作球面的侧面投影，并补画线段 *AC* 的其他投影。

分析：A 点在正面投影圆周上，*C* 点在侧面投影圆周上，*AC* 为圆曲线，AC 的侧面、水平面投影为椭圆曲线，可取三点Ⅰ、Ⅱ、Ⅲ，其中Ⅱ点在水平投影圆周上，ⅠⅢ可用回转圆求出。

作图过程或作图要点说明：

1）根据分析作特殊点 *A*、*C* 点投影；

2）在 *AC* 线上取Ⅰ、Ⅱ、Ⅲ三点，Ⅱ点为特殊位置点，Ⅰ、Ⅲ投影采用回转圆法求出；

3）将 A、I、II、III、C 各点的同面投影用光滑曲线连接。

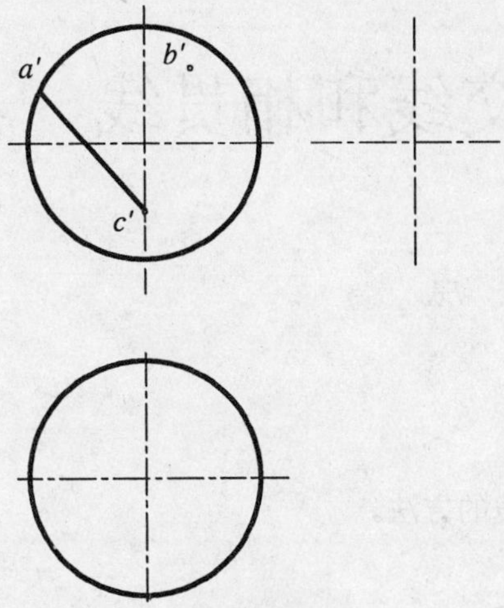

图 3-9　题

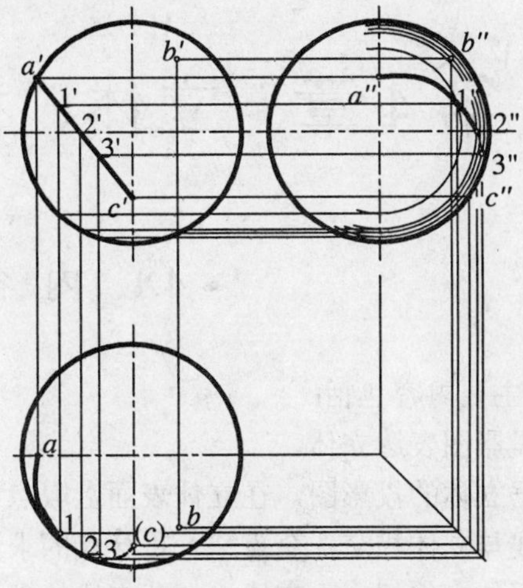

图 3-9　解

3.3.4　螺旋线的投影

3-10　在所给的圆柱面上画出导程为 P 的左螺旋线的投影，并将其展开在一个平面上。

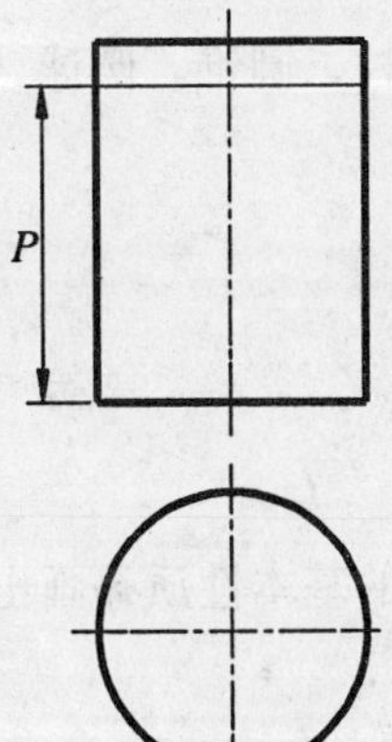

图 3-10　题

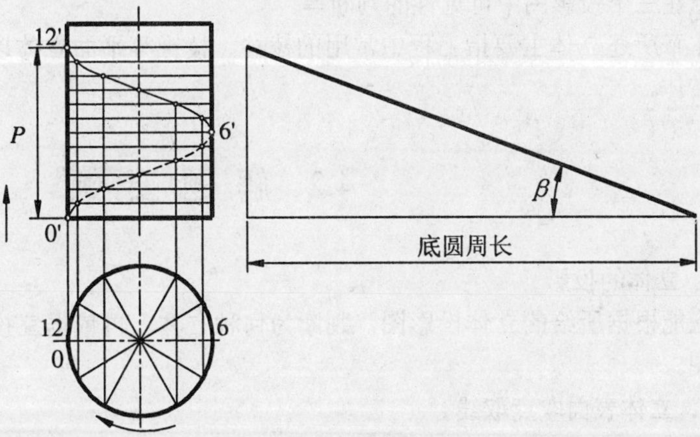

图 3-10　解

分析： 绘制螺旋线首先要确定三要素，分别是导圆柱直径，导程和旋向，本例中要求为左螺旋线，其遵循左手定则。在确定三要素后，将导程和投影圆周分成相同的等分，作投影线即可得到相应的交点。

作图过程或作图要点说明：

1）将水平投影圆周分成 12 等分，根据旋向标注顺序号 1～12；

2）将正面投影导程也等分成相同的等分（12 份）。由水平投影圆周各点向上作投影线，由导程各分点 1~12 作水平线，得相应的交点 1′、2′、3′ ……12′ 即为螺旋线上点的正面投影；

3）依次光滑连接正面投影各点并判别可见性即得螺旋线的正面投影，其水平投影积聚在圆周上。

4）展开。

第4章　立体、截交线和相贯线

4.1　内 容 要 点

本章的主要内容包括：

1．用投影图表达立体。

2．根据立体的投影图，在立体表面上取点、取线的方法。

3．直线与立体相交，交点——贯穿点的求法。

4．平面与立体相交，交线——截交线的求法。

5．立体和立体相交，交线——相贯线的求法。

重点介绍如何利用立体表面的积聚性投影、辅助面法(三面共点法)等常用的作图方法，求出属于截交线、相贯线上的点，进而求出截交线、相贯线的对应投影。同时阐述了立体表面上的点在三个投影图中可见性的判断等。

本章所述立体主要指工程中常用的棱柱、棱锥等平面立体以及圆柱、圆锥、圆球、圆环等回转体。

4.2　解 题 要 领

1. 立体的投影

应能根据所给的立体投影图，判断为何种立体。再依据三投影图的基本性质补画出其他投影图。

2．立体表面取点取线

取点： 若立体某些表面在某一投影面的投影具有积聚性，如圆柱面或棱柱面，可以利用投影的积聚性直接在立体表面上取点。若没有积聚性，可以通过在立体表面上取辅助作图线，然后在所取的辅助线上取点。根据点在线上，点的投影在线的同面投影上的性质，求出点的三投影。由于所取的点属于立体表面上的一条线，因此，所取的点一定是立体表面上的点。为方便作图起见，这些用于找点的辅助作图线一般应为直线或圆。

取线：首先在立体表面上取点(线段的端点或线段通过的点)，应特别注意那些属于所取线段并处在立体表面某些特殊位置的点，然后连线。连线时要分清所连的线是直线还是曲线，如是曲线，应光滑顺序连接所取各点。同时还要进行可见性判别（立体表面某些特殊位置点往往也是可见不可见的分界点）,不可见的点应用括号括起来，不可见的线则用虚线绘制。

3．截交线

平面与立体表面的交线称为截交线，截交线上的所有点均为立体表面和截平面所共有，求截交线的方法可归结为求平面与立体表面的共有点。截交线上的所有特殊点，应尽可能求出。

（1）当截平面垂直于某一投影面时，截交线在该投影面上的投影必定属于截平面的积聚性投影，截交线的另外两投影，可利用立体表面取点的方法，求出属于截交线上的一系列点，然后连成折线或光滑曲线。同时判别可见性，可见不可见的分界点是截交线上的特殊点，必须求出。

（2）当立体某些表面的某一投影具有积聚性时，截平面与其相交所得截交线在该投影面上的投影属于该立体表面的积聚性投影，另外两投影可利用在立体表面取点或平面上取点的方法，求出属于截交线上的一系列点，然后连成折线或曲线。同样注意区分可见性。

（3）若截平面与立体表面的投影均无积聚性，则可以选用一定数量的辅助截平面，利用三面共点的原理求得一系列共有点，然后连线。

4．相贯线

两立体表面相交所得交线称为相贯线，相贯线上的所有点均为两立体表面上的共有点，相贯线为两立体表面的共有线，基本方法仍然是求出共有点。同样，应尽可能求出相贯线上的所有特殊点。

（1）当相交两立体中至少有一个立体某些表面的投影具有积聚性时，则相贯线的一个投影是已知的，就在此积聚性投影上，另外两投影可利用表面取点法，求出属于相贯线上的若干个点，然后依次光滑连线。注意区分可见性，可见不可见的分界点是特殊点必须求出。

（2）若相交两立体表面的投影都没有积聚性时，可以采用辅助面法，利用三面共点的原理求出若干个共有点。常用的辅助面有平面和圆球面两种。若所选的辅助面为平面，则辅助平面截两立体所得的交线均应为圆、直线或其投影为圆、直线。辅助平面与两立体表面相交所得的两条截交线的交点即为相贯线上的点；若相交两立体为回转体，且两回转体轴线相交，也可以采用圆球面作为辅助面。在求得一系列共有点后，依次光滑连线，并区分可见性。

（3）截交线、相贯线的作图步骤：

- 分析：相交的平面或立体所处的空间位置；
- 确定求共有点的方法；
- 求共有点，尽可能求出所有的特殊点，然后再求出若干个一般点；
- 确定交线的性质并连线。如是直线，直接连接线段两端点；是曲线，则依序光滑连接各共有点。
- 判断可见性，若交线所在的相交两表面均可见，则交线可见，反之交线不可见。
- 整理平面或立体的边界线或轮廓线，穿入立体内部的边界线或轮廓线不存在，因此不应画出，被遮住的边界线、轮廓线为不可见，应画成虚线，可见的边界线、轮廓线用粗实线画出。

4.3 习题与解答

4.3.1 立体的投影及表面取点取线

4-1 已知三棱锥的 *V*、*H* 两面投影，求其侧面投影，并判断各棱线、棱面的空间位置。

SA 是______线； *SB* 是______线； *SC* 是______线；*AB* 是______线；

BC 是______线； *AC* 是______线； 平面 *ABC* 是______面； 平面 *SAB* 是______面；平面 *SBC* 是______面； 平面 *SCA* 是______面。

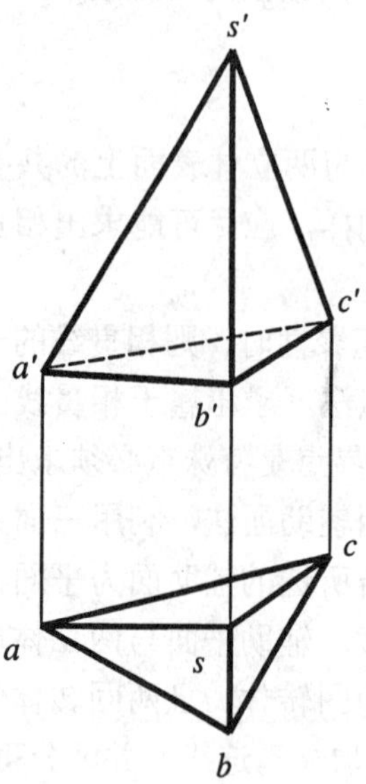

图 4-1 题

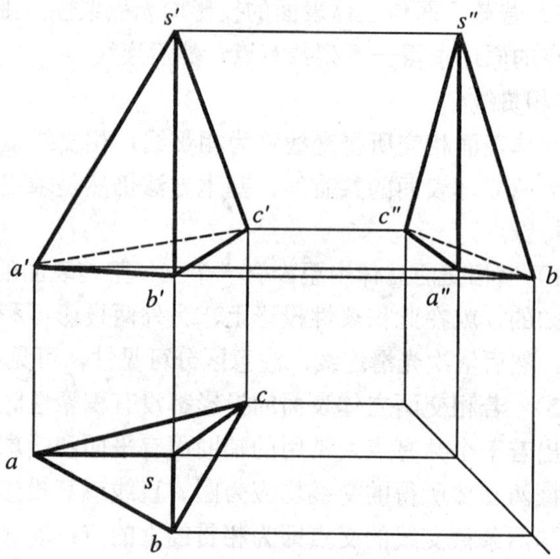

图 4-1 解

分析：由四个顶点的两投影可以求得它们的第三个投影，依次连线得棱线、棱面的侧面投影，完成三棱锥的侧面投影。

作图过程或作图要点说明：作图过程略，三棱锥的侧面投影见图 4-1 解。

SA 是 正平 线； *SB* 是 侧平 线； *SC* 是 一般位置 线；*AB* 是 一般位置 线；

BC 是 一般位置 线； *AC* 是 一般位置 线； 平面 *ABC* 是 一般位置 面； 平面 *SAB* 是 一般位置 面；平面 *SBC* 是 一般位置 面； 平面 *SCA* 是 一般位置 面。

4-2 作出五棱柱的 *V* 面投影，并判断各棱面的空间位置。

分析：由已知条件可知，五棱柱的五条棱线均为铅垂线，根据铅垂线的投影特性及三个投影图的对应关系，容易作出正面投影。正面投影中，最后方的一条棱线不可见，用虚线表示。

作图过程或作图要点说明：作图过程略。由于五棱柱的五条棱线均为铅垂线，所以，五个棱面均为铅垂面，上下两底面则为水平面。

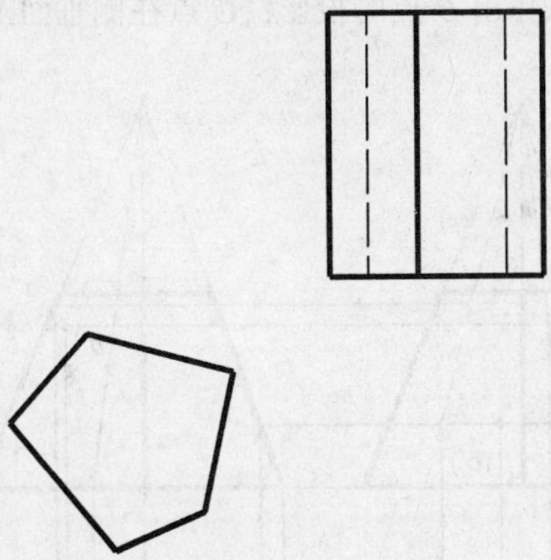

图 4-2　题

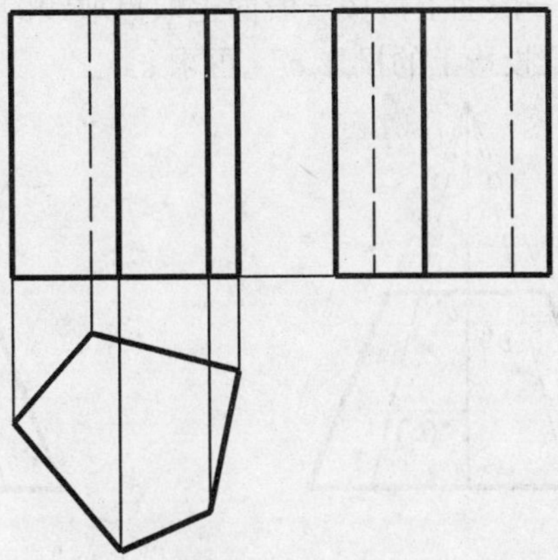

图 4-2　解

4-3 求作六棱柱的侧面投影，并补画其上 *A*、*B*、*C* 三点的其他投影以及线段 *AC* 的其他投影。

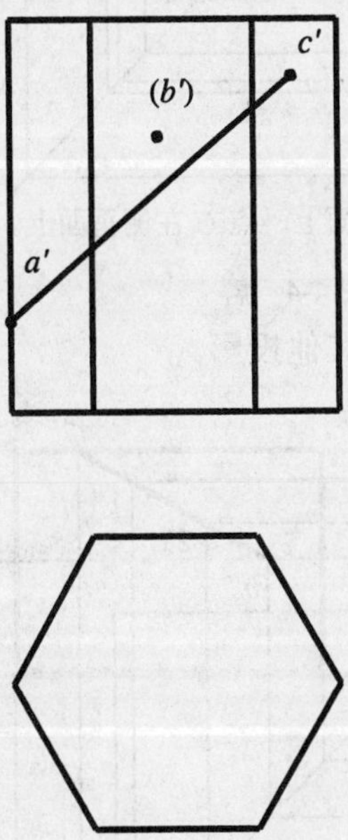

图 4-3　题

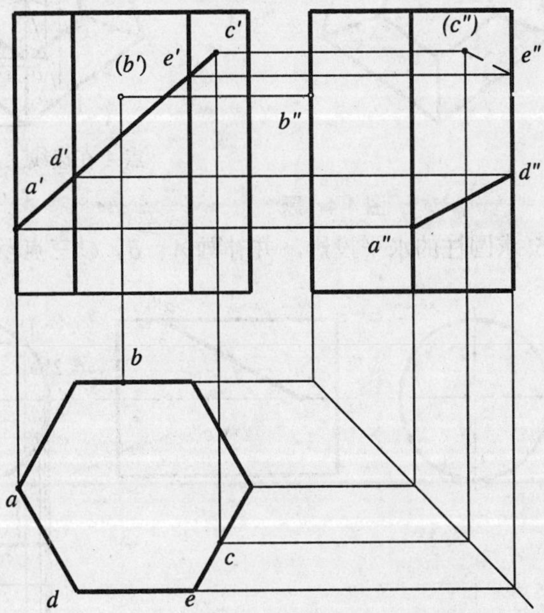

图 4-3　解

分析：该棱柱为正六棱柱，上下两底面为水平面，六个棱面中前后两个为正平面，其余四个为铅垂面，且前后左右对称，*A* 点在最左边的棱线上，*B* 点在最后面的棱面上，*C* 点在右前棱面上，*AC* 线是一条落在三个不同棱面上的折线。

作图过程或作图要点说明：略，作图过程如图 4-3 解所示。

4-4 求作五棱锥的侧面投影，并补画其上 *A*、*B*、*C* 三点的其他投影。

分析：根据投影对应关系作出五棱锥台的侧面投影，*A* 点在最前面的棱线上，利用线上取点的方法作出 *A* 点的其它投影；*B* 点在左前方的棱面上，*C* 点在最后面的棱面上（该棱面为侧垂面），利用面上取点的方法作出 B、C 两点的其它投影。

作图过程或作图要点说明： A 点在棱线上，根据投影对应关系，首先求出 a''，然后求出 a；B 点在一般面上，按一般面上取点取线的方法作出 B 点的投影；C 点在侧垂面上，可求出在面的积聚投影上的投影 c''，再求 c。

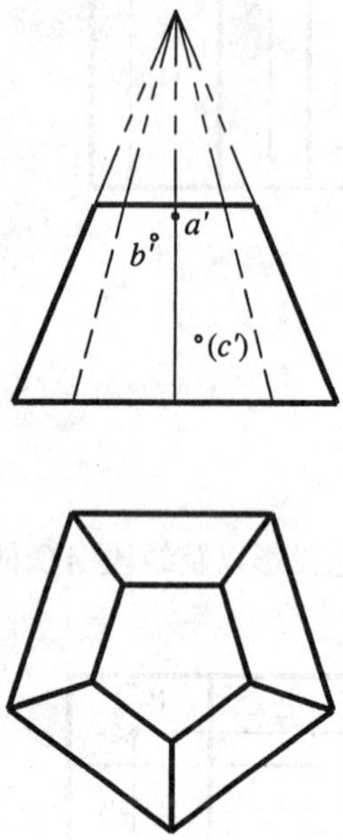

图 4-4 题

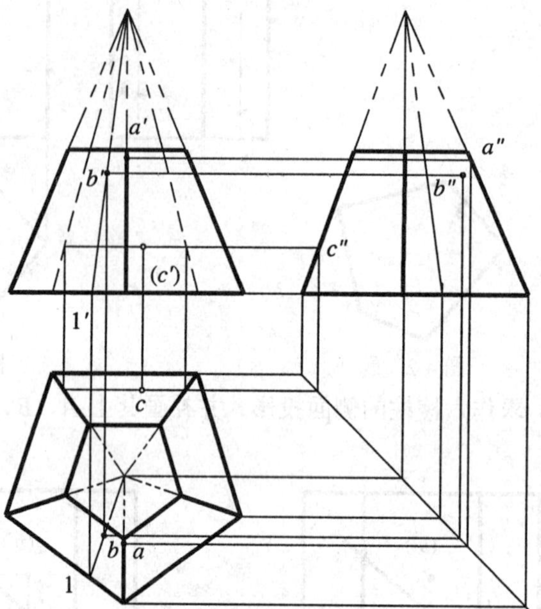

点 A 在棱线上，点 B 在一般面上，点 C 在侧垂面上。

图 4-4 解

4-5 求圆柱的水平投影，并补画 A、B、C 三点及线段 AB 的其他投影。

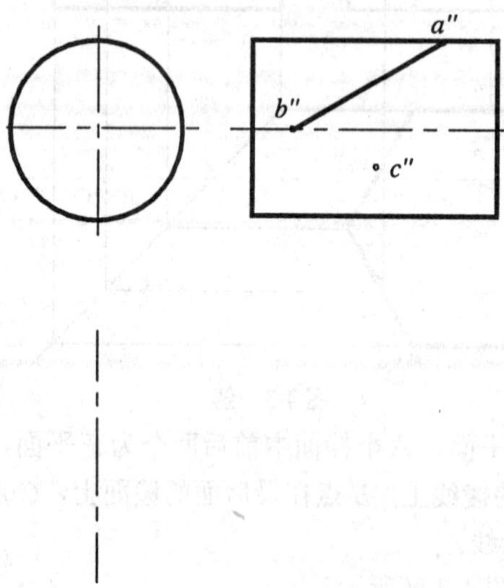

图 4-5 题

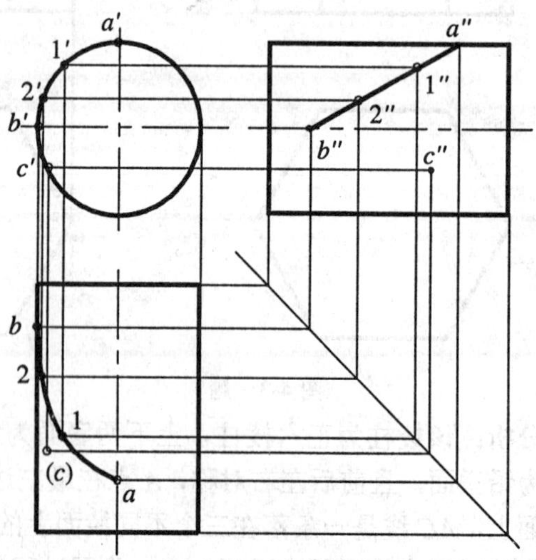

图 4-5 解

分析： 这是一个轴线处于正垂位置的圆柱，水平投影与侧面投影相同，都是一个矩形。A 点在最上方的轮廓线上、B 点在最左边的轮廓线上，而 C 点位于左前下方的圆柱面上。

作图过程或作图要点说明：A、B 两点的求法相同，首先求出它们的正面投影 a'、b'，再根据投影对应关系求出 a、b；C 点必须先求出正面投影 c'，再由投影对应关系求出 c，c 不可见；AB 线在圆柱面上，正面投影积聚在圆上；水平投影与轴线倾斜，是一条椭圆弧，可在 $a''b''$ 上任取若干点，求出这些点在水平投影面上的对应投影，依次、光滑连接各点求出椭圆弧的水平投影。

4-6 求圆锥的侧面投影，并补画圆锥面上 A、B、C 三点及线段 AC 的其他投影。

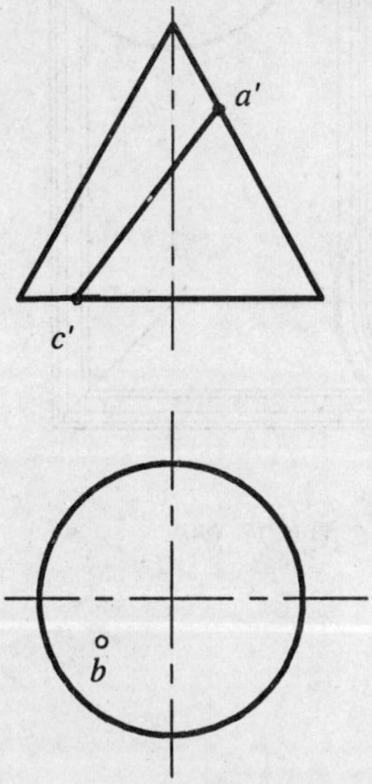

图 4-6　题

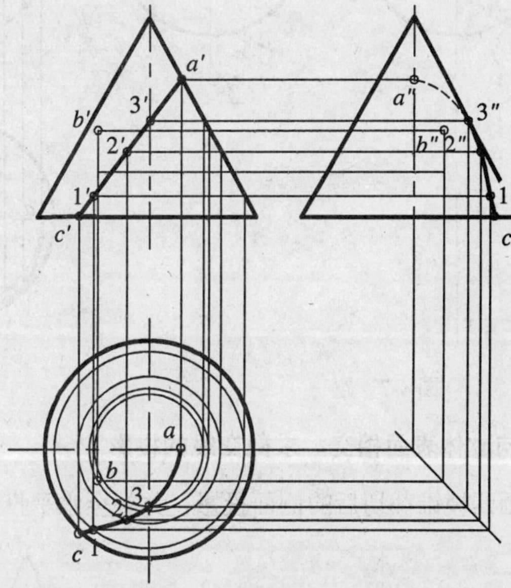

线段 AC 是曲线段，侧面投影 $a''3''$ 不可见，$3''2''1''$ 可见

图 4-6　解

分析：所给圆锥体的轴线垂直于水平投影面，侧面投影与正面投影相同，都是三角形。A 点在最右方的轮廓线上，B 点在左前方的圆锥面上，C 点在底圆的左前方的圆周上。AC 线在圆锥面上，为曲线，其上的Ⅲ点落在最前方的轮廓线上，是 AC 线侧面投影可见不可见的分界点。

作图过程或作图要点说明：先作出 A、C 两点的投影，再用辅助纬法求出 B 点的投影，在 AC 线上任取若干个点，如Ⅰ、Ⅱ、Ⅲ点，用辅助纬圆法求出它们的水平投影和侧面投影，依次、光滑连接各点，求出 AC 的水平投影和侧面投影。也可以采用素线法作出。

4-7 求作圆球的水平投影，并补画圆球面上 A、B、C 三点及线段 AB 的其他投影。

分析：A 点在正面投影轮廓圆上，B 点在侧面投影轮廓圆上，它们的其他投影位于对应的中心线上，可直接求出。C 点在右、前、上方球面上，可利用在球面上取辅助纬圆的作图方法（图中采用水平纬圆）找出其投影。AB 为一段圆弧，其水平投影和侧面均为椭圆。除 A、B 点外，Ⅱ点属于水平投影轮廓圆上的点，也是一个特殊点，应该首先找出。其他各点（如Ⅰ、Ⅲ点）都是利用辅助纬圆逐一求出，并区分可见性（水平投影中 $23b$ 为不可见），光滑连接即可。

作图过程或作图要点说明：作图步骤略。

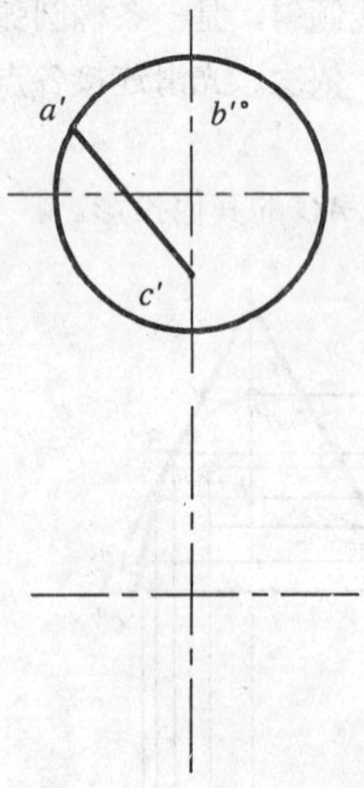

图 4-7　题

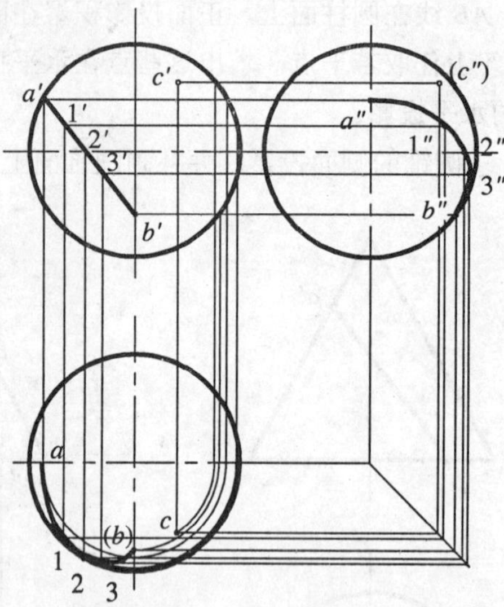

图 4-7　解

4.3.2　平面与立体表面相交，求截交线的投影

4-8 补画四棱锥截切后的侧面投影，并补全水平投影。

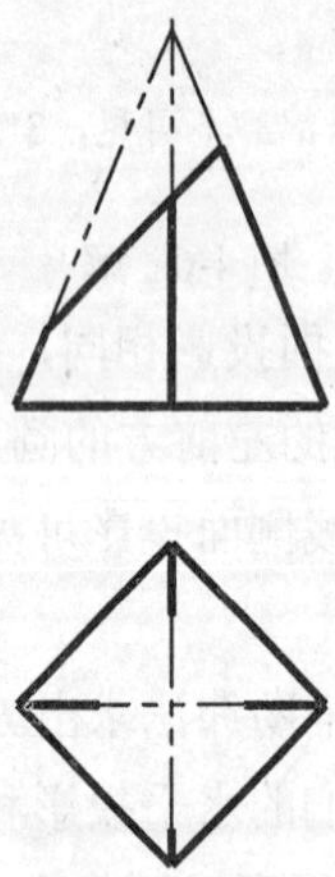

图 4-8　题

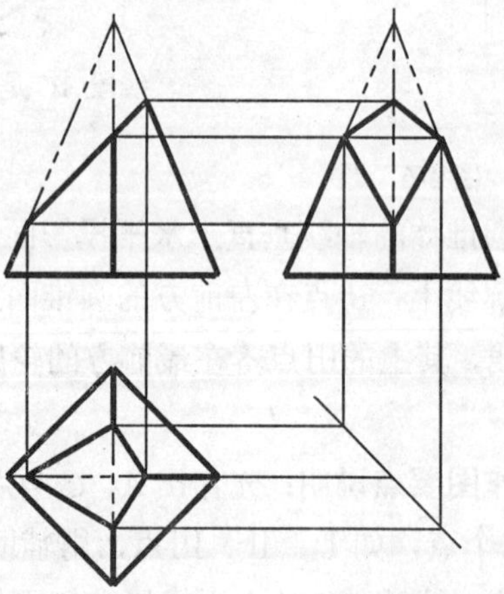

图 4-8　解

分析：这是一个正四棱锥被一正垂面截切，先补画出四棱锥的侧面投影，再找出截平面与四条棱线的交点，顺次连接各交点的同面投影，即完成截交线的水平投影和侧面投影。

作图过程或作图要点说明：作图步骤略。

4-9 补画被正垂面截切后的五棱柱的侧面投影。

分析：五棱柱的所有棱面全部被一正垂面截切到，因五个棱面全部为铅垂面，其水平投影具有积聚性，因此水平投影已知不需要补线。根据正面投影可以直接求出五条棱线与截平面的交点的侧面投影，然后顺次连接成截交线，最后补齐棱线、棱面的侧面投影（不可见部分用虚线表示）。

作图过程或作图要点说明：作图步骤略。

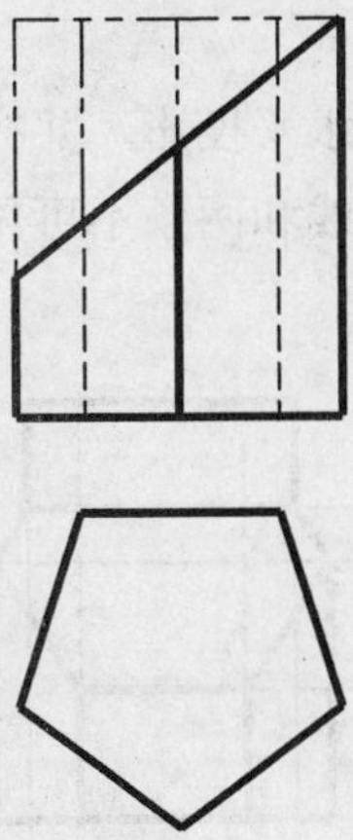

图 4-9　题

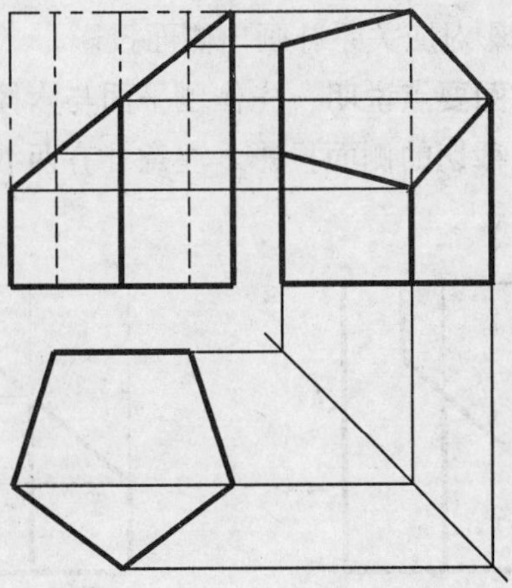

图 4-9　解

4-10 补画三棱锥切割后的侧面投影，并画全水平投影。

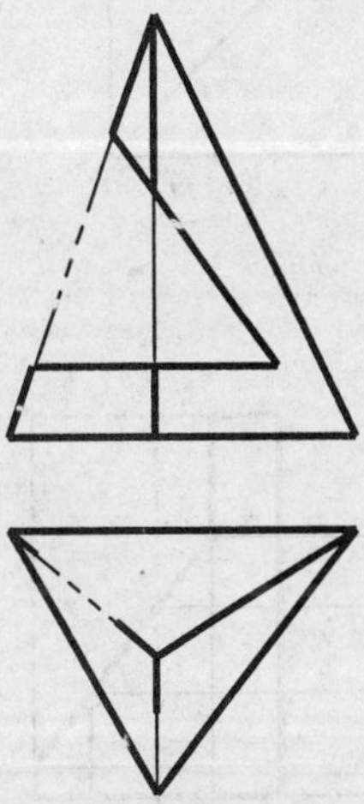

图 4-10　题

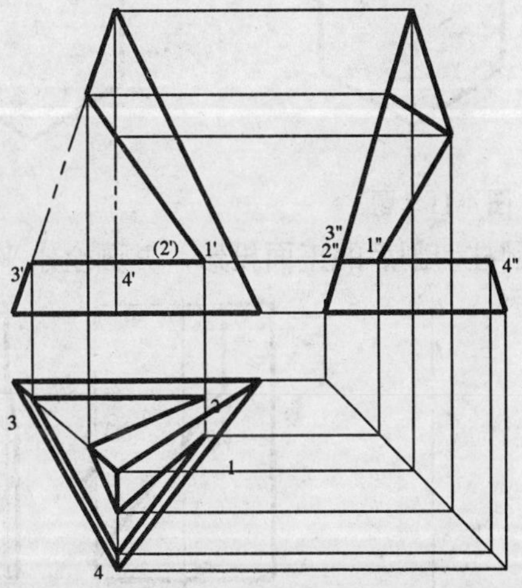

图 4-10　解

分析：三棱锥被两个平面截切，所以有两条截交线。一个截平面为水平面，平行于三棱锥的底平面；另一个为正垂面。两条截交线的交线是一条正垂线，其水平投影为铅直方向线，交线的两端点就是两条截交线的分界点。

作图过程或作图要点说明：水平截平面与三棱锥表面的三条截交线分别与底面三角形的三条边平行，因此可在正面投影定出水平截平面与三棱锥的棱边交点 3′、4′，对应到水平投影面上得 3、4。过 3、4 分别作三条底边的平行线，并与两截平面交线的水平投影交于 1、2。用同样的方法求作正垂面与三棱锥交线的水平投影（只需画到 1、2 处）。再根据投影对应关系求出它们的侧面投影。检查，区分可见性（两截平面的交线的水平投影 12 不可见），加深即可。

4-11 补画六棱柱切割后的侧面投影，并画全水平投影。

分析：六棱柱用一个侧平面和一个正垂面截切，水平投影中正垂面与六棱柱的截交线的投影落在棱面的积聚投影中，而侧平面的水平投影积聚为一条铅直方向的直线。补画完水平投影后，再根据投影对应关系补画出侧面投影。

作图过程或作图要点说明：先作侧平面与六棱柱截切的水平投影，并补画侧面投影；再画正垂面与六棱柱截切的侧面投影。注意补齐两截平面的交线和两条不可见棱线（图中用虚线表示）。

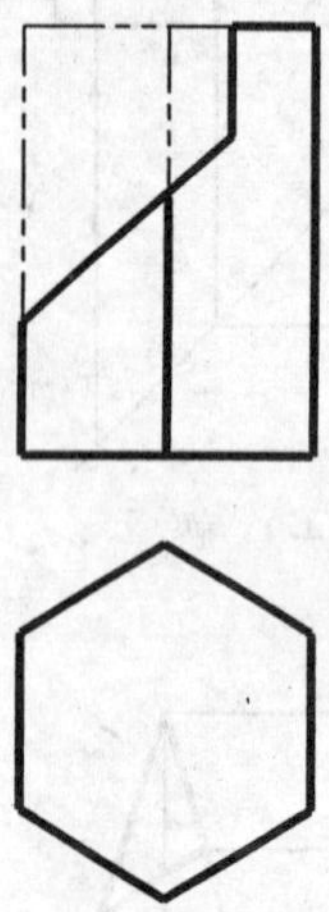

图 4-11 题

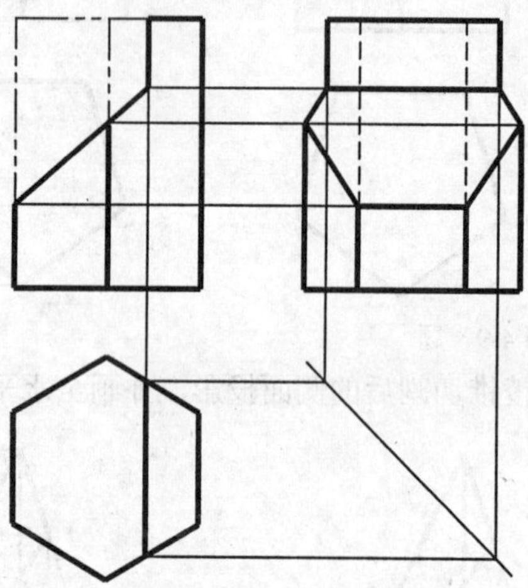

图 4-11 解

4-12 补画圆柱切割后的正面投影，并画全水平投影。

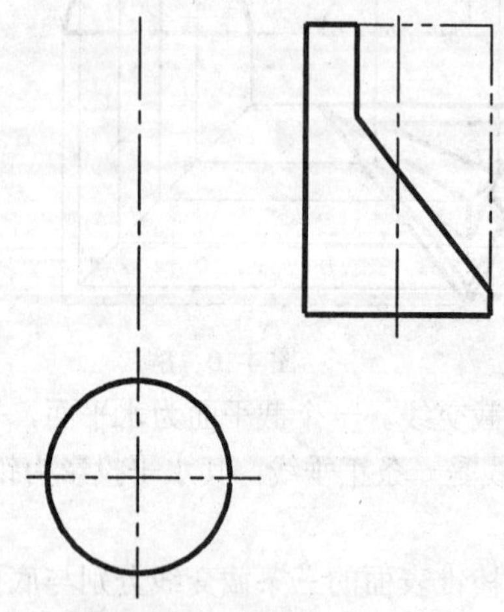

图 4-12 题

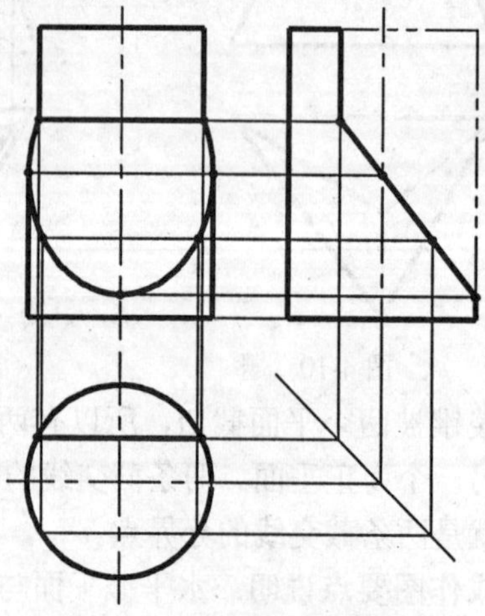

图 4-12 解

分析：圆柱被两平面截切，一为正平面，一为侧垂面。正平面与圆柱面相交，所得交线为两条平行于轴线的线段，与圆柱顶圆相交于一侧垂线；侧垂面与圆柱面相交，所得交线为一段椭圆弧。两截平面的交线也是侧垂线。

作图过程或作图要点说明：正平面与圆柱面相交,所得交线的水平投影积聚在一段线上可直接求出，再由投影对应关系作出正面投影；侧垂面与圆柱面相交，所得交线的水平投影积聚在圆上，根据投影对应关系，求出椭圆上若干个点的正面投影，然后依次光滑连接各占点画出它们的正面投影；最后完善正面投影中的转向轮廓线。

4-13 补画圆锥切割后的侧面投影，并画全水平投影。

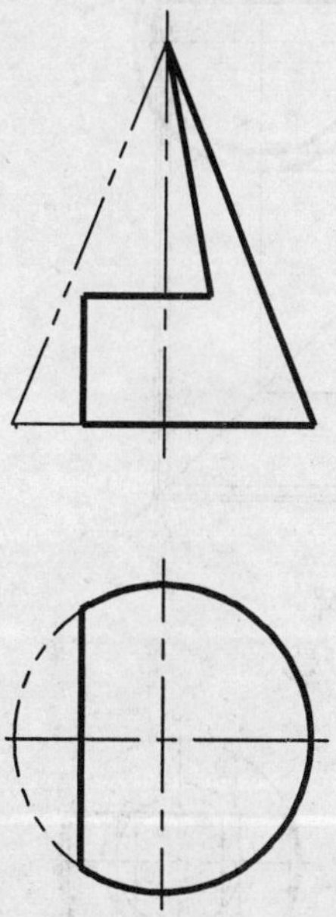

图 4-13　题

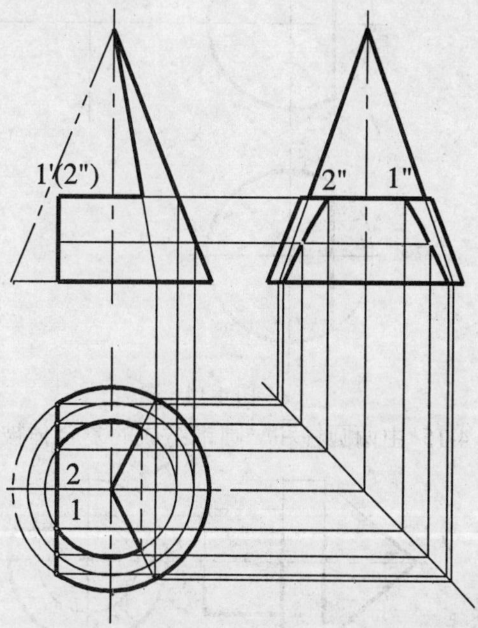

图 4-13　解

分析：圆锥被三个平面截切：分别为过锥顶点的正垂面，所得交线是交于锥顶的两直线、水平面，所得交线是水平圆弧及侧平面，所得交线是部分双曲线。截平面的交线是两条正垂线，交线的端点即为三段截交线的分界点。

作图过程或作图要点说明：首先画出圆锥的侧面投影；再求过锥顶点的截平面与圆锥面的截交线；再作水平面与圆锥面的交线圆，根据水平投影和正面投影定出截交线的分界点和两截平面的交线，交线的水平投影不可见，用虚线表示。同时在侧面投影中补画出来；最后，求出侧平面与圆锥体的截交线，其水平投影为直线段，可直接画出，侧面投影为双曲线。与水平面截切圆锥面所得截交线圆的分界点Ⅰ、Ⅱ是双曲线上一对特殊点，可由水平投影求出，并在侧面投影图中找出它们的对应投影，双曲线上其他各点可用辅助纬圆法求出，求出足够的点后，依次、光滑连线；最后完善轮廓线。

4-14 补画圆球切割后的侧面投影，并画全水平投影。

分析：圆球被两个平面截切，分别是正垂面和侧平面，所得截交线都是圆，其投影应是椭圆和圆。两个截平面的交线是一条正垂线。

作图过程或作图要点说明：首先作正垂面与球的截交线，首先求出截交线上的特殊点，然后再求若干个一般点，并依次、光滑连线，得部分椭圆；再求侧平面与球面的截交线，分别在相应的投影面上作出部分圆周；求出两截平面的交线，并区分截交线的可见性；最后完善轮廓线。

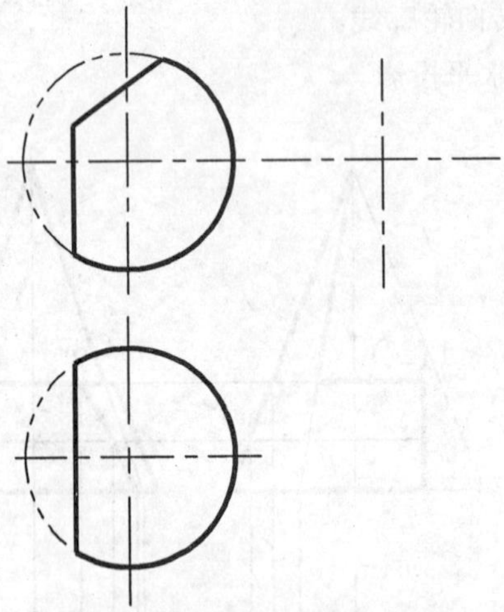

图 4-14 题

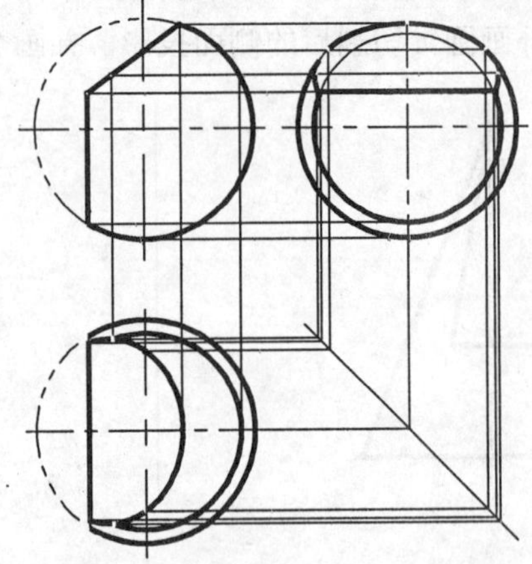

图 4-14 解

4-15 由两圆柱和一圆锥组成的复合体被水平面截切，补画水平投影。

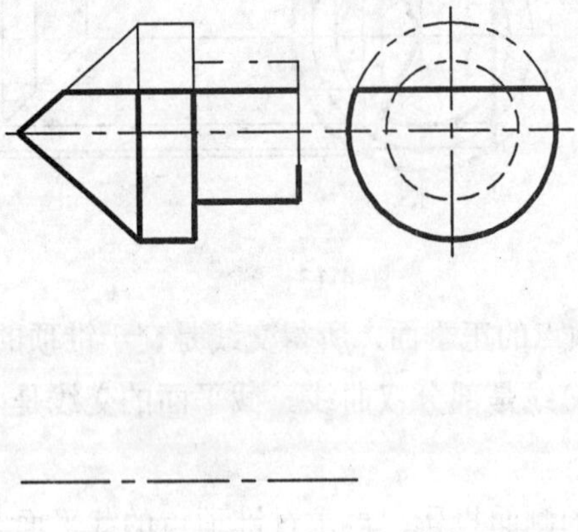

图 4-15 题

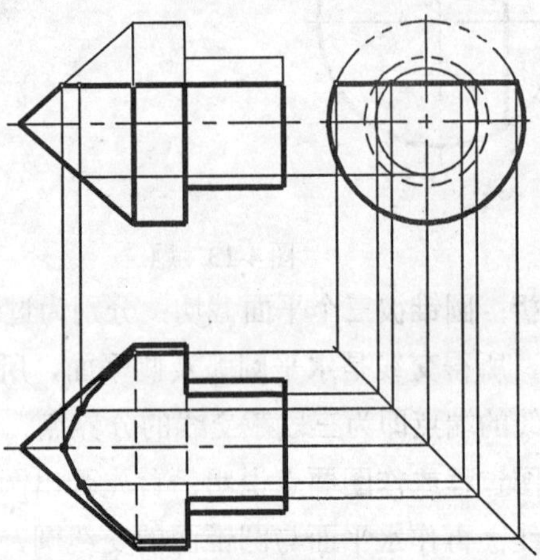

图 4-15 解

分析：该复合体为同轴圆柱体和圆锥体组合，并用一个与轴线平行的水平面截切而成。截平面切圆锥体和两个圆柱体，所得截交线为双曲线和两组平行于轴线的直线。

作图过程或作图要点说明：首先画出复合体的水平投影，然后找点，作双曲线；根据侧面投影对应画出两组直线的水平投影；最后处理轮廓线，锥柱、柱柱分界线（不可见的用虚线表示）。

4-16 由球和圆柱组成的复合体开有两方孔，补画侧面投影，画全正面投影和水平投影。

分析：两方孔分别为竖放和前后水平放置。在球、柱复合体上开方孔，实质是用组合平面来截切球、柱。竖放方孔由两对称的正平面、侧平面组成，且只与球面相切，交线为两两对称的圆弧（投影图中两两重叠）；前后水平放置的方孔由上下两水平面和对称的两侧平面组成，与球和圆柱均相交，所的交线是圆弧和直线。

作图过程或作图要点说明：首先补画出竖放方孔截切后所得的圆弧曲线的正面投影和侧面投影，各为一段圆弧，同时区分方孔棱边的可见或不可见的部分，分别用粗实线或虚线画出；再作前后水平放置的方孔截切后所得的圆弧和直线：水平投影两段圆弧（一段与圆柱的投影重叠），侧面投影两段圆弧相切于两段直线（对称），同时区分方孔棱边的可见或不可见的部分分别用粗实线或虚线画出（注意：该方孔被竖放方孔截断成前后两部分）；最后完善轮廓线。

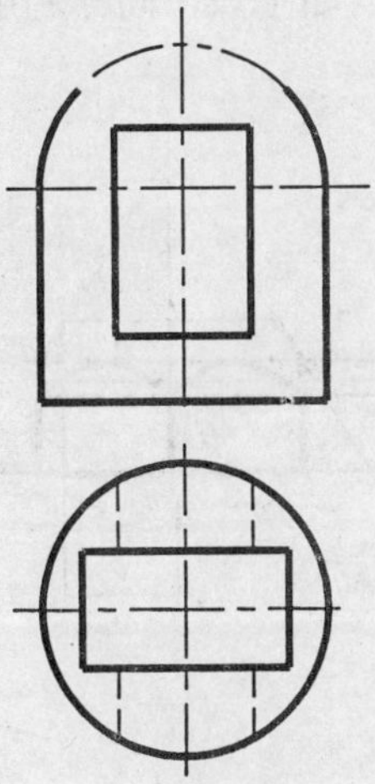

图 4-16　题

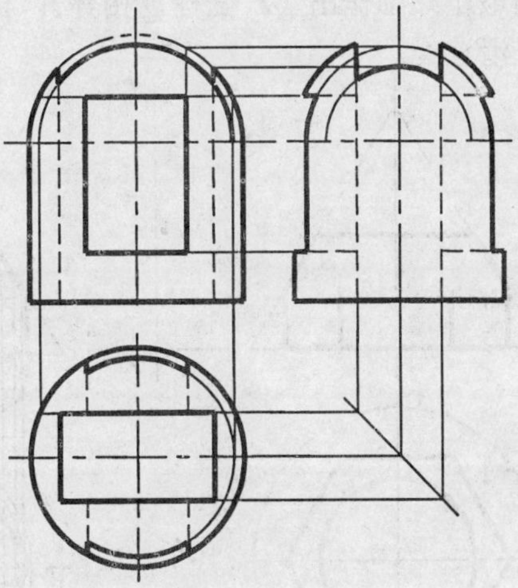

图 4-16　解

4-17 已知圆柱被平面截切，补画投影图中所漏画的图线。

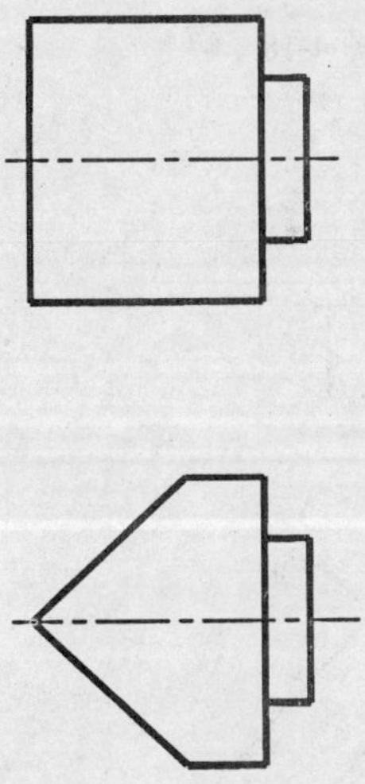

图 4-17　题

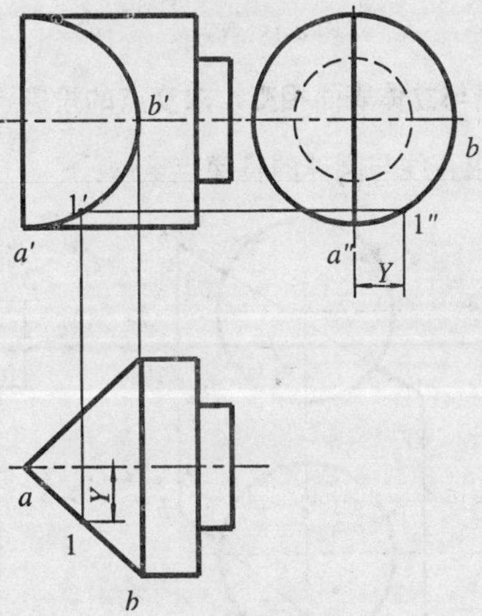

图 4-17　解

分析：该题左方大圆柱被两个平面截切：为前后对称的两个铅垂面，所得到的两条截交线为两段椭圆弧，且两段椭圆弧的 V 面投影重合在一起，侧面投影积聚在圆上、水平投影积聚为两条线段；右边小圆柱未被切到。

作图过程或作图要点说明：画由铅垂面截切所得的部分椭圆曲线；最后在侧面投影中补上两铅垂面相交所产生的交线投影。

4-18 求圆锥台被截切后的侧面投影，并补画正面投影中的漏线。

分析：该圆锥台被两两对称的六个面截切，截交线均为双曲线（水平投影重叠在六个截切面的水平投影上），正面投影和侧面投影均按找点、连线的方法画得。

作图过程或作图要点说明：补画圆锥台的侧面投影，被前后两面切去的部分不画，然后画两两切平面的交线和圆锥面被截切所产生的双曲线。画双曲线时，先找特殊点，如 *A*、*C*、*E*、*B*、*D* 等点，*A*、*C*、*E* 等处在最大纬圆上（*Z* 坐标相等），可在投影图中直接作出，*B*、*D* 等点则利用最小纬圆作出（*Z* 坐标也相等）；再求一般位置点，如 Ⅰ 点，同样利用纬圆作出。然后依次光滑连线。

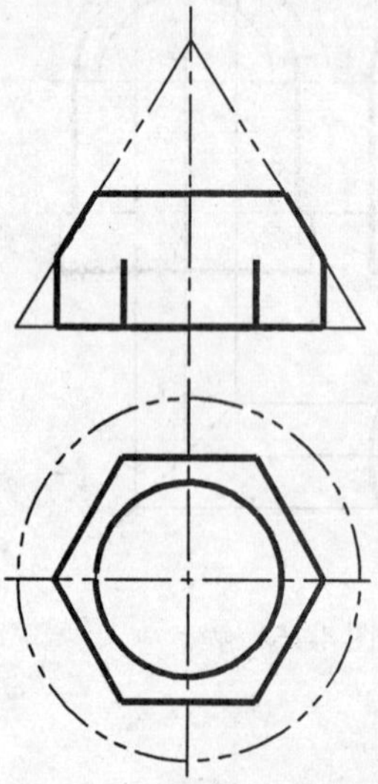

图 4-18 题

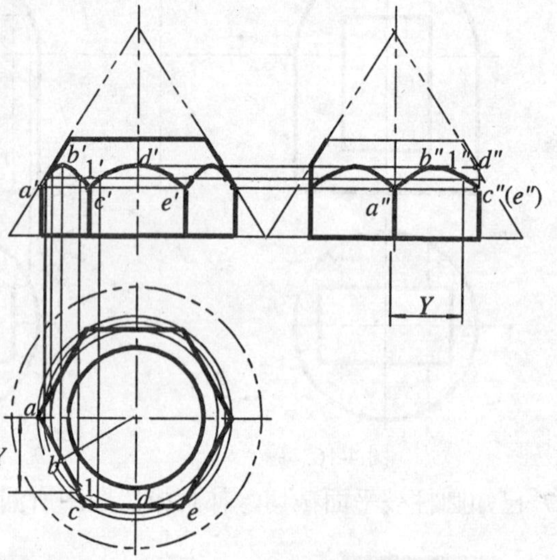

图 4-18 解

4.3.3 直线与立体表面相交，求交点的投影

4-19 求直线与圆球的贯穿点。

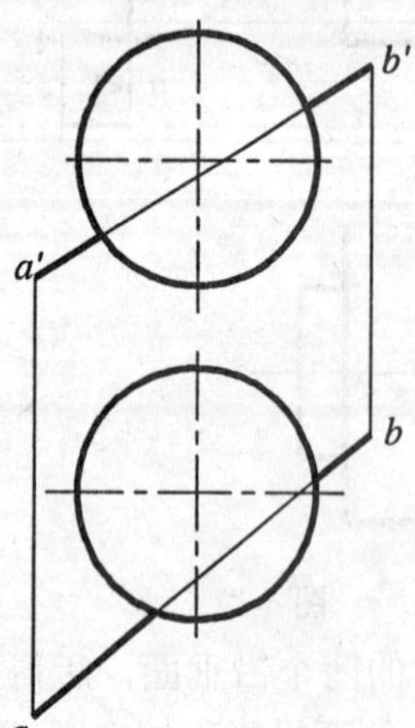

图 4-19 题

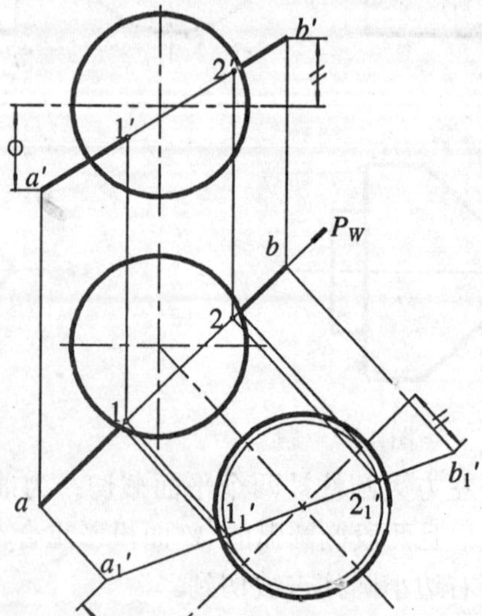

图 4-19 解

分析：与球相交的直线是一般位置，包含直线所作的平面切球得截交线的投影为椭圆，作图不便。如用换面法将一般直线变换为投影面的平行线，则包含直线可以作投影面的平行面，所得截交线的投影反映截断面的实形圆。

作图过程或作图要点说明：首先进行一次换面，将直线变为投影面的平行线，过直线作投影面的平行面 *P*，切球得截交线为圆。该圆与直线同在 *P* 平面上，它们的交点即为贯穿点。

4-20 求直线与圆锥面的贯穿点。

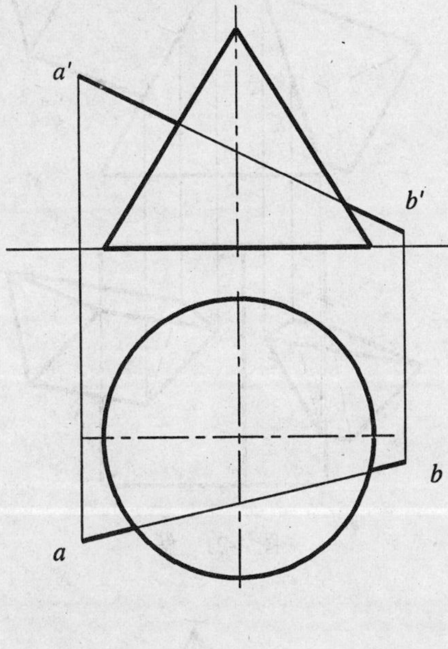

图 4-20　题

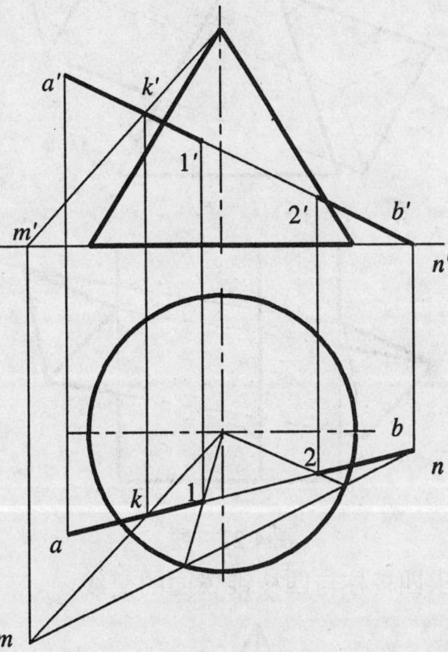

图 4-20　解

分析：与圆锥相交的直线为一般位置线，包含该直线所作的特殊位置平面切圆锥面所得截交线不是圆或直线。若以圆锥顶点及该直线构成一过锥顶点的平面，这时的平面虽是一般位置平面，但由于平面经过圆锥顶点，所以切圆锥面所得的截交线是两条相交于锥顶的直线。

作图过程或作图要点说明：过锥顶点作直线 *KM* 与已知线段 *AB* 相交于 *K*，与圆锥底圆交所在的平面于 *M*；延长 *AB* 交圆锥底圆所在的平面于 *N*，则 *MN* 是包含直线与锥顶的平面与圆锥底面的交线，从而得 *MN* 与圆锥底圆的交点；过这两交点与锥顶点连线交 *AB* 于 Ⅰ、Ⅱ，由此求得贯穿点 Ⅰ、Ⅱ。

4.3.4 两立体相交，求相贯线的投影

4-21 求两三棱柱的交线。

分析：左右方向放置三棱柱的三条棱边完全穿入前后方向放置的三棱柱，根据正面投影，左右方向放置三棱柱的三条棱边仅与前后方向放置三棱柱的左右两个棱面相交，其三个棱面只与前后方向放置的三棱柱的左右两棱面产生有截交线，相贯线即由连接在贯穿点处的截交线组合而成，是两个平面三角形。由于前后放置三棱柱的三个棱面正面投影有积聚性，交线

的正面投影已知，因此，只需求出左右方向放置三棱柱的三条棱边与前后放置三棱柱的贯穿点的水平投影。

作图过程或作图要点说明： 由六个贯穿点的正面投影求出它们的水平投影，再依次连线，不可见的交线用虚线画出。

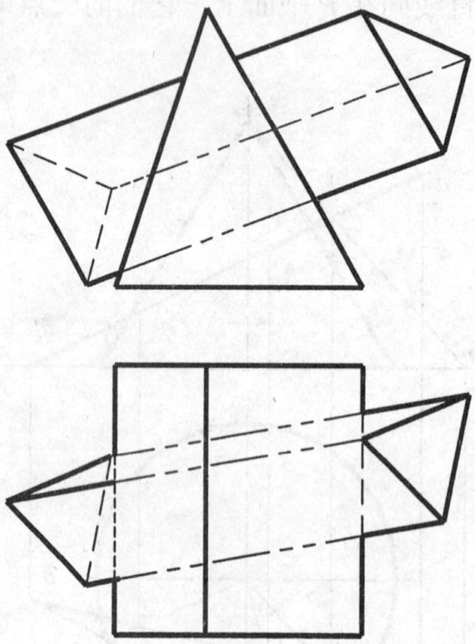

图 4-21 题

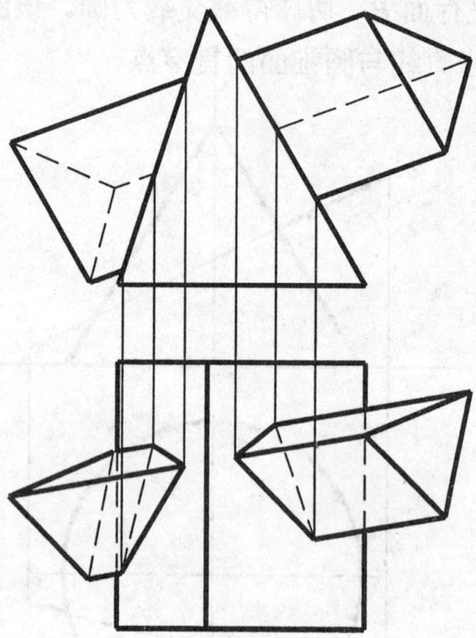

图 4-21 解

4-22 求四棱柱与四棱锥表面的交线。

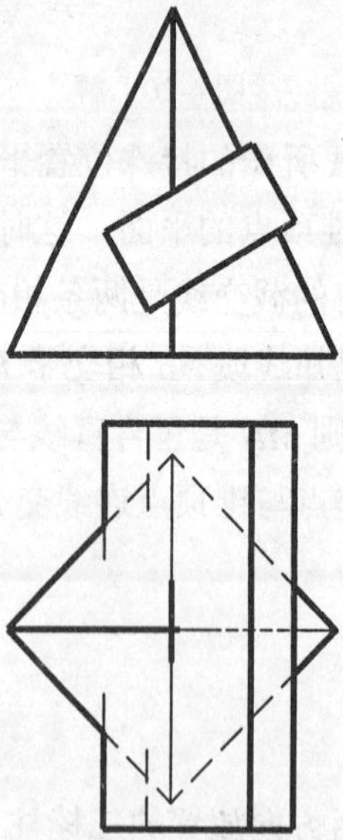

图 4-22 题

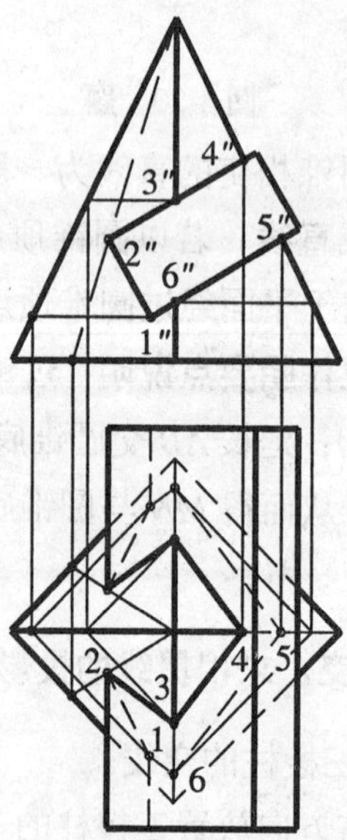

图 4-22 解

分析： 四棱柱与四棱锥为互贯，其中四棱锥右边的三条棱线贯穿了四棱柱，而四棱柱的左边两条棱线贯穿了四棱锥，共有 10 个贯穿点。由于四棱柱的四个棱面的正面投影有积聚性，相贯线的正面投影已知，因此，只需求出 10 个贯穿点的水平投影。

作图过程或作图要点说明： 用在四棱锥表面上取点的方法，由10个贯穿点的正面投影求出它们的水平投影，再依次连线，不可见的交线用虚线画出，四棱锥右边的三条棱线和四棱柱左边的两条棱线只画到贯穿点为止。本题中两立体前后对称，因此图中只标出了前面 6 个贯穿点。

4-23 在六棱柱上挖一四棱柱孔，试完成其侧面投影。

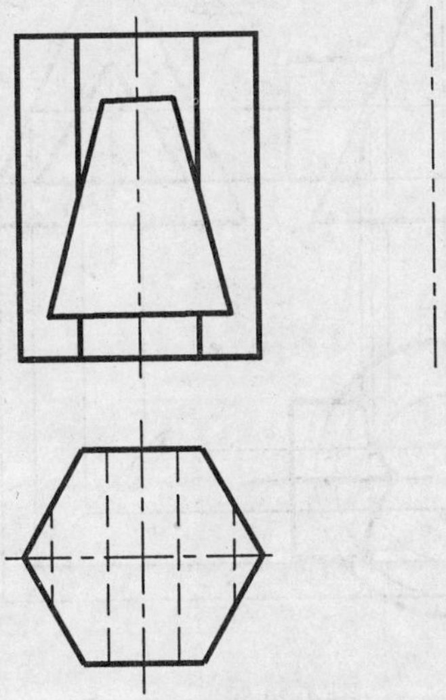

图 4-23 题

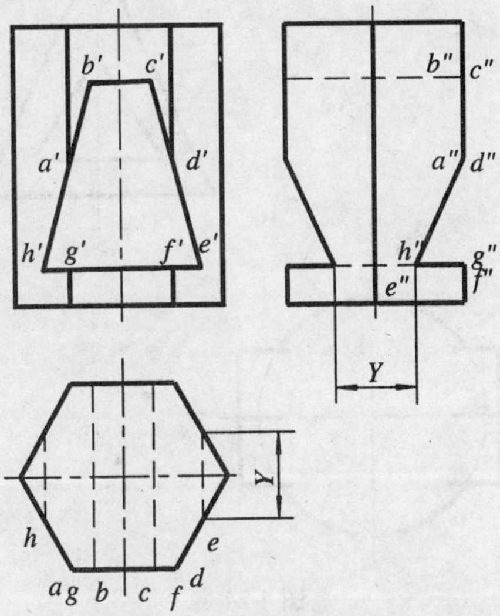

图 4-23 解

分析： 在六棱柱上挖通一完整的四棱柱孔，相当于六棱柱与一四棱柱孔相贯，要求先找出有关棱线与平面体表面的贯穿点，再顺次连线完成相贯线的投影。本题中相贯线为空间折线。

作图过程或作图要点说明： 补画六棱柱的侧面投影，再作四棱柱孔与其的相贯线。找相关棱线的贯穿点：六棱柱上前后四条棱线与四棱柱面的贯穿点，如 *A*、*D*、*G*、*F*（前两条棱线上），四棱柱上四条棱线与六棱柱面的贯穿点，*B*、*C*、*H*、*E*（在六棱柱的前三个棱面上）；顺次连线：*ABCDEFGHA*，即得前面相贯线的投影。后面相贯线与其对称，略。最后由于四棱柱是一个虚体，不可见棱面和棱线要画出虚线，穿孔后去掉的棱线、棱面不画。

4-24 三棱柱与圆锥相交，画出水平投影中漏画的图线，并补画正面投影图。

分析： 三棱柱完全穿过圆锥体，意味着三条棱边与圆锥面产生有贯穿点，三个棱面与圆锥面产生有截交线，相贯线即由连接在贯穿点处的截交线组合而成。由于两立体为前后、左右对称，因此，相贯线的水平投影也前后、左右对称，相贯线的正面投影前后重合在一起并左右对称。

作图过程或作图要点说明： 补画三棱柱与圆锥体的正面投影。求贯穿点，三棱柱三条棱边与圆锥面的交点，如 *A*、*C*；求截交线：三棱柱最下方的棱面为水平面，垂直于圆锥的轴线，因此它与圆锥面的交线是两段圆弧，水平投影反映实形且不可见，用虚线画出，正面投影积聚为直线段。前后两棱面与圆锥表面的交线是四段椭圆弧，应找点作出，由此得出相贯线 *ABC*。

其余部分与 *ABC* 对称、作法相同，略。最后处理轮廓线，三棱柱的三条棱边及圆锥正面投影转向轮廓线只画到贯穿点止。圆锥的水平投影圆，有部分圆弧为三棱柱遮挡，不可见，用虚线画出。

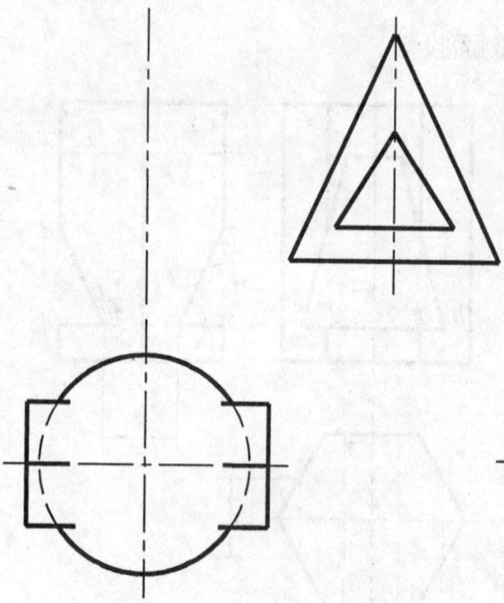

图 4-24 题

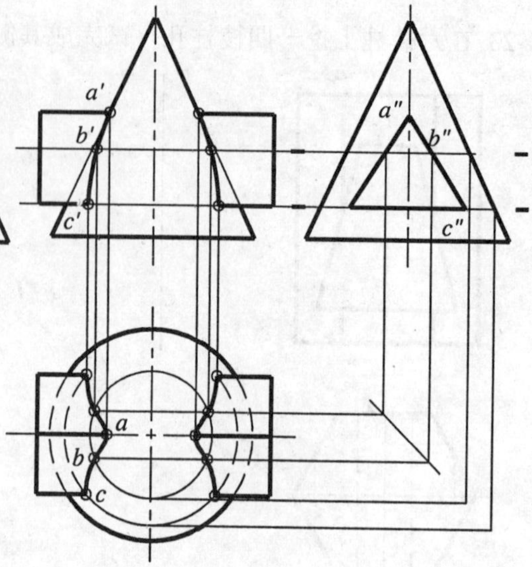

图 4-24 解

4-25 求圆柱孔与半圆柱面表面交线的正面投影。

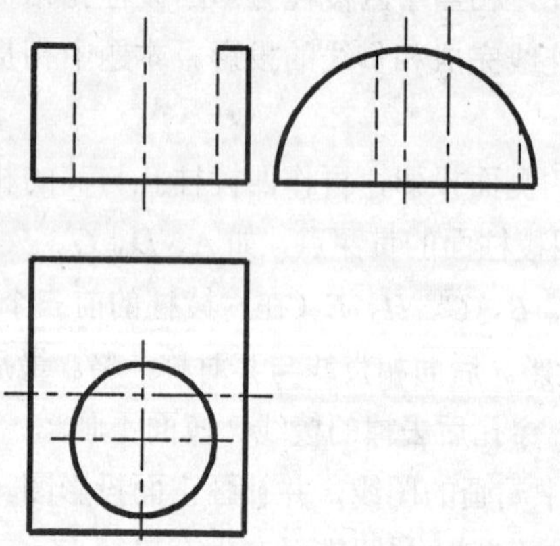

图 4-25　题

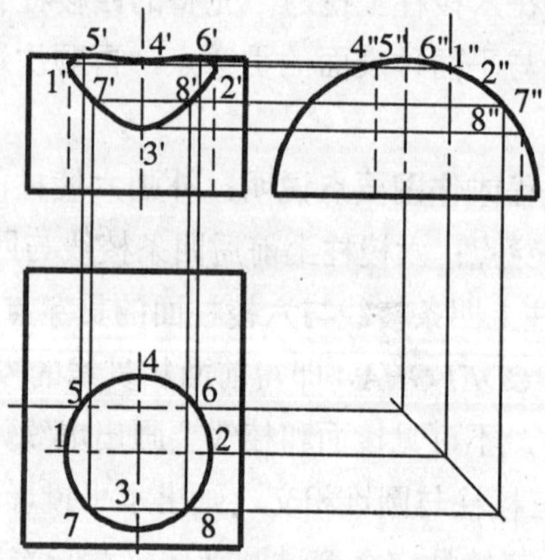

图 4-25　解

分析：圆柱孔的轴线为铅垂线、半圆柱的轴线为侧垂线，由于圆柱投影具有积聚性，因此所求相贯线的水平投影为孔的积聚性投影圆，侧面投影为半圆柱面的积聚性投影半圆上的一段圆弧，均已知。正面投影只需找对应点并连线即可获得。

作图过程或作图要点说明：求相贯线上一系列点的正面投影：首先求特殊点，如Ⅰ、Ⅱ、Ⅲ、Ⅳ、Ⅴ、Ⅵ六点的正面投影 1′、2′、3′、4′、5′、6′，再求一般点，如Ⅶ、Ⅷ两点的正面投影 7′、8′，最后光滑有序连线。

4-26 求圆柱与圆锥的相贯线。

分析：圆锥与圆柱部分相交，且圆柱的右端位于圆锥的左右对称面上，相贯线的侧面投影积聚在圆柱侧面投影圆上，为一段圆弧，圆柱右端面与圆锥面交线的侧面投影与圆锥侧面投影的轮廓线重合，且不可见，应画成虚线。相贯线的正面投影和侧面投影可利用在圆锥面上找点的方法求得。

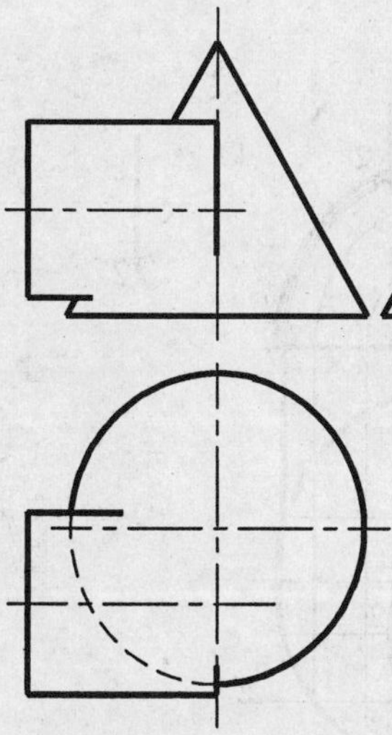

图 4-26　题

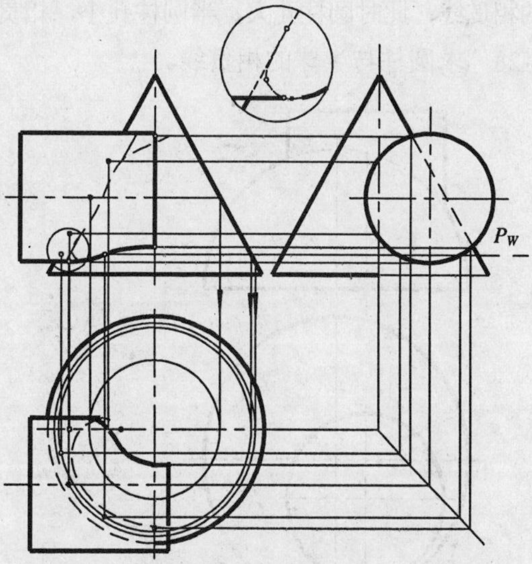

图 4-26　解

作图过程或作图要点说明：求相贯线上若干个点，首先求特殊点、然后求一般点；最后依次光滑连线，并判断可见性，正面投影中相贯线位于圆柱面后方的部分为不可见，用虚线表示，相贯线位于圆柱面的下方的部分，水平投影为不可见，同样用虚线表示；完善轮廓线，圆柱最后和最下两条轮廓线有部分穿入圆锥，需求出贯穿点并将圆柱轮廓线画到此处，圆锥最左轮廓线部分穿入圆柱，求出贯穿点并将圆锥左轮廓线的正面投影画到此处，被圆柱挡住的部分不可见画成虚线。该图所给圆柱右端平面有部分穿入圆锥，正面投影和水平投影只画该平面的可见部分。

4-27　补画正面投影中漏画的相贯线。

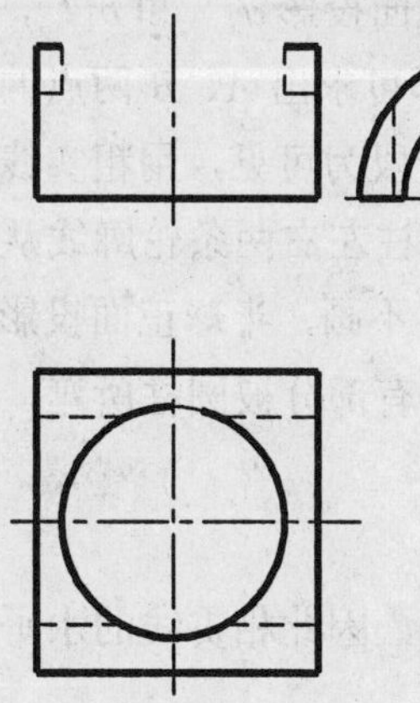

图 4-27　题

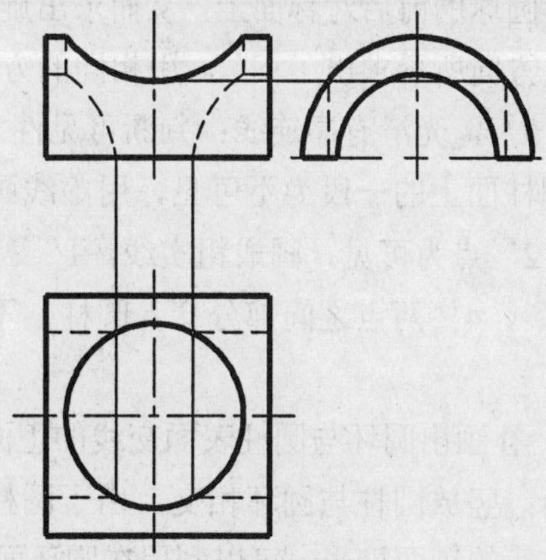

图 4-27　解

分析：在轴线水平放置的半圆柱上，开有同轴的半圆柱孔，同时在与轴线垂直相交的铅垂方向上开有完整的圆柱孔。由于圆柱（孔）的积聚性，相贯线的水平投影和侧面投影均积聚在圆或圆弧上，不用求，因此只需求出相贯线的正面投影。

作图过程或作图要点说明：首先求半圆柱的外圆柱面与圆柱孔的相贯线；再求半圆柱孔与圆柱孔的相贯线，此时圆柱孔大，半圆柱孔小，相贯线左右对称各有一段，按对应关系找点作出。

4-28 求圆柱与半球的相贯线。

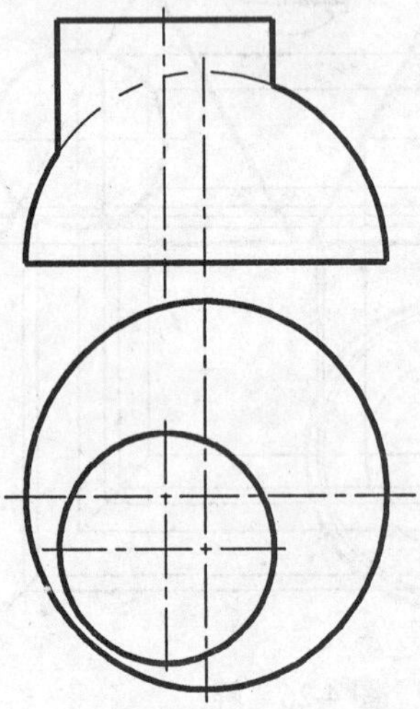

图 4-28 题

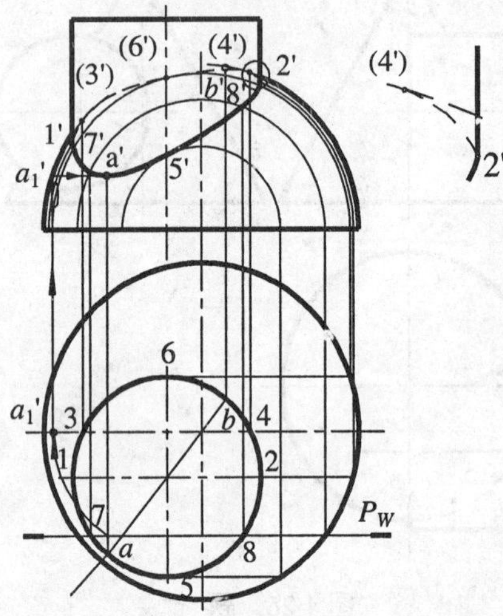

图 4-28 解

分析：半圆球与竖放圆柱相交，圆柱完全穿入半圆球，相贯线的水平投影为完整的小圆，正面投影用在球面上取点的方法求出。

作图过程或作图要点说明：用辅助正平面切圆柱与圆球，在球面上得半径不等的一系列圆弧、在柱面上得一系列平行直线，圆弧与直线相交得相贯线上的点，本题用了四个正平面求出相贯线上 8 个点，除Ⅶ、Ⅷ两点外，其余 6 个点均为特殊点；相贯线上最高点和最低点是 *A*、*B* 两点，该两点可用换面法求。本题是采用旋转法，把 *A*、*B* 两点绕半圆球的铅垂轴线转到与半圆球的前后对称面上，从而求出旋转后的 *A*、*B* 两点的正面投影 a_1' 和 b_1'，再返回（如箭头方向所示求出了 a'，用相同的方法求出可求出 b'）即可求出 *A*、*B* 两点的正面投影 a'、b'，光滑有序连线；判断可见性：前半个圆柱面上的一段为可见，用粗实线画出，后半个圆柱面上的一段为不可见，用虚线画出；完善轮廓线：圆柱左右两条轮廓线从上往下到 1′、2′ 点为可见，画成粗实线，1′、2′ 点之下穿入半球，不画，半球正面投影中的轮廓线，3′、4′ 两点之间部分穿入圆柱，不画，3′、4′ 点两侧有部分被圆柱所遮，应画成虚线。

4-29 补画出圆环与圆柱表面交线的正面投影和侧面投影

分析：竖放圆柱与圆环相交，由于圆柱面水平投影有积聚性，因此相贯线的水平投影已知。相贯线的正面投影，可以利用在圆环面上取点的方法求出。

作图过程或作图要点说明：利用辅助纬圆（可作辅助正平面切圆环获得）求出特殊点和若干个一般点并连线。判断可见性，侧面投影中相贯线被圆柱挡住的部分不可见，用虚线画出，最后完善轮廓线。见图 4-29 解。

图 4-29　题

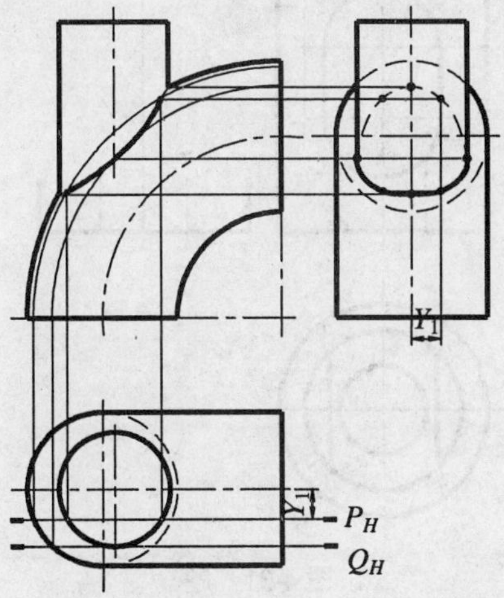

图 4-29　解

4-30　完成钻孔圆锥的正面投影图。

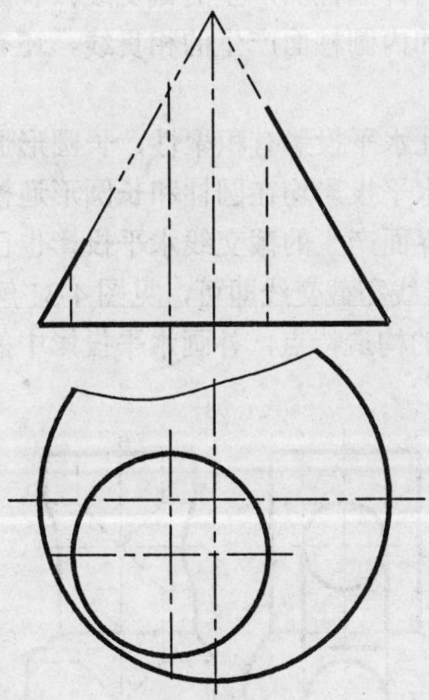

图 4-30　题

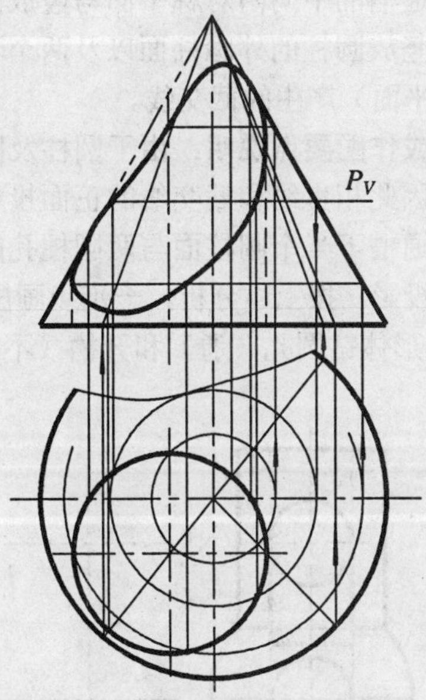

图 4-30　解

分析：在轴线铅垂的圆锥面上钻有轴线铅垂的圆柱孔（不同轴），由于圆柱孔的内表面具有积聚性，相贯线的水平投影就是孔的水平投影圆，利用在圆锥表面上取点的方法即可求出相贯线的正面投影。

作图过程或作图要点说明：利用辅助纬圆（可作辅助水平面切圆锥获得）或在锥表面上取过顶点的直素线找出特殊点和若干个一般点；连线；判断可见性；完善轮廓线：圆锥表面

被圆柱孔切除的部分不画线，圆柱孔的轮廓线用虚线画出，画到与圆锥表面相交点为止。

4-31 补画侧面投影中漏画的图线。

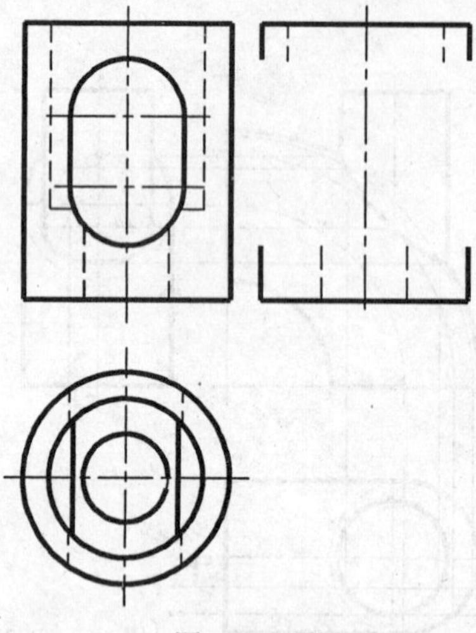

图 4-31 题

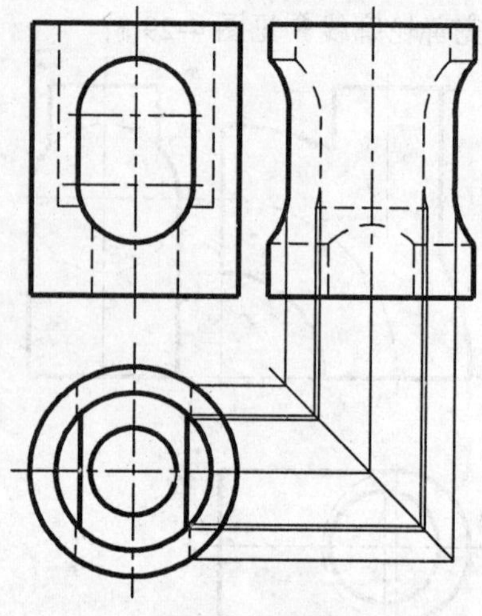

图 4-31 解

分析：圆柱在同轴方向上钻有大小不同的两个台阶孔，在正垂方向上开有一长圆形通槽，产生的相贯线和截交线有：长圆形通槽上半个圆柱面与竖放圆柱的外圆柱面和内圆柱面的相贯线；长圆形通槽的中间两对称平面与竖放圆柱内外圆柱面产生的截交线；长圆形通槽的下半个圆柱面与竖放圆柱的外圆柱面以及两个不同的内圆柱面产生的相贯线，还有与两圆柱孔的分界面（圆平面）产生的截交线。

作图过程或作图要点说明：由于圆柱及圆柱孔水平投影有积聚性，长圆形通槽的正面投影有积聚性，因此相贯线和截交线的正面投影和水平投影均在圆柱和长圆形通槽的相应投影上，且长圆形通槽下半个圆柱面与两圆柱孔的分界面产生的截交线水平投影也已画好，该图只需补画侧面投影。按上述分析，一步步画出相贯线和截交线即可，见图 4-31 解。

4-32 看懂形体钻圆孔（通）和开槽（不通）的构造特点，补画水平投影中的漏线，并完成侧面投影。

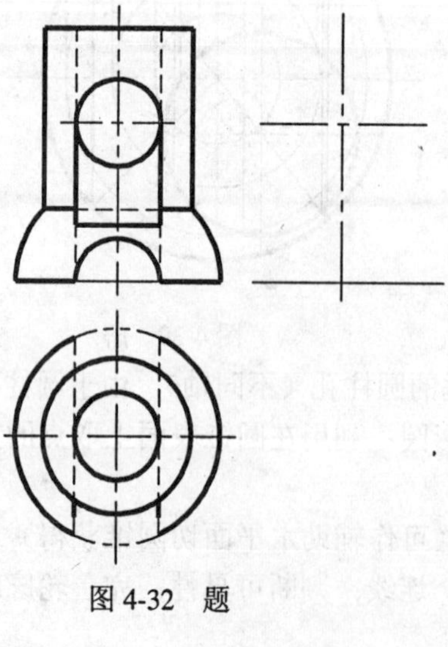

图 4-32 题

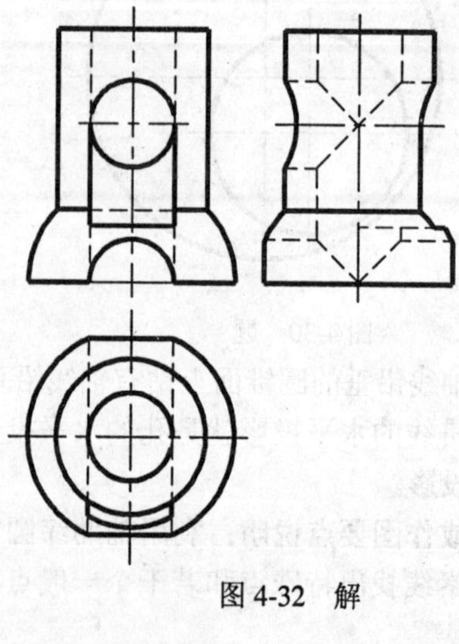

图 4-32 解

分析：在半个圆球的上方相交一轴线过球心的竖放圆柱，过球心钻通半个圆柱孔（正垂位置），与圆柱轴线同轴（铅垂位置）钻有圆柱孔，上述正垂半圆柱孔和铅垂圆柱孔等径并且相交；在立体上部正垂方向上钻有与铅垂圆柱孔等径的圆柱通孔和开有与铅垂圆柱孔相切但不通的一个长方槽，该槽有部分与半球也相交。产生的相贯线和截交线有：竖放圆柱与半球的相贯线；过球心的半圆柱孔与半球的相贯线；铅垂圆柱孔与过球心的正垂半圆柱孔的相贯线；正垂位置的圆柱孔与外圆柱面以及等径的铅垂内圆柱面的相贯线；长方槽与外圆柱面、相切的铅垂内圆柱面以及球面的截交线。

作图过程或作图要点说明：由于竖放圆柱（或孔）具有积聚性，在它们表面上的相贯线和截交线的水平投影与柱面的水平投影重影。但球面没有积聚性，水平投影需补上长方槽与它的截交线，过球心的半个圆柱孔与它的相贯线。侧面投影按上述分析：一步步作图即可，见图 4-32 解。

4-33 求相交两圆柱表面交线的两投影。

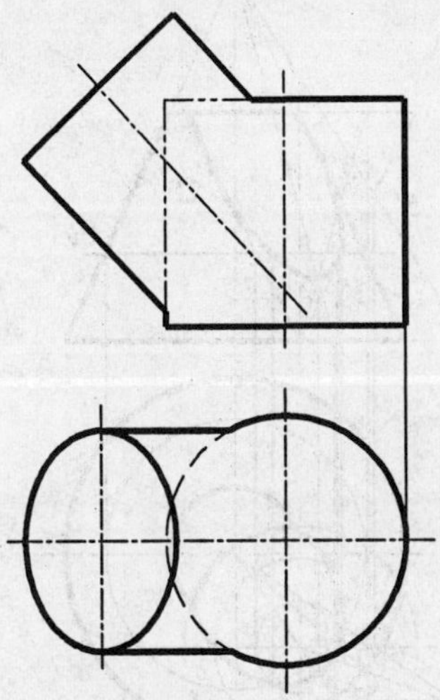

图 4-33　题

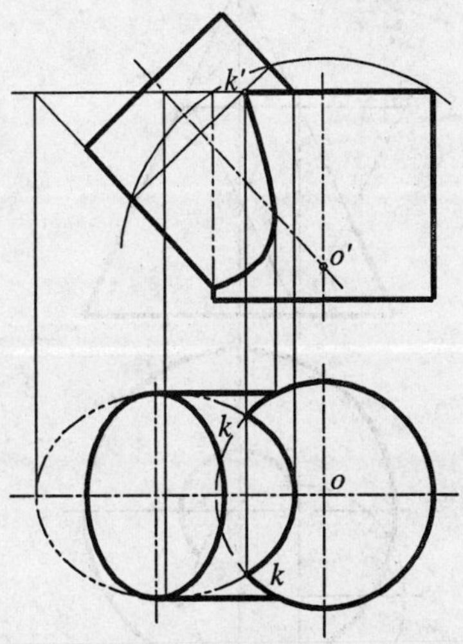

图 4-33　解

分析：一竖放圆柱与一斜放圆柱相交，由于积聚性，相贯线的水平投影是已知的。竖放圆柱的上顶平面与斜放圆柱的圆柱面相交，生成的截交线是一段椭圆弧，这一部分截交线与相贯线有两个分界点，可以用辅助球面法求出。

作图过程或作图要点说明：以两圆柱轴线相交点为球心作球，球的半径是球心到竖放圆柱的上顶圆平面最右点，球与竖放圆柱相交所得交线就是上顶圆，该球与斜放圆柱交线也是圆（两交线圆在正面投影中为两直线段），两圆的交点就是截交线和相贯线的分界点 K。再分别求出相贯线和截交线，相贯线的水平投影积聚在竖放圆柱的水平投影——部分圆周上，椭圆弧的正面投影积聚在竖放圆柱上顶圆面的正面投影——部分直线段上。可见性判别及处理轮廓线等见图 4-33 解。

4-34 求倒立圆锥孔与圆锥台表面交线的两投影。

分析：对于交线上的一般点，由于圆锥台与倒立圆锥轴线都处于铅垂位置，因此可用辅助水平面切圆锥台和倒立圆锥孔，得到两交线圆，两圆的交点即为相贯线上的点。相贯线上的特殊点，如倒立圆锥孔最左轮廓线上的点，则可包含两圆锥的锥顶及倒立圆锥孔最左轮廓线作辅助平面，该辅助平面与正立圆锥相交所得的截交线是圆锥面上的素线，它与倒立圆锥孔最左轮廓线的交点即为所求的特殊点。此外，倒立圆锥孔的底平面与圆锥台的上底平面属于同一个平面，其交线为倒立圆锥孔底圆上的一段圆弧。

作图过程或作图要点说明：求特殊点，本题的特殊点较多，倒立圆锥孔的前、后、左、右四条轮廓线上的点；圆锥台前、左两条轮廓线上的点；最低点等。这些交点全部可采用包含两圆锥的锥顶作辅助面求出。如求倒立圆锥孔的左轮廓线上的Ⅰ点，就是取该轮廓线（包含倒立圆锥孔的锥顶）及圆锥台的锥顶作一般位置辅助平面求出。相贯线上的最低点Ⅳ，则是包含两圆锥的锥顶作辅助铅垂面求出。倒立圆锥孔底圆和圆锥台的顶圆相交，交点即为相贯线上的点。

求一般点，作辅助水平面切圆锥台和倒立圆锥孔，如作辅助水平面 P_V 求得圆锥台与倒立圆锥孔表面交线上的两个交点。光滑有序连线。判断可见性并完善轮廓线。

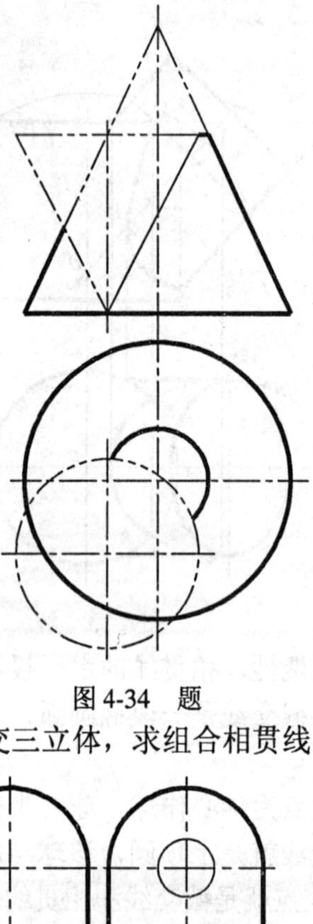

图 4-34 题

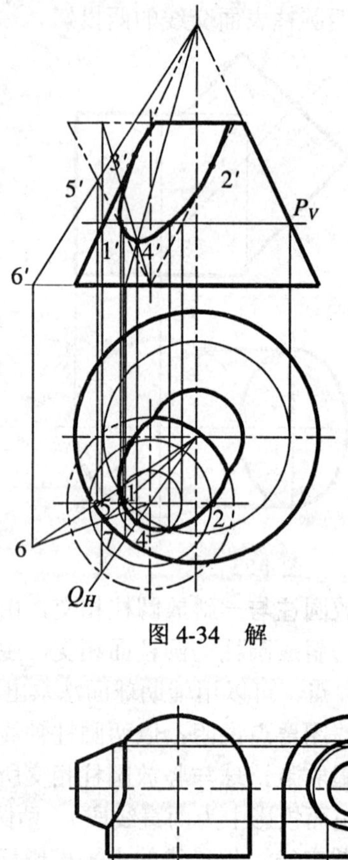

图 4-34 解

4-35 看懂相交三立体，求组合相贯线。

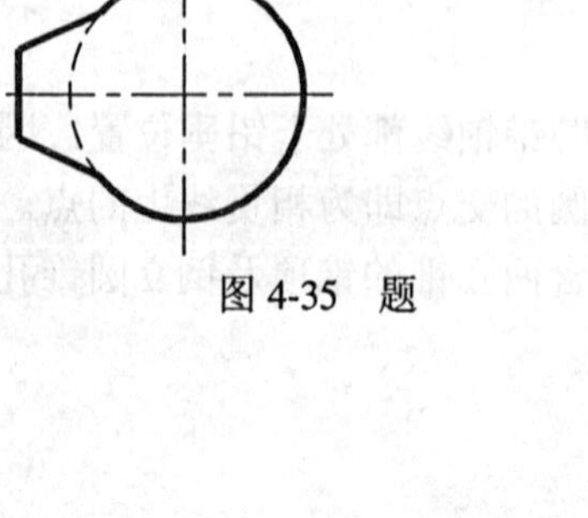

图 4-35 题

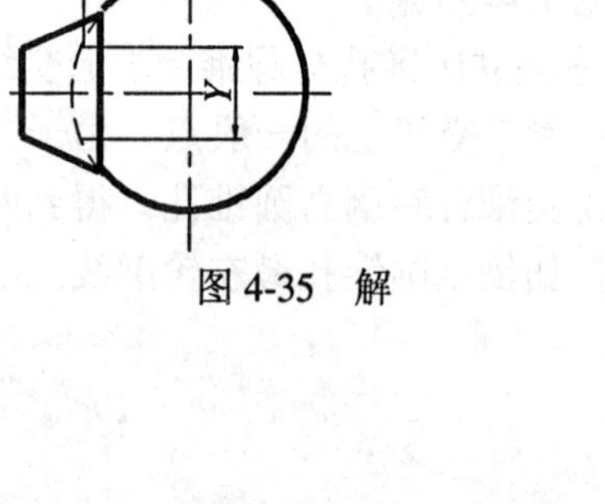

图 4-35 解

分析：一竖放圆柱、轴线为侧垂线的圆锥台与半圆球相交，圆柱与圆锥的轴线均通过球心，且前后对称。由于圆柱与圆球的直径相等，所以它们相切，交线不画。圆锥轴线通过球心，因此交线为侧平圆，侧面投影反映实形，水平投影为铅直方向线。由于积聚性，圆锥与圆柱表面交线的水平投影是已知的，且不可见。因此可用在圆锥表面上取点的方法求出交线上若干个点的正面和侧面投影。两段交线的分界点，分别位于圆锥最前和最后两轮廓线上。

作图过程或作图要点说明：略

4-36 看懂相交三立体，补画侧面投影及 *V*、*H* 两投影中所缺的图线。

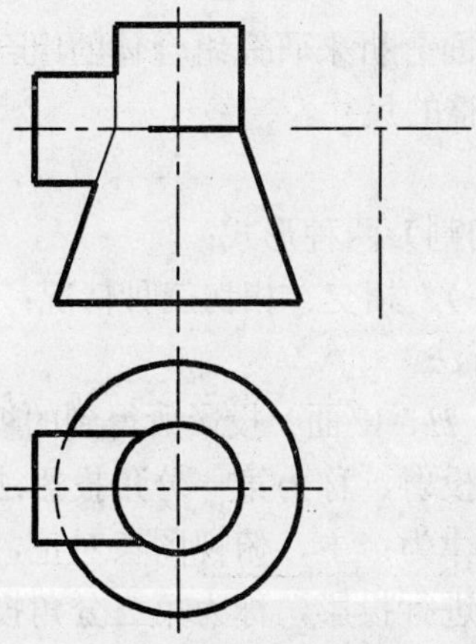

图 4-36　题

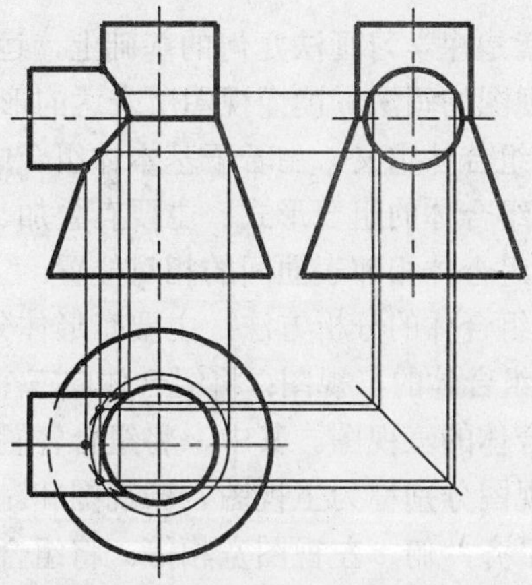

图 4-36　解

分析：这是一共轴的圆柱、圆锥台与一轴线为侧垂线的圆柱相交。共生成了三条相贯线：共轴的圆柱与圆锥台的交线就是圆锥台的上底圆，可直接画出；轴线为侧垂线的圆柱与共轴的圆柱、圆锥台的交线均为空间曲线且前后对称。由于与圆锥台共轴圆柱的水平投影和轴线为侧垂线的圆柱的侧面投影有积聚性，因此都可以利用在圆锥台或圆柱表面上取点的方法求出。

作图过程或作图要点说明：首先画出侧面投影，由于轴线为侧垂线的圆柱在侧面投影中有积聚性，三段相贯线中的两段积聚在圆上，而共轴圆柱与圆锥台的交线为积聚为一水平方向线，前后两段可见，而中间部分被挡住为不可见，用虚线画出。然后，求出圆柱与圆柱、侧立圆柱与圆锥台相贯线上若干个点并光滑有序连线各点的同面投影。判断可见性，不可见部分用虚线画出。最后完善轮廓线。

第5章 组 合 体

5.1 内 容 要 点

本章是在学习画法几何的基础上，运用形体分析和线面分析来研究组合体的组合形式，组合体视图的画法，读懂视图所表达的形体，以及标注完整的尺寸。

1）组合体定义：由若干基本体组合成的形体；

2）组合体的组合形式：主要有叠加、穿切（穿孔、切割）两种形式；

3）组合体相邻表面间的相对位置：主要有共面（平齐）、相交、相切三种情况；

4）组合体的分析方法：主要有形体分析法和线面分析法；

5）组合体的三视图：将组合体向三个基本投影面（*V*、*H*、*W* 面）投影所得到的视图，统称为组合体的三视图。其中，将组合体置于第一分角进行投射，称为第一分角投影法，所得到的三视图分别称为主视图、俯视图和左视图；其投影规律为：主、俯视图长对正，主、左视图高平齐，俯、左视图宽相等。将组合体置于第三分角进行投影，称为第三分角投影法，所得到的三视图相应称为前视图、顶视图和右视图。ISO 规定：第一分角和第三分角投影法同等使用。GB 规定：我国采用第一分角投影法。

6）画组合体的三视图及标注尺寸；

7）读组合体的三视图。

5.2 解 题 要 领

本章分为两大部分：

1）画组合体的三视图及标注尺寸。这类题目一般的解题步骤是：形体分析——确定表达方案——选比例定图幅——布置视图——画底稿——标注尺寸——检查加深。对于初学者来说，应逐一形体逐一形体来画图，而不要一个视图一个视图来画。

2）读组合体的三视图。这是本章的重点，也是难点；并且，读图训练贯穿本课程的始终，例如前面要读画法几何图，后面还要读零件图和装配图等，其中读组合体的视图是核心。

该部分题目比较灵活，最典型的有：补画视图中所缺的图线，已知两视图，补画第三视图等，即通常所说的“二求三”。尽管题型千变万化，而解题思路和解题方法有规律可循：先用形体分析法或线面分析法（多数题目要两种方法并用）读懂所给视图，想象出视图所表达的立体形状（可能一解或多解），然后根据想象的立体形状，借助已知视图，利用长对正、高平齐和宽相等的投影规律，补画出所缺的视图或视图中所缺的图线。

5.3 习题与解答

5.3.1 组合体三视图的画法及尺寸标注

5-1 根据所给的组合体立体图，用1:1比例画出其三视图。

图5-1 立体图

分析：先进行形体分析，图中立体由三部分叠加而成，I：长方体 II：三棱柱 III：拱形柱。其中I、II两部分均有挖切和穿孔。随后确定主视图方向，由此决定了其他视图。

作图过程或作图要点说明：

1）布置视图：如图(c)；

2）画底稿：如图(d)、(e)、(f)所示，先后画了I、II、III三部分；

3）检查：按投影对应的关系，逐个检查基本体；

4）加深得到完整的三视图，图(g)。

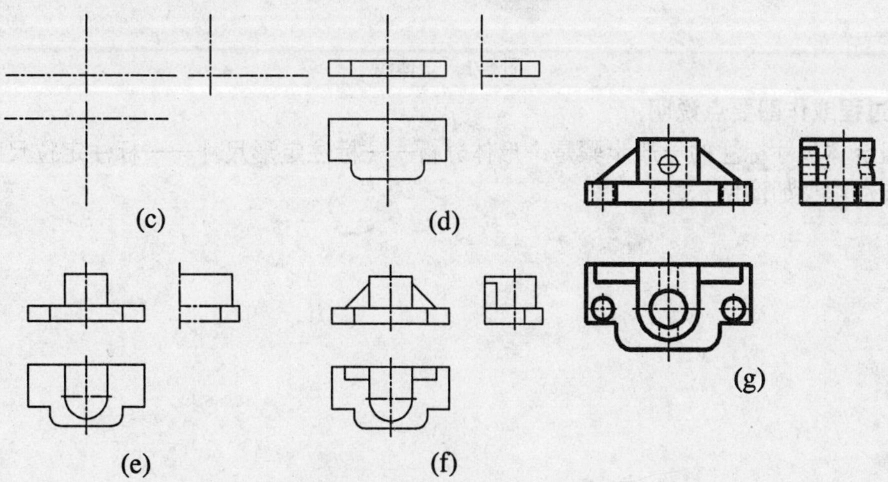

图5-1 解

5-2 标注下列组合体的尺寸。

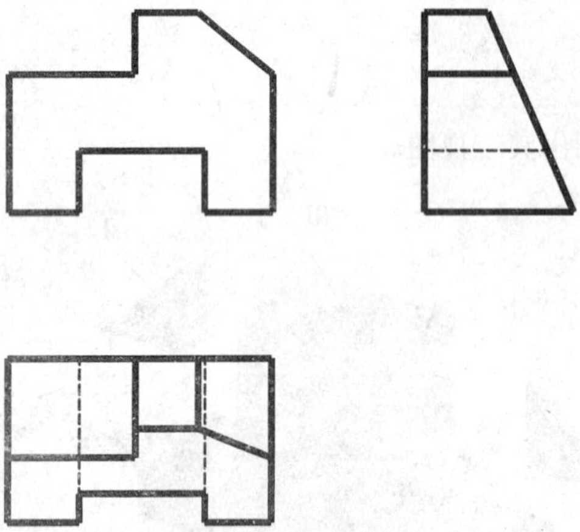

图 5-2 题

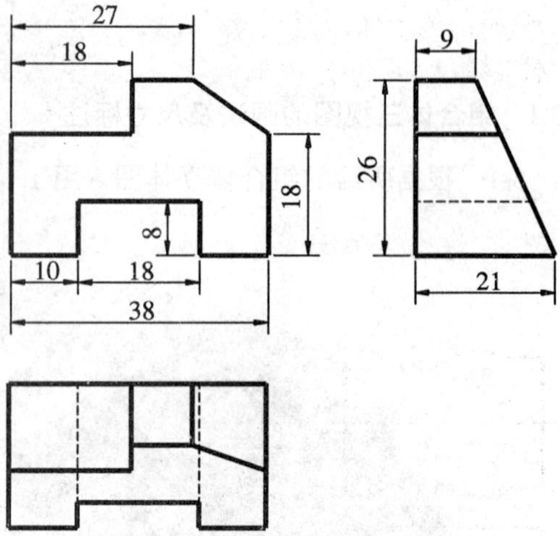

图 5-2 解

分析：该形体为截切后的平面体，立体图如 5-2（立体图）所示，其尺寸有：1）基本体尺寸：38×21×26；2）截平面位置尺寸（定位尺寸）：正垂面位置：27、18；侧垂面位置：9；侧平面和水平面：18、10、8 等。

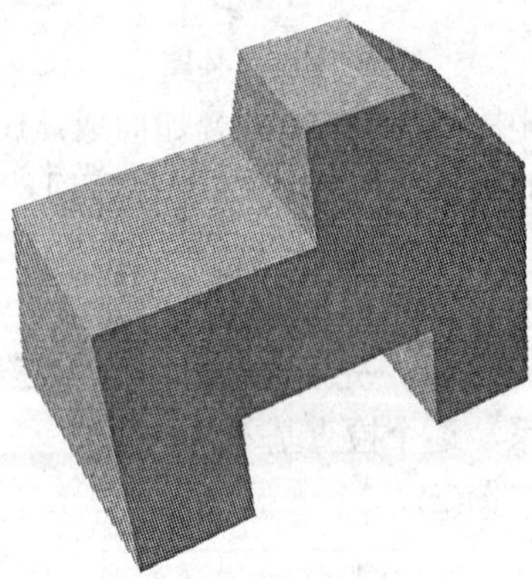

图 5-2 立体图

作图过程或作图要点说明：

1）组合体尺寸标注的一般步骤是：形体分析——标注定形尺寸——标注定位尺寸。

2）标注结果如图所示。

5-3 标注下列组合体的尺寸。

分析：该形体为钻孔开槽的圆柱体，半圆柱立体图如图 5-3（立体图）所示，其尺寸有：1）基本体尺寸：39、Φ28（同轴孔 Φ19）；2）槽和孔的形状、位置尺寸：12、10、Φ19、14。

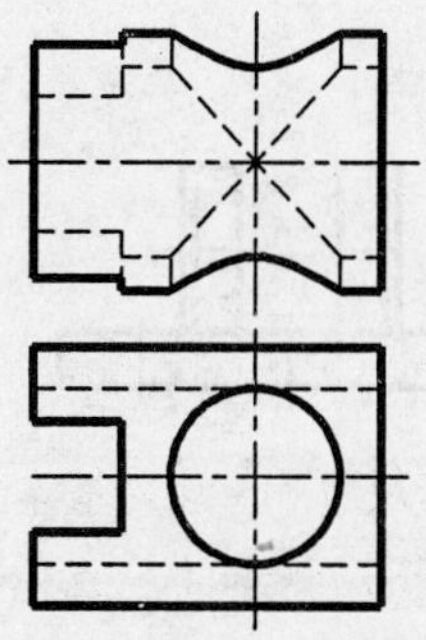

图 5-3 题

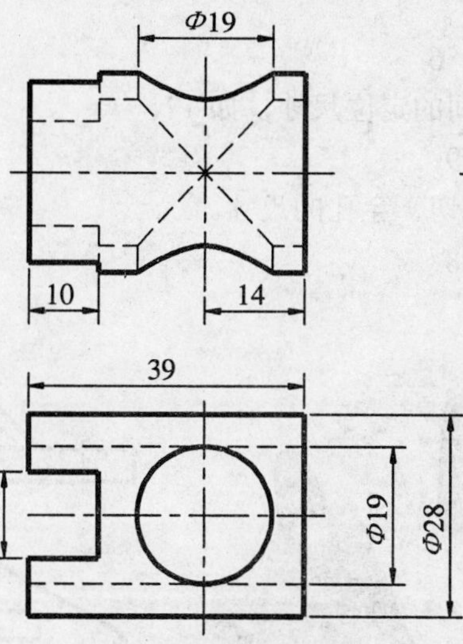

图 5-3 解

作图过程或作图要点说明：

（略）标注结果如图 5-3 解所示。

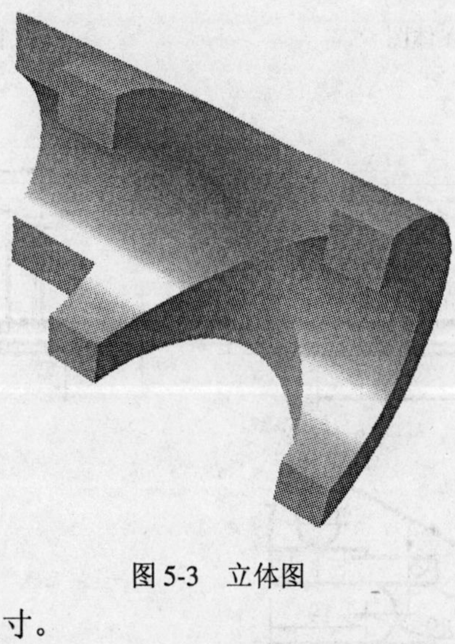

图 5-3 立体图

5-4 标注下列组合体的尺寸。

分析：参照立体图 5-4（立体图），可知该形体为若干基本体经过叠加后的组合体，其中三角形底板和前后拱形体有穿切。该题与前两题不同的是，该组合体的定位尺寸还包括各基本体之间的位置尺寸。

作图过程或作图要点说明：

先标基本体尺寸：

三角形底板：如 40、45、*R*9、7

拱形柱：*R*9

三棱柱支撑板：6

再标基本体之间的定位尺寸，如 17、38、18、36、19；

3）最后标上挖切、穿孔的尺寸。

如 *Φ*12、3× *Φ*8

图 5-4　立体图

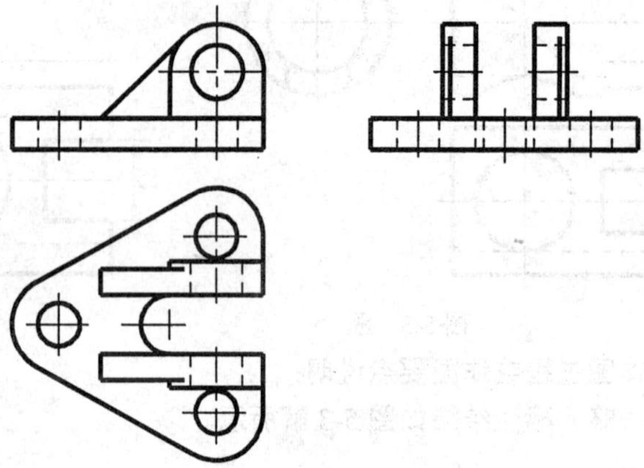

图 5-4　题

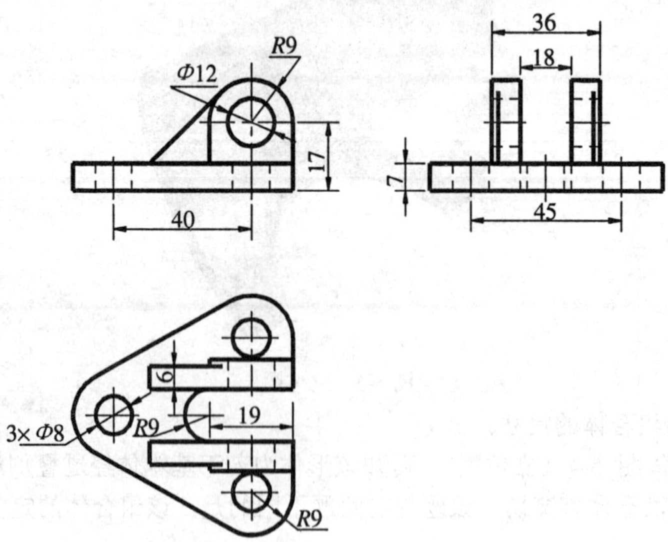

图 5-4　解

5.3.2 补画视图中所缺的图线

5-5 如图所示，补画所缺图线。

图5-5 题

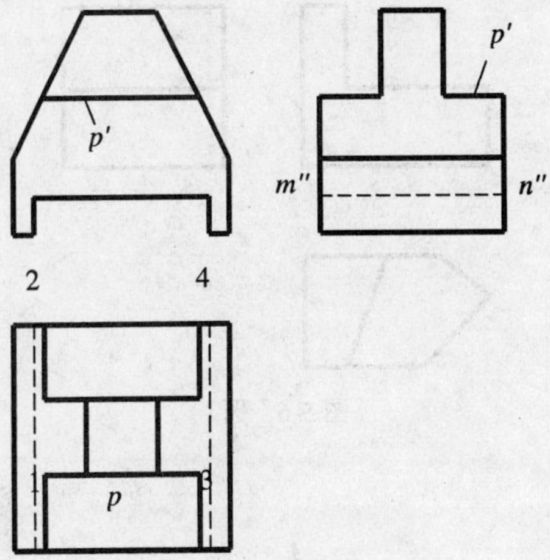

图5-5 解

分析：参照立体图 5-5（立体图），可知该视图所表达的形体，其原始形状是一长方体，切去图中所示的I、II、III 部分后得到的组合体。

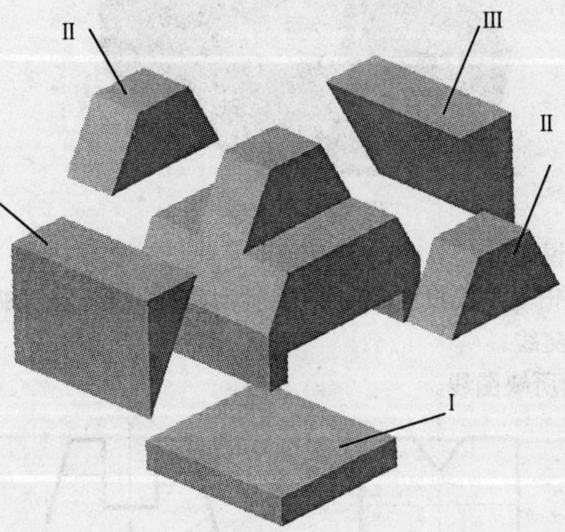

图5-5 立体图

作图过程或作图要点说明：

1）补画出主视图中所缺的线条。如水平面 P 的正面投影 p' 积聚为一条直线；

2）补画出俯视图中所缺的线条。如表示形体下部“ ┌┐ ”形槽的侧平面的水平投影 12、34，不可见，为虚线；

3）补画出左视图中所缺的线条，如“ ┌┐ ”形槽中水平面的侧面投影为 $m''n''$ 不可见，用虚线。

5-6 如图所示，补画所缺图线。

分析：该形体原始形状为一长方体，经过多次切割（一个水平面、三个铅垂面切割），如

图 5-6（立体图）所示。补线时要先确定各个截平面的位置，再补画出所缺的交线。

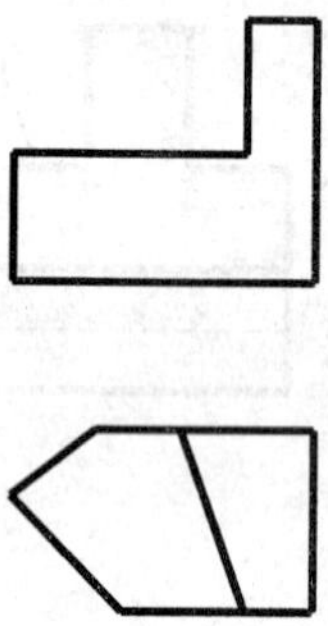

图 5-6 题

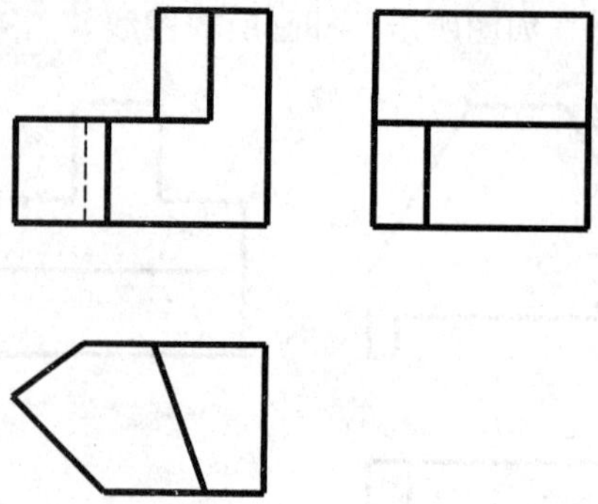

图 5-6 解

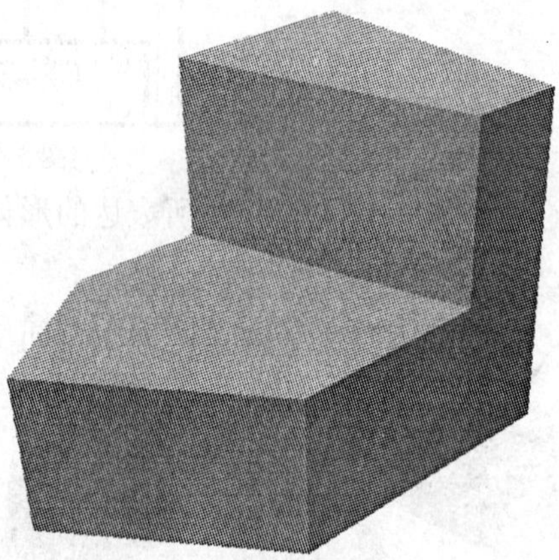

图 5-6 立体图

作图过程或作图要点说明：

先补主视图中右上方铅垂面的投影和左下方两铅垂面与前后两正平面的交线，再补画侧面投影中两铅垂面自身的交线。

5-7 如图所示，补画所缺图线。

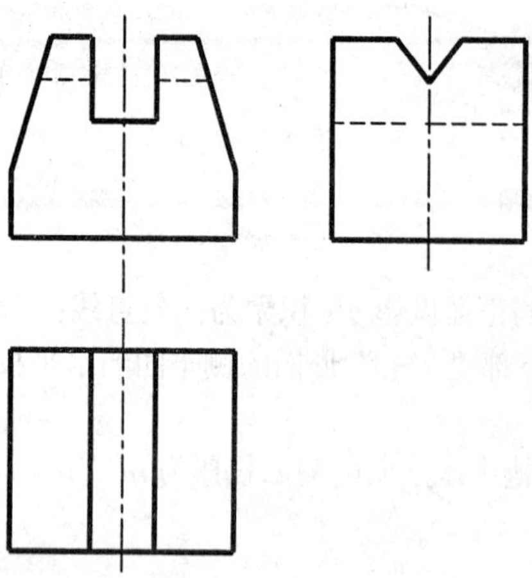

图 5-7 题

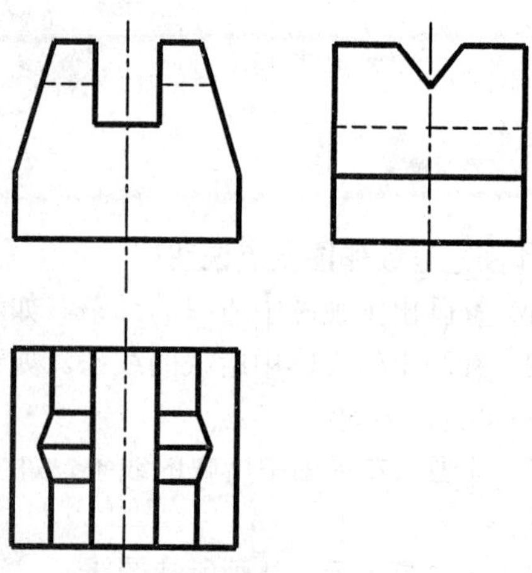

图 5-7 解

分析：本题仍为切割体，先在形体上部切出“ ⊔ ”形槽，再用正垂面切割左右两边，然后用“V”形侧垂面从中部切割，如图 5-7（立体图）所示。

图 5-7　立体图

作图过程或作图要点说明：

（略），结果如 图 5-7 解 所示。

5-8　如图所示，补画所缺图线。

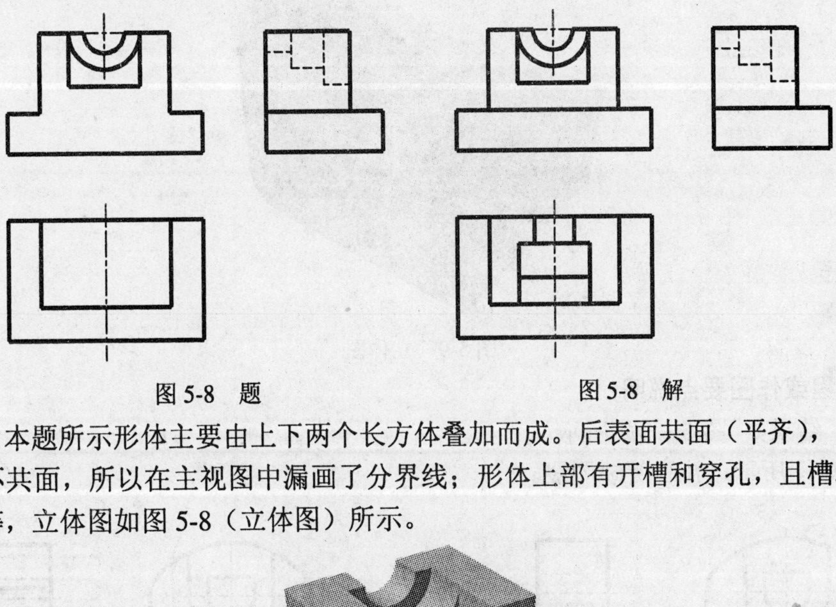

图 5-8　题　　图 5-8　解

分析：本题所示形体主要由上下两个长方体叠加而成。后表面共面（平齐），前表面和左右两侧面不共面，所以在主视图中漏画了分界线；形体上部有开槽和穿孔，且槽和孔的宽度和深度不等，立体图如图 5-8（立体图）所示。

图 5-8　立体图

作图过程或作图要点说明：

（略），结果如图 5-8 解所示。

5-9 如图所示，补画所缺图线。

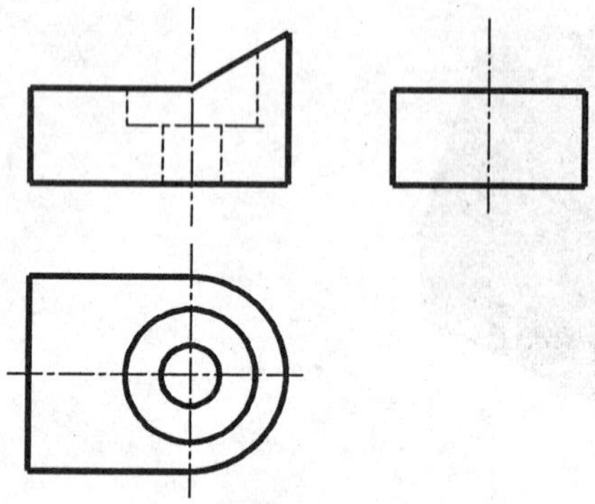

图 5-9 题

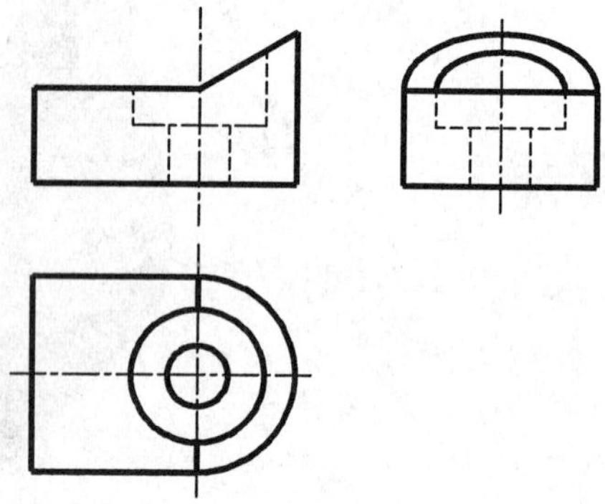

图 5-9 解

分析：本题所示的组合体右部是一半圆柱被正垂面截切，其截交线的侧面投影应为半个椭圆，如图 5-9（立体图）所示。

图 5-9 立体图

作图过程或作图要点说明：

（略），结果如 图 5-9 解 所示。

5-10 如图所示，补画所缺图线。

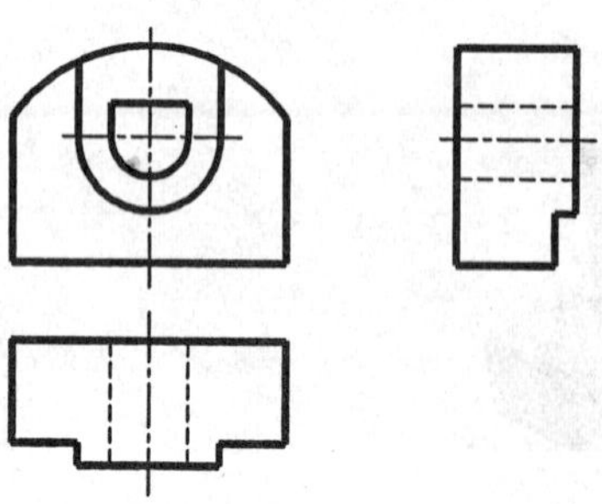

图 5-10 题

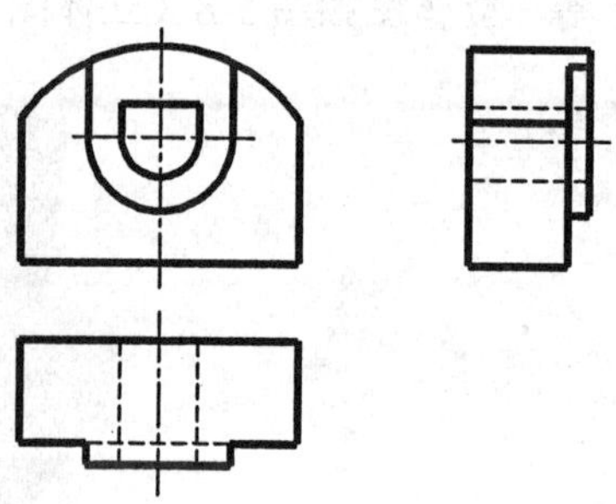

图 5-10 解

分析：该组合体可看成是由一长方体和一拱形体在前方上部叠加而成，同时，组合体的顶端又被一正垂圆柱面切割，如图 5-10（立体图）所示。补线时，要注意补出圆柱面与长方体和拱形块左右侧面的交线（截交线）。

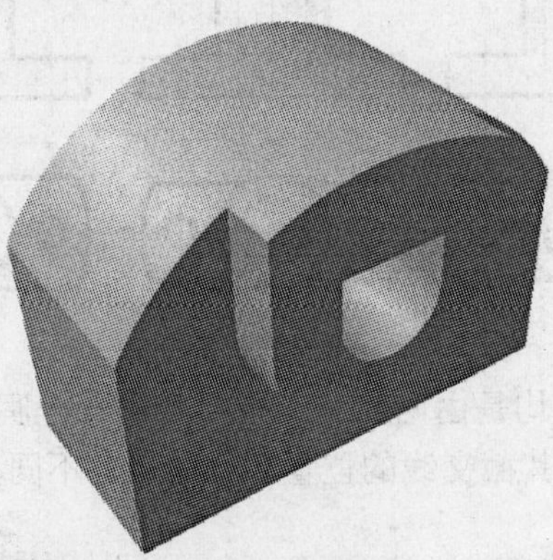

图 5-10 立体图

作图过程或作图要点说明：

（略），结果如 图 5-10 解所示。

5-11 如图所示，补画所缺图线。

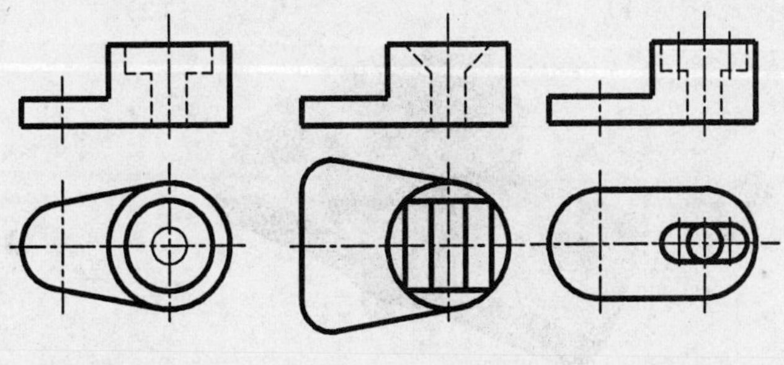

图 5-11 题

分析：本题中的三个小题所表示的形体类似，均是一个轴线垂直于水平面的圆柱体与左侧一个平板的组合，平板的前后面与圆柱均相切，但位置不同，切线不画，而平板上顶面与圆柱产生的交线在主视图应画到切线处。

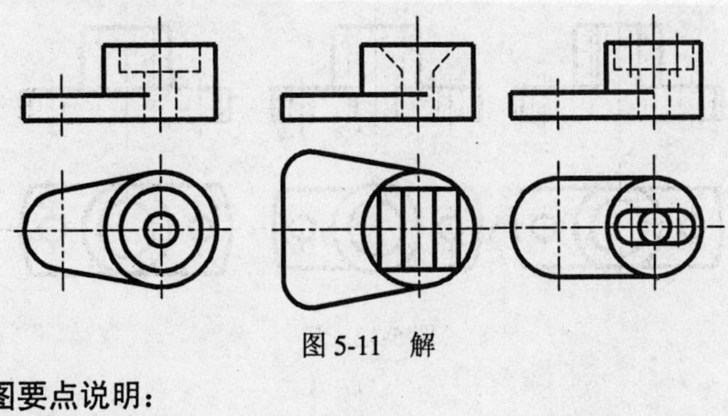

图 5-11 解

作图过程或作图要点说明：

（略），结果如图 5-11 解所示。

5-12　如图所示，补画所缺图线。

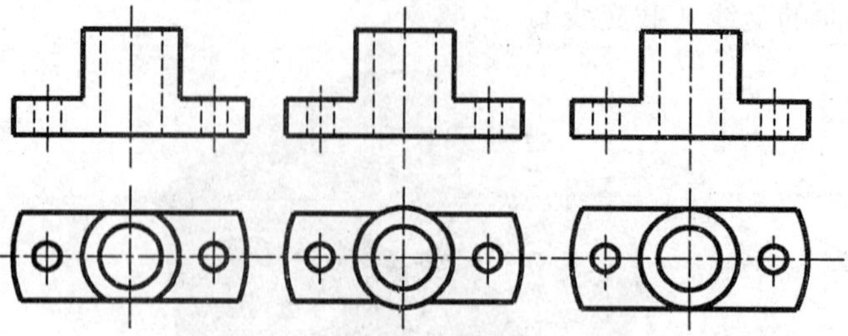

图 5-12　题

分析：本题中的三个形体均是由两部分组成：上面一个圆筒，下面一个圆盘，被前后两个正平面分不同的情况切割，其截交线的位置和画法也各不同，如图 5-12（立体图）所示。

（1）

（2）

（3）

图 5-12　立体图

作图过程或作图要点说明：

（略），结果如图 5-12 解所示。

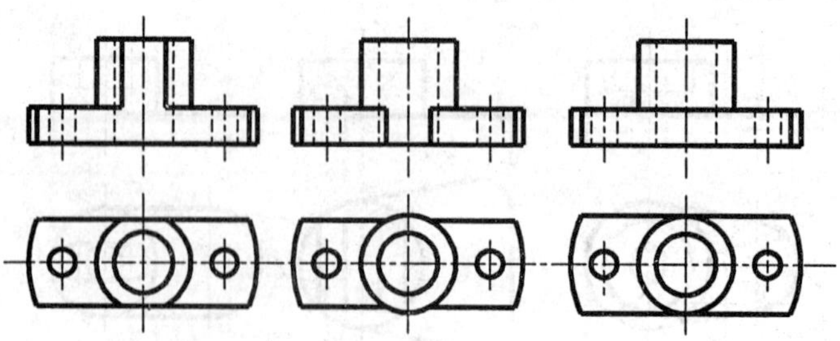

图 5-12　解

5-13　如图所示，补画所缺图线。

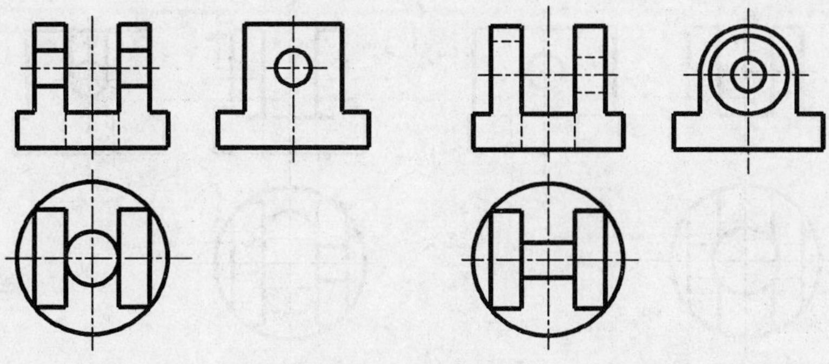

题 1　　题 2

图 5-13　题

分析：本题中两小题所表示的形体非常类似，有两种理解方法：一种是叠加方式，它们均由三部分组成，下部是一圆盘，上部叠加两块板；另一种是挖切方式，其原始形状为圆柱，从两边和中间挖去一块。如图 5-13（立体图）所示。

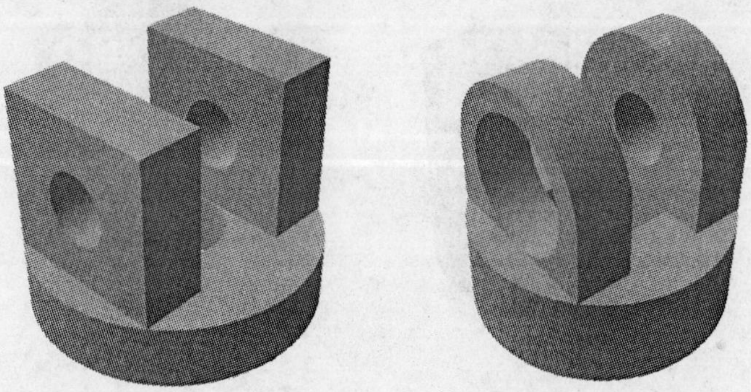

（1）　　（2）

图 5-13　立体图

作图过程或作图要点说明：

（略），结果如图 5-13 解所示。

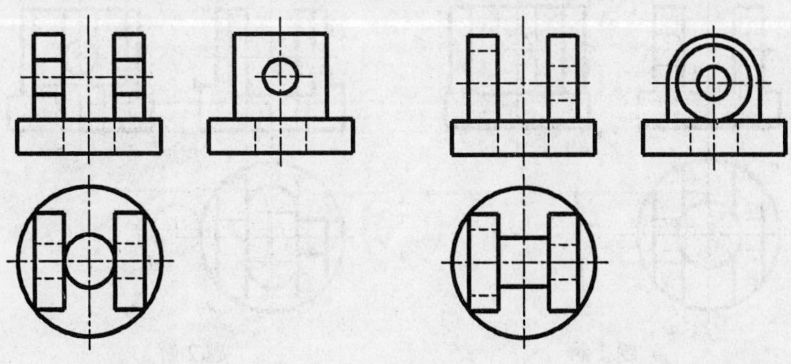

题 1 解　　题 2 解

图 5-13　解

5-14 如图所示，补画所缺图线。

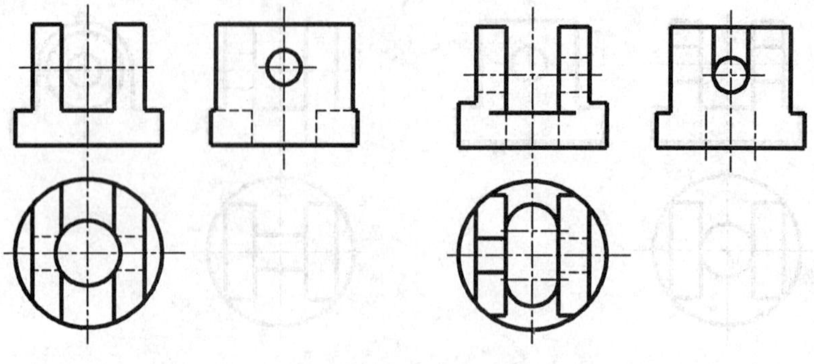

题 1 题 2

图 5-14 题

分析：本两小题和上题中的基本形体相同，通过通孔或挖切得到图 5-14（立体图）所示形体。

（1） （2）

图 5-14 立体图

作图过程或作图要点说明：

（略），结果如图 5-14 解所示。

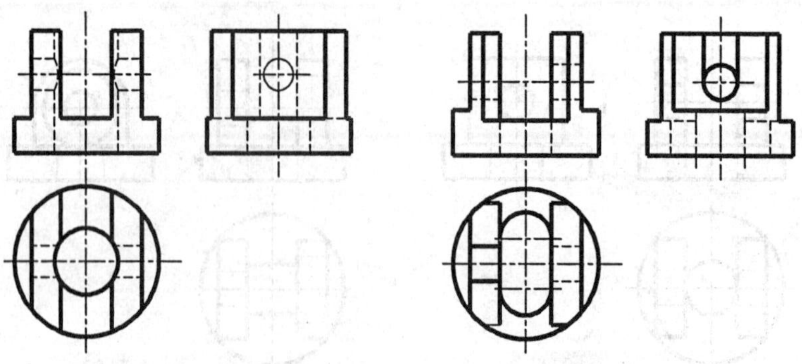

题 1 解 题 2 解

图 5-14 解

5-15　如图所示，补画所缺图线。

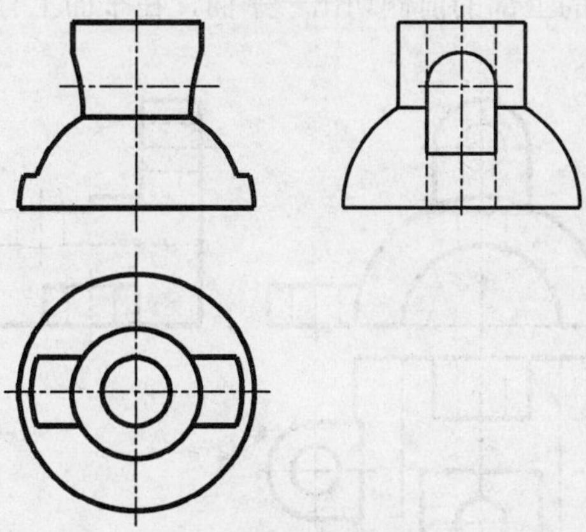

图 5-15　题

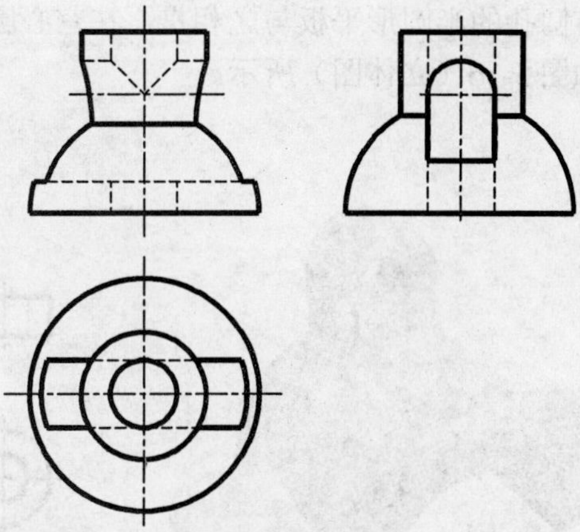

图 5-15　解

分析：本题所示形体的下部为半圆球，上部为同轴空心圆柱，球、柱相交，此处相贯线为圆，正面投影为直线；另外该组合体又自左向右钻一拱形孔。如图 5-15（立体图）所示。

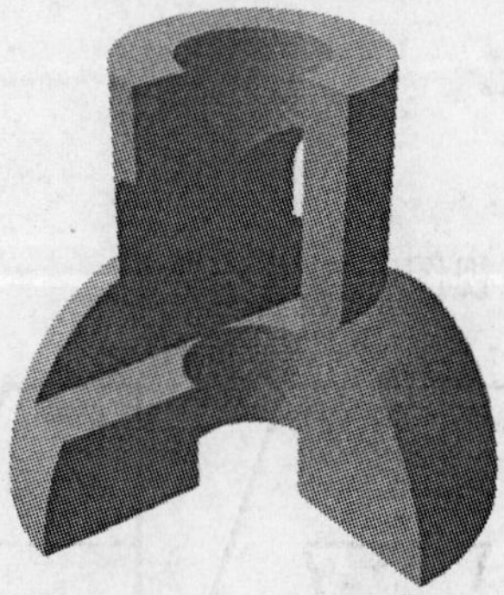

图 5-15　立体图

作图过程或作图要点说明：

（略），结果如图 5-15 解所示。

5-16　如图所示，补画所缺图线。

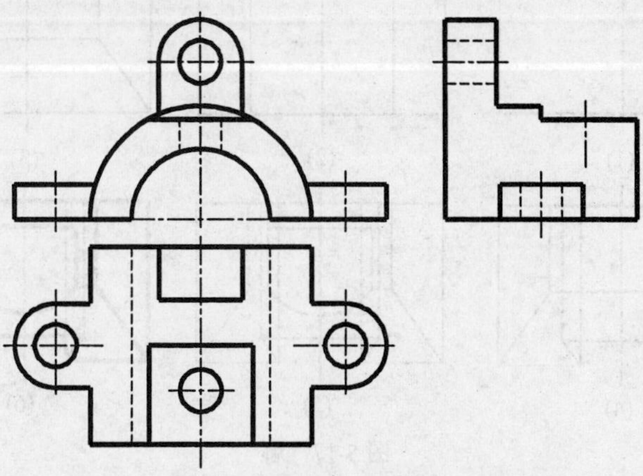

图 5-16　题

分析：本题所示形体的下部分为空心圆柱的一半，空心圆柱的左右和上部的后侧各有一个带有圆孔的半圆形平板与之相贯；在空心圆柱的上部的前侧切出一平面，在平面上有一圆孔；如图 5-16（立体图）所示。

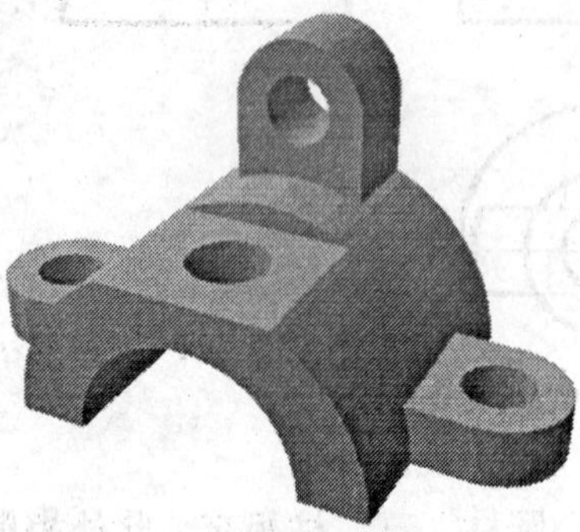

图 5-16 立体图

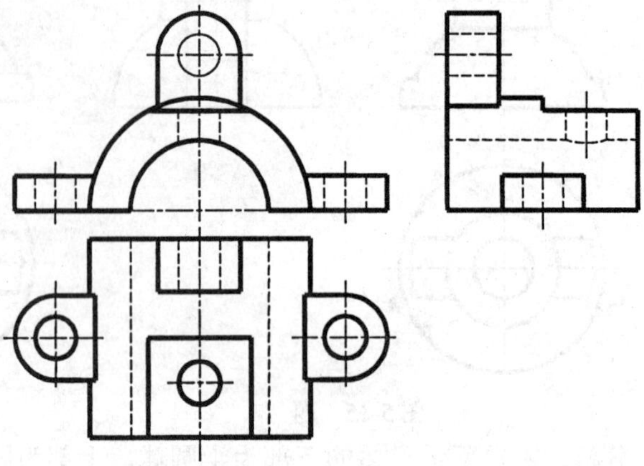

图 5-16 解

作图过程或作图要点说明：

（略），结果如图 5-16 解所示。

5.3.3 根据两视图补画第三视图

5-17 如图所示，已知主、左视图，补画俯视图。

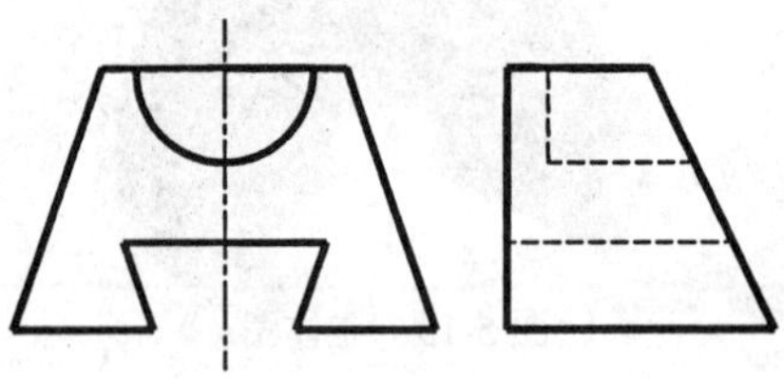

图 5-17 题

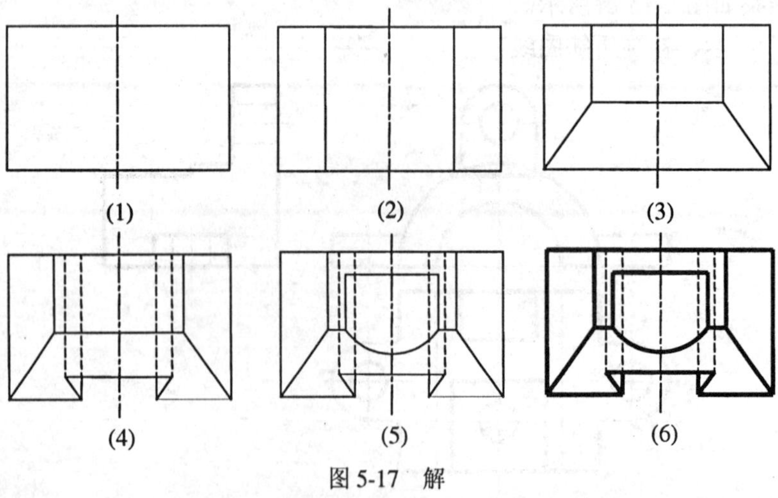

图 5-17 解

分析：根据所给视图，可知是一切割体，由分析可知，其原始形状为长方体，然后切去I、

II、III、IV四块，如图 5-17（立体图）。

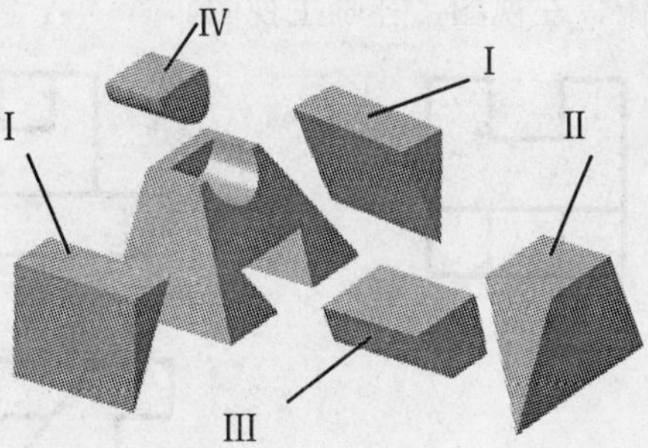

图 5-17 立体图

作图过程或作图要点说明：

1）分析视图，宏观想象形体；

2）画原始形状长方体的俯视图；

3）画切去各部分后的俯视图；

4）检查加深。

5-18 如图所示，已知主、俯视图，补画左视图。

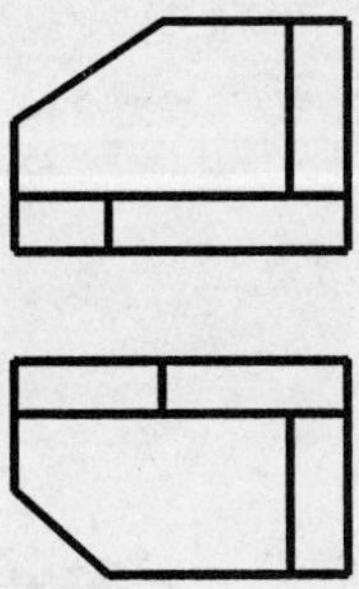

图 5-18 题

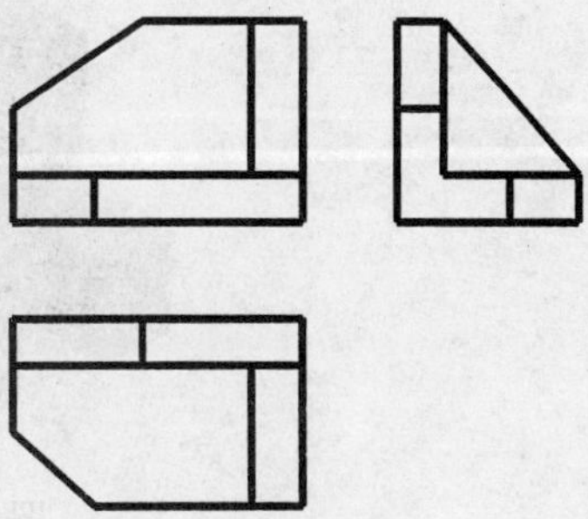

图 5-18 解

分析：该形体为一组合体，立体图如图 5-18（立体图）所示。

图 5-18 立体图

作图过程或作图要点说明：

略，结果如图 5-18 解所示。

5-19　如图所示，已知俯、左视图，补画主视图。

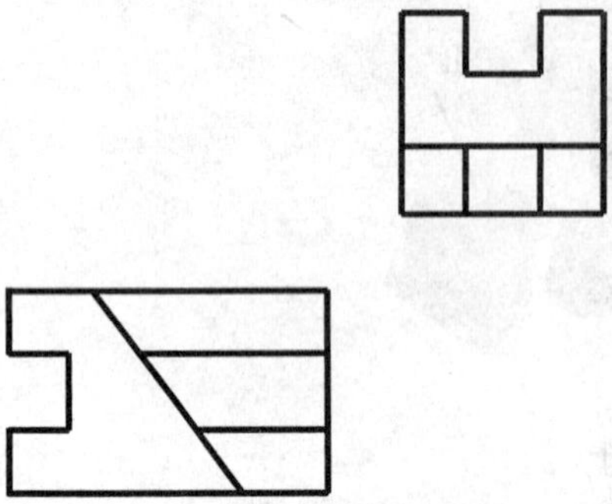

图 5-19　题

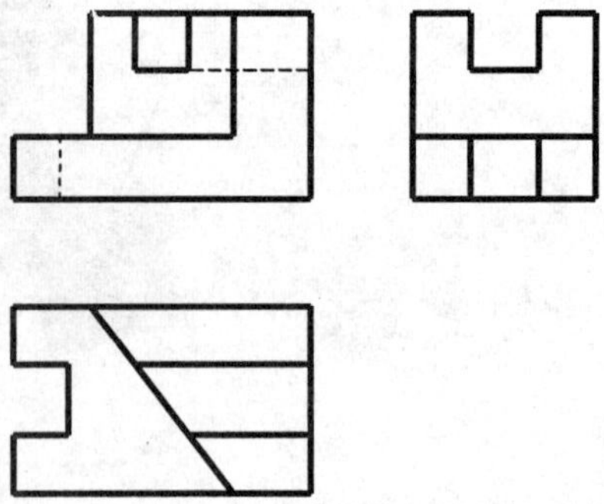

图 5-19　解

分析：该形体为一长方体切割形成，该形体的左侧为两个正平面和一个侧平面切割形成；右侧挖有一矩形通槽。如图 5-19（立体图）所示。

图 5-19　立体图

作图过程或作图要点说明：

略，结果如图 5-19 解所示。

5-20　如图所示，已知主、俯视图，补画左视图。

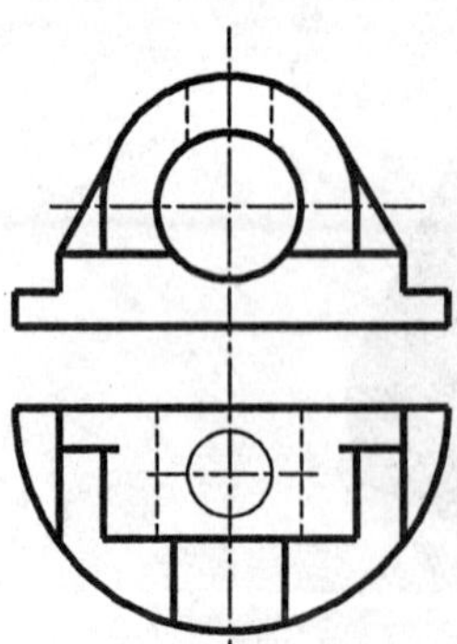

图 5-20　题

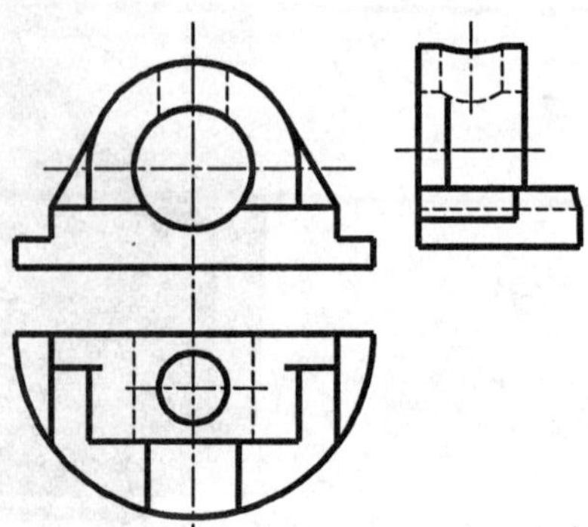

图 5-20　解

分析：本视图所示形体为叠加和切割方式并用而形成的组合体，如图 5-20（立体图）所示。该组合体中存在多处孔孔相贯，要注意。

图 5-20 立体图

作图过程或作图要点说明：

1）画半圆柱底板左右被截切的侧面投影，要注意截交线；

2）画拱形的侧面投影；

3）画三棱柱支撑板的侧面投影，要注意侧面投影画到切点处；

4）画正垂和铅垂两通孔的转向轮廓线及它们分别与拱形柱和底板的相贯线；

5）画两通孔相交产生的相贯线。

5-21 如图所示，已知俯、左视图，补画主视图。

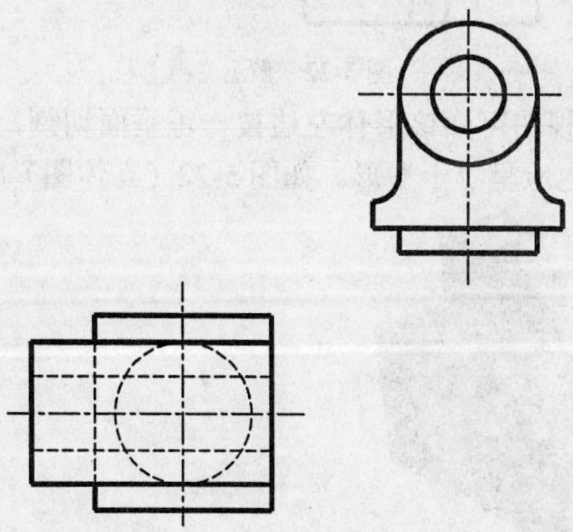

图 5-21 题

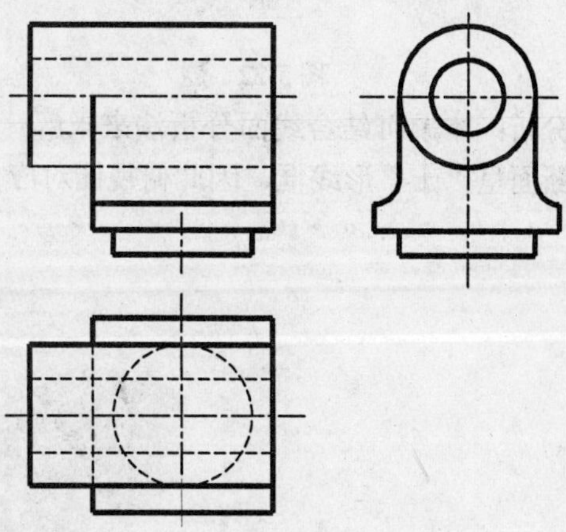

图 5-21 解

分析：本视图所示形体为叠加形成的组合体，组合体底部为圆柱体，上部为一圆柱筒，中间为圆柱筒的支撑块，如图 5-21（立体图）所示。

作图过程或作图要点说明：

略，结果如图 5-21 解所示。

图 5-21 立体图

5-22 如图所示，已知主、左视图，补画俯视图。

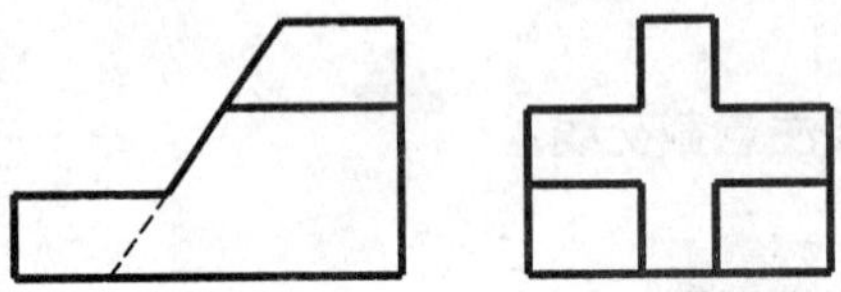

图 5-22 题

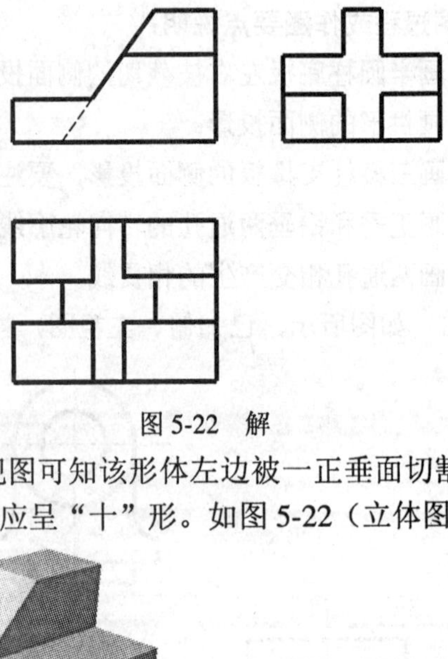

图 5-22 解

分析：本题可结合线面分析法来求解。由主视图可知该形体左边被一正垂面切割，切割后的断面呈“十”形线框，因此俯视图对应位置也应呈“十”形。如图 5-22（立体图）所示。

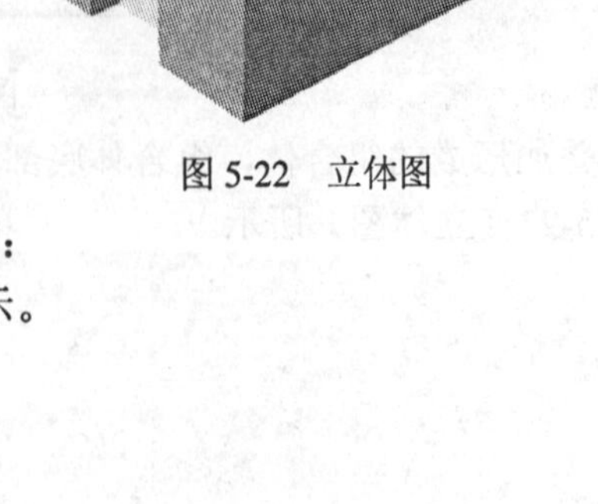

图 5-22 立体图

作图过程或作图要点说明：

略，结果如图 5-22 解所示。

5-23 如图所示，已知主、俯视图，补画左视图。

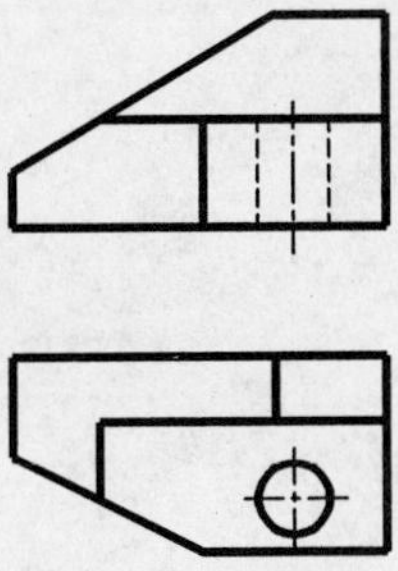

图5-23 题

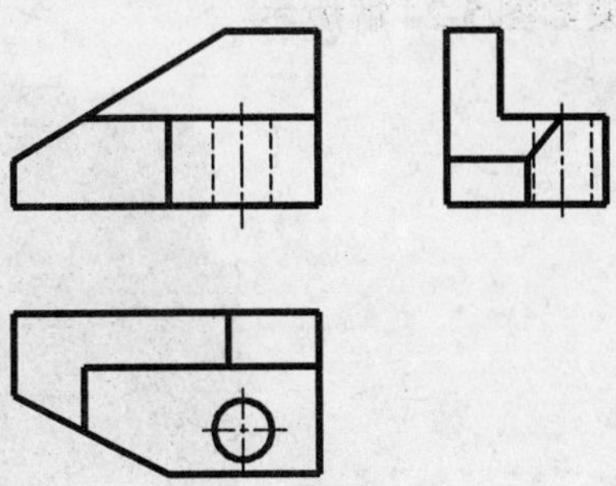

图5-23 解

分析：本题所示图形为“L”形板经一个正垂面和一个铅垂面切割后，并在“L”板的一个表面钻孔所得，立体图如图5-23（立体图）所示。

图5-23 立体图

作图过程或作图要点说明：

略，结果如图5-23解所示。

5-24 如图所示，已知俯、左视图，补画主视图。

分析：本题所示图形由一个圆柱筒和一个筒座支撑组成，由左视图可以看出，筒座支撑和圆柱筒高度不等，且在筒座上有一个通过两个水平面和一个正平面切出的槽。如图5-22（立体图）所示。

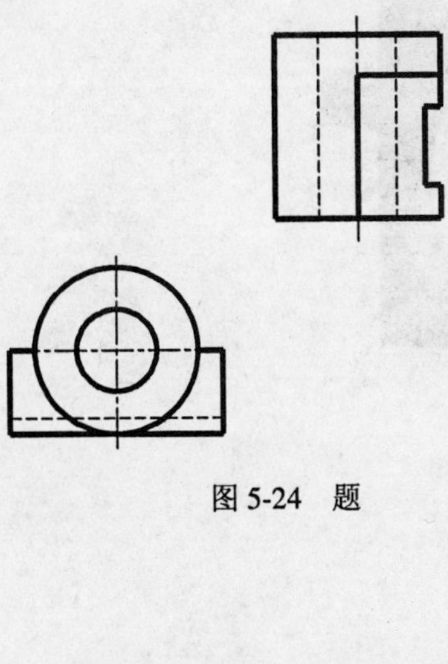

图5-24 题

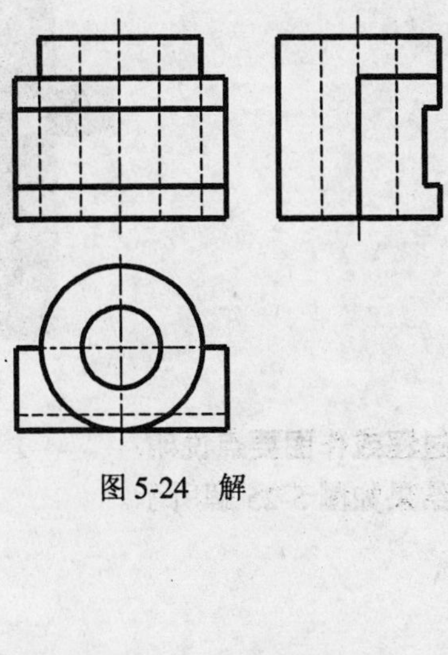

图5-24 解

作图过程或作图要点说明：

略，结果如图 5-24 解所示。

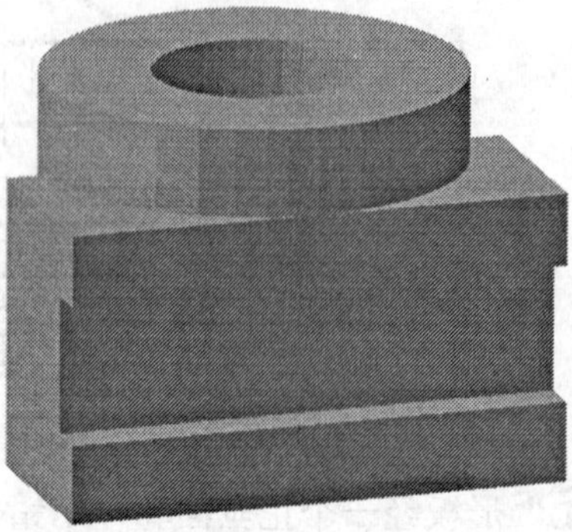

图 5-24 立体图

5-25 如图所示，已知主、左视图，补画俯视图。

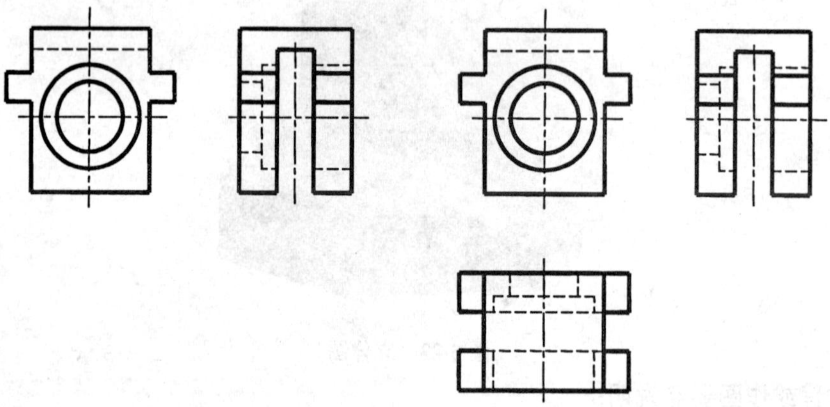

图 5-25 题　　图 5-25 解

分析：本题所示形体由切割法形成，其基本形体为长方体，由三次切割完成，分别在该长方体上切出圆孔、贯穿左右的长方形槽以及左右两侧的四个小长方体，如图 5-25（立体图）所示。

图 5-25 立体图

作图过程或作图要点说明：

略，结果如图 5-25 解所示。

5-26 如图所示，已知主、俯视图，补画左视图。

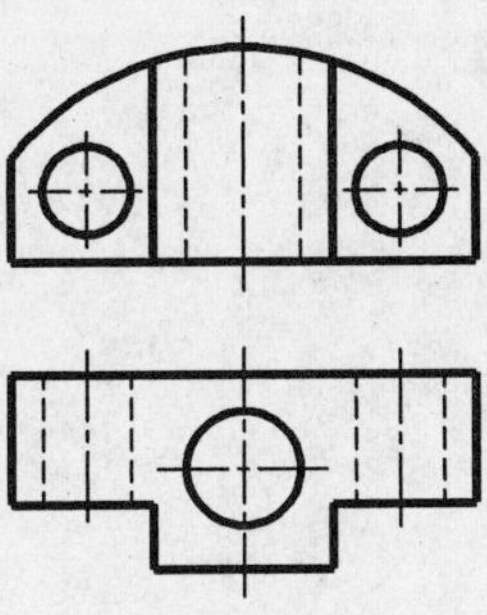

图 5-26　题

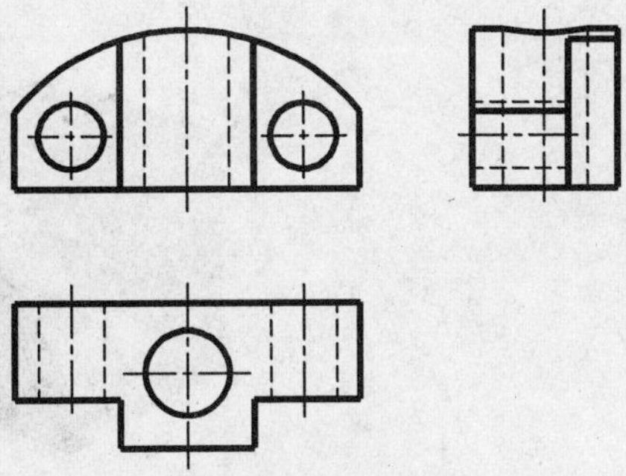

图 5-26　解

分析：本题所示形体由切割法形成，其原始形状为圆柱体的一部分。切割分三次完成，分别在原始形体上切出两个小圆柱孔、一个大圆柱孔和两个槽。解题时，可以使用形体分析法分析，需要注意的是大圆柱孔与原始形体相贯。本题立体图如图 5-26（立体图）所示。

图 5-26　立体图

作图过程或作图要点说明：

略，结果如图 5-26 解所示。

5-27　如图所示，已知主、俯视图，补画左视图。

分析：本题可结合形体分析法来求解。由俯视图可知，该形体中部从上至下挖一方形孔，且在左边的前上方用正垂面切去一块。形体右边为一中部开槽的空心拱形柱，如图 5-27（立体图）所示。

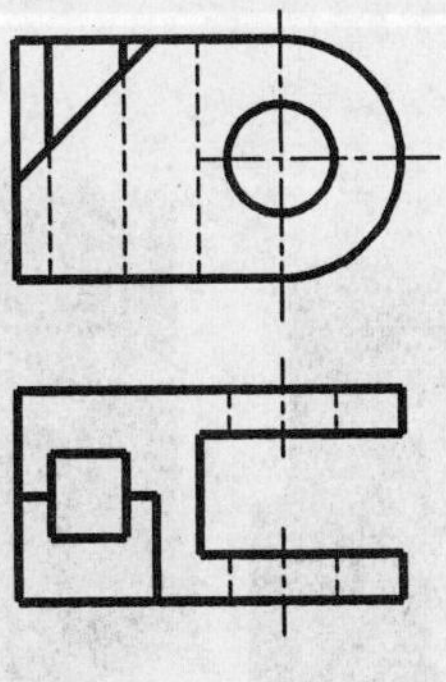

图 5-27　题

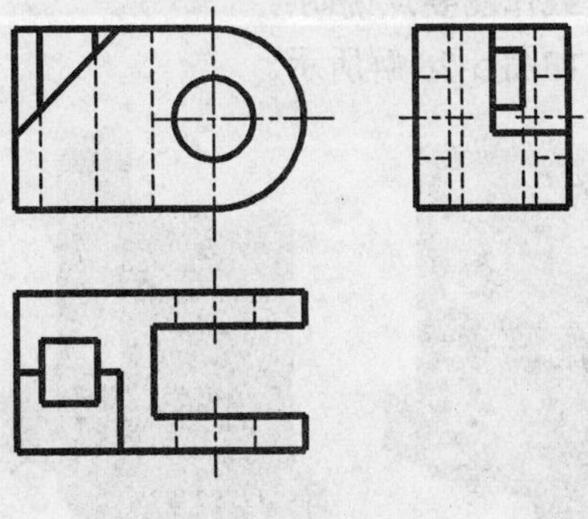

图 5-27　解

作图过程或作图要点说明：

略，结果如图 5-27 解所示。

图 5-27　立体图

5-28　如图所示，已知主、俯视图，补画左视图。

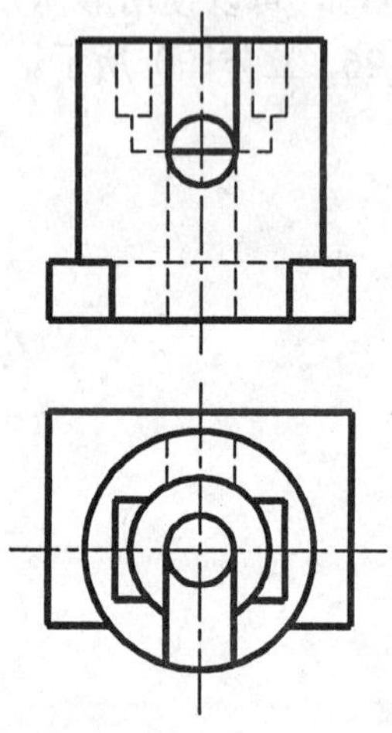

图 5-28　题

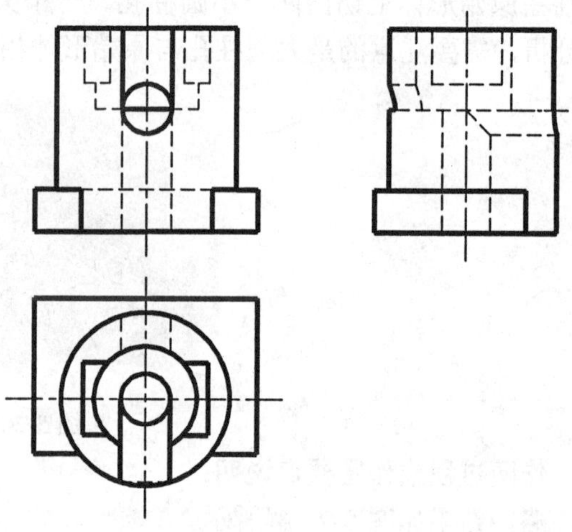

图 5-28　解

分析：由俯视图可知，该形体的前部是一拱形槽，后部是一半圆孔；形体的上方为空心圆筒，且在左右两边又分别用两个正平面和一个侧平面对称的切去一块，如图 5-28（立体图）所示。

作图过程或作图要点说明：

略，结果如图 5-28 解所示。

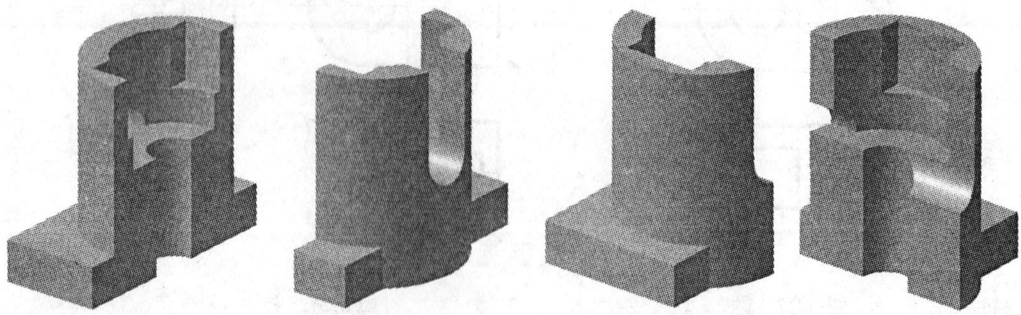

图 5-28　立体图

5-29　(1)如图所示，已知主、俯视图，补画左视图。

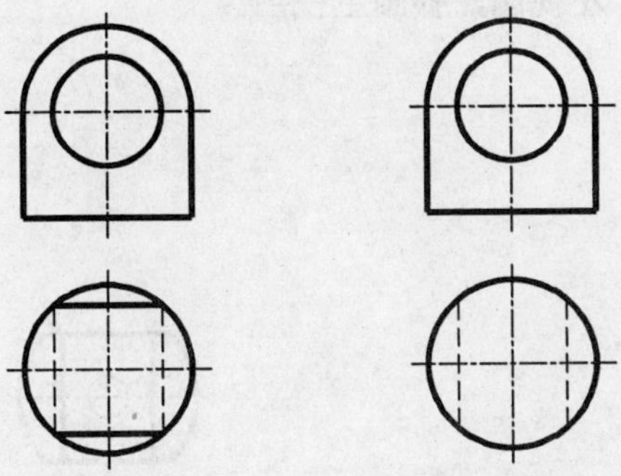

题 1　　题 2

图 5-29　题

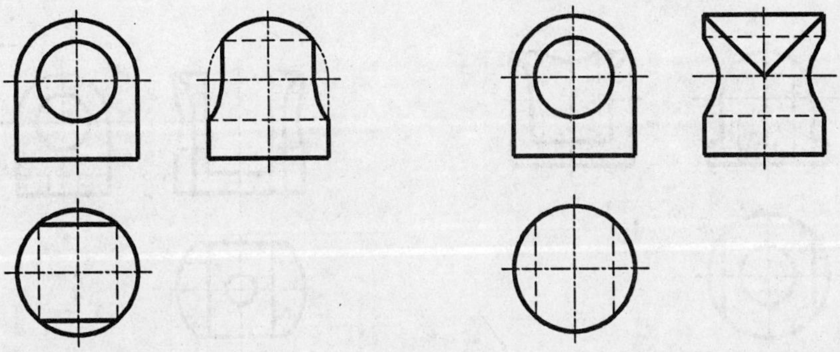

题 1 解　　题 2 解

图 5-29 解

(2) 如图所示，已知主、俯视图，补画左视图。

分析：本题第一小题考查的是球、柱相交和柱、柱相交的相贯线画法；第二小题考查的是柱、柱相交的相贯线画法。如图 5-29（立体图）所示。

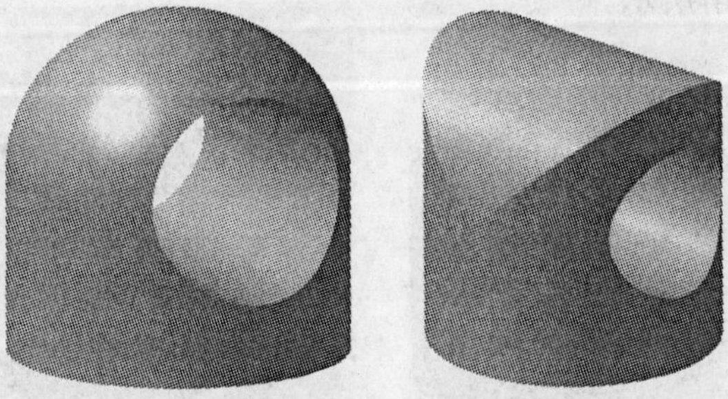

（1）　（2）

图 5-29　立体图

作图过程或作图要点说明：

略，结果如图 5-29 解所示。

5-30 (1)如图所示，已知主、俯视图，补画左视图。

(2) 如图所示，已知俯、左视图，补画主视图。

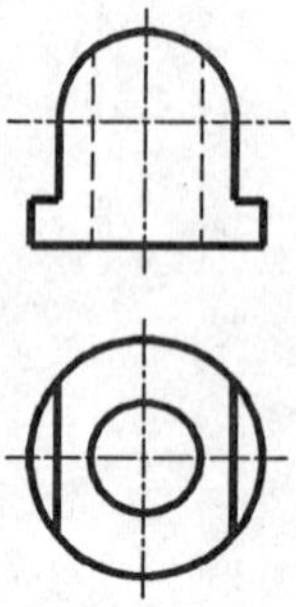

题 1

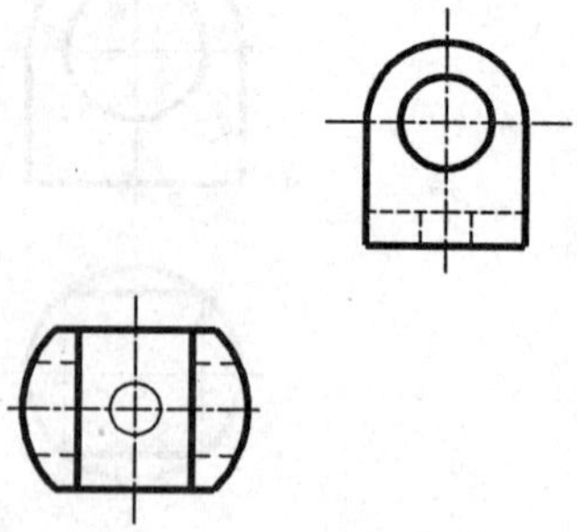

题 2

图 5-30 题

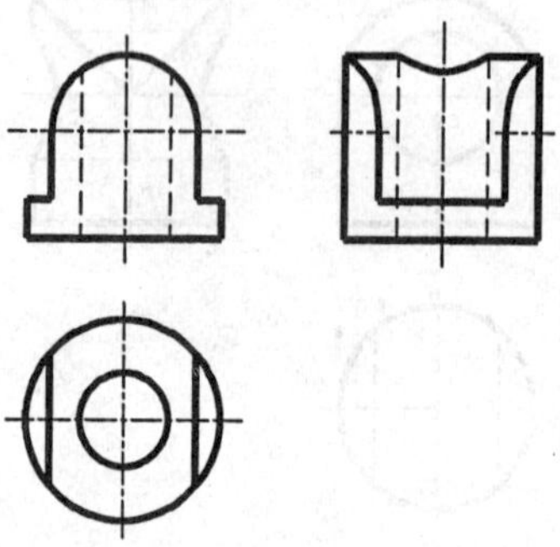

题 1 解

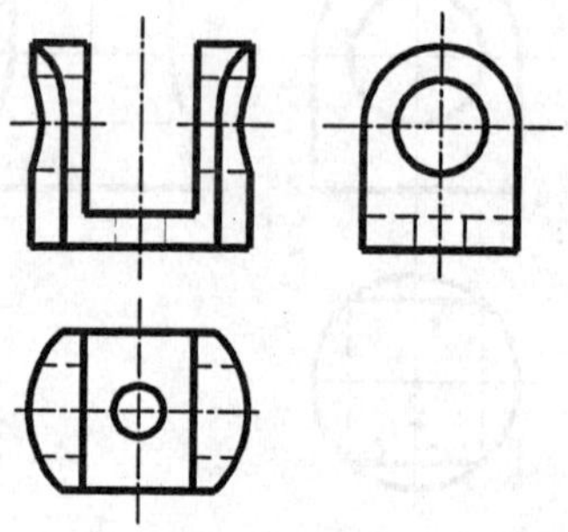

题 2 解

图 5-30 解

分析：本题两个小题考查平面切割圆柱所产生截交线及柱、柱相贯线的画法。其立体图如图 5-30（立体图）所示。

作图过程或作图要点说明：

略，结果如图 5-30 解所示。

（1）

（2）

图 5-30 立体图

5-31 (1)如图所示，已知主、俯视图，补画左视图。

(2)如图所示，已知主、左视图，补画俯视图。

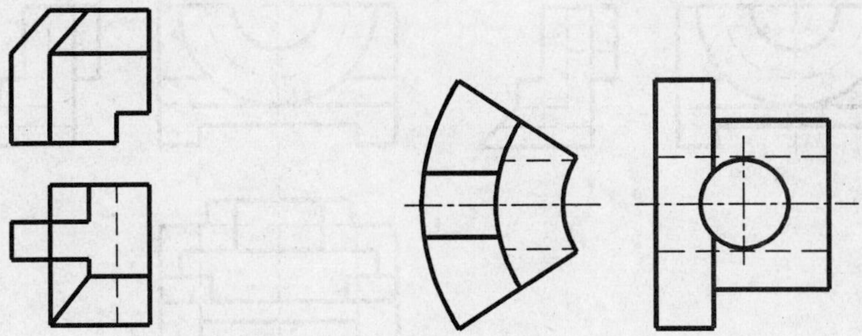

题1　　　　　　题2

图5-31 题

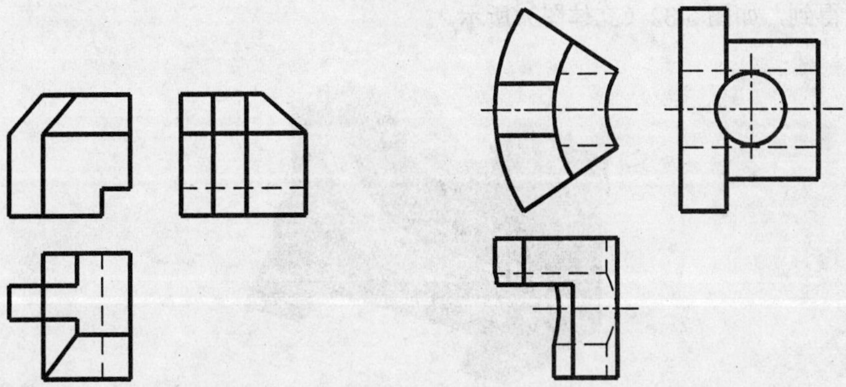

题1解　　　　　　题2解

图5-31 解

分析：本题第一小题是两个长方体叠加后切割而成；第二小题主要考查圆柱面的截切与相贯。立体图如图5-31（立体图）所示。

作图过程或作图要点说明：

略，结果如图5-31解所示。

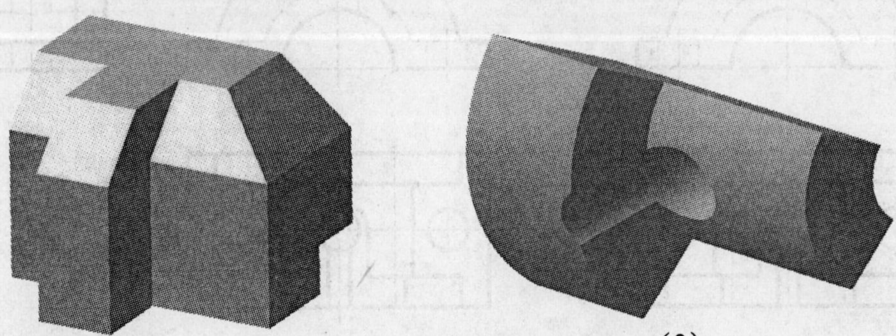

（1）　　　　　　（2）

图5-31 立体图

5-32 如图所示，已知主、左视图，补画俯视图。

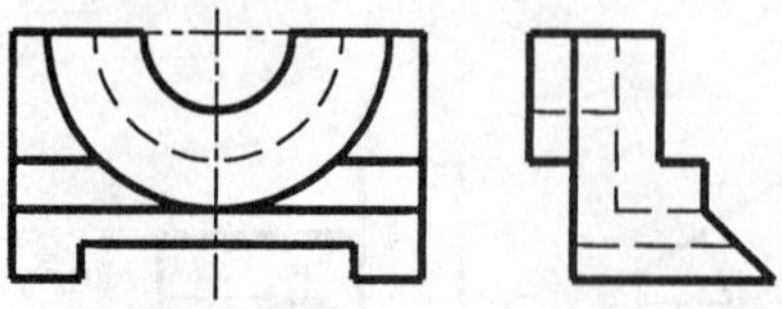

图 5-32 题

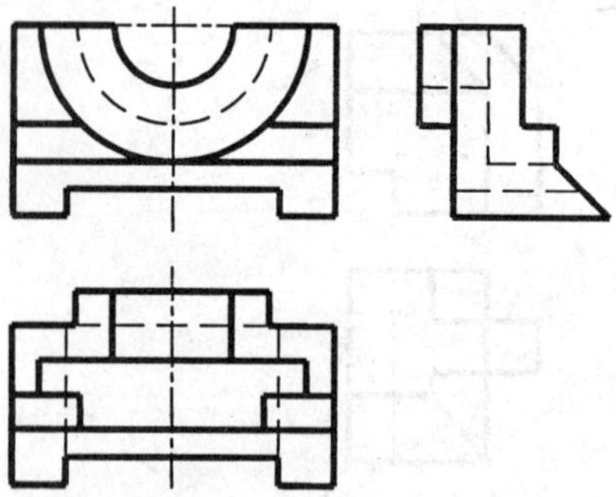

图 5-32 解

分析：本题可结合形体分析法来求解。其原始形体为长方体，经切割、挖半圆柱孔和在底面开槽后得到，如图 5-32（立体图）所示。

图 5-32 立体图

作图过程或作图要点说明：

略，结果如图 5-32 解所示。

5-33 如图所示，已知主、左视图，补画俯视图。

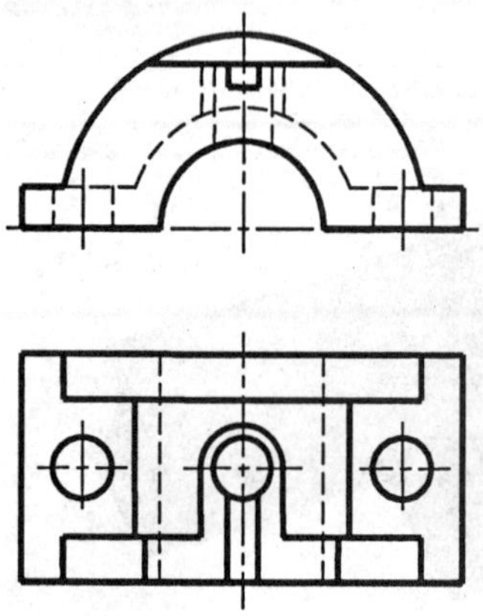

图 5-33 题

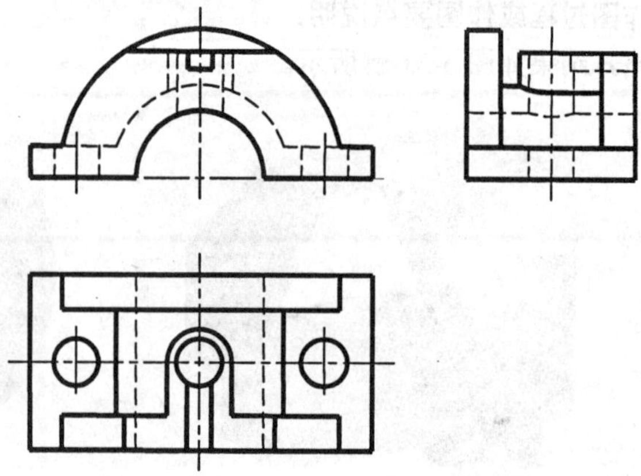

图 5-33 解

分析：本题是典型的叠加和穿切方式并用而成的组合体，可结合形体分析法和线面分析法分析求解，如图 5-33（立体图）所示。

作图过程或作图要点说明：

略，结果如图 5-33 解所示。

图 5-33　立体图

第 6 章　机件的表达方法

6.1　内 容 要 点

本章主要介绍国家标准规定的用于表达机件内、外形状的各种画法，这些画法包括视图、剖视图、断面图、简化画法等。

1. 视图一般用来表达机件的外部形状。包括基本视图、向视图、局部视图和斜视图。
2. 剖视图用来表达机件的内部形状。分为全剖视图、半剖视图和局部剖视图三种。
3. 断面图用来表达机件局部结构的断面形状。根据断面图在图纸上绘制的位置，分为移出断面和重合断面两种。
4. 为了简化作图、提高绘图效率，国家标准对机件上的某些特定、常见的结构、几何要素等的表达方法、画法、标注等作了简化规定，这些规定的画法称为简化画法。

6.2　解 题 要 领

首先运用形体分析法，分析组成机件的各基本形体、内外结构特征，再用线面分析法补充分析细部结构形状。读懂题目所给视图，并想象出立体形状，然后根据题目要求或需要表达的重点选择合适的表达方法（视图、剖视图或断面图等）并画图。

6.3　习题与解答

6.3.1　视图

机件向投影面投射所得的投影图称为视图。

在六个基本投影面上形成的投影图称为基本视图，基本视图用于表达机件六个方向的外形。按规定位置配置，不加标注；否则需要标注，即画出表示投影方向的箭头，注字母，再在该图上方写上所注字母，此时所画的视图称向视图。

向视图是可自由配置的视图。向视图必须标注，在向视图的上方标注“×”（“×”为大写拉丁字母），在相应视图的附近用箭头指明投射方向，并标注相同的字母。

局部视图是将物体向基本投影面投射，并只画出需要表达的某一部分。波浪线表示断裂边界。需要标注。

斜视图是将物体向不平行于六个基本投影面的平面投射所得的视图，通常所选择的投影面垂直于某一基本投影面。其作图方法是基于换面法的原理，即通过一次换面求出机件上与某一投影面垂直的表面实形。通常只画出反映结构实形的部分并用波浪线断开，需要标注。

6-1　根据三视图，补画另外三个基本视图。

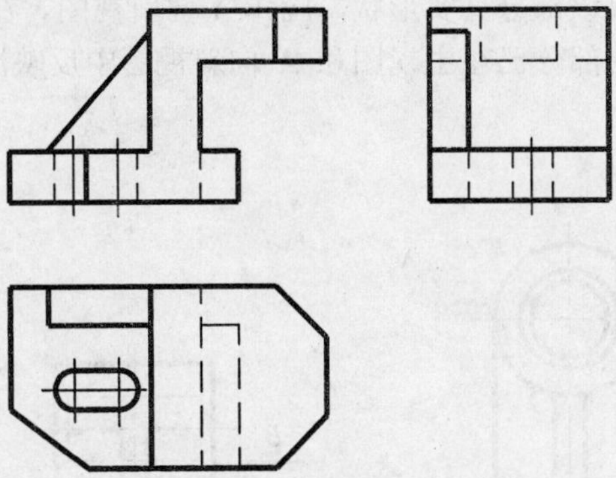

图 6-1　题

分析：本题已知六个基本视图中的三个视图：主、俯、左视图，需要补画的是右视图、仰视图以及后视图。作图前应进行形体分析及线面分析，看懂机件的结构形状及特征。作图时应保证六个基本视图之间符合长对正、高平齐，宽相等的投影规律。同时要注意区分各视图内部图线的可见性变化。

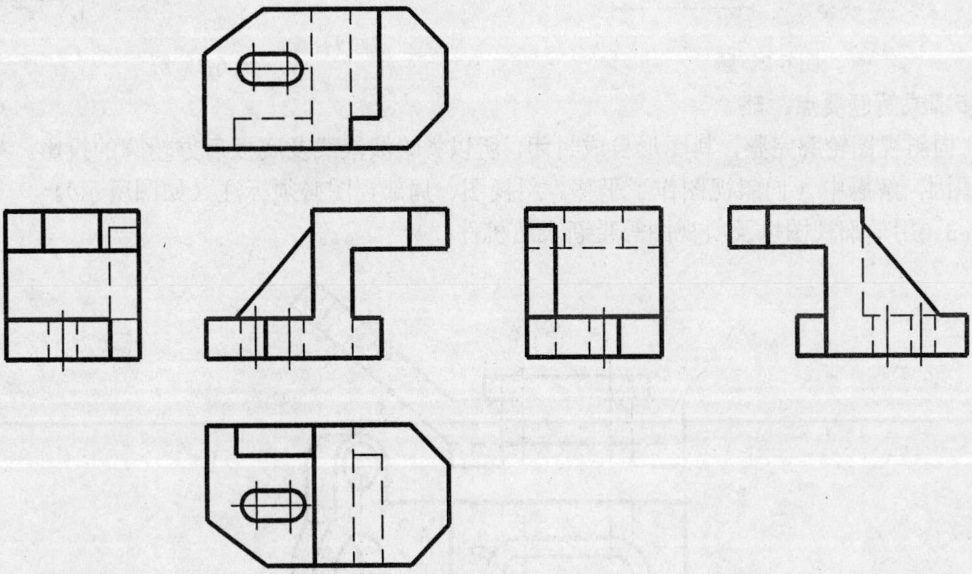

图 6-1　解

作图步骤或解题要点：

根据三视图用形体分析、线面分析法，读懂已给视图。

画仰视图、右视图和后视图。

注意：如补画的三个视图没有按规定位置配置，即按向视图的规定画，则应作出相应的标注。

6-2　作 *A* 向斜视图和 *B* 向局部视图。

分析：这是一个支架，其下方的底板相对于各个基本投影面都是倾斜的，从题目所给的左视图可以看出，其投影出现多个椭圆，既不反映实形，又给绘图、看图等带来麻烦，且不便于标注尺寸。为了能反映该部分真实形状，应作 *A* 向斜视图。在画了 *A* 向视图后，左视图中下半部不反映真实形状的部分已在主视图和 *A* 向斜视图中反映清楚了，不必再画出，因此改画为 *B* 向局部视图。

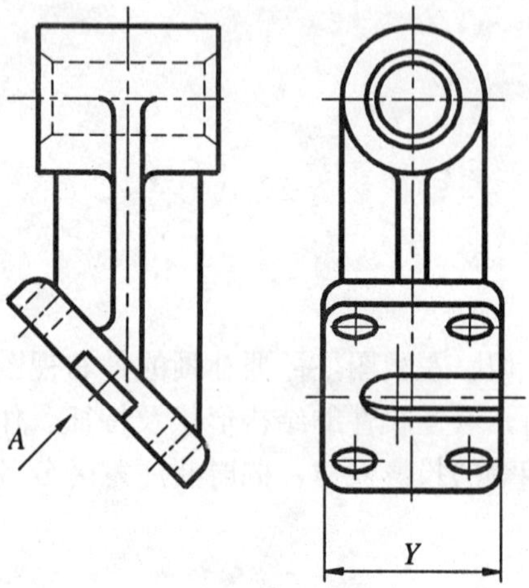

图 6-2　题

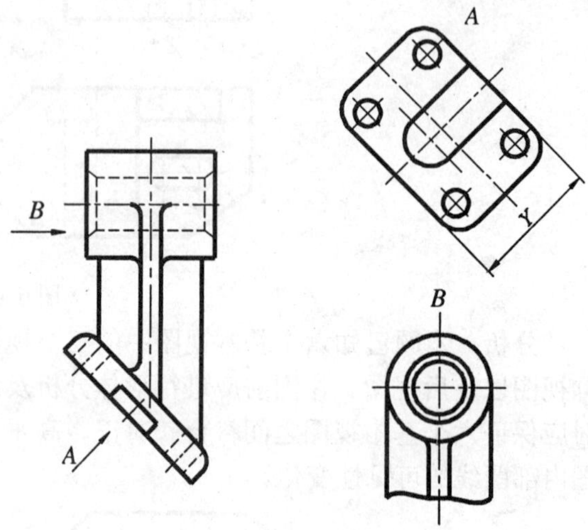

图 6-2　解

作图步骤或解题要点：略。

A 向斜视图轮廓完整，其图形自成封闭，所以省略波浪线及底板后方轮廓的投影。考虑布局的原因，解题中 *A* 向斜视图作了平移。斜视图、局部视图必须标注（如图所示）。

6-3　用局部视图以及斜视图等重新表达机件。

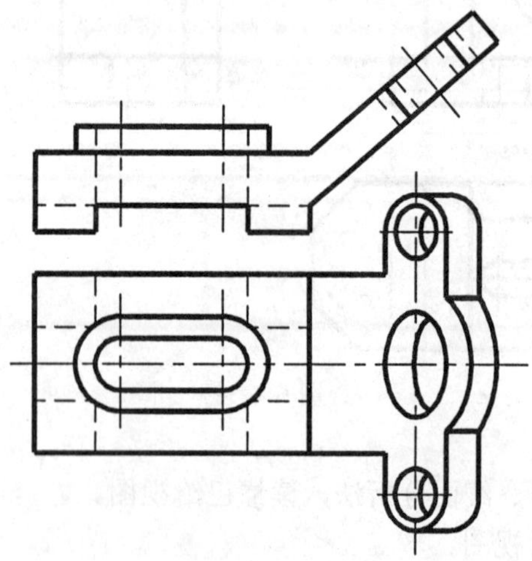

图 6-3　题

分析：本例已给出主、俯视图。由于其右边部分不平行于基本投影面，在俯视图中不反映它的实形，不便于作图、看图，为了反映其实形，应作 *A* 向斜视图，并将俯视图用局部视

图表示。底板下面长槽形在俯视图上用虚线表示，不便于看图，应作 C 向视图

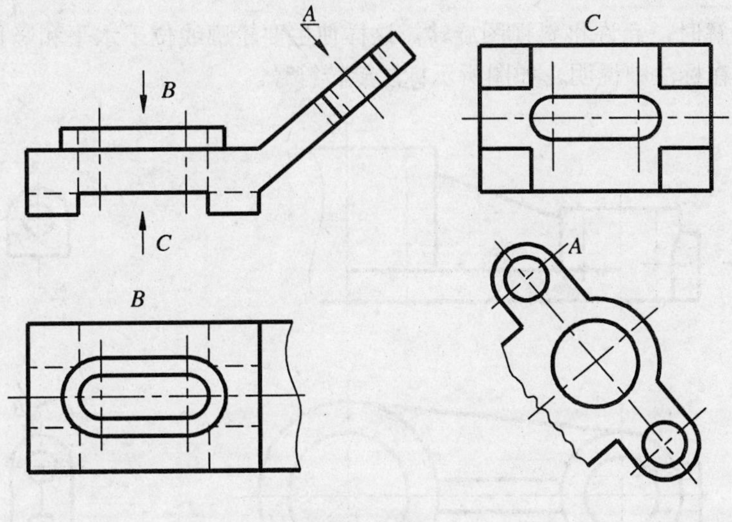

图 6-3　解

作图步骤或解题要点：

1）作 A 向斜视图和 B 向局部视图，轮廓线不完整，断裂边界应用波浪线来表示；

2）作 C 向视图；

3）标注并作适当修改，斜视图一般应放在与投影方向对应的位置上，但亦可根据需要，画在别处和作适当旋转，但要标注说明。

6-4　用局部视图以及斜视图等重新表达机件。

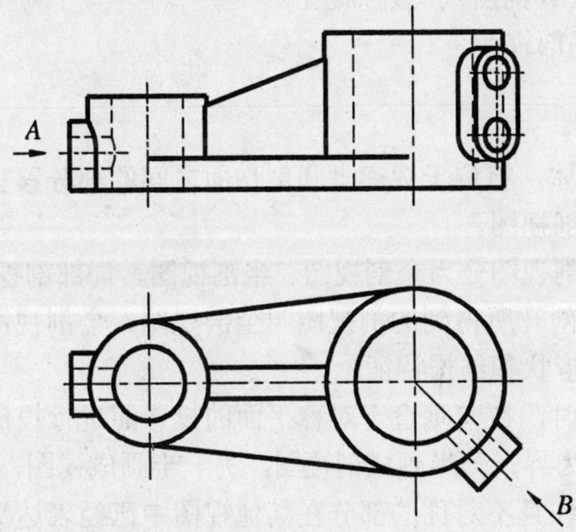

图 6-4　题

分析：本例已给出主、俯视图。由于其右前方长圆形凸台及两圆柱孔的端面不平行于基本投影面，主视图不能反映实形，不便于作图、看图，为了反映其实形，应作 B 向斜视图，该视图主要用来表达圆柱筒右前方长圆形凸台及两圆柱孔的端面形状，故只画局部，其余不反映实形的部分不再画出，因此将主视图改用局部视图。为了表达左边的拱形体凸台，应画 A

向局部视图，因为所表示的局部结构是完整的，且轮廓线成封闭形，因此波浪线可以省略不画。

在不引起误解时，允许将斜视图旋转，这样使主要轮廓线位于水平和竖直位置，旋转后再放置的图形应在标注中说明，如图所示标注旋转符号。

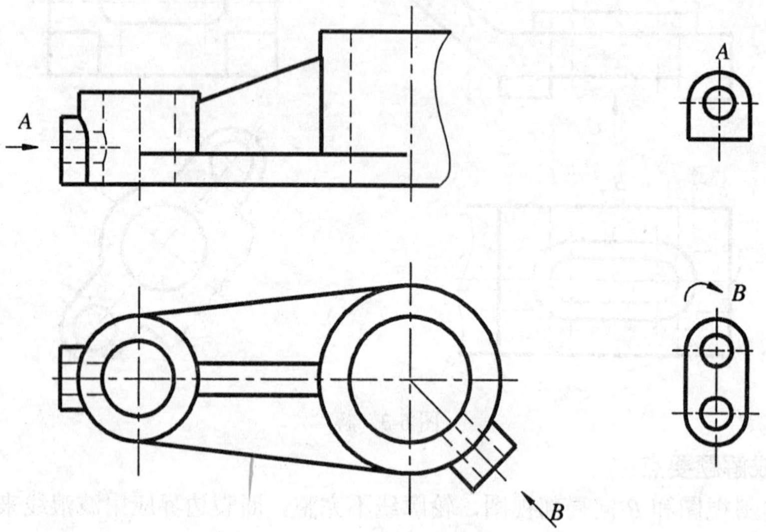

图 6-4 解

作图步骤或解题要点：

1）画 *A* 向局部视图并标注；

2）旋转适当角度后画 *B* 向斜视图并标注；

3）把主视图改画为局部视图。

6.3.2 剖视图

假想用剖切面剖开物体，将位于观察者和剖切面之间的部分移去，而将其余部分向投影面投射得到的视图，称为剖视图。

按剖切状况及程度，剖视图分为全剖视图、半剖视图、局部剖视图三种。

用剖切面把机件完全剖开所得到的剖视图叫全剖视图。全剖视图主要用于表达外形相对简单的不对称机件的内部形状和结构特征。

当机件具有对称平面时，在向垂直于对称平面的投影面进行投影时，可以用剖切面把机件剖开，并以对称中心线为界，一半画成剖视图，另一半画成视图，所得的视图叫半剖视图。只有对称或基本对称的机件且不对称的部分在其他视图中已经表达清楚，才能采用半剖视图表达机件的内部形状和结构特征。

用剖切平面剖开机件的一部分，以显示这部分的内部形状，并用波浪线表示剖切的范围，用这样的方法剖切所得到的视图称为局部剖视图。

可以采用单一剖切面、几个相互平行的剖切面、几个相交的剖切面、圆柱面或以上几种情况的组合来剖开机件。

6-5　把主视图改画为全剖视图。

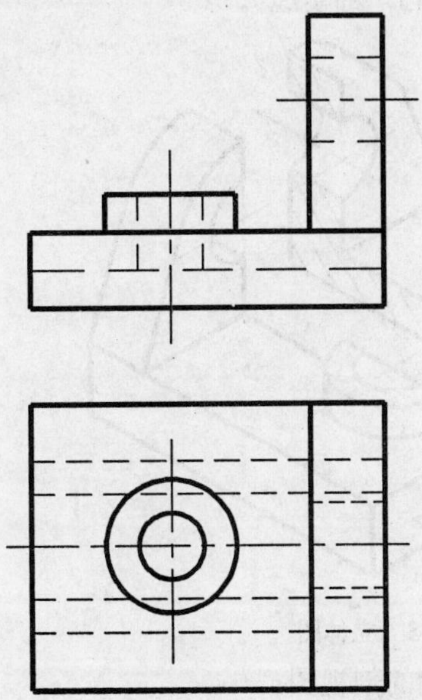

图 6-5　题

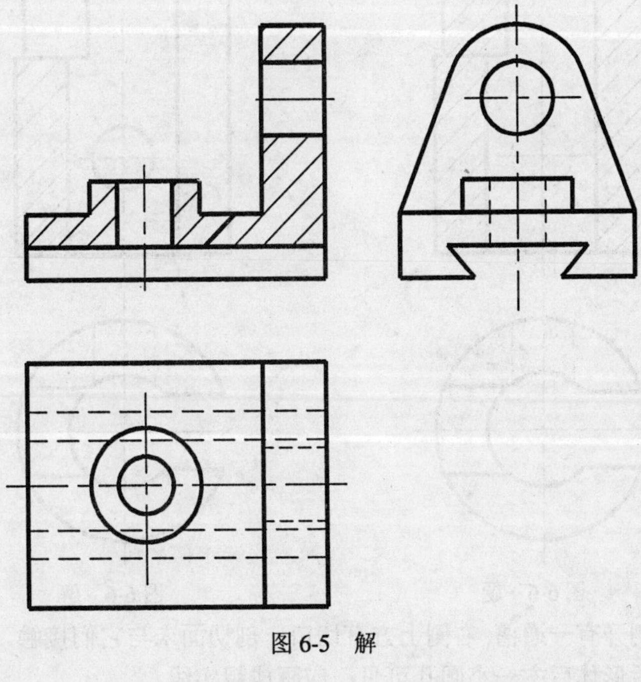

图 6-5　解

分析： 本题应采用单一剖切平面沿着机件的前后对称面剖切，移去前半部分，后半部分应全部向 V 投影面投影，包括剖切平面未经过的形体结构，同时根据剖视图表达方法的规定，剖切面与机件接触的部分，即机件的断面应画上剖面线。本题不需标注。

作图步骤或解题要点：

1）画出剖切后的全剖视的主视图；

2）画上剖面符号（金属材料剖面线为 45° 细实线）。

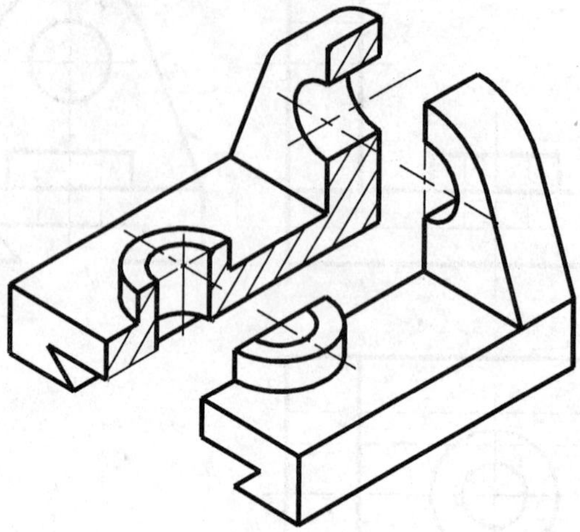

图 6-5 立体图

6-6 分析剖视图中的错误，并作出正确的剖视图。

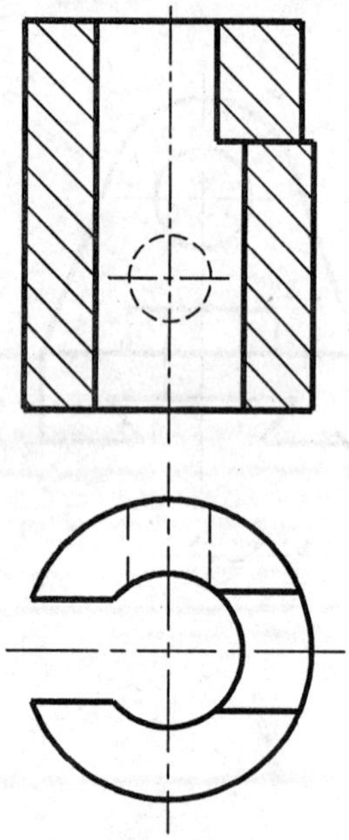

图 6-6 题

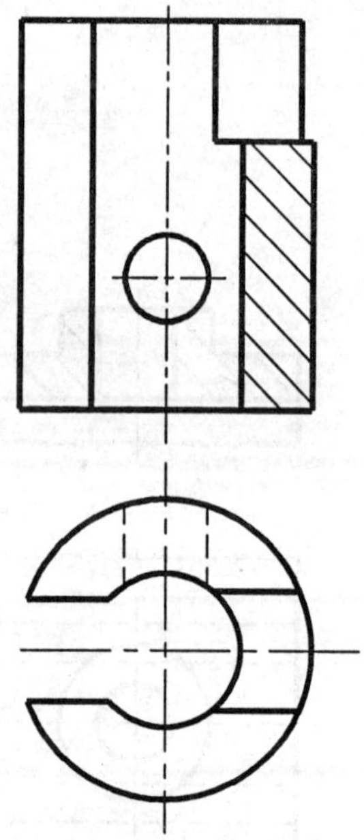

图 6-6 解

分析：形体左侧开有一通槽，右侧上方有切口，剖切面未与它们接触，不能画剖面线；切开并移走前半部分后形体后方一小圆孔可见，应画成粗实线。

作图步骤或解题要点：根据分析，擦去剖切面与机件未接触处，即左方和右上方的剖面线，并将小圆孔改画成粗实线。

6-7 补画全剖视主视图中漏画的图线。

分析：本题主视图为全剖视图，形体主要由回转体组成，中间有圆柱孔与圆锥孔，右边有带有圆孔的凸耳。缺少的图线是同轴两个圆锥孔和圆柱孔四条交线圆的积聚性投影；凸耳的圆环形上表面和环形凹槽底平面的积聚性投影所形成的水平方向的直线段。

作图步骤或解题要点：补画主视图（全剖视图）中缺少的所有图线。

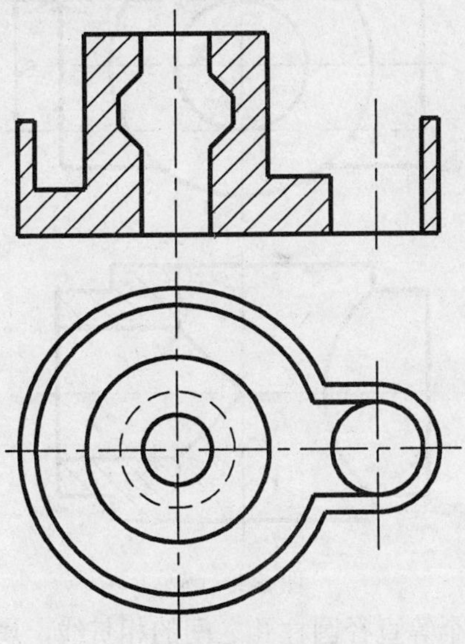

图 6-7　题

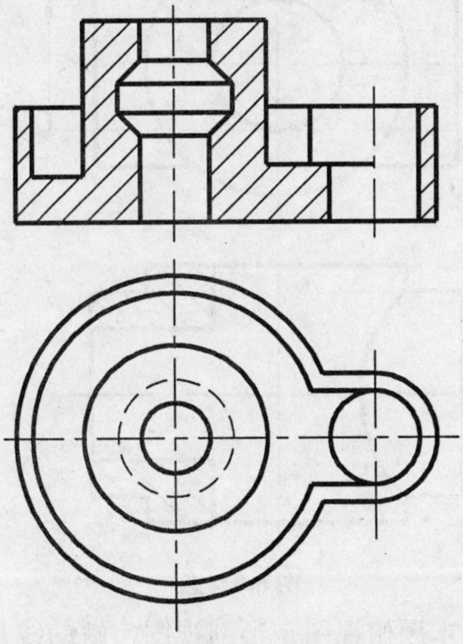

图 6-7　解

6-8　补画剖视图中的漏线。

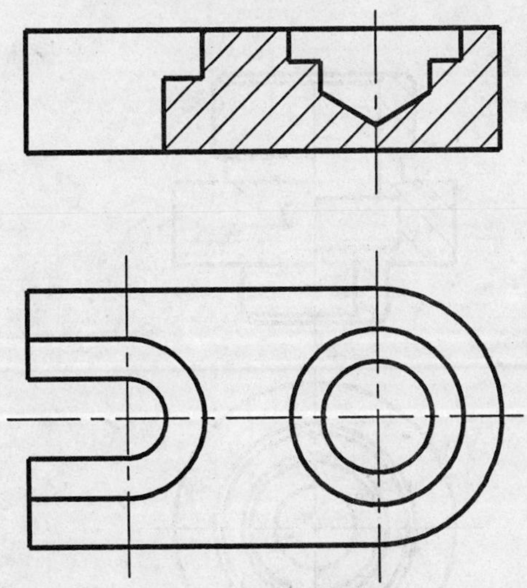

图 6-8　题

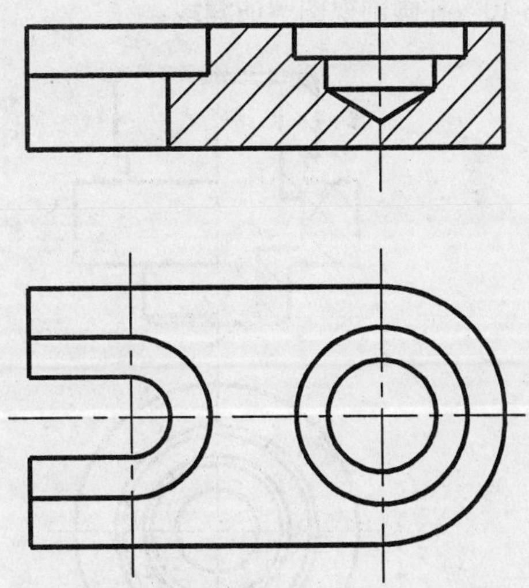

图 6-8　解

分析：本题主视图为全剖视图，右边缺少的图线是同轴两个圆柱孔和一个圆锥孔两条交线圆的积聚性投影；左边缺少拱形体台阶孔底平面的积聚性投影。

作图步骤或解题要点：

1）补画右边两条相贯线积聚性投影；

2）补画左边拱形体台阶孔底平面的积聚性投影。

6-9 补画剖视图中的漏线。

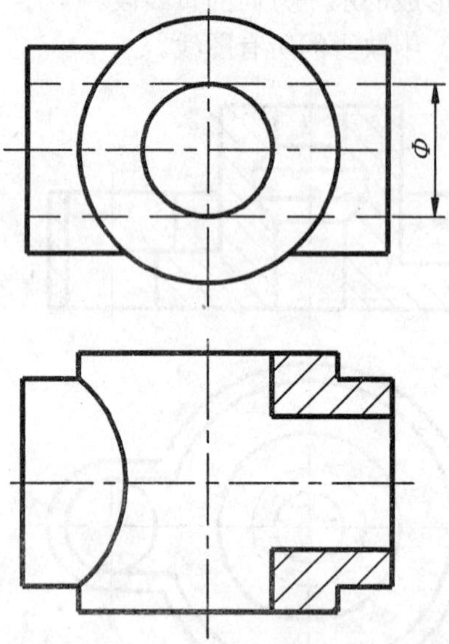

图 6-9 题

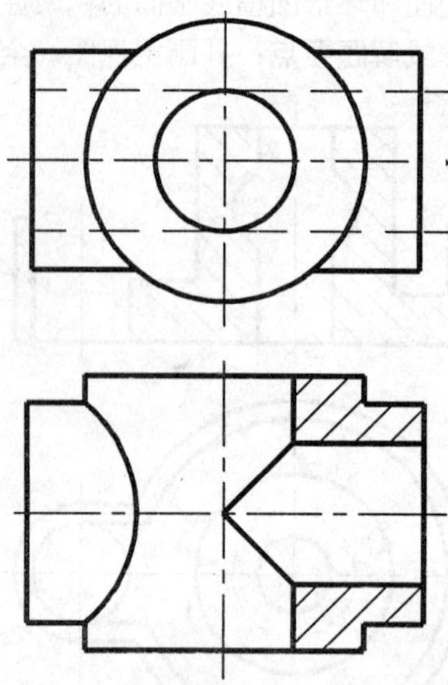

图 6-9 解

分析：本题俯视图是半剖视图，缺的线是两个等直径圆柱孔之间的相贯线，属于特殊相贯线，投影具有积聚性。

作图步骤或解题要点：补画中间两个等直径圆孔相贯线。

6-10 补画剖视图中的漏线。

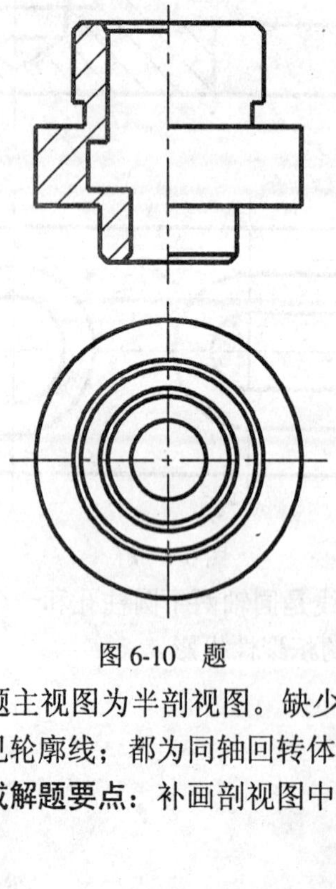

图 6-10 题

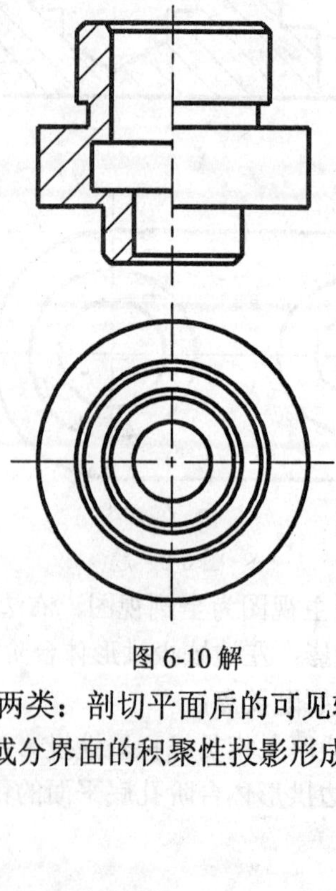

图 6-10 解

分析：本题主视图为半剖视图。缺少的图线有两类：剖切平面后的可见轮廓线和右半部外形部分的可见轮廓线；都为同轴回转体的交线，或分界面的积聚性投影形成的图线。

作图步骤或解题要点：补画剖视图中的漏线。

6-11　补画剖视图中的漏线。

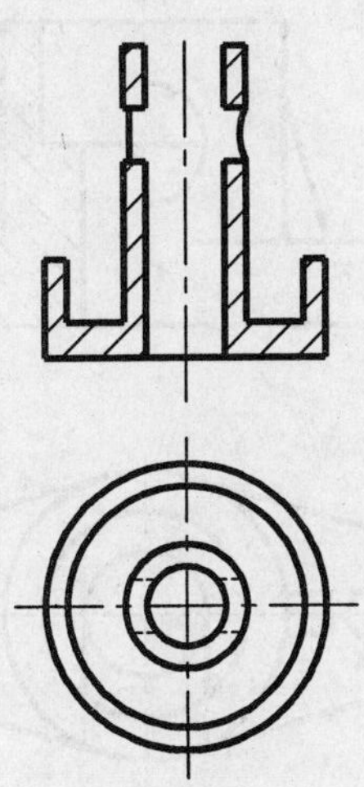

图 6-11　题

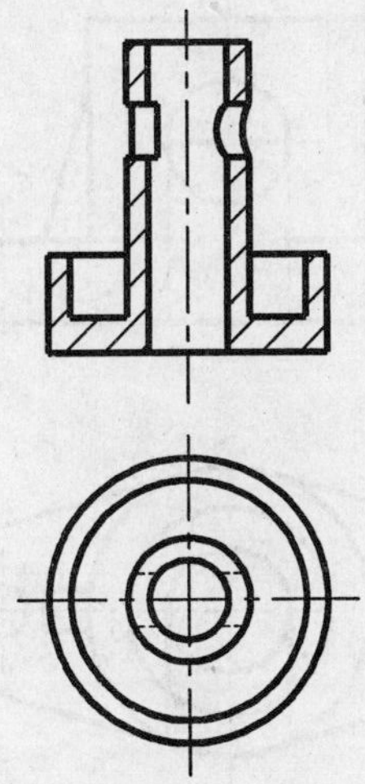

图 6-11　解

分析：本题主视图为全剖视图。缺少的图线有圆柱孔的内表面与轴线为侧垂线的小孔所形成的相贯线的投影，根据原图已画出的相贯线投影可知，右边为圆柱孔、左边为方孔；下部环形凸耳上表面以及圆柱筒顶圆的积聚性投影。

作图步骤或解题要点：

1）补画两条相贯线的投影，右边为曲线、左边为三段直线；

2）补画环形凸耳上表面、圆柱筒顶圆的积聚性投影。

6-12　将主视图改画成全剖视图。

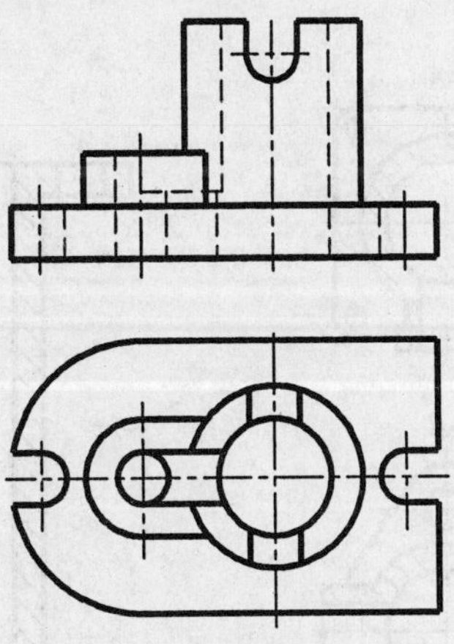

图 6-12　题

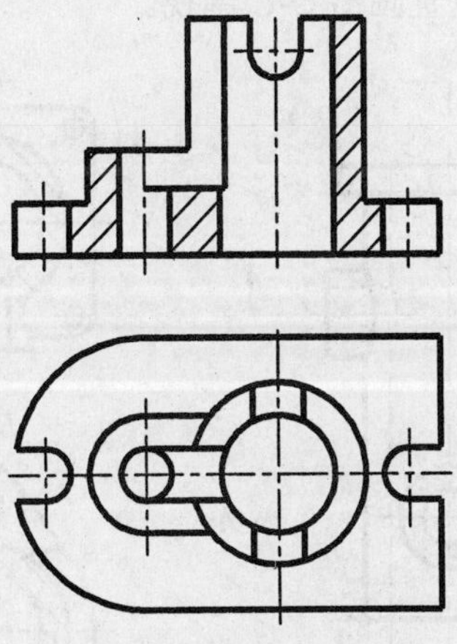

图 6-12　解

分析：本题为单一剖切面作的全剖视图。该机件左右不对称，但前后对称，剖切平面（正平面）与机件对称面完全重合，视图中间又无图形隔开，所以省略标注。

作图步骤或解题要点：

1）虚线（内形体的投影）改画成实线；

2）在与剖切面接触的断面上加画剖面线。

6-13　把主视图改画为半剖视图。

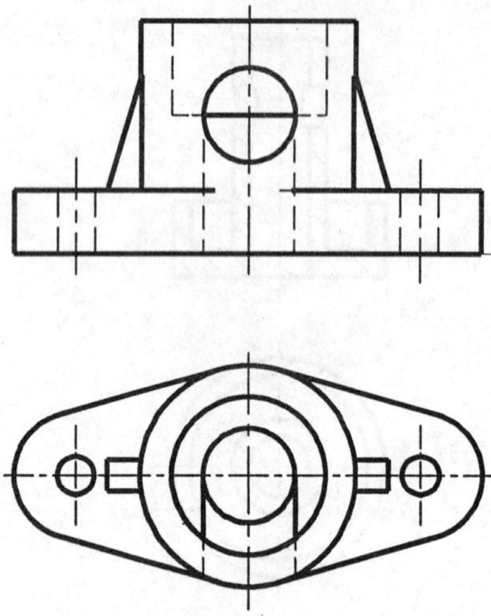

图 6-13　题

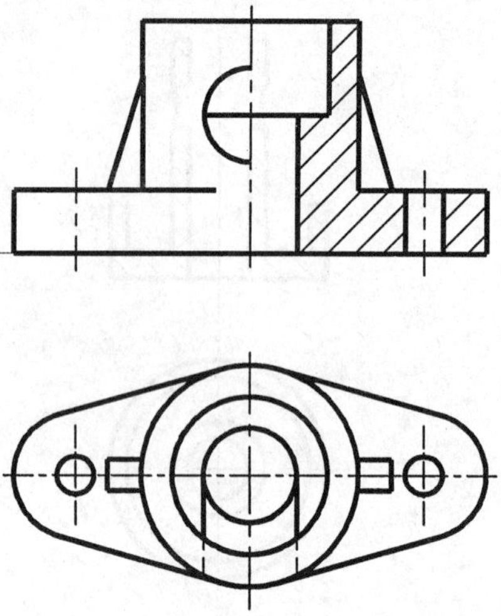

图 6-13　解

分析：首先要看懂题给的视图，该机件左右对称，底部为长圆形底板，其上叠加一带有台阶孔的圆柱筒，在圆柱筒前壁上挖有一圆柱孔；另外在圆柱筒左右各叠加一个三棱柱加强肋板。为使图形清晰，在画成视图的那一半图形中，表示内部结构的虚线省略不画。本题可省略标注。

作图步骤或解题要点：

读懂已给图形，画出半剖视的主视图。由于剖切面通过左右两块肋板的前后对称面，为纵向剖切，所以肋板不画剖面线，且用粗实线绘制出肋板与圆柱筒和底板的分界线。

6-14　在指定位置画出 *C-C* 剖视。

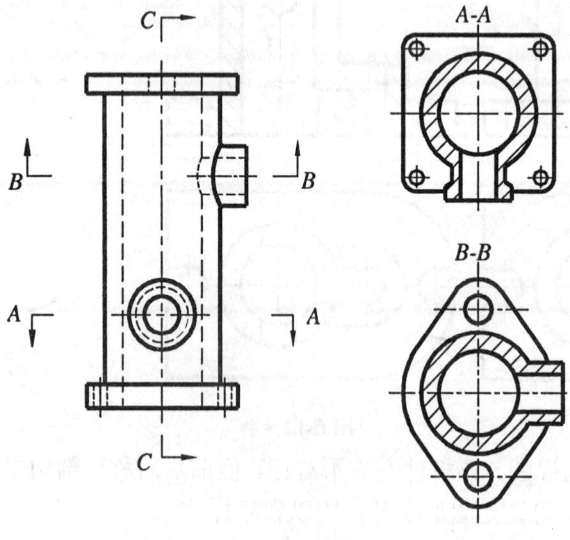

图 6-14　题

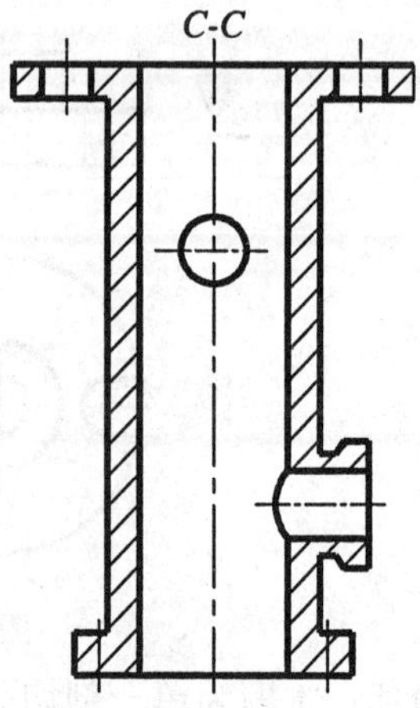

图 6-14　解

分析：*C-C* 剖视为单一剖切平面的全剖视图。根据主视图可知，竖直圆孔是上、下贯通的；上端面的实形反映在 *B-B* 剖视图中，下端面实形反映在 *A-A* 剖视图中。

作图步骤或解题要点：

1）根据已给图形，画出 *C-C* 剖视。（注意其剖面线方向间隔应与题给的 *A-A*、*B-B* 图中保持一致。）

2）作出完整标注。

6-15　根据三视图，将主、俯、左视图均改画成半剖视图。

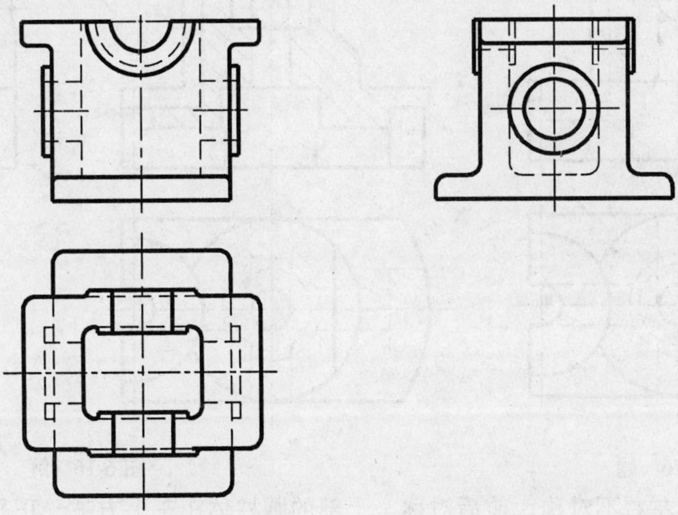

图 6-15　题

分析：机件前后、左右均分别对称，因此三个视图都可以画成半剖视图。主、左视图剖切位置明显可以省略标注，俯视图则必须标注表示剖切位置的剖切符号，注写字母 *A*，同时在俯视图上方注写 *A-A*，箭头可以省略。

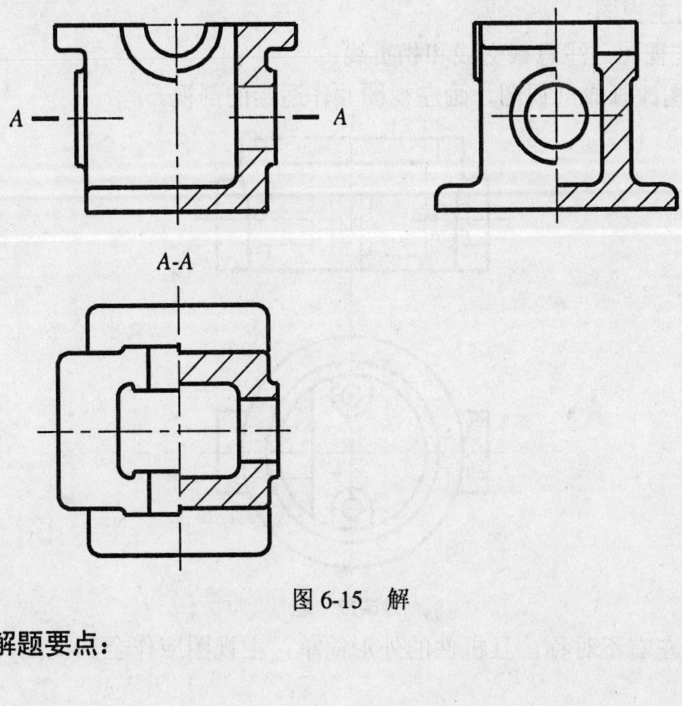

图 6-15　解

作图步骤或解题要点：

1）画主、左、俯半剖视图；

2）作出标注。

6-16 将主视图改画成全剖视图，并补画半剖视的左视图。

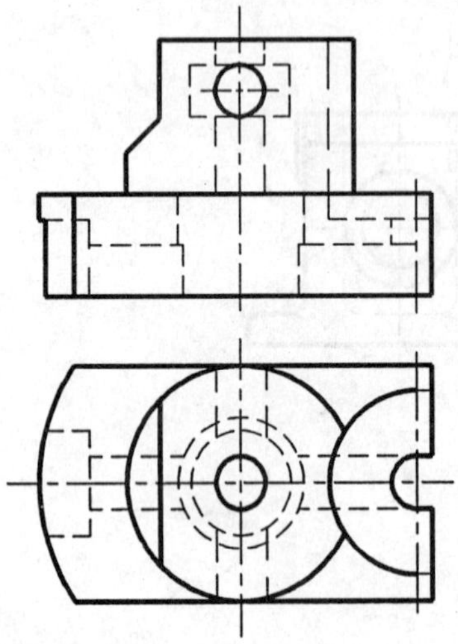

图 6-16 题

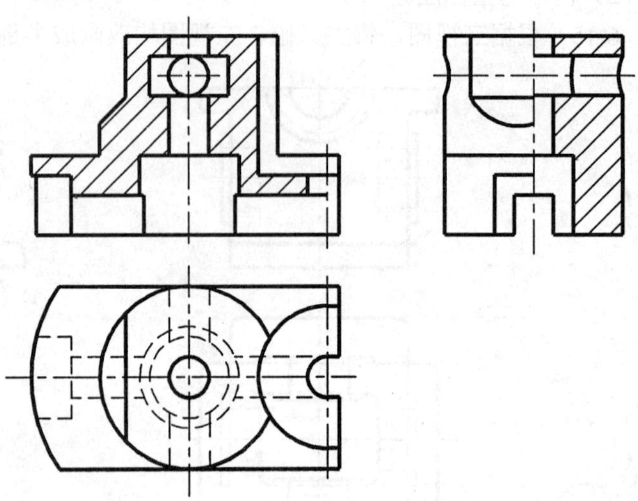

图 6-16 解

分析：该机件左右不对称，前后对称。上部的圆柱体在左上方被一正垂面和一侧平面切去一块，中间为竖直的阶梯圆柱孔，前后在垂直正面方向有一贯通的圆柱孔。圆柱及底板的右方挖出半圆柱形的台阶凹槽，底板的下方开有长方形左右通槽。主视图改画为全剖视图时，注意掌握去粗线、虚改实、加画剖面线的基本作图方法。

作图步骤或解题要点：

1) 改画全剖的主视图；

2）画半剖的左视图，注意截交线和相贯线。

6-17 将主视图改画成剖视图，画左视图并作适当的剖视。

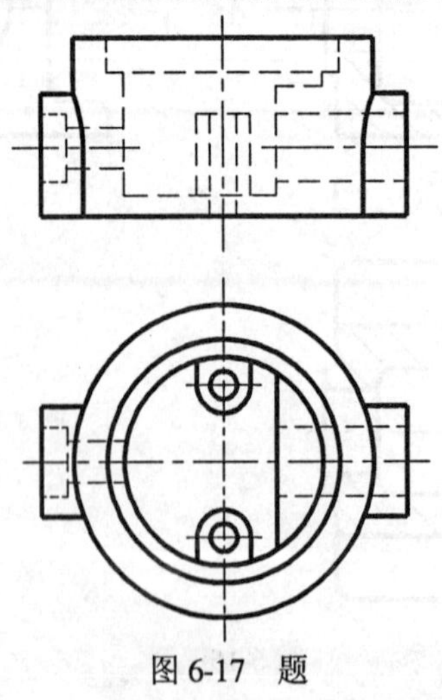

图 6-17 题

分析：该机件左右不对称，且机件的外形简单，主视图应作全剖视图。由于前后对称，因此左视图可选作半剖视图。剖视图中虚线不画。由于剖切位置明显，可省略标注。

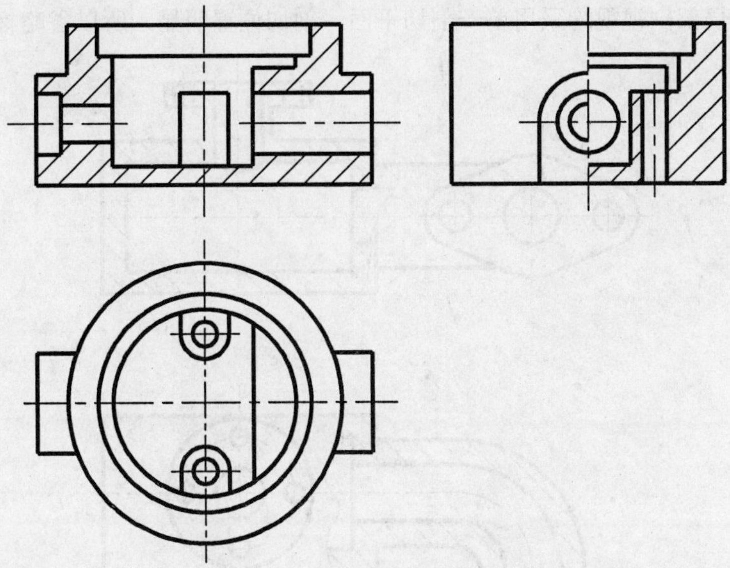

图 6-17　解

作图步骤或解题要点：

1）改画全剖的主视图；

2）画半剖的左视图。

6-18　将下列机件改用局部剖视图来表达。

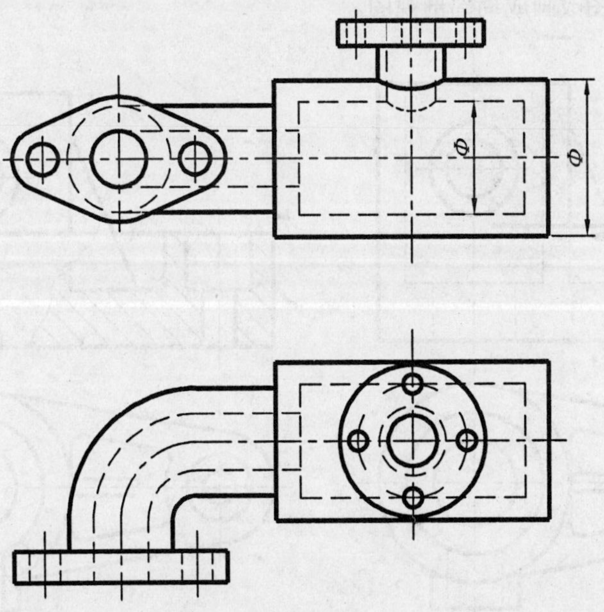

图 6-18　题

分析： 机件内、外形均需表达。主视图不宜作全剖视图；因为形体不对称，也不能作半剖视图。俯视图也不宜作全剖视图，否则上方的结构外形会丢失；同样不具备作半剖视图的条件。主、俯视图均应在适当范围内作局部剖视图。波浪线要画在机件的实体部分。（本题主、俯视图中所作的局部剖视视均采用单一剖切平面，剖切位置明显，所以省略标注。

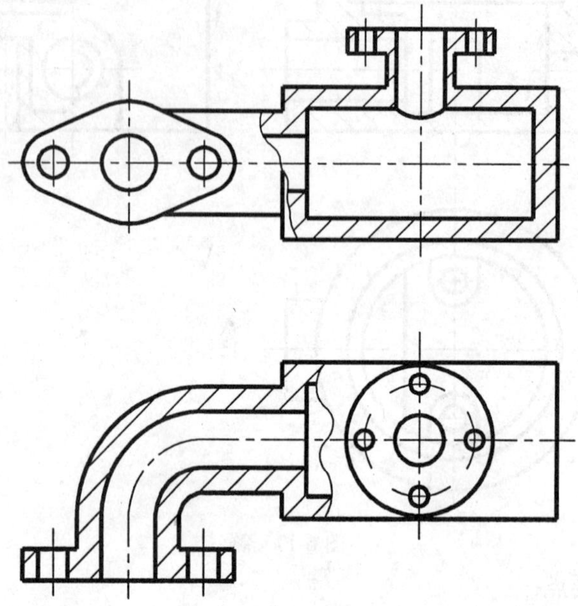

图 6-18 解

作图步骤或解题要点：画出 主、俯视图的局部剖视图。（注意波浪线的位置，应画在机件的实体部分）

6-19 将下列视图改画成局部剖视图。

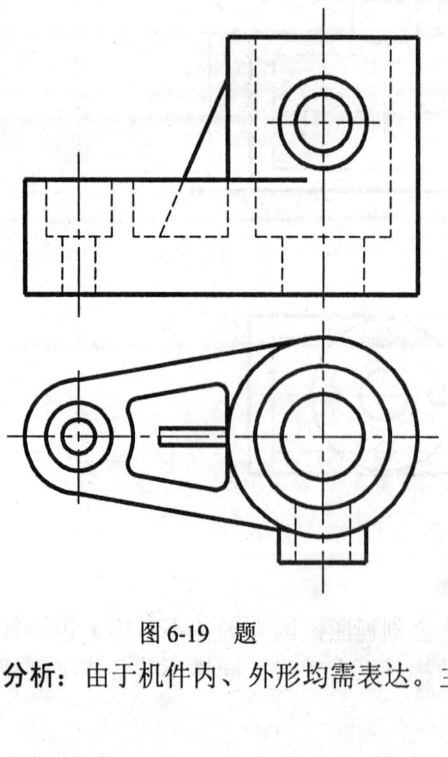

图 6-19 题

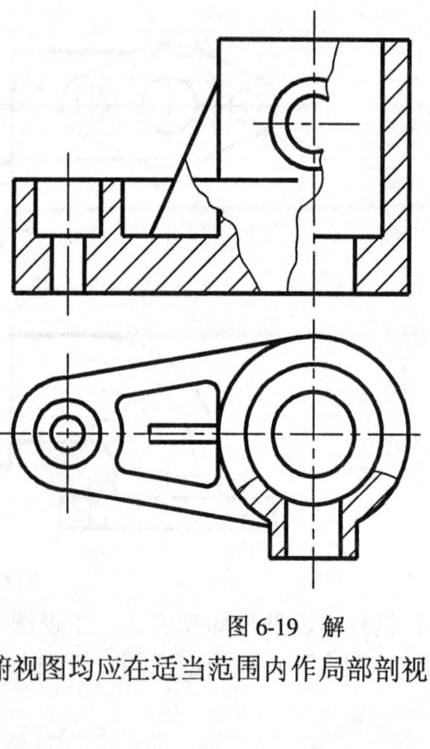

图 6-19 解

分析：由于机件内、外形均需表达。主、俯视图均应在适当范围内作局部剖视图，主视图左右两边都有需要表达的内部结构，所以主视图作了两处作局部剖视。由于剖切位置明显，可以省略标注。

作图步骤或解题要点： 画出 主、俯视图的局部剖视图，并标注。（注意波浪线的画法）

6-20　完成用两个相交剖切面剖切后得到的全剖视图，并标注。

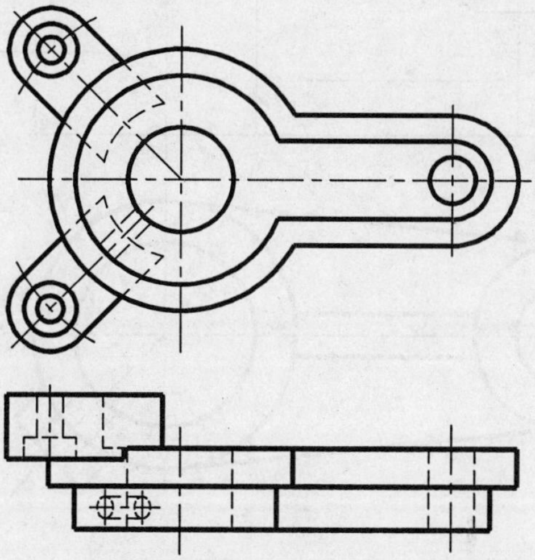

图 6-20　题

分析： 形体分析以及两个相交的剖切平面位置，画剖视图时，应假设将用正垂面作剖切平面剖开的结构及有关部分旋转到与 H 面平行，然后再按投影对应关系向 H 面投射。剖切面后的结构仍按原位置进行投影，如图中左下方小孔。用相交两平面剖切必须标注，如图所示。

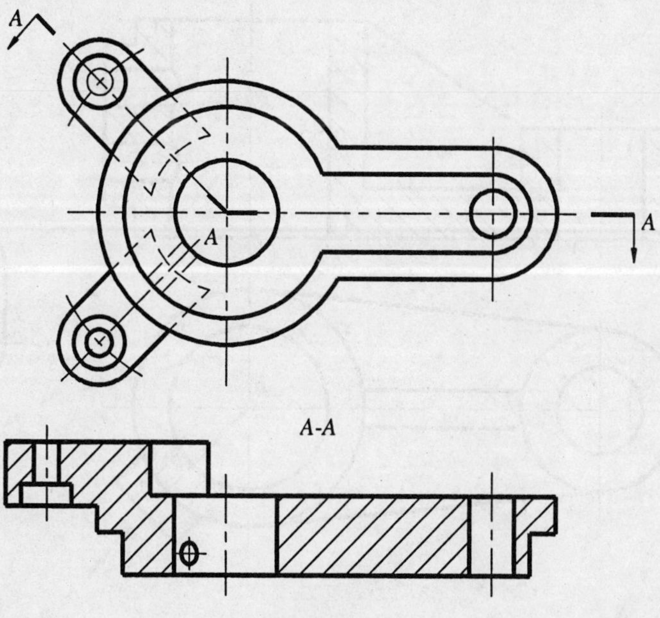

图 6-20　解

作图步骤或解题要点： 在主视图上确定剖切面位置，再作全剖视的俯视图，并作出相应的标注。

6-21 选用适当剖切方法在指定的位置作剖视图并标注。

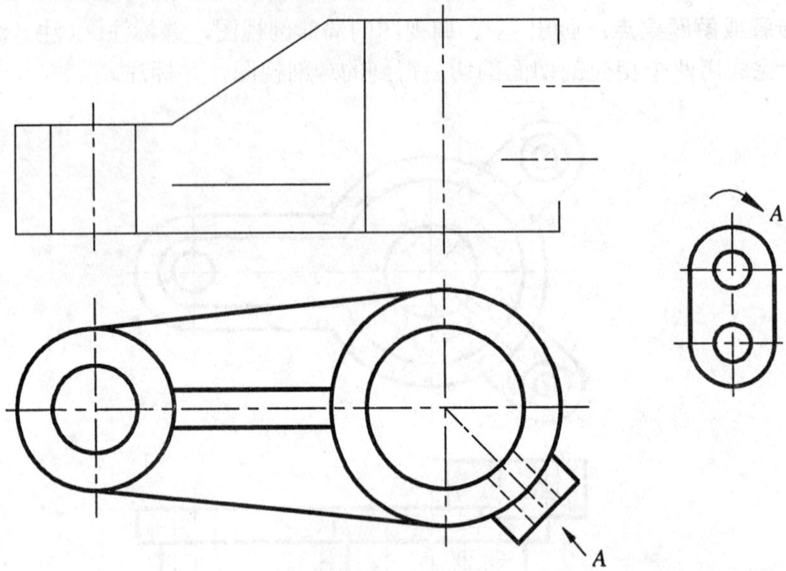

图 6-21 题

分析：从机件的形体分析可知，本题适合用两个相交剖切面剖切，画出全剖视图的主视图。正平剖切平面剖出左边的通孔，铅垂剖切平面剖出右边的通孔及右前方长圆形凸台上的两个通孔。应按规则作标注。

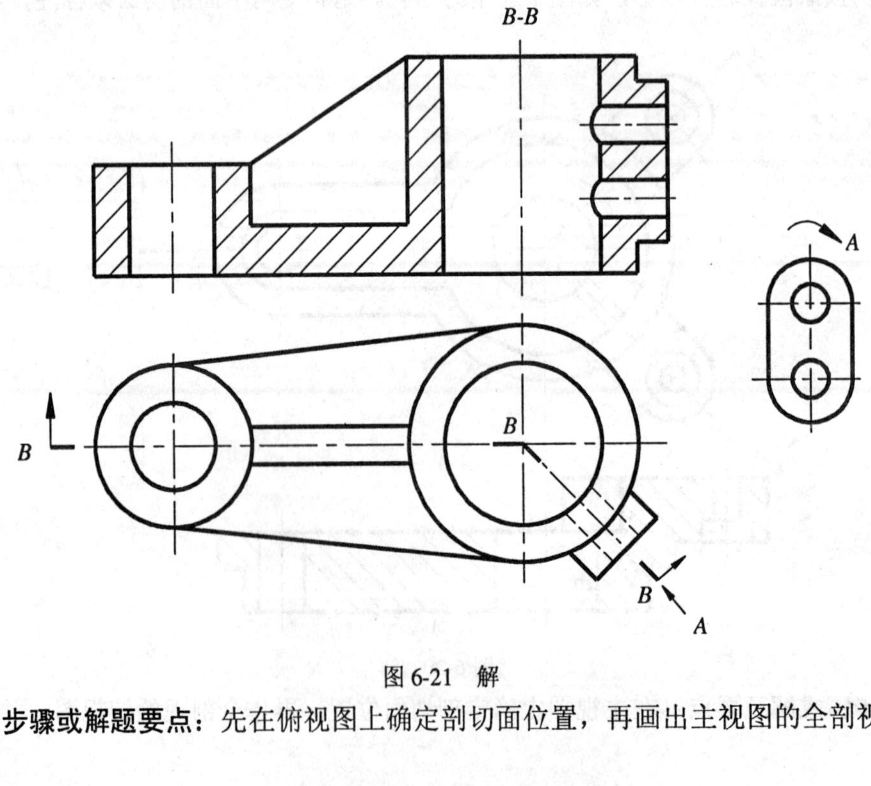

图 6-21 解

作图步骤或解题要点：先在俯视图上确定剖切面位置，再画出主视图的全剖视图，并作出相应的标注。注意：肋板不画剖面线，且用粗实线绘制出与左右两圆柱筒及底板的分界线。

6-22　用几个平行剖切平面剖切机件，画出全剖视的主视图。

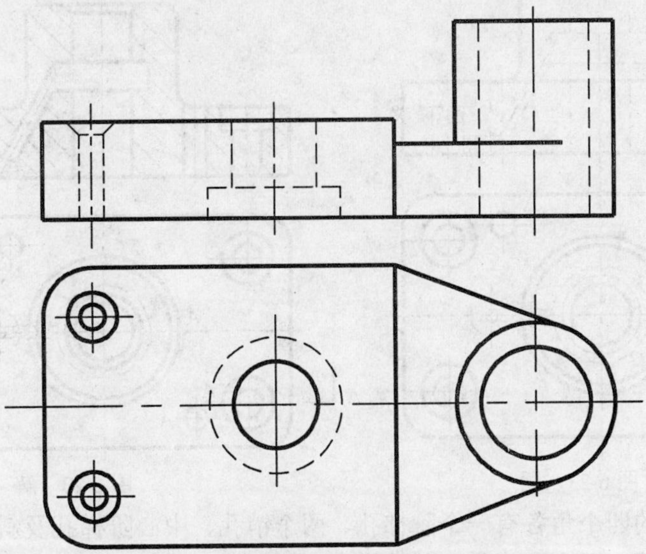

图 6-22　题

分析：本题所给机件右边有一个圆柱孔，中间有台阶通孔，左边前后各一个带有锥形沉孔的小圆孔，应采用两个相互平行的剖切平面，依次剖开上述结构。采用此种方法剖切时，剖切面的转折处不应与视图中的轮廓线重合，也不应在图形中出现不完整要素，如图右边的剖切平面应将中间的台阶圆孔完整剖到后再转折。

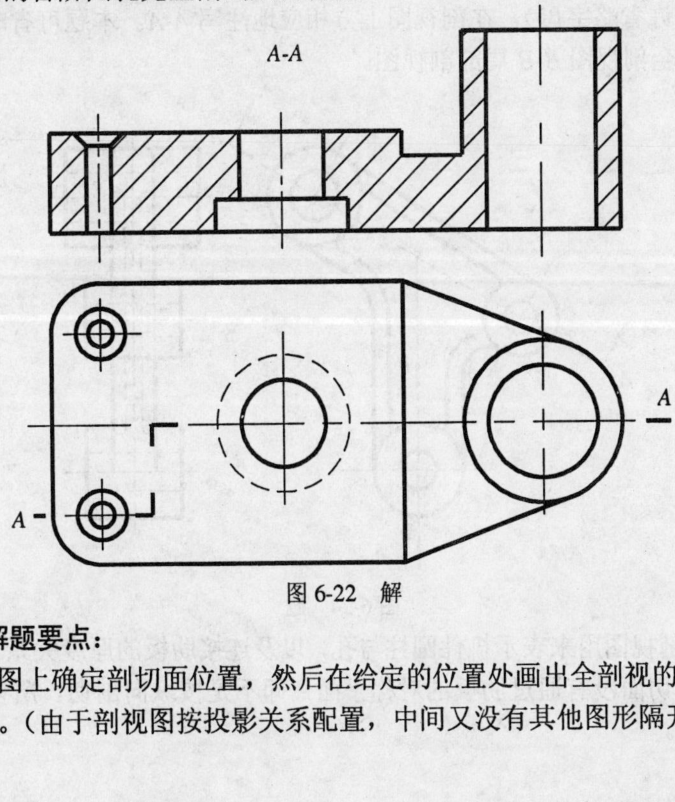

图 6-22　解

作图步骤或解题要点：

1）先在俯视图上确定剖切面位置，然后在给定的位置处画出全剖视的主视图；

2）作出标注。（由于剖视图按投影关系配置，中间又没有其他图形隔开。可省略箭头。）

6-23　选用适当的剖切方法作剖视图并标注。

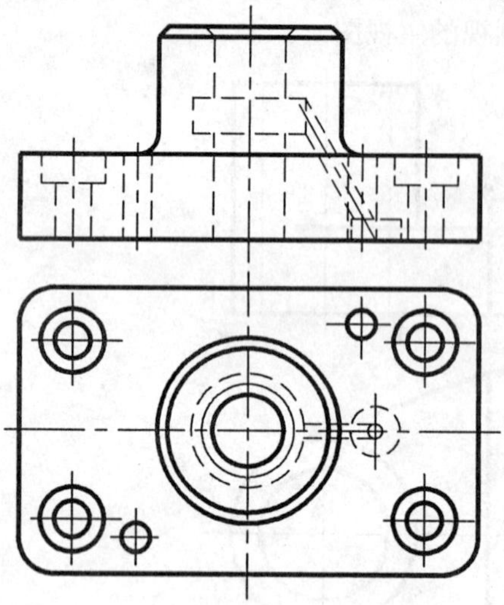

图 6-23　题

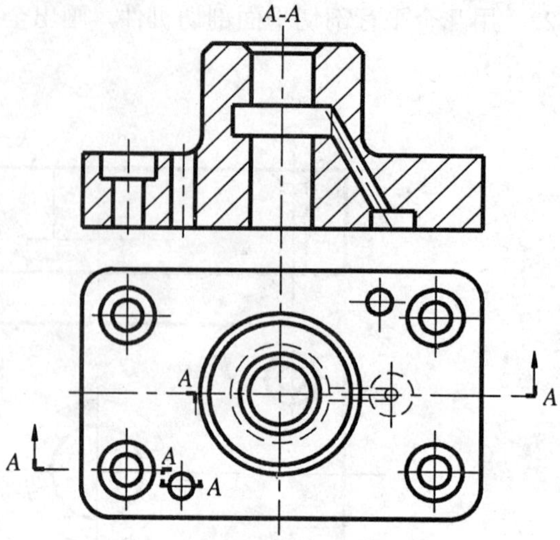

图 6-23　解

分析：该机件的四个角各有一个阶梯孔、两个销孔、中心阶梯孔及斜孔。由于相同结构只要剖切一处，如图中四个角上相同的阶梯孔，仅剖开左下角一处，两个相同的销孔，也仅需剖开一处，因此应采用三个平行的剖切平面自左至右依次剖开。

作图步骤或解题要点：

1）先在俯视图上确定剖切面位置，再画剖视图；

2）作出标注：画剖切符号，注字母 *A*，在转折处注相同的字母（如转折处位置有限，又不致引起误解，允许省略字母），在剖视图上方相应地注写 *A-A*。本题可省略箭头。

6-24　作 *A-A* 全剖视图 *B-B* 局部剖视图。

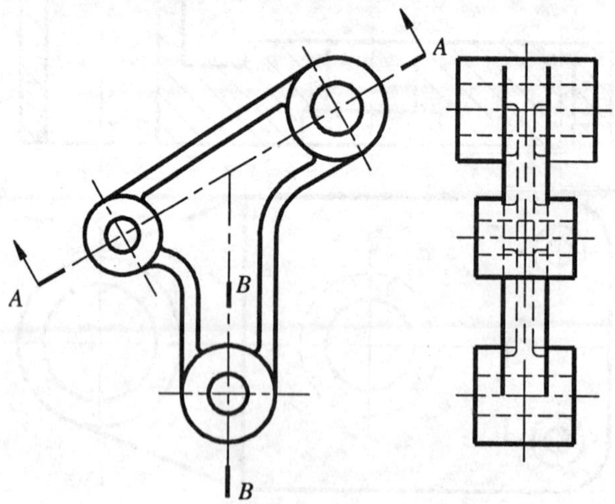

图 6-24　题

分析：*A-A* 全剖视图用来表示机件圆柱与孔，以及连接肋板的厚度关系。三个圆柱之间有肋板相连，由于剖切面没有通过肋板的对称平面，即不是按纵向剖切，所以在肋板的断面范围内仍应画剖面线。

B-B 局部剖视图用于表达机件下方圆柱孔的内部结构，由于机件的其他部分已经反映清楚，且在该视图中不反映实形，所以在 *B-B* 局部剖视图中其他部分断开不再画出，断裂位置用波浪线表示。

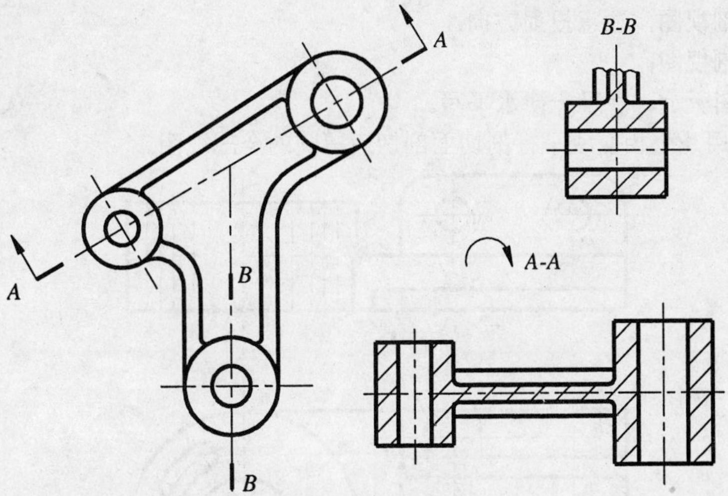

图 6-24　解

作图步骤或解题要点：

1) 画出 *A-A* 全剖视图，为节省图纸幅面，旋转以后水平放置。标注如图所示，字母一律水平写，不要倾斜写。*A-A* 应注写在表示旋转及旋转方向符号的箭头一侧。

2）画出 *B-B* 局部剖视图并标注，如图所示，可省箭头。

6-25　画出 *A-A*、*B-B* 全剖视图。

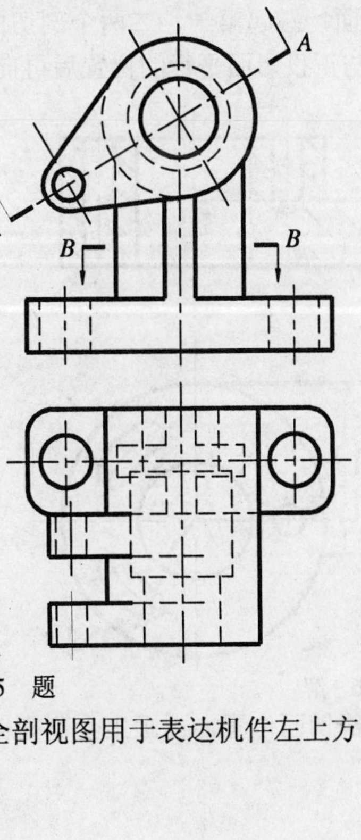

图 6-25　题

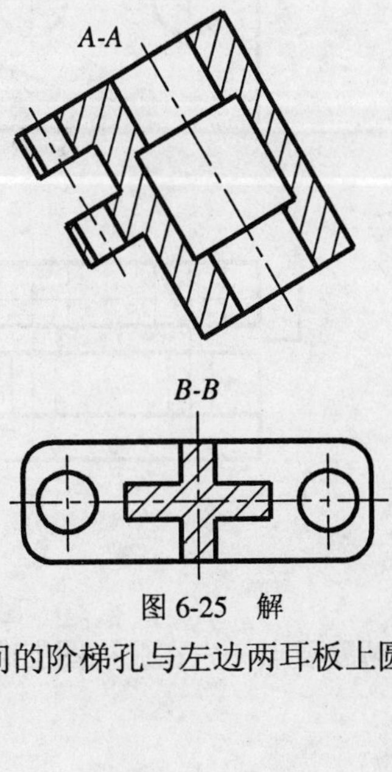

图 6-25　解

分析： *A-A* 全剖视图用于表达机件左上方中间的阶梯孔与左边两耳板上圆孔的结构。*B-B*

主要表达十字肋板结构。由于布局等原因，允许剖视图配置到其它适当位置，*A-A* 剖视图作了平移。

作图步骤或解题要点：

1）画 *A-A* 剖视图，注意投射方向；

2）画 *B-B* 剖视图；

3）标注如图所示，字母一律水平写。

6-26 完成用几个相交或平行剖切面剖切后得到的全剖视图。

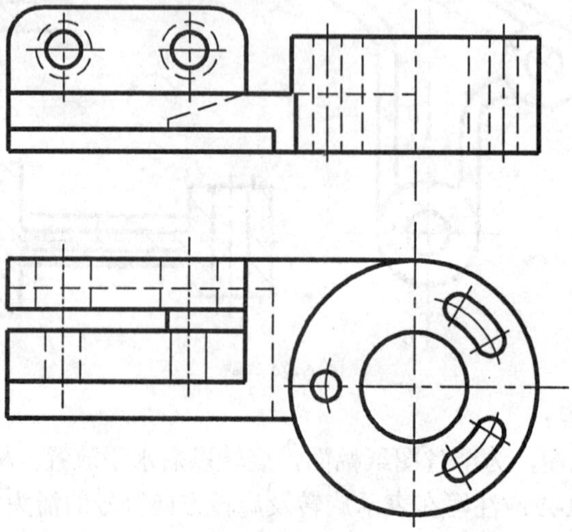

图 6-26 题

分析：该机件的左边底板上开了一个长槽、右边是一圆柱筒、在圆柱筒上加工有一个小孔和两个腰形长孔。因此需要采用三个剖切平面，左起第一、二两个剖切面为相互平行的正平面，第三个为铅垂面，剖开后应首先旋转到与正投影面平行的位置后再向 *V* 面投射。

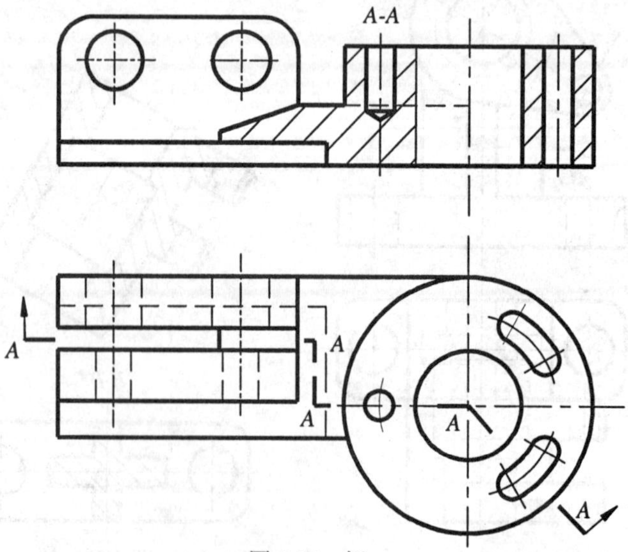

图 6-26 解

作图步骤或解题要点：先在俯视图上确定剖切面位置，再画出全剖视图的主视图，并作出相应的标注。

6-27　完成用几个相交剖切面剖切后得到的全剖视图。

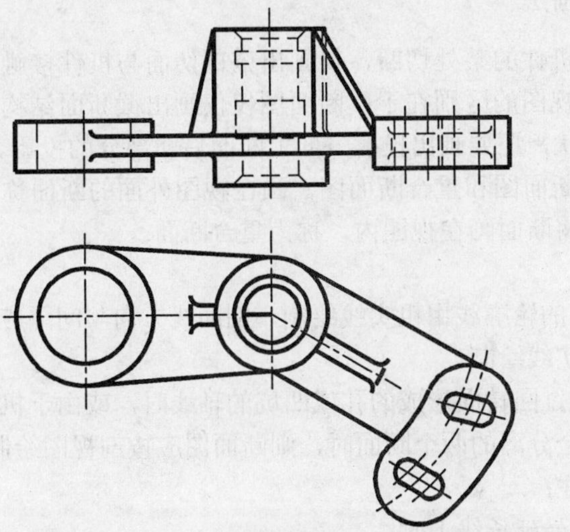

图 6-27　题

分析：如图所示机件，为了表达左方和中间的空心圆柱及连接板、肋板、右边的腰形孔，可采用三个连续相交的剖切平面进行剖切。由于右边两个剖切平面都是铅垂面的，因此在画剖视图时，应采用展开画法。这时在 *A-A* 剖视图上只有左、中部空心圆柱及连接板与主视图保持投影对应关系。右部连接板，肋板以及腰形孔的对称线，由于经过了展开，因此在主视图中反映相邻两要素之间的真实距离，也就是说，全剖视的主视图右半部与俯视图的对应部分不符合长对正的投影规律。

本题在剖视图上方的标注应为“*A-A* 展开”，注意肋板不要画剖面线。

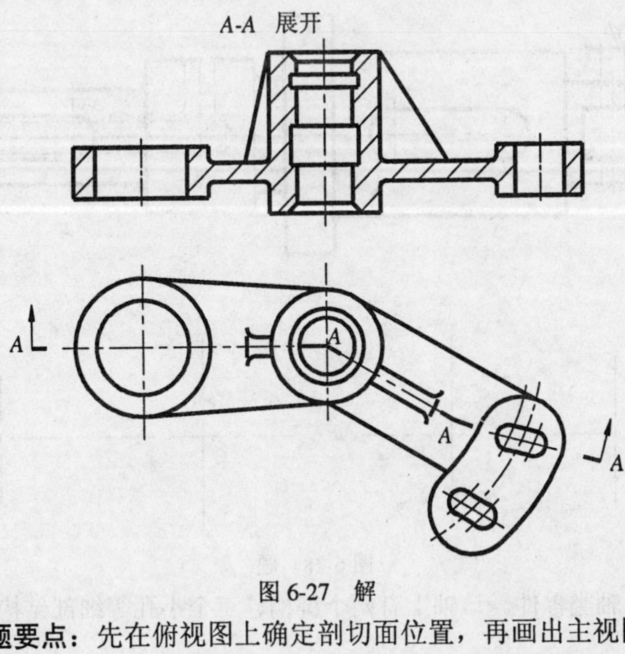

图 6-27　解

作图步骤或解题要点：先在俯视图上确定剖切面位置，再画出主视图的全剖视图，并作出相应的标注。

6.3.3 断面图及规定画法

假想用剖切面将机件的某处切断，仅画出该剖切面与机件接触部分的图形叫断面图，简称断面。断面图与剖视图的区别在于：断面图仅仅画出截断面结构形状的图形，而剖视图除了要画出截断面的形状，还要画出投射方向上断面后面部分的投影。

断面图分为移出断面图和重合断面图。画在视图外面的断面称为移出断面。在不影响图形清晰的原则下，可将断面画在视图内，称为重合断面。

断面图的画法：

（1）移出断面图的轮廓线用粗实线绘制，剖面线方向与间隔应与原视图保持一致；重合断面图的轮廓线用细实线绘制。

（2）当剖切面通过回转面形成的孔或凹坑的轴线时，或由于机件结构的原因，用剖切面截断后会导致出现完全分离的两个断面时，则断面图应按剖视图绘制。

移出断面图的标注：

（1）画在剖切符号延长线上时：

1）断面图形对称，可省略标注；

2）断面图形不对称，可省略字母。

（2）画在其他位置时：

1）断面图形对称，可省略箭头；

2）断面图形不对称，要完整标注，标注带箭头的剖切符号，并注写字母。

对称的重合断面图不需标注；不对称的重合断面图可省略标注，若确需标注则只需标注剖切符号及箭头，字母省略。

6-28 在指定位置画出断面图（右端键槽深 4mm、左端键槽深 4.5mm）。

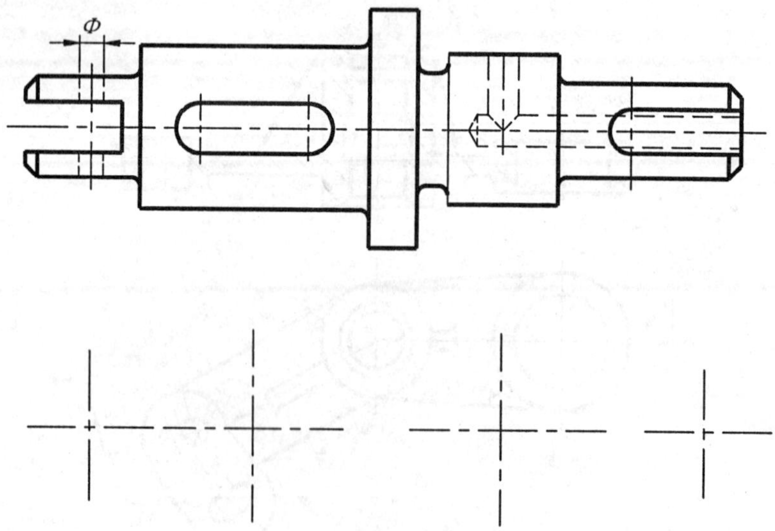

图 6-28 题

分析：这是一个轴类零件。该轴上有两个键槽、三个小孔等细部结构，左端开了一通槽。

为了表达这些结构的断面形状，需要采用四个移出断面。为了便于看图，移出断面应尽量配置在剖切符号迹线延长线上，如本题左边三个断面。考虑到图面布局等因素，也可将断面配置在其它位置，如图 *A-A* 断面图。断面图一般应标注：粗短线表示剖切位置，箭头表明投射方向，并注写字母，在断面图上方以同样字母注"*X-X*"，如图右边断面图 *A-A*。图中左起第二个断面图配置在剖切符号延长线上，但断面形状不对称，故只能省略字母；其余两个移出断面图均配置在剖切符号延长线上且对称，故可省略标注。

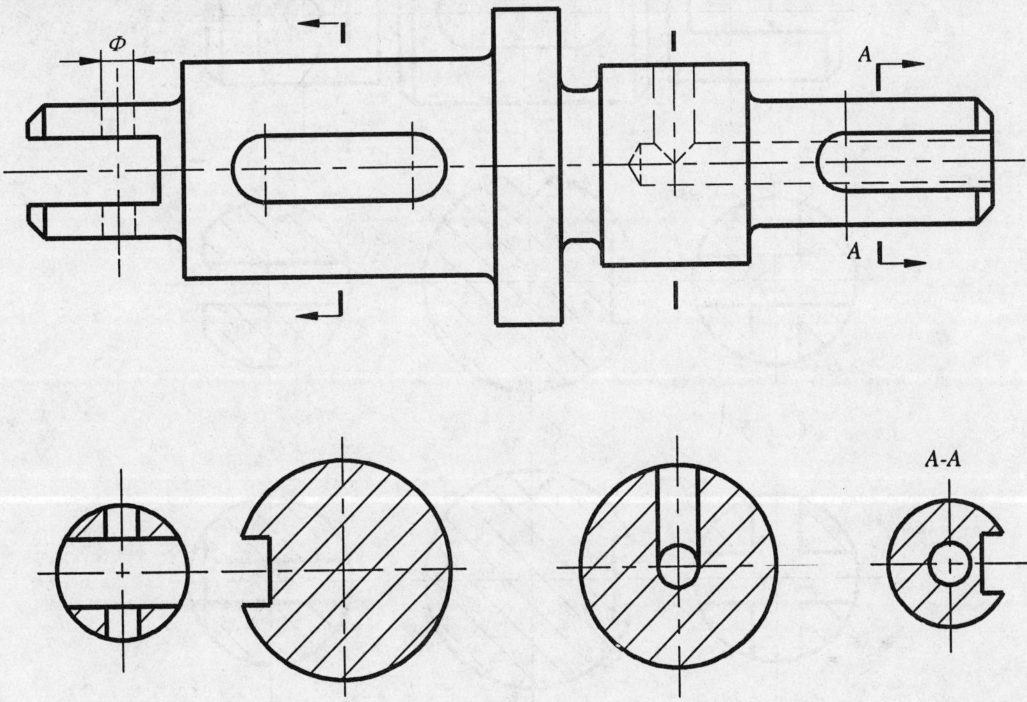

图 6-28　解

作图步骤或解题要点：

1）画断面图，注意左起第一、三两个断面图画法及键槽开口的方向；

2）作出标注，如图所示。

6-29　机件上有三处断面，每个断面给出三个断面图，其中只有一个是正确的，请指出正确的断面图。

分析：左起第一列断面，剖切后的断面是两个分离的图形，为避免分离这部分结构应按剖视图画；而剖切面又同时通过圆孔的轴线，根据规定这一部分也应按剖视图绘制，所以选 1。

左起第二列断面，断面前方有键槽，只画断面，但上方有一个锥孔的轴线通过剖切面，所以上方应按剖视图绘制，因此选 2。

左起第三列断面，断面前方有方形凹槽，这一部分只画断面，但剖切面又同时通过一销孔的轴线，根据规定这一部分应按剖视图绘制，同时也避免了图形分离，故应选 3。

作图步骤或解题要点：略。

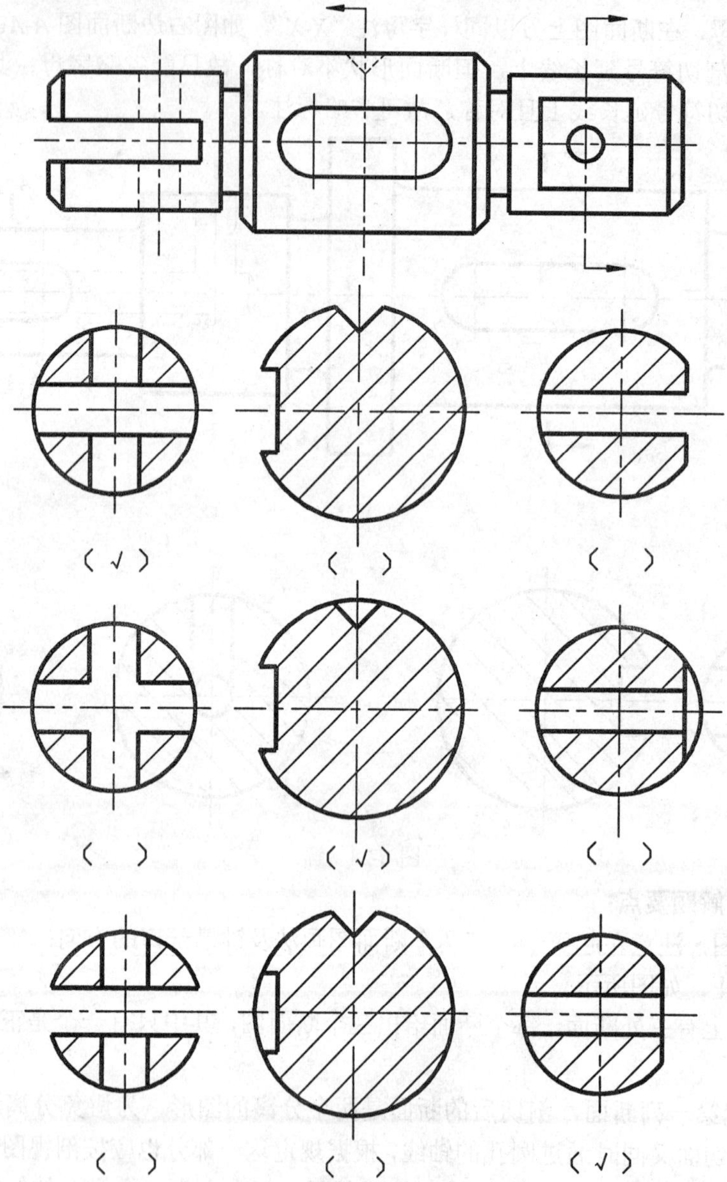

图 6-29

6-30 根据图中剖切符号所给定的剖切位置，画移出断面、并标注。

分析：为了表达连接板结构的实形，本题用两个分别与其前、后两侧面垂直的剖切平面进行剖切。图中剖切面粗实线垂直轮廓线，断面图中的剖面线方向应与主视图的剖面线保持一致。

断面图没有配置在剖切符号延长线上，又不对称，应完整标注。

作图步骤或解题要点： 画出断面图，并作出完整标注。

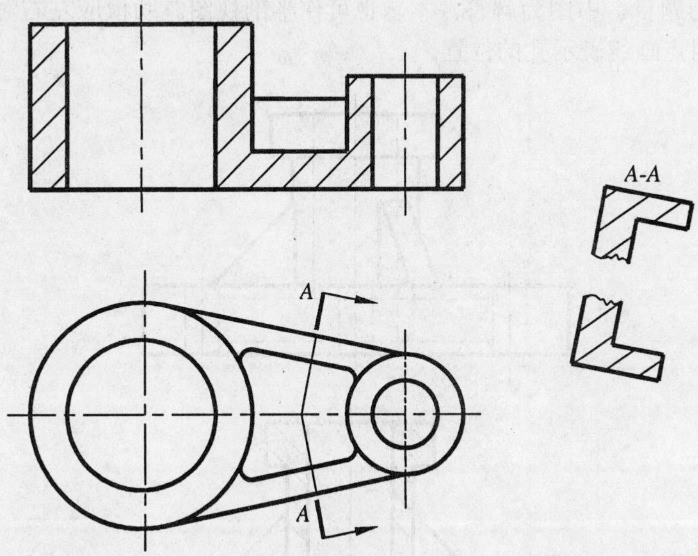

图 6-30

6-31　用重合断面图取代左视图，表达三角铁的结构形状。

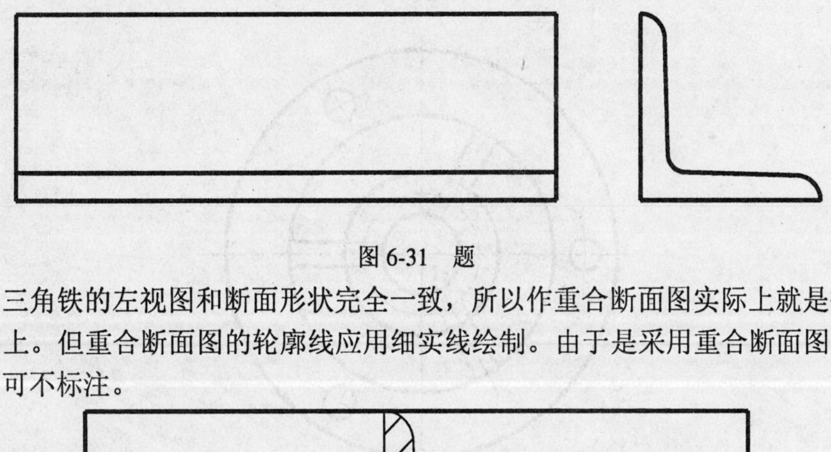

图 6-31　题

分析： 三角铁的左视图和断面形状完全一致，所以作重合断面图实际上就是把左视图平移到主视图上。但重合断面图的轮廓线应用细实线绘制。由于是采用重合断面图，根据国家标准规定，可不标注。

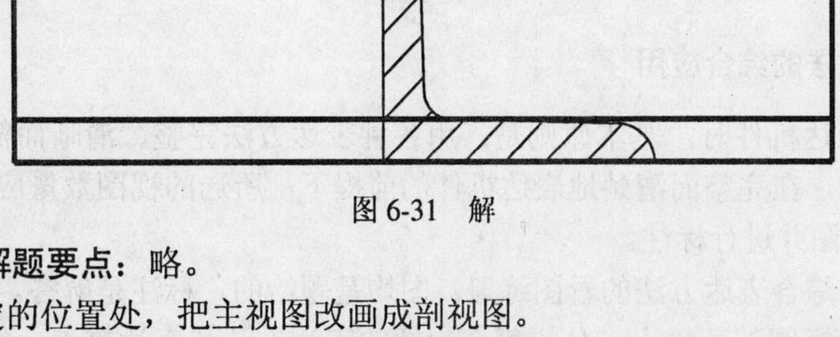

图 6-31　解

作图步骤或解题要点： 略。

6-32　在规定的位置处，把主视图改画成剖视图。

分析： 根据国家标准规定，带有规则分布结构要素的回转零件，若需绘制剖视图时，可以先将有规则分布的结构要素旋转到剖切面上，然后再绘制。由于是规定画法不需要标注。

作图步骤或解题要点：画出全剖视的主视图，注意均匀分布的肋板和孔在主视图中的位置。上、下两图为题目，中图为解答，本题也可作半剖视图。肋板应左右对称画出，通孔只画一处，对称处用点画线表示孔的位置。

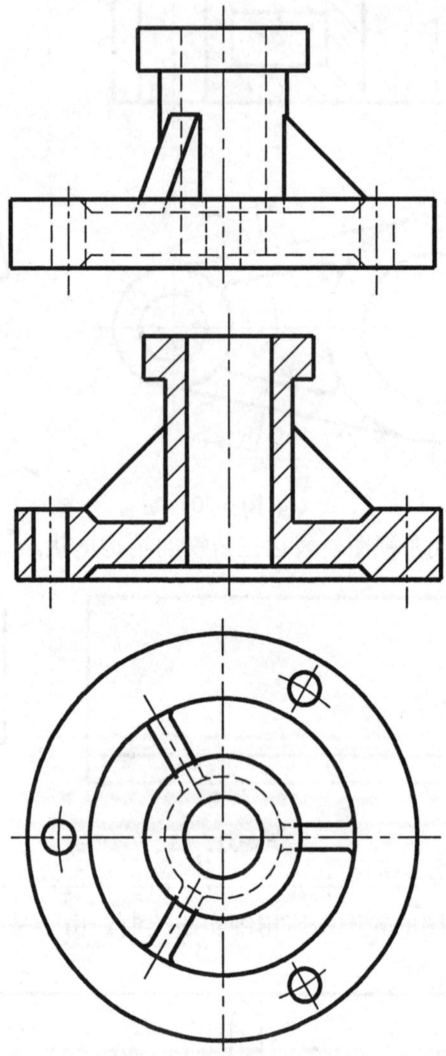

图 6-32

6.3.4 机件表达方法的综合应用

在用投影图表达机件时，基本原则是：用各种表达方法完整、清晰而简洁地将机件的结构、形状表达出来，在完整而清楚地表达机件的前提下，所选的视图数量应尽量少一些。

6-33 看懂下图并进行标注。

分析：本题为综合表达方法的看图练习，图均是题给的，标注是解答。

读者可在看懂视图的基础上，分析每个视图的表达方法和表达重点，结合有关标注的知识，想象出各部分结构特征和整体形状。

作图步骤或解题要点：读懂图后，作出完整的标注。

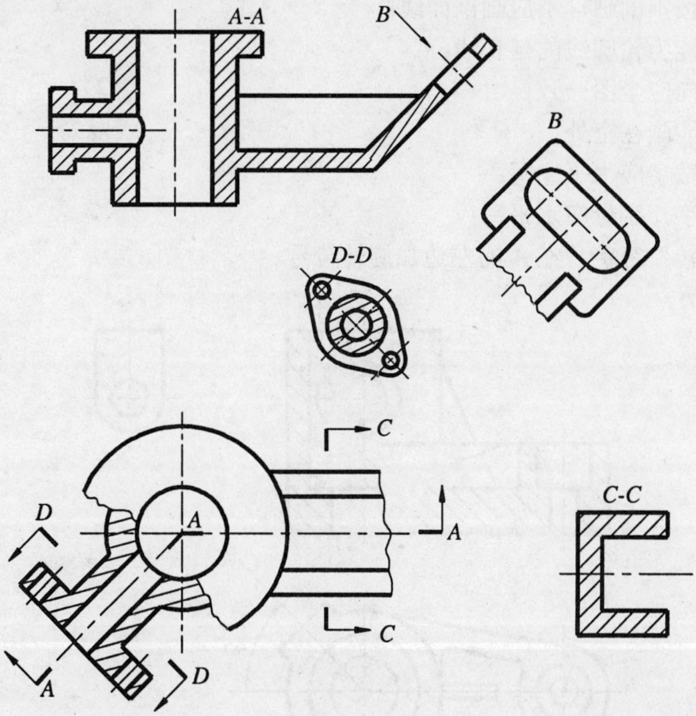

图 6-33

6-34　指出图中画法和标注的错误，并作出正确的画法和标注。

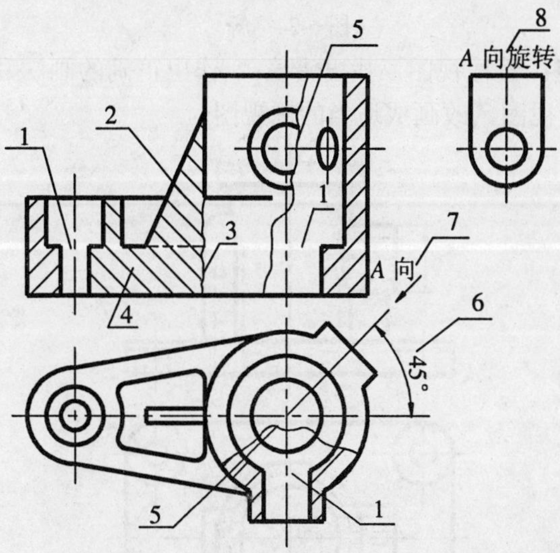

图 6-34　题

分析：

1）漏线，积聚性的沉孔分界面，或大小圆柱分界线；

2）肋板应当按不剖画，不应画剖面线；

3）波浪线不能为轮廓线的延长线；

4）剖面线方向应全图一致；

5）波浪线不能画在空处；

6）角度尺寸数字应水平注写；

7）去“向”字，字母应水平写；

8）去“向旋转”等字，在 *A* 的左边加旋转符号。

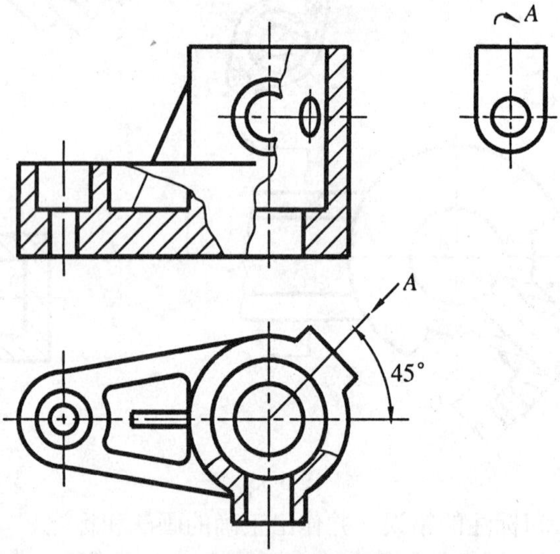

图 6-34 解

作图步骤或解题要点：看懂视图，找出错误； 作出正确的画法和标注。

6-35 将零件的两个视图，改画成适当的剖视图。

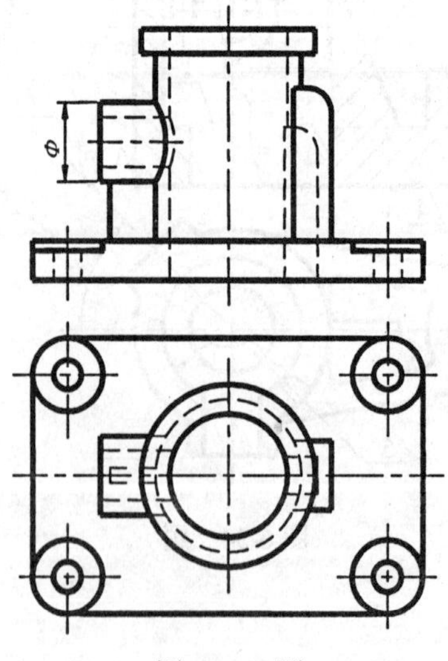

图 6-35 题

分析：根据两视图可以看出，零件由四个简单形体组合而成，下部为四角带有台阶孔的底板，上面叠加一竖直圆柱筒，其左侧有一水平圆柱筒及肋板，其右侧为一上部带一圆弧面的四棱柱。主视图不具对称性，且外形简单，宜采用两平行剖切面作全剖视图；俯视图前后对称，可采用单一剖切平面作半剖视图，剖切平面应通过左侧小圆柱筒轴线；为了清楚表达左侧圆柱筒的端面形状及肋板的厚度，可补画 *A* 向局部视图。

主视图为全剖视图，由于采用两平行的剖切面剖切，所以必须标注。在俯视图上标注剖切位置符号，注写字母 *B*，在主视图的上方注写 *B-B*；俯视图作为半剖视图也必须标注，在主视图上标注剖切位置符号，注字母 *C*，在俯视图上方写 *C-C*，由于主、俯视图符合投影关系，中间又没有其它图形隔开，箭头均可以省略。

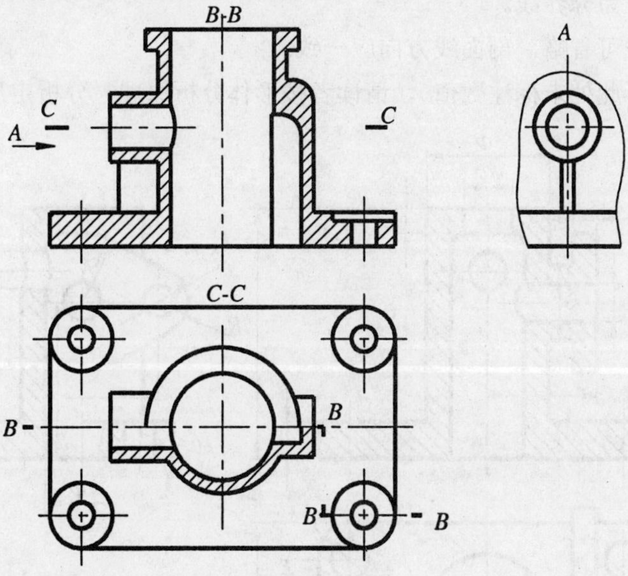

图6-35　解

作图步骤或解题要点：略

6-36　将零件的三个视图，改画成适当的剖视图，并标注尺寸。

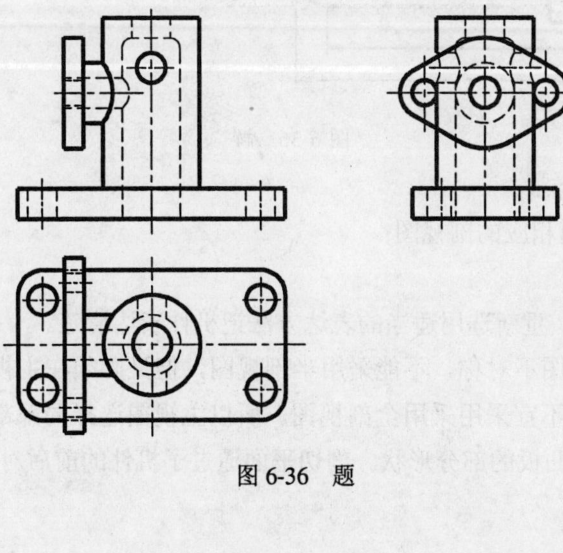

图6-36　题

分析： 由题给的三视图经分析后可知，零件由四个简单形体组合而成，下部为底板，上面有竖直圆柱筒，左侧有水平圆柱筒与长圆板相连，主视图不具对称性，且外形简单，应作全剖视图；左视图前、后对称，选用半剖视图最好；由于主、左两视图均采用了半剖视图，机件的内部形状和结构特征已基本表达清楚，只有左边长圆板上两个小孔的内部形状没有表达清楚，因此俯视图可以采用局部剖视图。以上三个剖视图均采用单一剖切平面剖切。

主视图为全剖视图，剖切平面通过机件的前后对称平面，省略标注。左视图改作半剖视图，剖切平面通过机件的圆柱孔轴线，剖切位置明显且剖视图按投影关系配置，因此可省略标注。另外为了表达底板上四个小圆孔的内部形状，在左视图未剖的部分采用了一个局部剖视图，并用波浪线作为分界线。

三个视图中虚线可省略，剖面线方向应一致。

尺寸标注如图（此处未标注数值），请读者按形体分析原理，分析定形、定位尺寸。

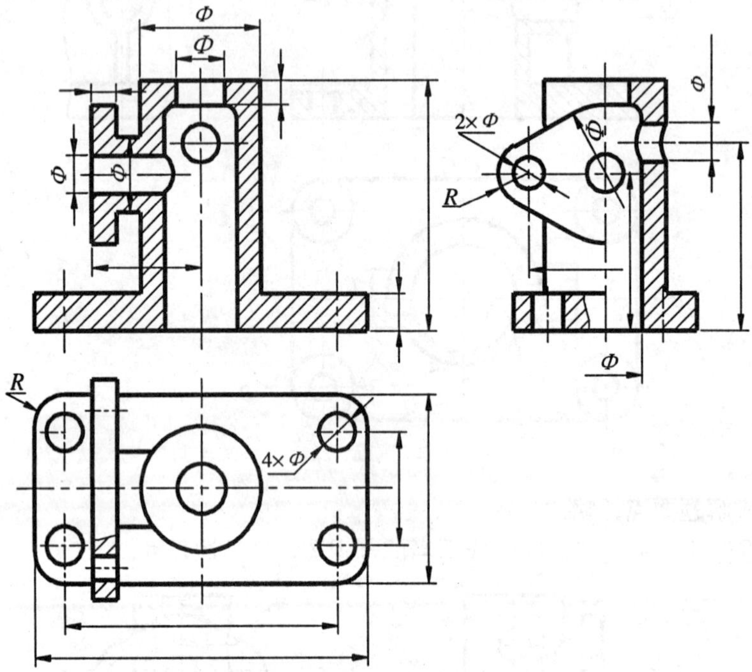

图 6-36 解

作图步骤或解题要点：

1）根据分析，画出相应的剖视图；

2）标注尺寸。

6-37 看懂两视图，重新选用适当的表达方法把机件表达清楚。

分析： 机件的主视图不对称，不能采用半剖视图，但又必须在主视图中表达正前方凸板的外部结构形状，因此不宜采用采用全剖视图。所以主视图选择局部剖视图，既反映了内部形状，又保留了正前方凸板的部分形状。剖切平面通过了机件的前后对称平面，故省略标注。

俯视图符合作半剖视图的条件，作图时以前后对称平面为界。在外形图部分，对凸板的四个小孔作局部剖视图，俯视图需标注，如图 A-A，箭头可省略。

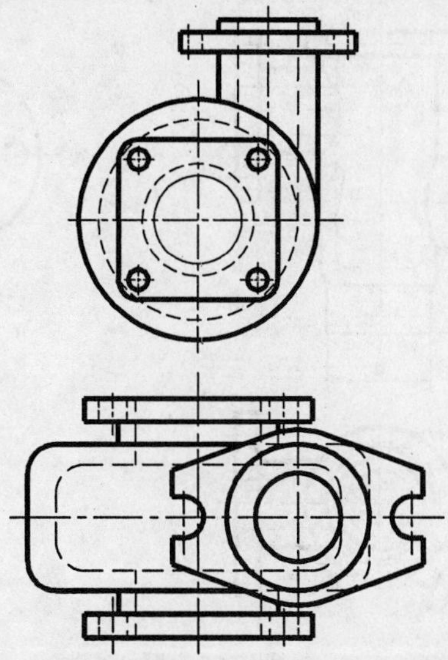

图 6-37　题

虽然形体前后凸板及连接圆柱管的形状相同，位置对称，但凸板及圆柱管的形状仅在俯视图中表达略显不足。可补画 B-B 剖视图，使该部结构的表达更清晰、完整。

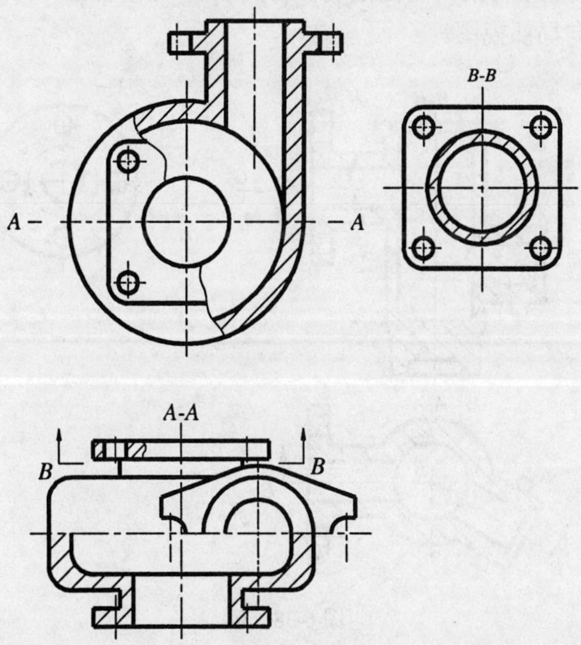

图 6-37　解

作图步骤或解题要点： 画出主、俯视图的剖视图和 B-B 剖视图；作出相应的标注。

6-38　看懂机件视图，想象机件形体，选用适当的表达方法重新表达机件。

分析：在图 6-38 题中给出了主、俯视图及 C 向局部视图。画图前应作形体分析，尤其看懂视图中较多虚线的含义。

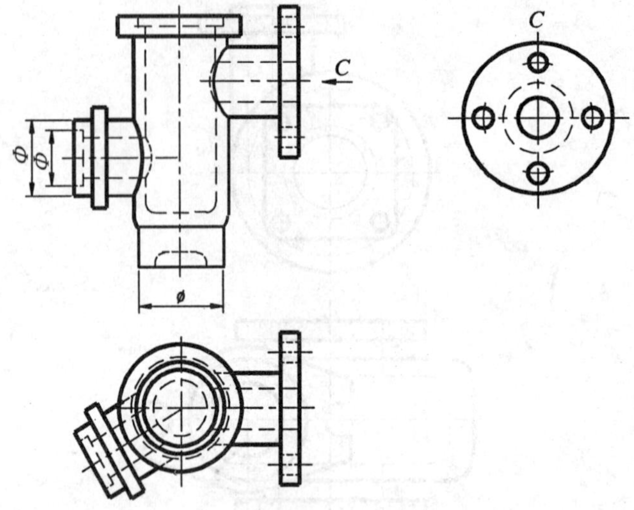

图 6-38　题

由于左前方的圆柱筒端面与 V 投影面倾斜，且形体又不对称，主视图宜采用两个相交的剖切面剖切，得到 *B-B* 全剖视图，左前方的圆柱筒剖开后应首先旋转，然后再画出它的剖视图。俯视图可用两个相互平行的剖切面剖切，得到 *A-A* 全剖视图。为了表达右边的圆柱筒的端面形状，保留了 C 向局部视图。

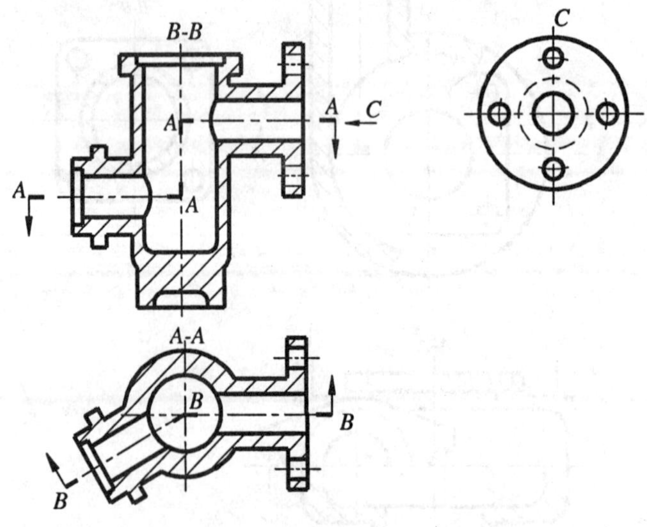

图 6-38　解

作图步骤或解题要点：

1) 根据分析，画出主、俯视图的剖视图并标注；

2) 画 C 向视图并标注。

6-39　看懂视图，并用适当表达方法将机件重新表达清楚。

分析：根据给定的主、左视图，可以看出这是一个支架。该支架的上部是一中间被切去一段且轴线为侧垂线的圆柱筒；下部是一轴线为铅垂线的圆柱筒，在该圆柱筒的正前方钻了一个小孔；中间是一“*U* 形”连接肋板，肋板的正截面为丁字形。

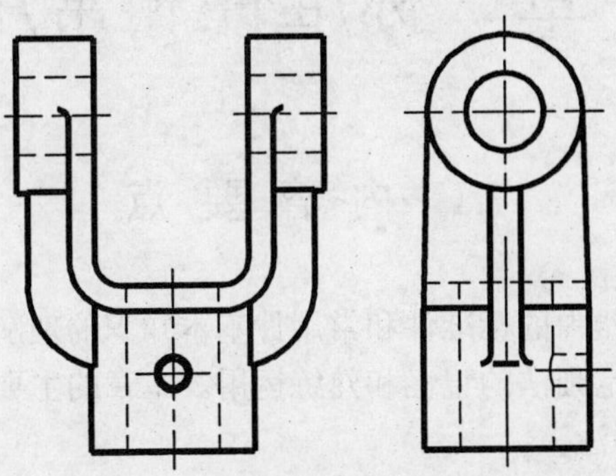

图 6-39　题

机件左右对称，前后基本对称。因此主视图可采用半剖视图，由于剖切位置明显可省略标注；左视图可采用局部剖视图，也可以采用半剖视图，但必须把位于前方的小孔剖开，本题是采用了局部剖视图；为了更清楚地表达“*U* 形”连接肋板的正截面形状及下部圆柱孔的结构特征，增加了 *A-A* 全剖视图的俯视图，*A-A* 全剖视图必须标注。

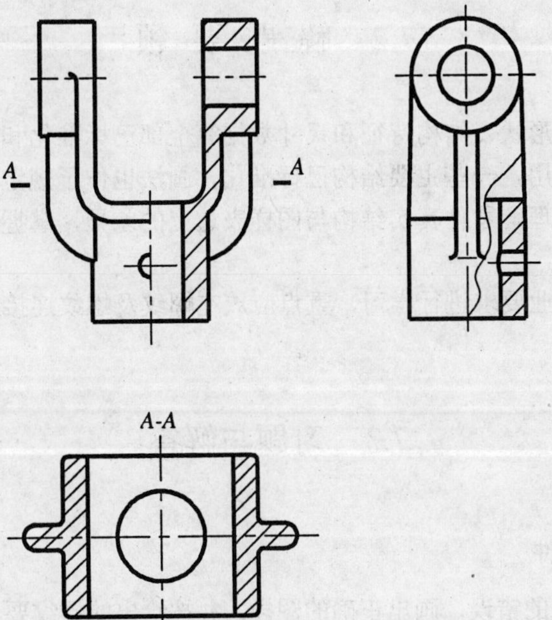

图 6-39　解

作图步骤或解题要点：

1) 根据分析，画出主、左视图的剖视图；

2) 画出 *B-B* 全剖视图的俯视图，并标注。

第 7 章　标准件和常用件

7.1　内 容 要 点

本章主要训练学生对机器中的标准件和常用件基本知识的理解和掌握能力，强化国标《机械制图》有关这类零件的规定画法的记忆和熟练运用。本章的主要内容有：

1）螺纹的规定画法及标注。

2）常见螺纹连接件的标记、查表及画法，螺纹连接件连接图的画法。

3）普通平键连接图的画法、查表及标记。

4）滚动轴承的代号及特征画法、规定画法。

5）圆柱螺旋压缩弹簧的规定画法及弹簧的零件图。

6）圆柱齿轮基本参数计算和规定画法。

7.2　解 题 要 领

所谓标准件是指其形状、结构特征和尺寸数据等全部已标准化和系列化的零件，而常用件由于在机器中广泛使用，一些主要结构已标准化，画法也作了规定，所以求解这类题目时应熟悉这些标准规定，理解零件真实结构与图样表达上的差异，掌握规定画法和规定的标注方式，会查表，会标记。

本章内容应结合作业要求进行学习，重点应放在螺纹及螺纹连接规定画法和直齿圆柱齿轮的画法上。

7.3　习题与解答

7.3.1　螺纹及螺纹连接件

7-1　分析图中画法的错误，画出正确的图样，并按给出的螺纹要素进行标注。

1. 细牙普通螺纹，顶径 12，螺距 1，中径、顶径公差带代号均为 6*g*。 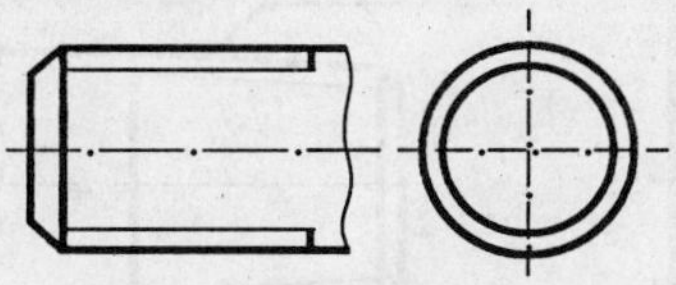 图 7-1-1 题	2. 非螺纹密封管螺纹，尺寸代号 1/2。 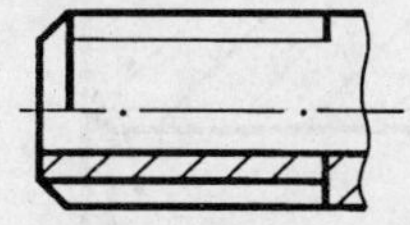 图 7-1-2 题
3. 粗牙普通螺纹，顶径 16，螺距 2，中径公差带代号 7*H*，顶径公差带代号 6*H*。 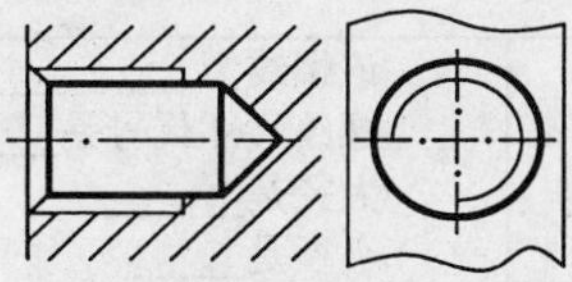 图 7-1-3 题	(4)　内外螺纹连接(外螺纹全部旋入)的画法。 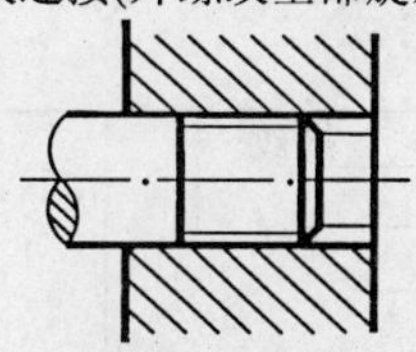 图 7-1-4 题

分析：该题出现的错误画法主要是因为没有掌握螺纹的规定画法，如：螺纹小径要画到倒角内，外螺纹小径用细实线画，内螺纹小径用粗实线画，终止线用粗实线画，螺孔不通底部有 120º 的锥角，旋合螺纹大小径（粗细线）对齐，剖面线画到粗实线处等等，只要掌握上述内容，就不难改正错误画法。

1. ①外螺纹小径画到倒角内,②终止线画全,③左视图中小径画成 3/4 圈细实线,倒角圆不画。 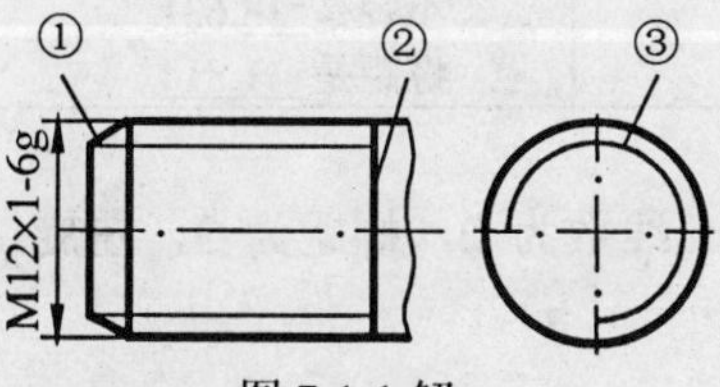 图 7-1-1 解	2. ①小径画入倒角内；②终止线画全;③终止线画到小径处；④小径画成细实线；⑤剖面线画到大径(粗实线)。 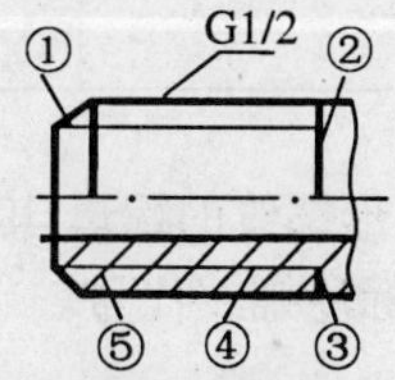 图 7-1-2 解
3. ①内螺纹剖开后剖面线画到小径；②内螺纹中止线画成粗实线；③孔底画成 120° 锥角；④左视图大径为 3/4 圈细实线。 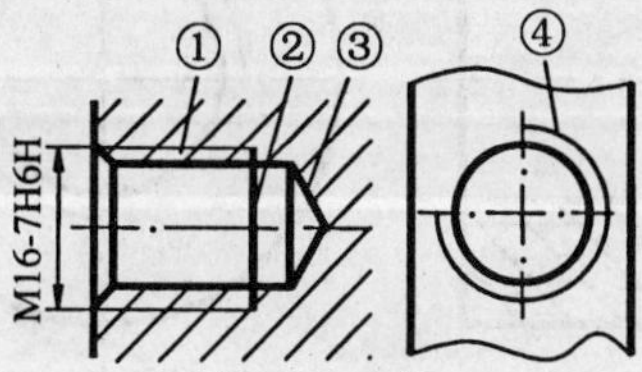 图 7-1-3 解	4. ①外螺纹终止线不能画到螺孔内；②内外螺的大、小径图线要对齐;③内螺孔未与外螺纹结合处按内螺纹原先画法来画。 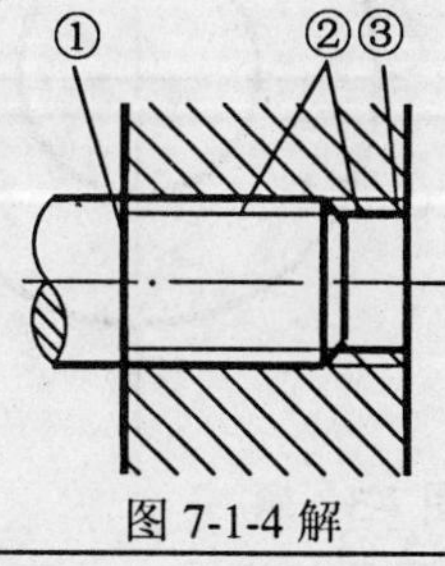 图 7-1-4 解

7-2　根据标注的螺纹尺寸,查表并填空说明螺纹各要素。

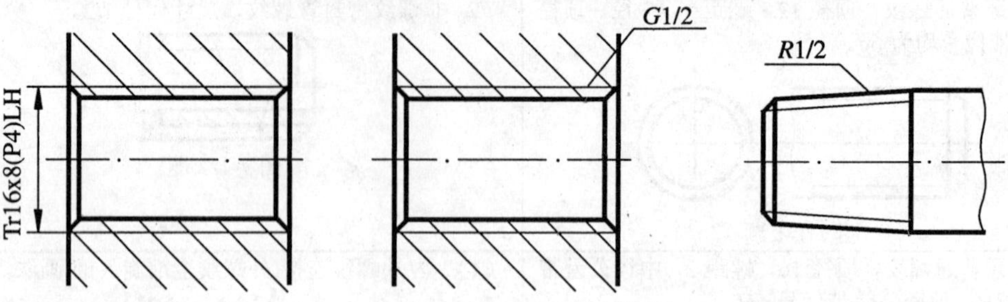

图 7-2 题

(1)该螺纹为____螺纹 公称直径为______ 螺距为________ 线数为______ 旋向为____	该螺纹为__________ 螺纹尺寸代号是_____ 大径是_______ 小径是____ 螺距是______	该螺纹为__________ 螺纹尺寸代号是____ 大径是______ 小径是______ 螺距是______

分析：螺纹的尺寸标注，会查螺纹的有关国家标准表。

答案：

螺纹为<u>梯形</u>螺纹 公称直径为<u>16</u> 螺距为<u>4</u> 线数为<u>2</u> 旋向为<u>左旋</u>	2. 该螺纹为<u>非密封的管螺纹</u> 螺纹尺寸代号是<u>*G*1/2</u> 大径是<u>20.955</u> 小径是<u>18.631</u> 螺距是<u>1.814</u>	3. 该螺纹为<u>螺纹密封锥管螺纹</u> 螺纹尺寸代号是<u>*R*1/2</u> 大径是<u>20.955</u> 小径是<u>18.631</u> 螺距是<u>1.814</u>

7-3 已知梯形螺纹的螺母,其加工螺纹大径为 22mm,线数为 2，螺距为 3，左旋，补全该螺母的两视图并标注螺纹代号。

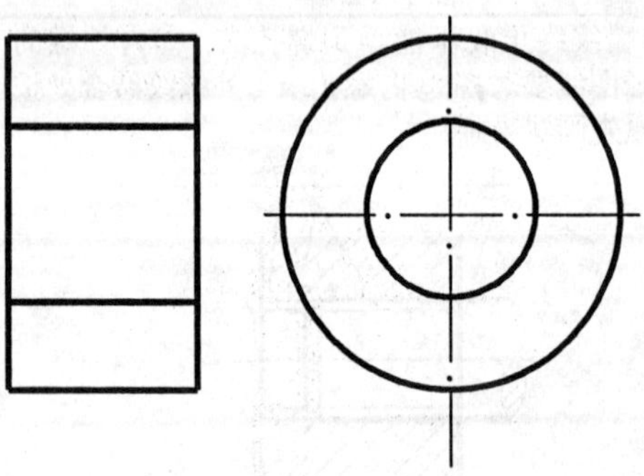

图 7-3 题

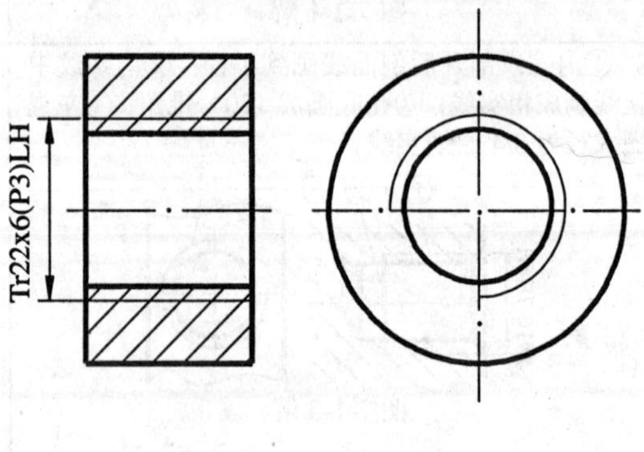

图 7-3 解

分析：主视图是剖视图，应画出表示螺纹大径的细实线和剖面线。左视图应画出表示螺纹大径的 3/4 圈细实线圆。

7-4　查表补注下列各标准件的主要尺寸,并写出其规定标注。

1．六角螺栓

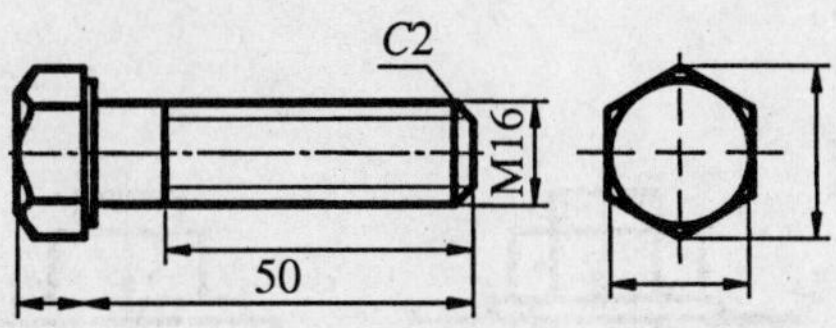

图 7-4-1 题

标记代号:

2．Ⅰ型六角螺母

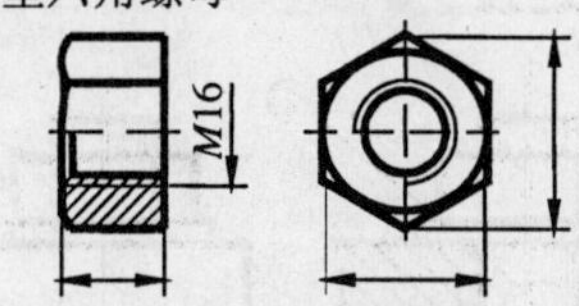

图 7-4-2 题

标记代号:

3．双头螺柱

图 7-4-3 题

标记代号:

4．垫圈(公称直径 16mm)

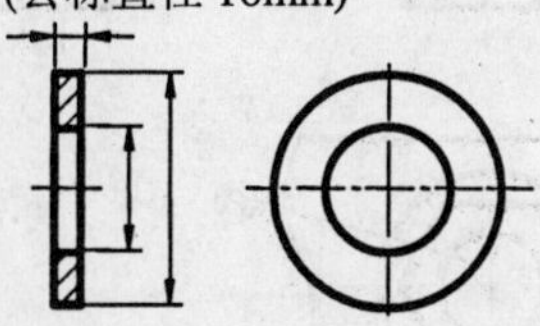

图 7-4-4 题

标记代号:

分析：会查螺纹连接件的的有关国家标准表。

答案：

1．六角螺栓

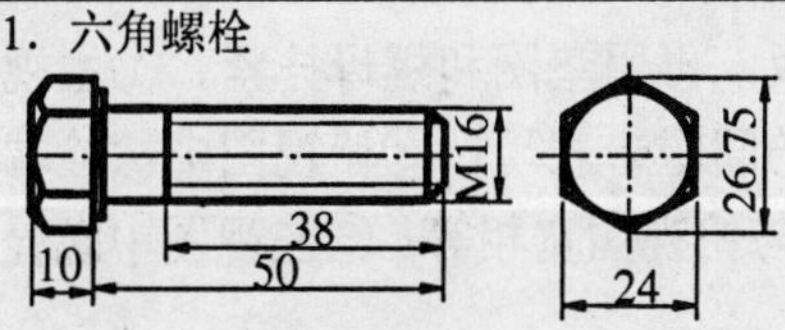

图 7-4-1 解

标记代号：螺栓 *GB/T* 5782-2000 *M*16x50

2．Ⅰ型六角螺母

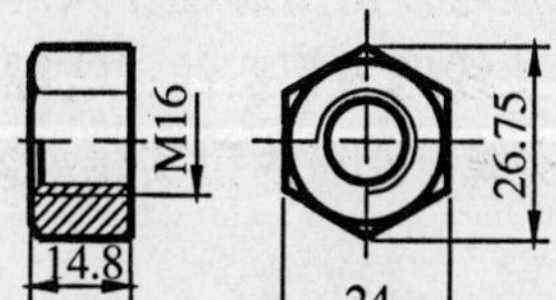

图 7-4-2 解

标记代号：　螺母 *GB/T* 5782-2000 M16

3．双头螺柱

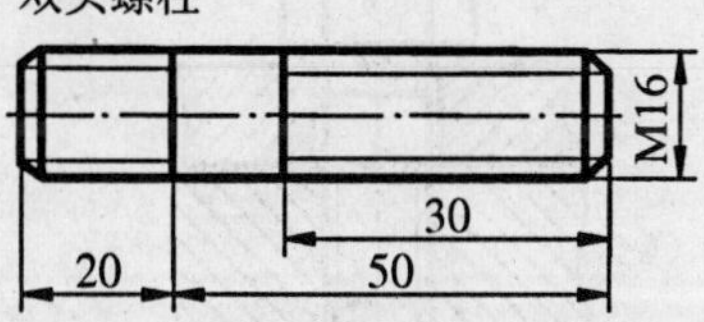

图 7-4-3 解

标记代号：螺柱 *GB/T* 898-1998 *M*16x50

4．垫圈(公称直径 16mm)

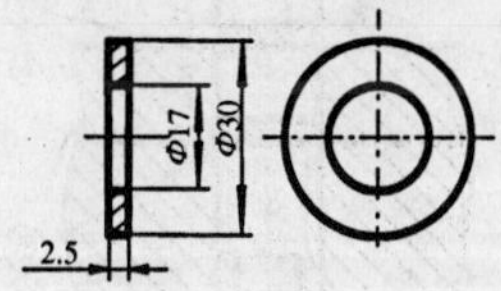

图 7-4-4 解

标记代号：垫圈 *GB/T* 97.1 16

7-5　指出下列螺纹连接件在连接画法中的错误,并画出正确的图样。

1．螺栓连接

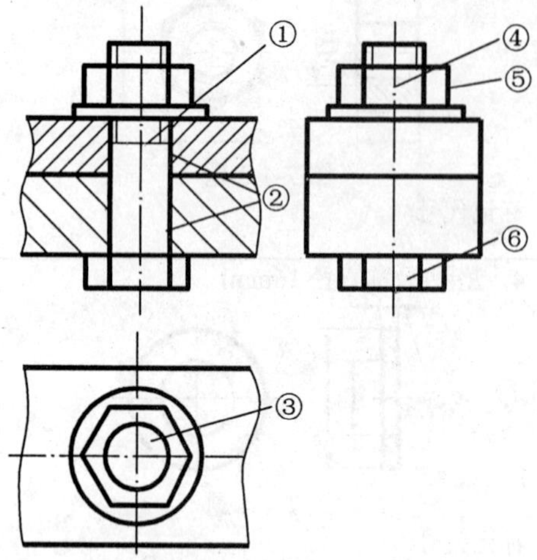

图 7-5-1　题

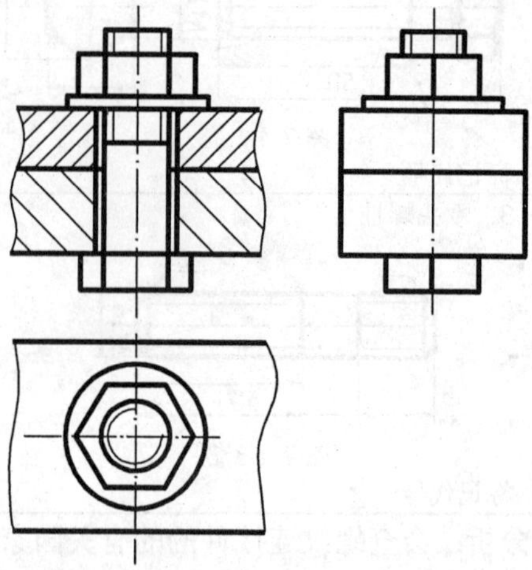

图 7-5-1　解

分析：螺栓连接是用螺栓穿入两块钻有光孔的板，再用垫圈和螺母拧紧。①主视图中螺栓上的螺纹终止线应为粗实线；②螺栓与光孔之间的间隙未表现；③俯视图中螺栓端面的投影少 3/4 圈细实线；④应为粗实线；⑤应为扳手尺寸与俯视图宽相等；⑥左视图中螺栓头部未按对应关系画。

2．螺柱连接

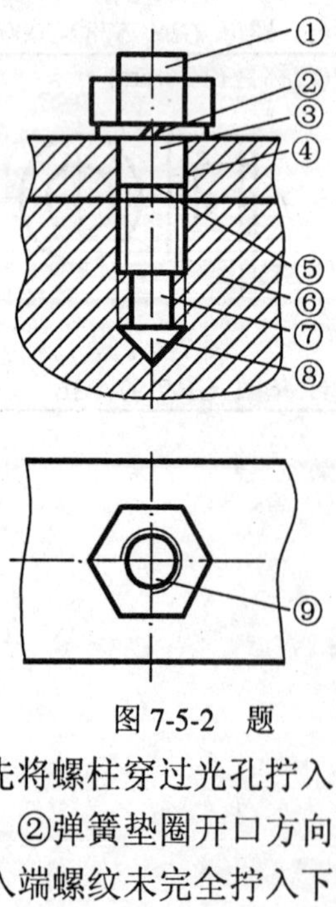

图 7-5-2　题

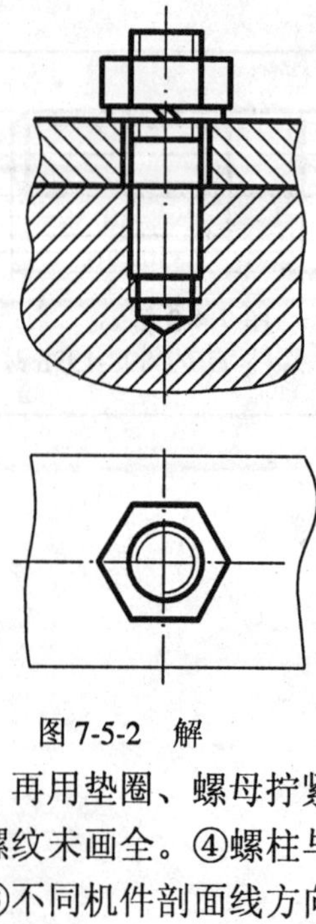

图 7-5-2　解

螺柱连接先将螺柱穿过光孔拧入另一机件的螺孔中，再用垫圈、螺母拧紧。①螺柱伸出端漏画细实线。②弹簧垫圈开口方向不对。③螺柱上部螺纹未画全。④螺柱与上面机件有间隙。⑤螺柱旋入端螺纹未完全拧入下面机件的螺孔内。⑥不同机件剖面线方向不同。⑦下面机件的螺孔画法不对。⑧底锥 120°。⑨俯视图中螺柱端面的投影画法有错误。

7-6　已知用螺钉（*GB/T* 68-2000 *M*10X45）来连接两零件，作出连接后的主、俯两视图。要求在下面的零件上钻孔深 30mm，螺孔深 25mm,主视图作全剖视图。

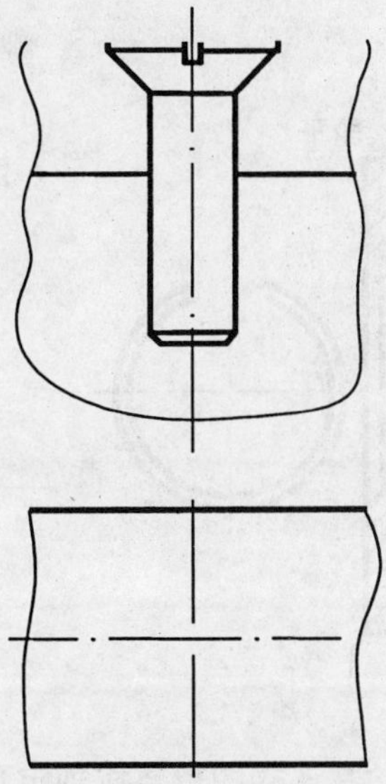

图 7-6　题

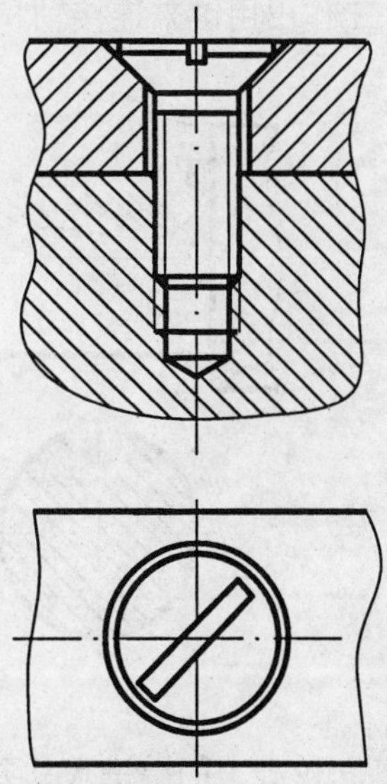

图 7-6　解

分析：沉头螺钉连接是将螺钉穿过机件的光孔拧入另一机件的螺孔内，利用螺钉的头部与机件的紧密接触来连接不同机件。主视图中,上板光孔与螺钉应有间隙，且有 90° 沉头孔，下板螺孔深度应大于螺钉深度，锥角应画 120°；俯视图规定沉头上所开的槽要画成 45° 倾斜，沉孔外圆要画出。

7-7　下列四组螺钉连接图，画得正确的是：（　　）

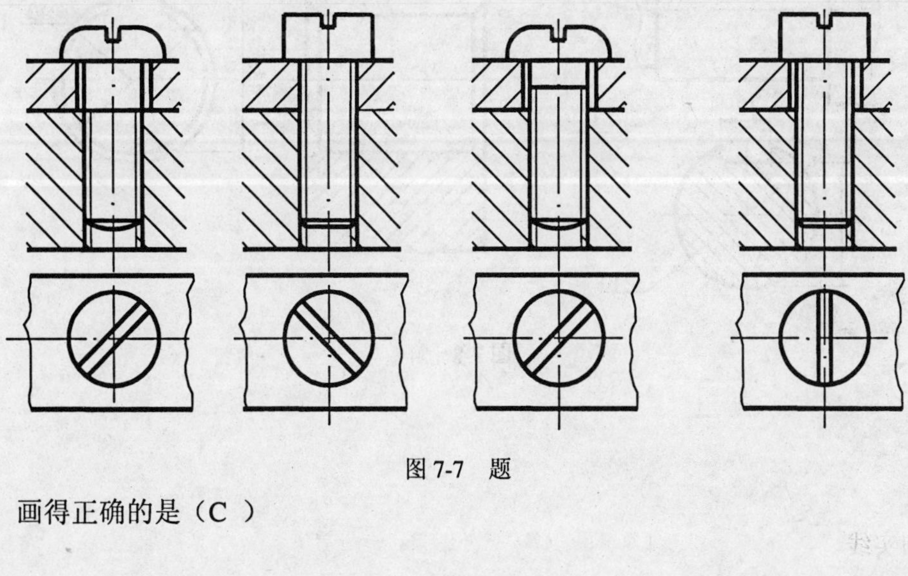

图 7-7　题

答：画得正确的是（C ）

7.3.2 键连接

7-8 用A型普通平键来连接轴和轮子，轴孔直径为40mm，键长为40mm。(一)写出键的规定标记；(二)查表确定键和键槽的尺寸，用与图形相同的比例画全各视图和断面图，并标注键槽尺寸；(三)作出用键来连接轴和轮子的连接图。

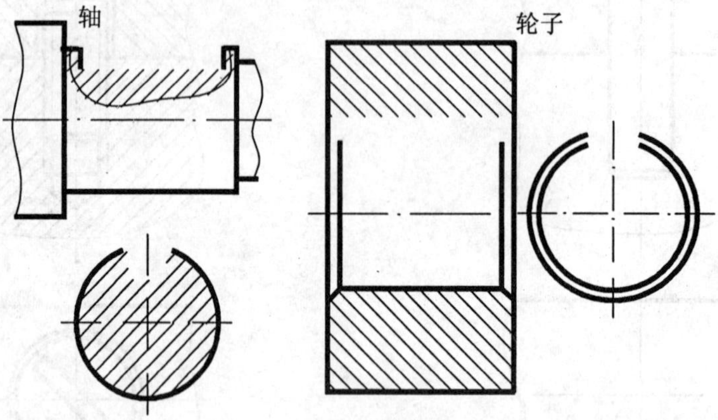

图7-8 题

分析：轴和轮毂上的键槽尺寸要按规定的注法来标注，其连接图也要按规定画法来作图，如键的顶面与轮毂键槽的底面有间隙应画两条线。

（一）键的规定标记：键 12x40 *GB*1096-79。

（二）键槽尺寸：

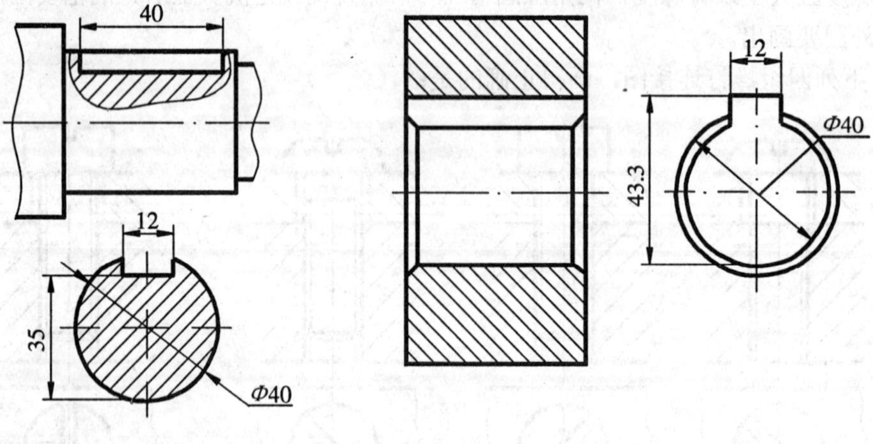

图7-8 解

（三） 连接图：

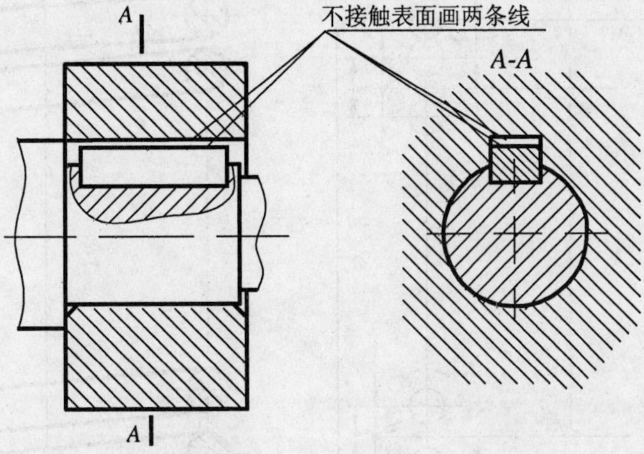

7.3.3　轴承与弹簧

7-9　在两根阶梯轴上装有两个不同类型的滚动轴承，试分别用规定画法和特征画法画全轴承视图。

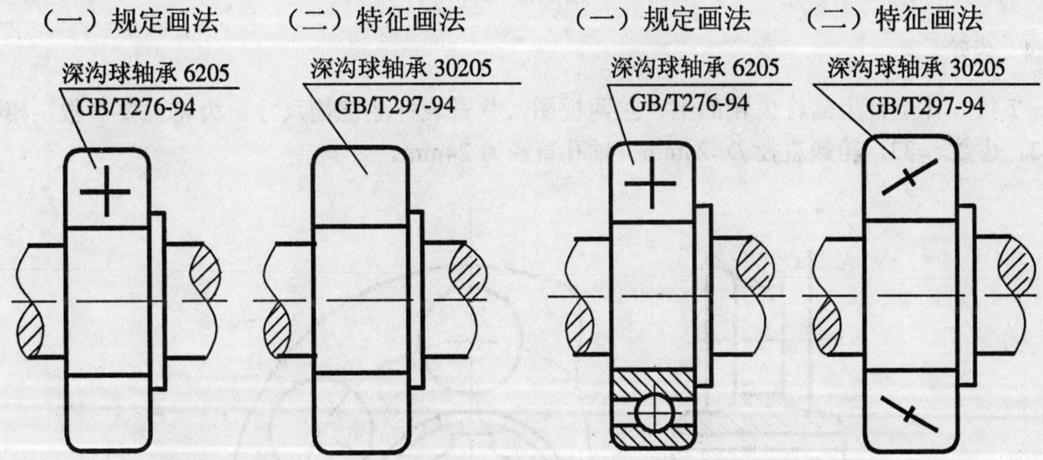

图 7-9　题　　　　图 7-9　解

7-10　已知圆柱螺旋压缩弹簧簧丝直径 d=5mm,弹簧外径 D=45mm,节距 t=10mm,有效圈数 n=8,支撑圈数 n_2=2.5,右旋。试画出这个弹簧。

分析:先进行计算，然后作图。

(一)弹簧中径 $D_2=D-d$=40mm,

(二)自由高度 $H_0=nt+(n_2-0.5)d$=8x10+(2.5−0.5)x5=90mm。

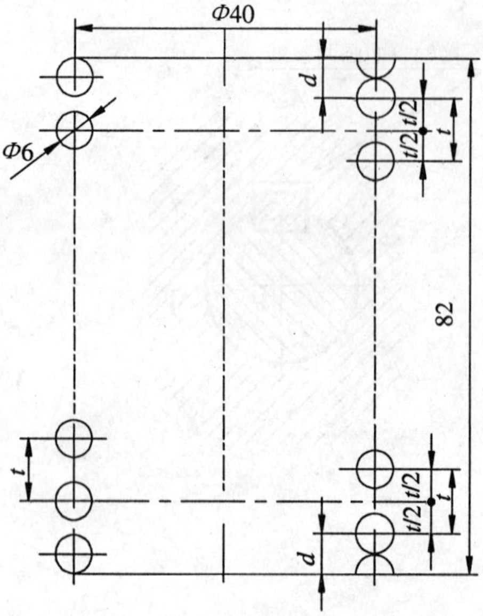

画出支承圈部分并根据节距 t 作簧丝剖面

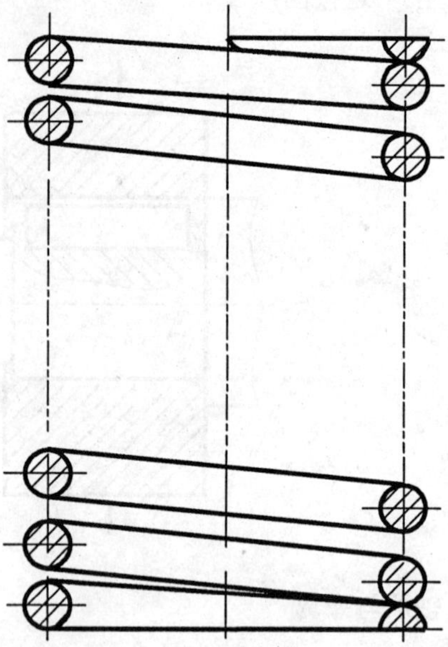

连线加深完成视图

图 7-10 解

7.3.4 齿轮

7-11 补全直齿圆柱齿轮的主、左两视图，并查表标注键槽尺寸。齿轮主要参数：模数 m=3，齿数 z=33，轮毂直径 D=24mm，轴孔直径为 24mm。

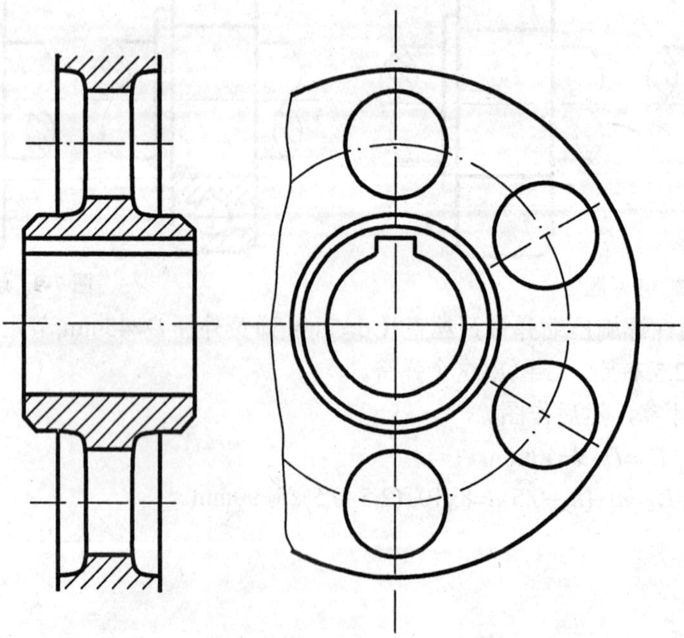

图 7-11 题

分析：该齿轮主要由三部分组成轮缘、轮毂、辐板。轮缘上加工轮齿，轮毂上做有键槽，辐板连接轮缘、轮毂，为减轻重量加工出 6 个圆孔。运用形体分析法，按对应关系和齿轮的规定画法补全图样。

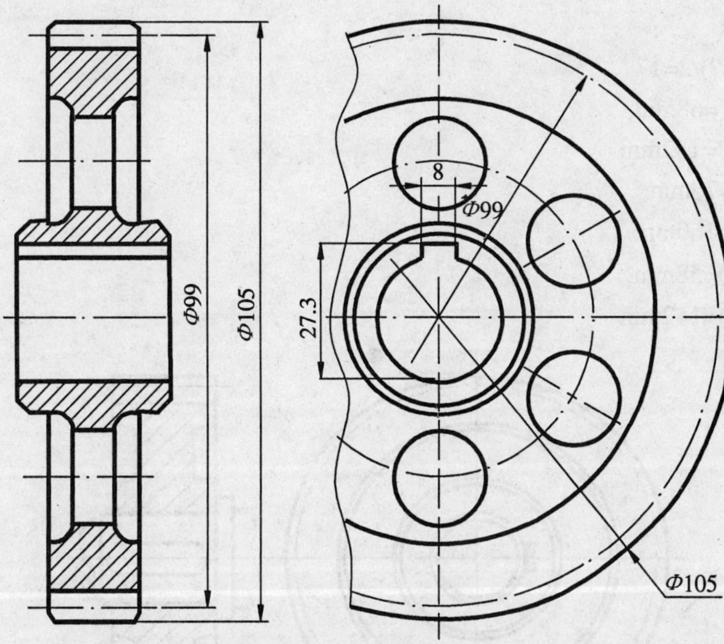

图 7-11　解

7-12　已知一对互相啮合的直齿圆柱齿轮，大齿轮的模数 $m=4$，齿数 $Z_2=38$，两齿轮的中心距 $a=110$mm，试计算大、小两齿轮分度圆、齿顶圆和齿根圆直径，并完成两齿轮的啮合图。

图 7-12　题

分析：先由已知条件算得小齿轮齿数，再进行齿轮各几何要素的计算。按齿轮的规定画法补全两齿轮的啮合区的图形和未啮合区的图形。

因为中心距：

$a=(Z_1+Z_2)m/2=110$

所以：

$Z_1=(110-2\times Z2)/2=17$

$d_1=mZ_1=4\times 17=68\text{mm}$,

$d_2=\text{m}Z_2=4\times 38=152\text{mm}$

$d_{a1}=m(Z_1+2)=76\text{mm}$,

$d_{a2}=\text{m}(Z_2+2)=160\text{mm}$

$d_{f1}=m(Z_1-2.5)=58\text{mm}$,

$d_{f2}=m(Z_2-2.5)=142\text{mm}$

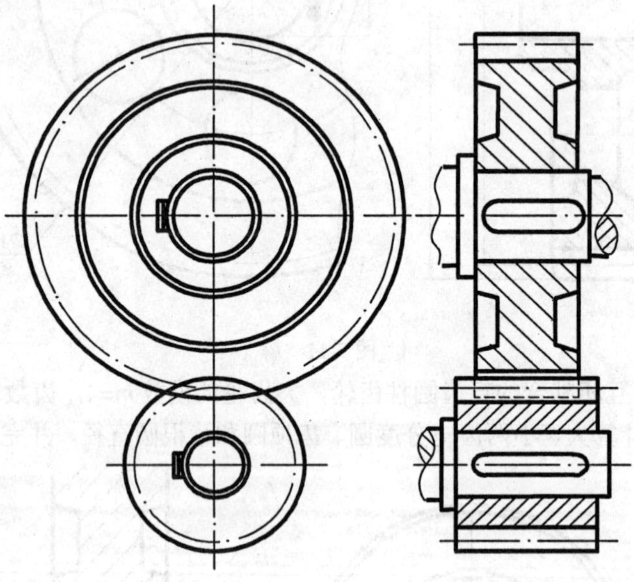

图 7-12 解

第8章 零 件 图

8.1 内容要点

本章内容主要包括，一幅零件工作图的完整内容；各种典型零件的主视图选择；其他视图及表达方法的选择；完整、合理的尺寸标注等。通过本章的学习，要求学生能综合、灵活地运用各种表达方法表达常见零件的结构形状及特征；理解尺寸注法和有关技术要求。为后继课程的学习和在今后的工作中所必须具有的空间思维和图示能力打下坚实基础。

（1）熟练掌握各类典型零件的结构特点、表达方法。特别是主视图及表达方法的选择。

（2）掌握零件图的尺寸标注，能正确、完整、清晰和尽量合理地标出所需尺寸，对选用基准有一个初步认识。

（3）掌握极限与配合，表面粗糙度的基本知识，能正确查表及在图样上标注。

（4）能阅读零件图。

8.2 解题要领

本章的题型分为两类，画零件图和读零件图。

画零件图的第一步是对零件的内外结构形状、特征及它们之间的相对位置进行分析，在此基础上根据零件的类型、加工方法、安装位置等选择主视图的投影方法及表达方法。然后灵活地选用恰当的表达方法把构成该零件的所有结构形状、特征完全表达清楚。

读零件图的关键是看懂零件的结构和形状。与组合体比较，零件增加了一些工艺结构，尤其是一些铸件上的铸造圆角；另外，零件图中采用了多种表达方法，剖视图也较多，利用分析线框的方法有时也显得不够用。因此，读图时对于一些工艺结构可暂不作考虑，先按组合体读图的方法（形体分析法和线面分析法）进行，首先想出零件的整体结构，再逐步把工艺结构加上，对于表达内腔较多的零件（即剖视图较多），先把内腔形状想象出来，再由内及外，包含内腔的外部形状也就不难想象了。

本章所举实例，由于篇幅所限及每一题练习的侧重点不同，故部分题解的技术要求和标题栏缺省。

8.3 习题与解答

8.3.1 由轴测图画零件图

表达零件的图样称为零件图。零件图的内容：用一组图形表达零件的形状，完整的尺寸标注表达零件的大小；还有技术要求和标题栏。

8-1 根据轴的立体图绘制其零件图，键槽查表确定尺寸，可不注公差。轴的表面粗糙度为：*Φ*25、*Φ*35 圆柱面 $\sqrt{1.6}$，*Φ*40、*Φ*25 端面 $\sqrt{6.3}$，*M*16、*Φ*35 右端面和方头表面 $\sqrt{3.2}$，键槽底面 $\sqrt{6.3}$，侧面 $\sqrt{3.2}$，其余 $\sqrt{12.5}$。

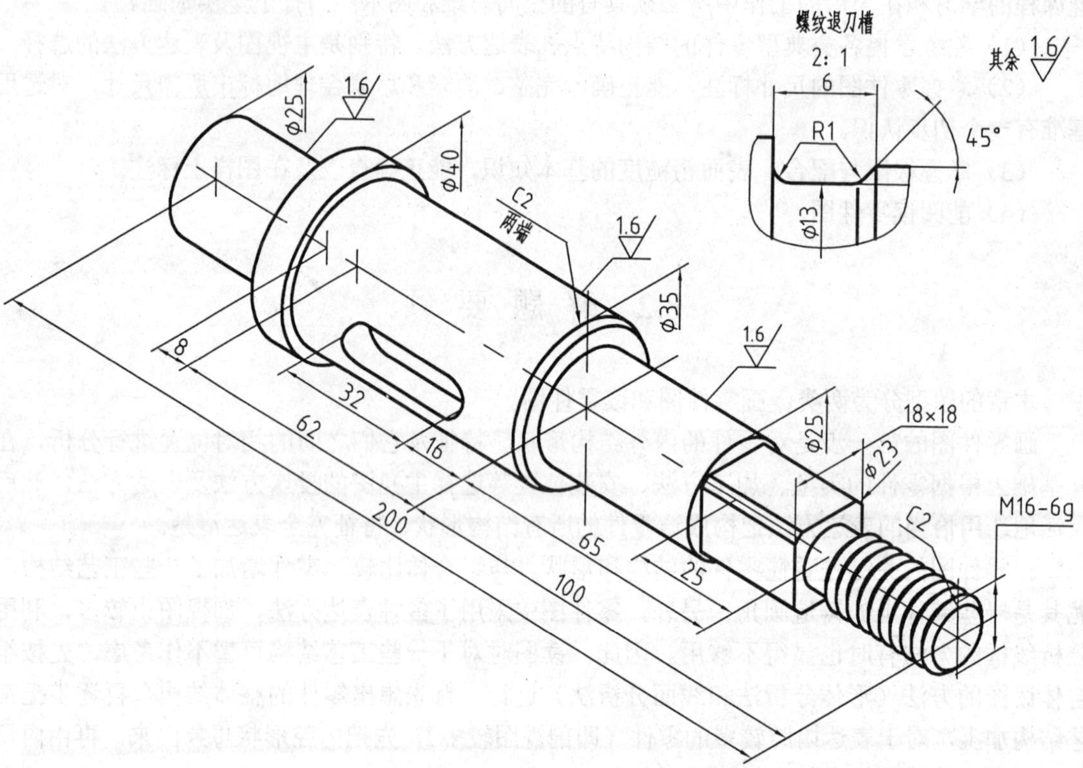

图 8-1 题

分析：分析其结构，该轴是由 7 个同轴的圆柱体组成，其中 *Φ*23 圆柱铣出方头 18×18，*M*16－6*g* 为粗牙普通螺纹，*Φ*35 上加工有平键槽。由于轴类零件的加工位置明显，因此应根据加工位置选择主视图，即轴线水平放置。除主视图外，尚需采用两个断面图分别表达方头的断面形状和键槽的结构特征。

作图步骤或解题要点：

1）选择主视图确定表达方案；

2）画主视图并标注尺寸，查表确定键槽尺寸；

3）画两个断面图和局部放大图，并标注尺寸；

4）标注表面粗糙度。

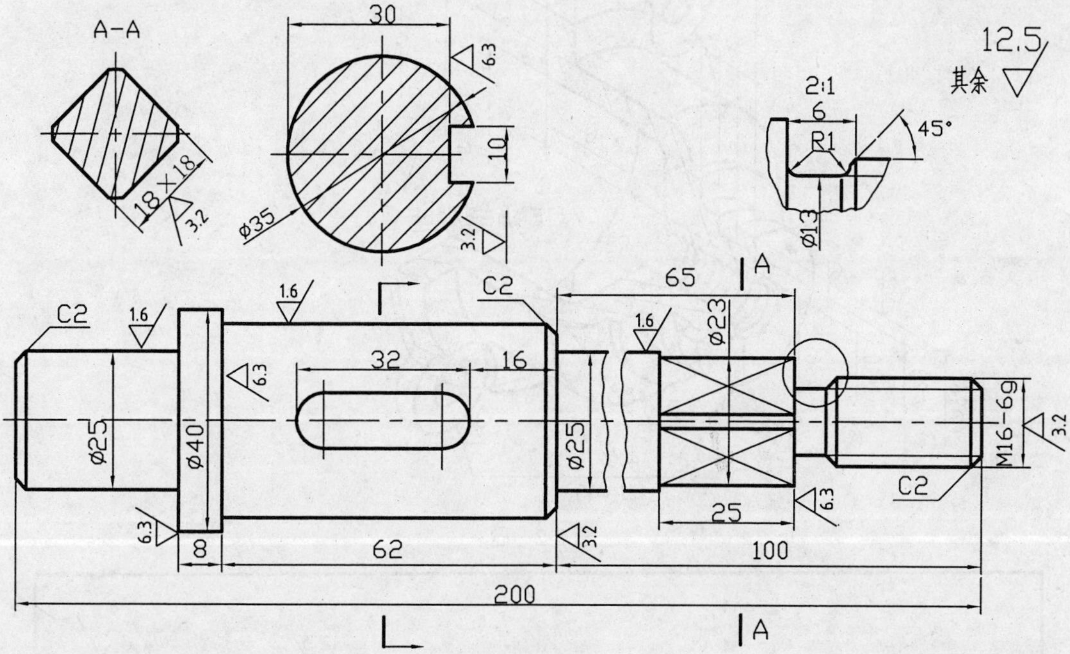

图 8-1 解

8-2 根据轴测图画出阀盖的零件图。材料：*ZL*101；未注明圆角 *R*2

分析：这是典型的盘盖类零件，是由同轴回转体，加 4 个带孔圆耳。尺寸标注：高度、宽度方向以轴线为基准，长度方向以右端面为基准。

作图步骤或解题要点：

1) 选择主视图确定表达方案；

2) 画全剖的主视图，左视图（外形），并作出完整的标注；

3) 标注尺寸和表面粗糙度。

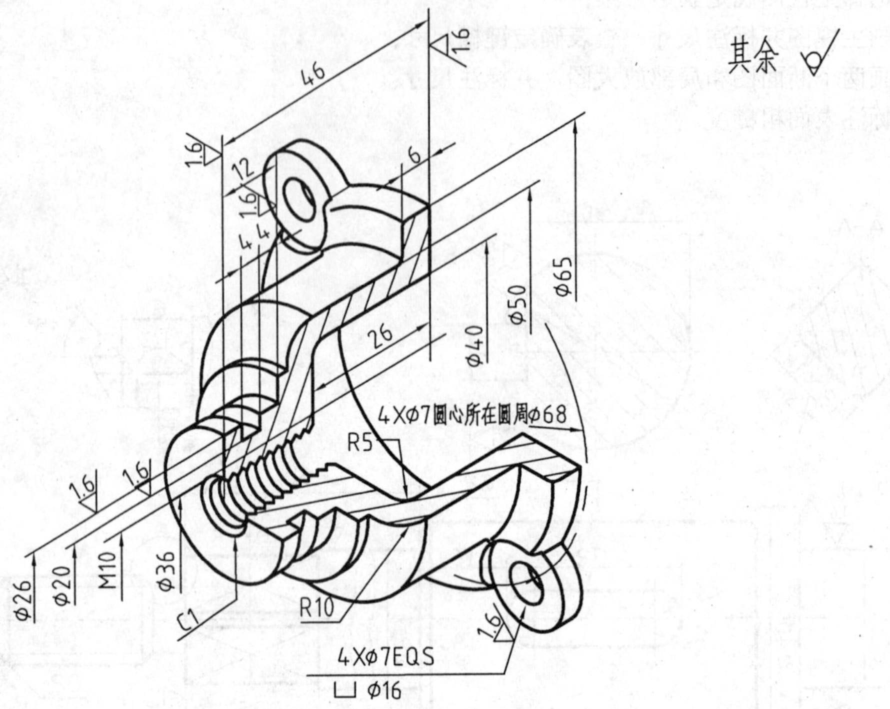
46
1.6
其余
1.6
12
6
1.6
4
4
Ø65
Ø50
26
Ø40
4XØ7圆心所在圆周Ø68
R5
1.6
1.6
Ø26
Ø20
M10
Ø36
C1
R10
1.6
4XØ7EQS
⌴ Ø16

图 8-2 题

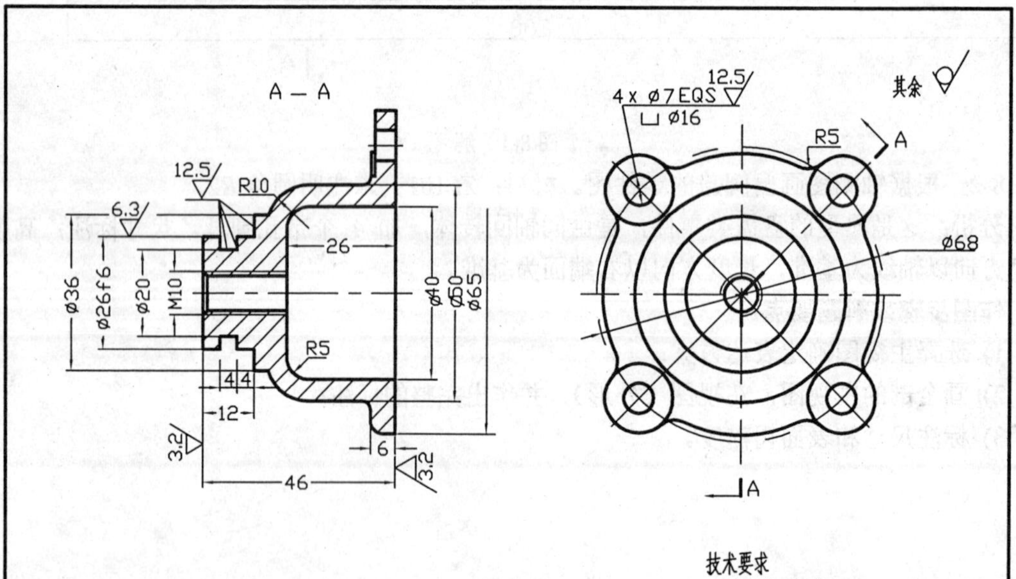
A — A
12.5
R10
6.3
26
Ø36
Ø26f6
Ø20
M10
Ø40
Ø50
Ø65
R5
4
4
12
3.2
6
3.2
46
12.5
4 x Ø7EQS
⌴ Ø16
R5
A
Ø68
其余
A
技术要求
1、未注铸造圆角为R2。
2、铸件不得有气孔、裂纹等缺陷。

图 8-2 解

8-3　根据轴测图画出钳座的零件图。材料：Q235

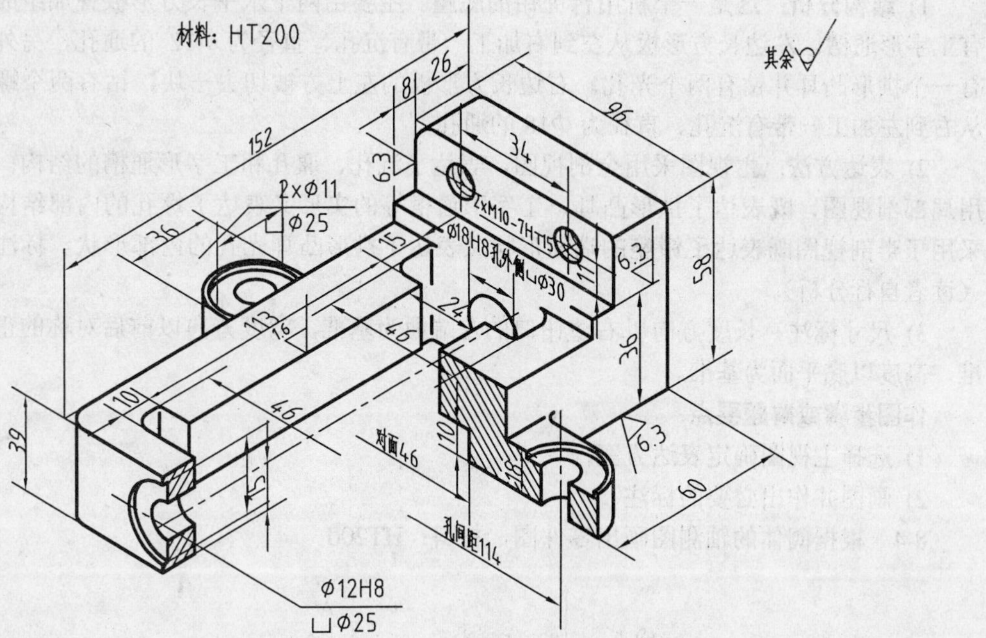

图 8-3　题

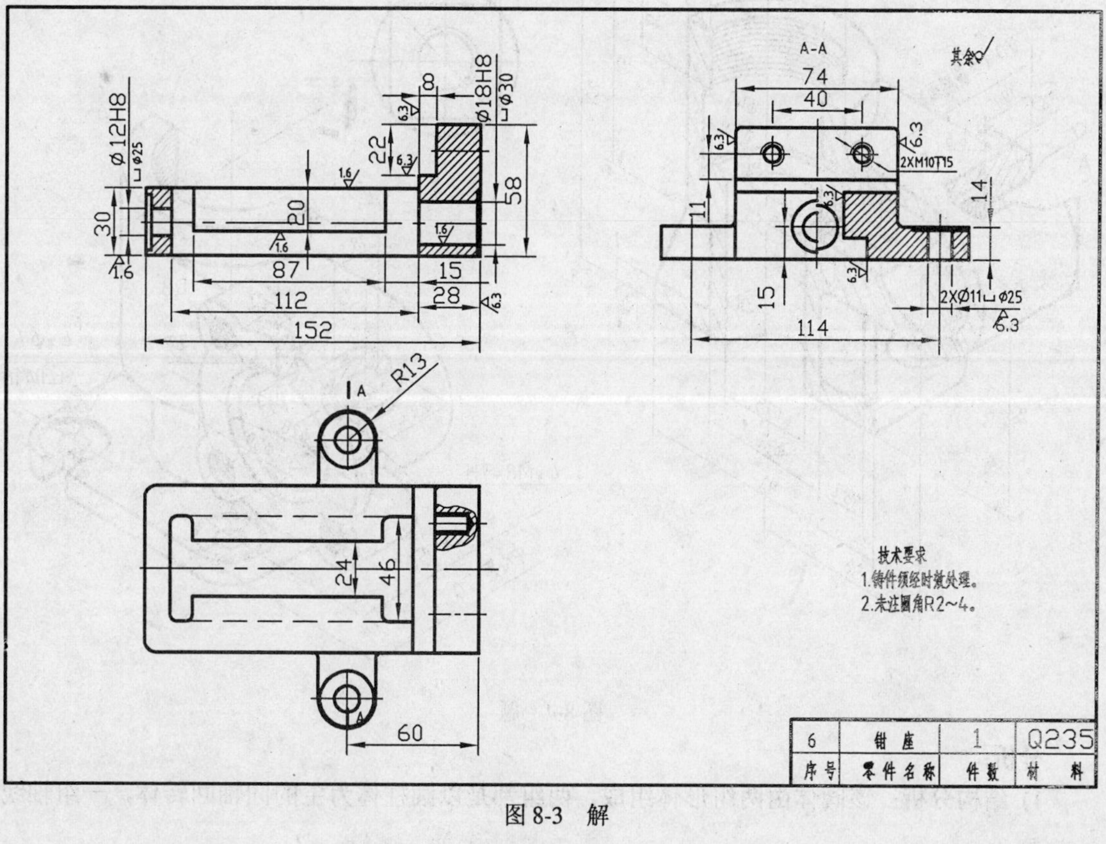

图 8-3　解

分析：

1) **结构分析**：这是一个机用台虎钳的底座。主要由两个水平长方形板叠加组成，中间开有工字形通槽。左边长方形板从左到右加工一带有沉孔、直径为 $\Phi12$ 的通孔，另外前后还各有一个拱形凸耳并钻有两个光孔。右边长方形板的左上方被切去一块，钻有两个螺孔，底部从右到左加工一带有沉孔、直径为 $\Phi18$ 的通孔。

2) 表达方法：主视图采用全剖视图，表达了沉孔、通孔和工字形通槽的结构；俯视图采用局部剖视图，既表达了拱形凸耳、工字形通槽等的实形又表达了螺孔的内部结构；左视图采用了半剖视图既表达了钳座的端面形状又表达了拱形凸耳光孔的内部形状。标注如图所示（读者自行分析）。

3) 尺寸标注：长度方向以右边钳口的左端面为基准，宽度方向以前后对称的正平面为基准，高度以底平面为基准。

作图步骤或解题要点：

1) 选择主视图确定表达方案；

2) 画图并作出必要的标注。

8-4 根据阀体的轴测图画出零件图，材料：HT200

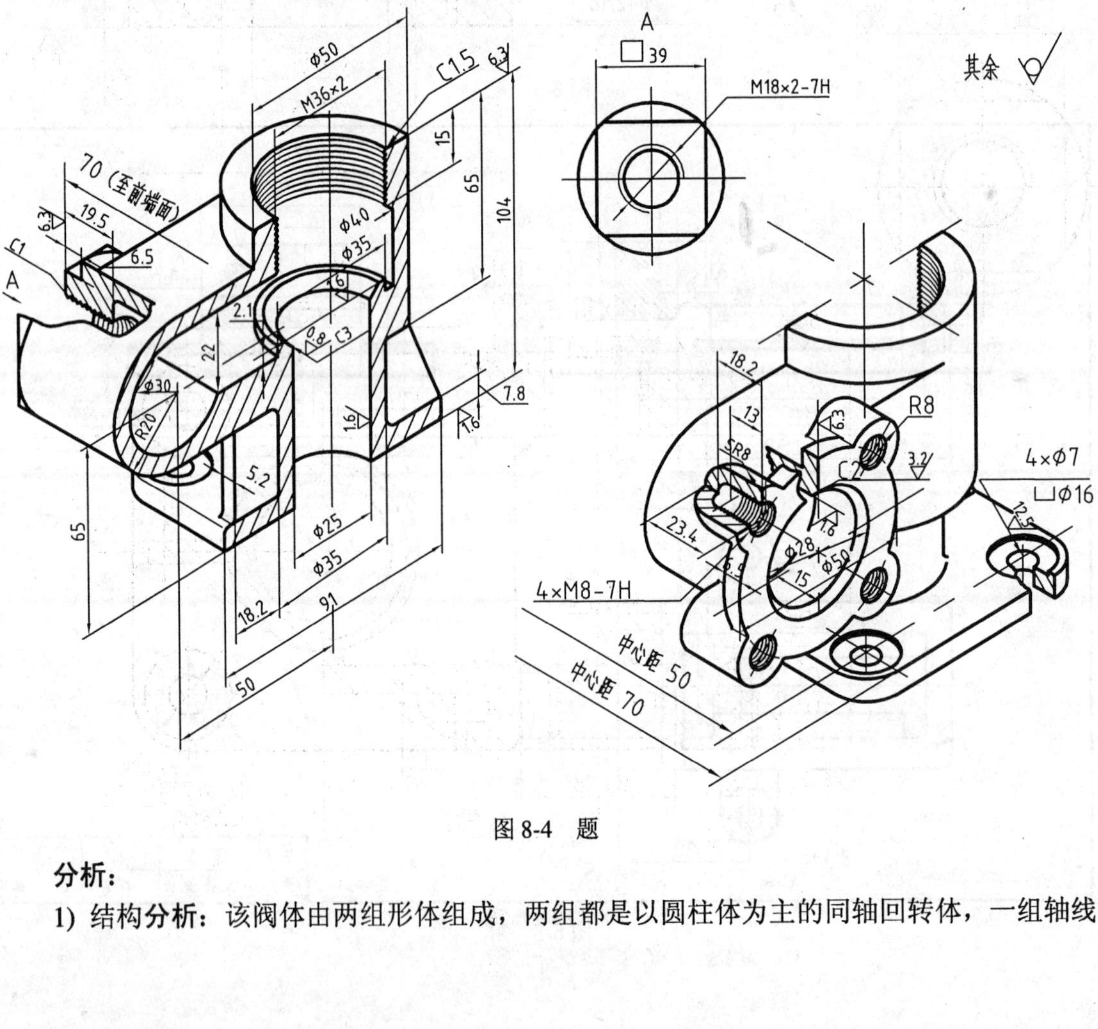

图 8-4 题

分析：

1) **结构分析**：该阀体由两组形体组成，两组都是以圆柱体为主的同轴回转体，一组轴线

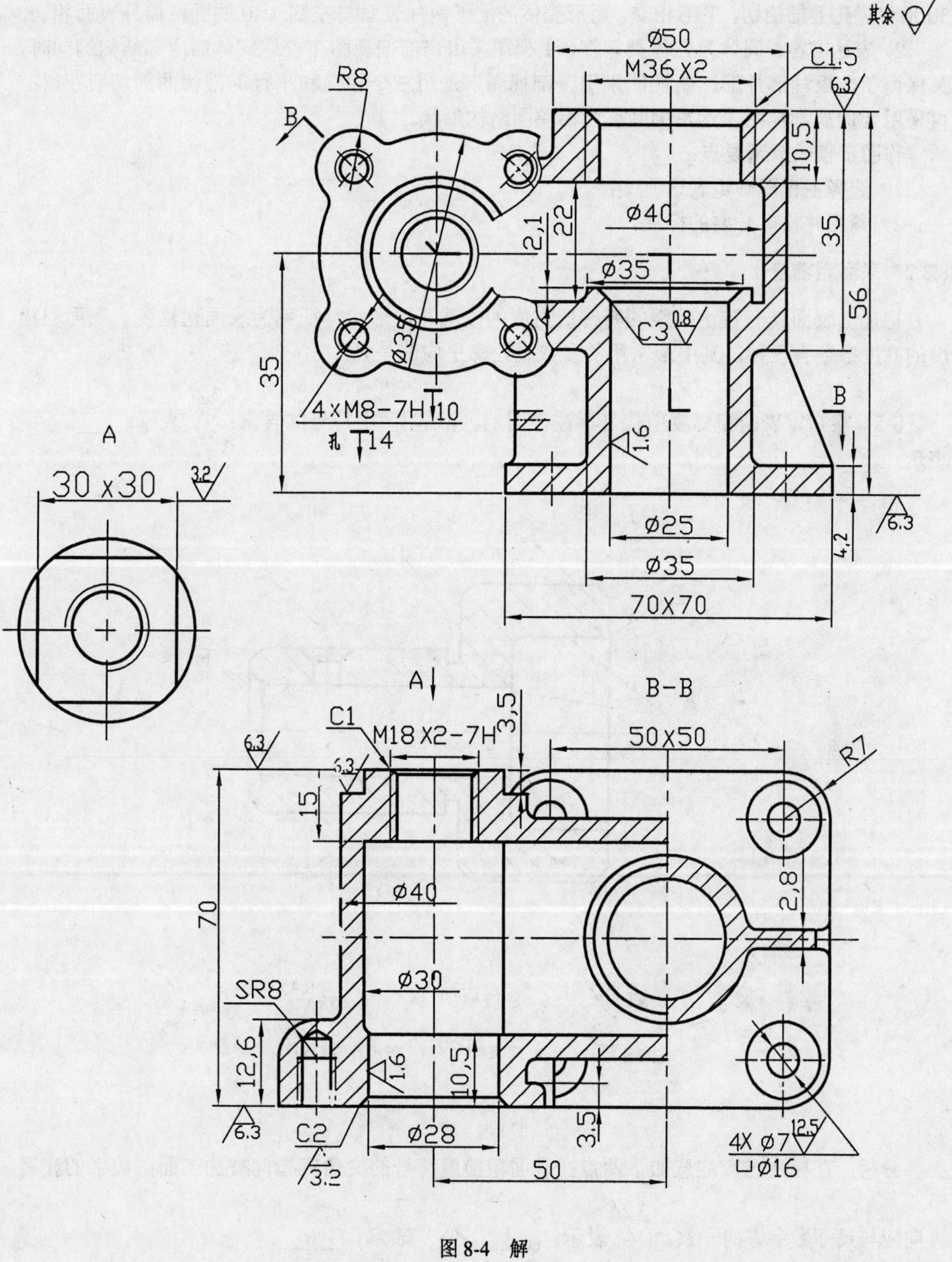
其余
Ø50
M36X2
C1.5
6.3
R8
B
10,5
22
2,1
Ø40
35
56
Ø35
C3
0.8
Ø35
35
4XM8-7H⊤10
孔⊤14
B
1.6
Ø25
Ø35
70X70
6.3
4,2
A
30X30
3.2
A
B-B
C1
M18X2-7H
3,5
50X50
R7
6.3
6.3
15
70
Ø40
2,8
Ø30
SR8
12,6
1.6
10,5
6.3
C2
Ø28
3,5
3.2
50
4XØ7
12.5
⊔Ø16

图8-4 解

为铅垂线，另一组轴线垂直于 V 投影面。再辅以安装的底板，凸板、肋板等结构。两组形体以中空的矩形壳体连接，该壳内腔的前后两表面与 $\Phi40$ 铅垂圆孔面相切，上下两内表面与 $\Phi30$ 水平圆孔上部相切，下部相交。矩形壳体的上下两外表面与左侧 $\Phi40$ 的圆柱筒外表面相切。

2) 表达方案：阀体为壳体类零件，主视图采用局部剖视图在表达阀体的内部结构的同时，又保留了凸板耳部外形；俯视图采用全剖视图，是用三个相交和平行的剖切面剖切后获得；再采用 A 向局部视图表达左侧圆柱筒后端面结构形状。

作图步骤或解题要点：

1）选择主视图确定表达方案；

2）画图并作出必要的标注。

8.3.2 表面粗糙度

把加工表面具有较小间距的峰谷所组成的微观几何形状特征称为表面粗糙度。表面粗糙度的高度参数有三种，其中最常用的参数是轮廓平均偏差 Ra。

8-5 将指定表面粗糙度用代号标注在图上。并说明两个符号的含意：$\overset{3.2}{\bigtriangledown}$ 表示：____。$\sqrt[\circ]{}$ 表示：____。

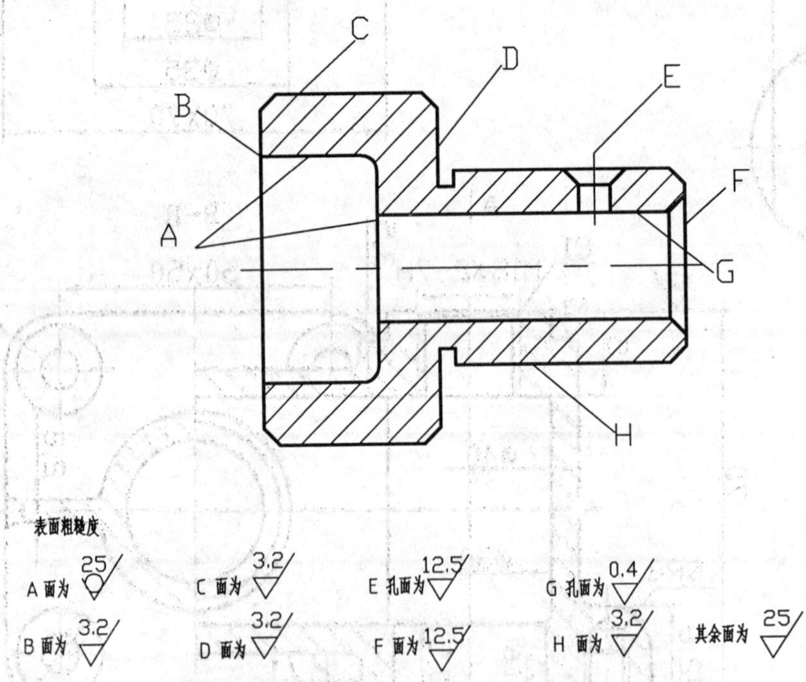

图 8-5 题

分析：在标注时应注意如下两点：表面粗糙度符号的尖角应指向被加工面；数字的注写方向应与尺寸数字方向一致；$\overset{3.2}{\bigtriangledown}$ 表示：<u>*A*</u>。$\sqrt[\circ]{}$ 表示：<u>*B*</u>。

作图步骤或解题要点：

1) 根据题给说明和要求，在图中作正确标注；

2) 在划线处填上答案。

A：零件表面是用去除材料方法获得，其 *Ra* 为 3.2μm。

B：零件表面是用不去除材料方法获得，或保持原供应状况的表面。

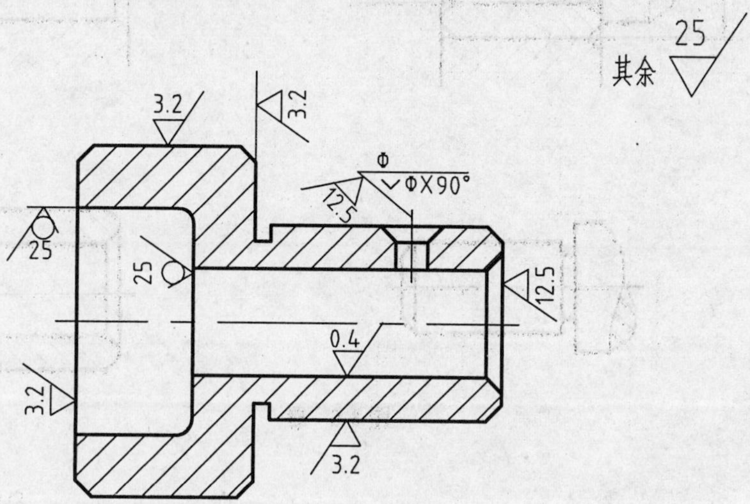

图 8-5　解

8.3.3　极限与配合

在机器装配中，将基本尺寸相同的，相互结合的孔和轴公差之间的关系，称配合。

配合种类有：间隙配合、过盈配合和过渡配合。

配合的基准制：基孔制和基轴制。

8-6　根据装配图的配合尺寸，在各零件图上注出基本尺寸和上、下偏差数值，并在画线处填写答案。

1）轴套和轴的配合采用 __*A*__ 制， __*B*__ 配合，轴的公差带代号 __*C*__ ；

2）轴套和轴孔的配合采用 __*D*__ 制， __*E*__ 配合，轴套的公差带代号 __*F*__ 。

分析：极限与配合是零件图上需要标注的重要技术要求之一。本题已在装配图上用分数形式标注有配合的代号，分子为孔的公差带代号，分母为轴的公差带代号。上、下偏差数值查表确定，在零件图上注出。轴承为标准件，其内外径都是基准部位，装配图不标代号。

作图步骤或解题要点：

1) 查表确定上、下偏差数值，在零件图上注出；

2) 读懂装配图上的标注，在画线处填写答案。*A*: 基孔， *B*: 间隙， *C*: f7，*D*: 基孔， *E*: 过渡， *F*: k7。

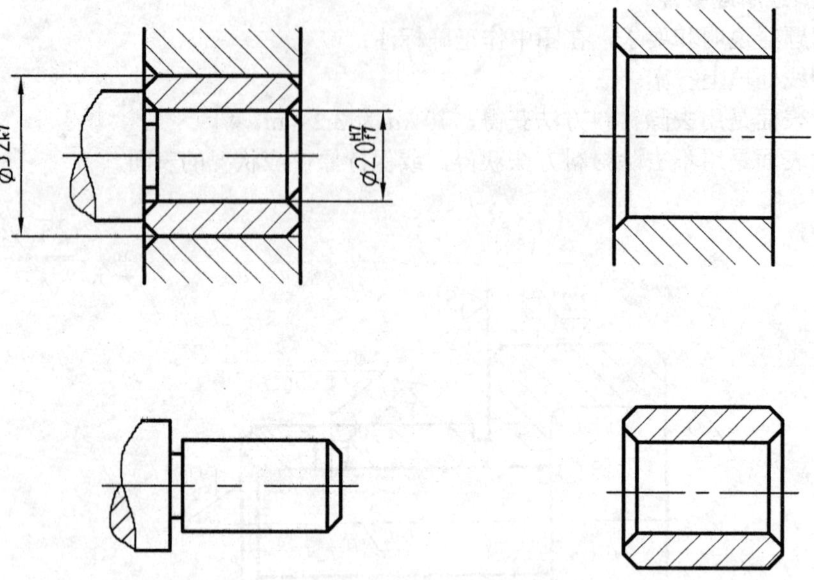
φ32H8/k7
φ20H7/f7

图 8-6 题

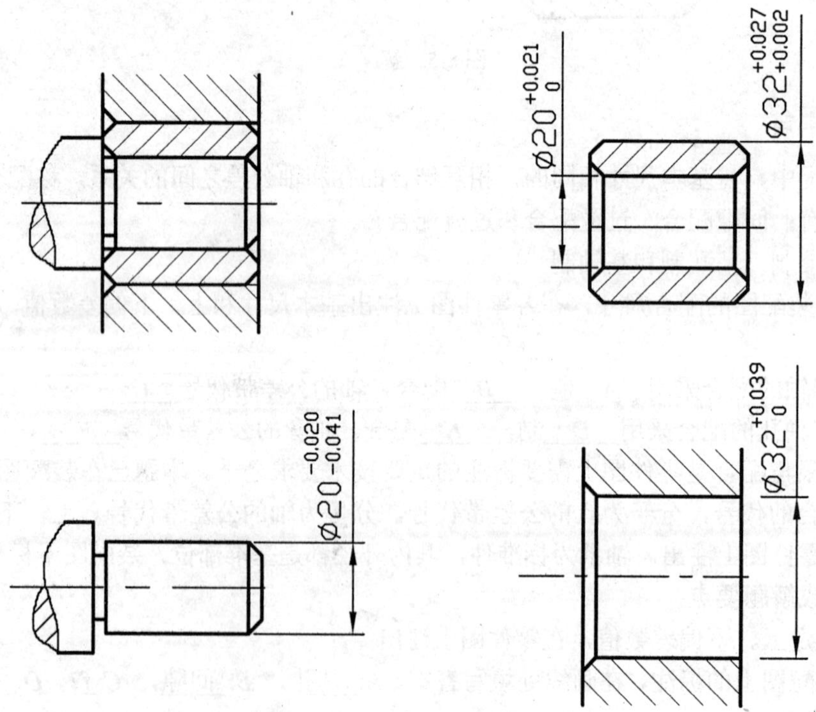
φ20 +0.021 0
φ32 +0.027 +0.002
φ20 −0.020 −0.041
φ32 +0.039 0

图 8-6 解

8.3.4　读零件图

读零件图就是根据已给的零件工作图，经过分析、思考，想象出零件图所表达零件的结构、形状及特征，弄清零件的尺寸大小和制造、检验的等方面的各项技术要求。

基准是指零件在机器中或在加工及测量时，用以确定其位置的一些面、线和点。

8-7　读套筒零件图，在指定位置分别画出 *B* 向视图和移出断面图。

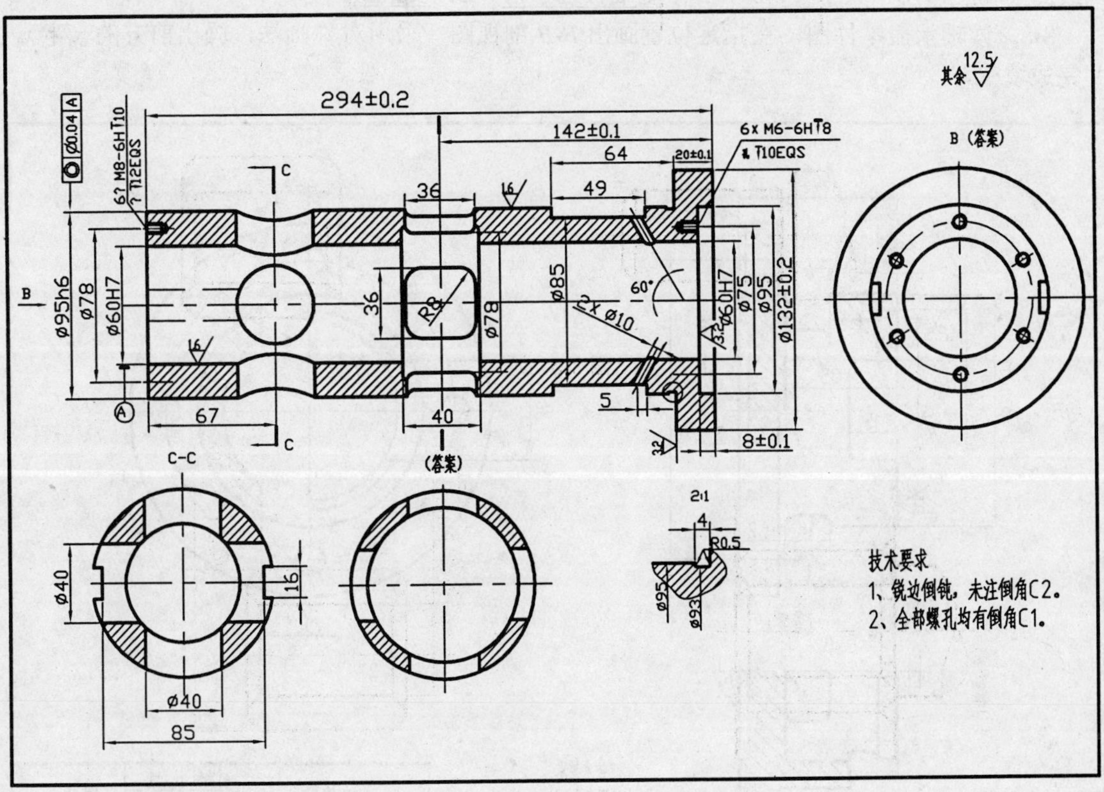

图 8-7

回答以下问题：

(1)　*Φ*95*h*6 写成有上、下偏差的写法是 *A* 。

(2)　说明符号 [◎ | *Φ*0.04 | *A*] 的含义：符号◎表示 *B* ，数字 *Φ*0.04 表示 *C* ，*A* 是 *D* 。

(3)　图中的尺寸 8±0.1 的公差范围是 *E* 。

(4)　表面粗糙度 $\overset{3.2}{\bigtriangledown}$ 处的表面形状为 *F* 。

分析：套筒零件是以圆柱为主体的同轴回转体。左端面上钻有六个 *M*8 的螺孔，其定位尺寸 *Φ*78；从 *C-C* 断面看 *Φ*95 圆柱前后各开了一个方槽，此处圆筒上有相互垂直贯通的圆孔（*Φ*

40)；中间断面应是圆筒上有相互垂直贯通的方槽（36×36）；右端面钻出一个 Φ95 的水平圆柱孔，在 Φ95 与 Φ60 孔的分界面上还钻有六个 *M*6 的螺孔，其定位尺寸为 Φ75。

作图步骤或解题要点：

1) 读懂题给图形，画出 *B* 向视图和移出断面图；

2) 在划线处填写答案。*A*：$\Phi95^{0}_{-0.022}$ *B*：同轴度，*C*：Φ95*h*6 的轴线相对于基准 Φ60 *h*7 轴线的同轴度误差不大于 Φ0.04，*D*：基准代号字母，*E*：0.2mm。

8-8 读轴承盖零件图，在指定位置画出 *B-B* 剖视图（采用对称画法，画出前方的一半）。并完成填空。

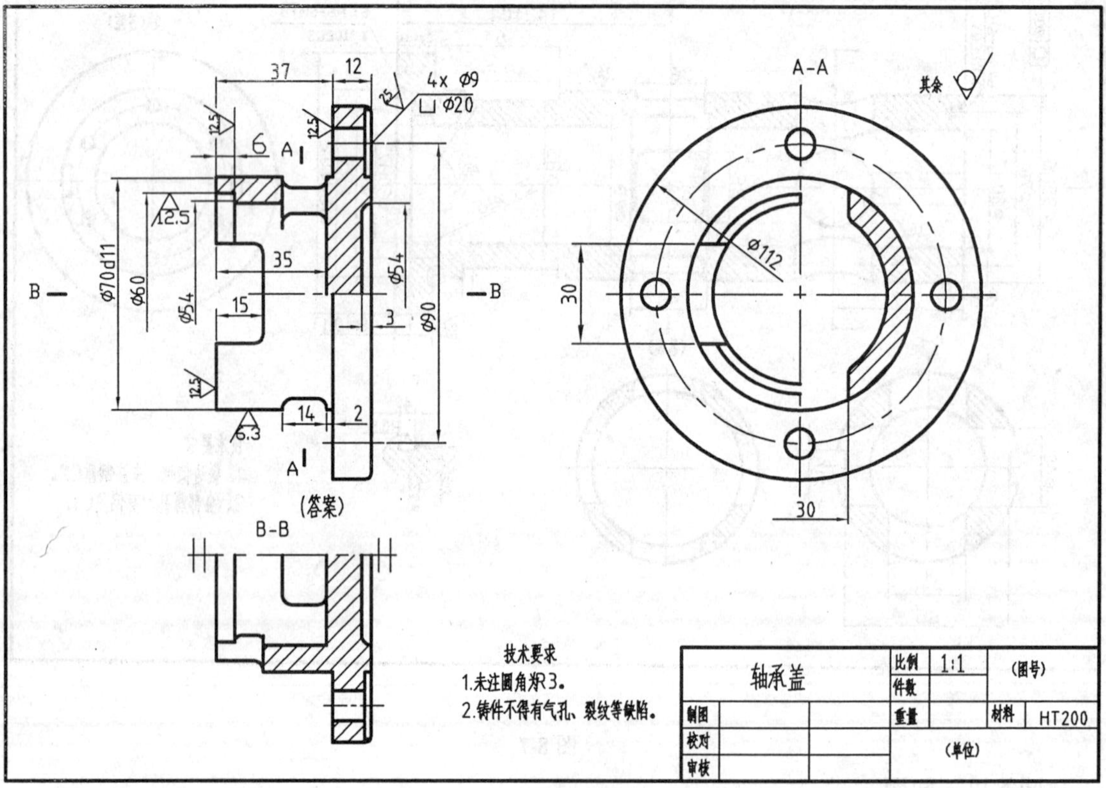

图 8-8

（1） Φ70*d11* 写成有上、下偏差的注法为 *A*。

（2）表面粗糙度 $\sqrt{6.3}$ 的表面形状是 *B* 。

（3）主视图的右端面有 Φ54 深 3 的凹槽，这样的结构是考虑 *C* 零件的重量和 *D* 加工面而设计的。

（4）说明 $\frac{4\times\Phi9}{\sqcup\Phi20}$ 的含义；4 个 Φ9 的孔是用于穿过公称直径为 *E* 的螺栓。

分析：此为盘类零件，主体仍为同轴回转体。Φ75 的圆柱左端钻有 Φ60 和 Φ54 的阶梯圆柱孔，前后各开了一个方槽（30×15），中间上、下各开了一个方槽（30×14）；右端面上钻了四个 Φ9 的小孔，用于穿过螺栓与其他零件连接所用。

B-B 为简化画法， 轴线两端的“‖”为对称符号。

作图步骤或解题要点：

1) 该题要画 *B-B* 剖视图,剖切面通过左边 Φ60 和 Φ54 的阶梯圆柱孔及前后方槽，右边剖到 Φ54 的圆柱孔和两个沉孔；还要画下方的方槽及圆柱的俯视图；

2) 填空：*A*：$\underline{\Phi70^{-0.1}_{-0.29}}$，*B*：<u>Φ70 圆柱面</u>，*C*：<u>减轻</u>，*D*：<u>减少</u> *E*: <u>M8</u> 。

8-9 看懂端盖零件图，想象形状，补画出右视图,并完成下面的填空题。

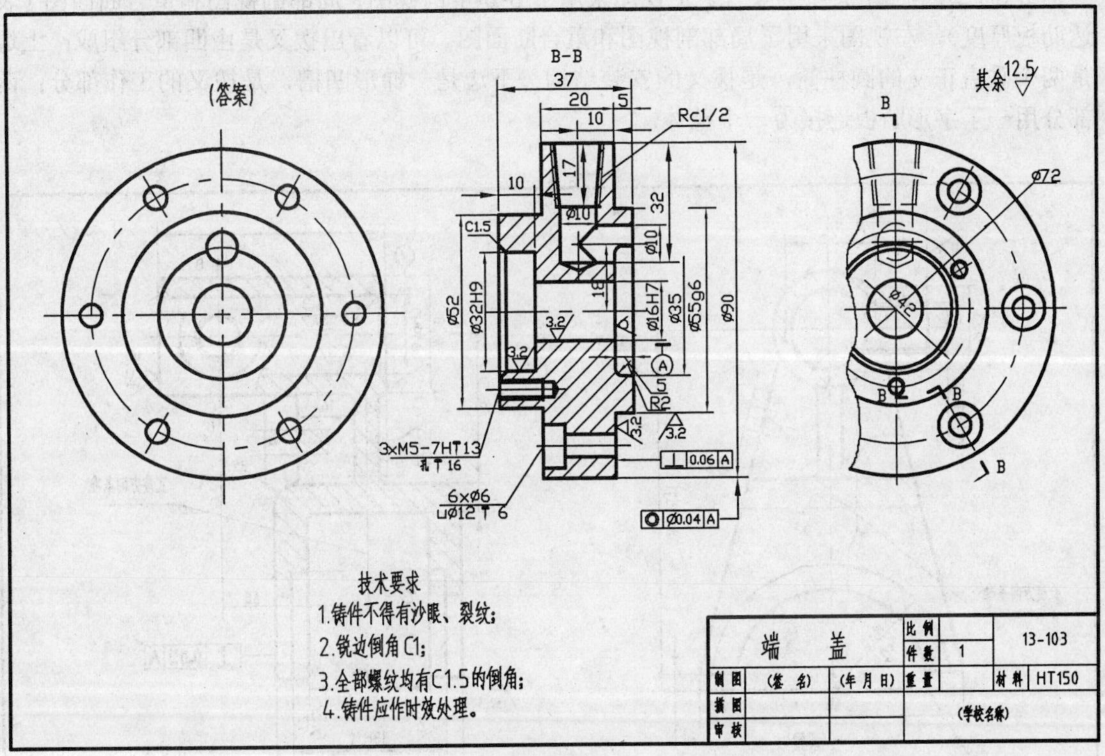

图 8-9

(1) 零件的主视图是<u> *A* </u>剖视图。采用的是<u> *B* </u>的剖切平面。

(2) 零件的长度方向尺寸的主要基准在<u> *C* </u>侧，是长度为<u> *D* </u>圆柱体的<u> *E* </u>端面。

(3) 该零件左端面凸缘有<u> *F* </u>个螺孔，公称尺寸是<u> *G* </u>，螺纹长度是<u> *H* </u>。

分析：这是一个盘盖类零件，主体是三个同轴的圆柱体。中间加工有三个同轴的圆柱台阶孔轮缘上六个带沉孔的光孔，其定位尺寸是 Φ72。左端面凸缘均匀分布三个螺孔，定位尺寸是 Φ42。此外，在径向有一圆锥管螺纹孔。

作图步骤或解题要点：

1) 画十字形点画线和直径分别是 Φ90、Φ55、Φ35、Φ16 的粗实线圆，直径为 Φ72 的点画线圆；

2) 画出六个直径为 Φ6 的小圆；

3) 画出直径 Φ10 的圆孔的投影；

4) 填空：A：全剖视图；B：由侧平面、圆柱面和侧垂面组合；C：左；D：20mm；E：左端面；F：3；G：5mm；H：13mm。

8-10．读“拨叉”零件图，补画俯视图；指出长、宽、高三个方向的主要尺寸基准，同时完成下列填空题。

(1) 38*H*11 表示基本尺寸是___*A*___，公差代号___*B*___，标准公差等级是___*C*___，基本偏差代号是___*D*___，下偏差为___*E*___；

(2) *M*10×1–6*H* 是___*F*___螺纹，螺距是___*G*___mm，6*H* 是___*M*___的公差代号。

分析：这是一个叉架类零件。主视图采用了 *B-B* 全剖视图、局部剖视图和重合断面图（表达肋板厚度），左视图采用了局部剖视图和重合断面图。可以看出拨叉是由四部分组成：上边是两个垂直正交的圆柱筒，是拨叉的安装结构；下边是一梯形凹槽，是拨叉的工作部分；两部分用一丁字形肋板连接为一个整体。

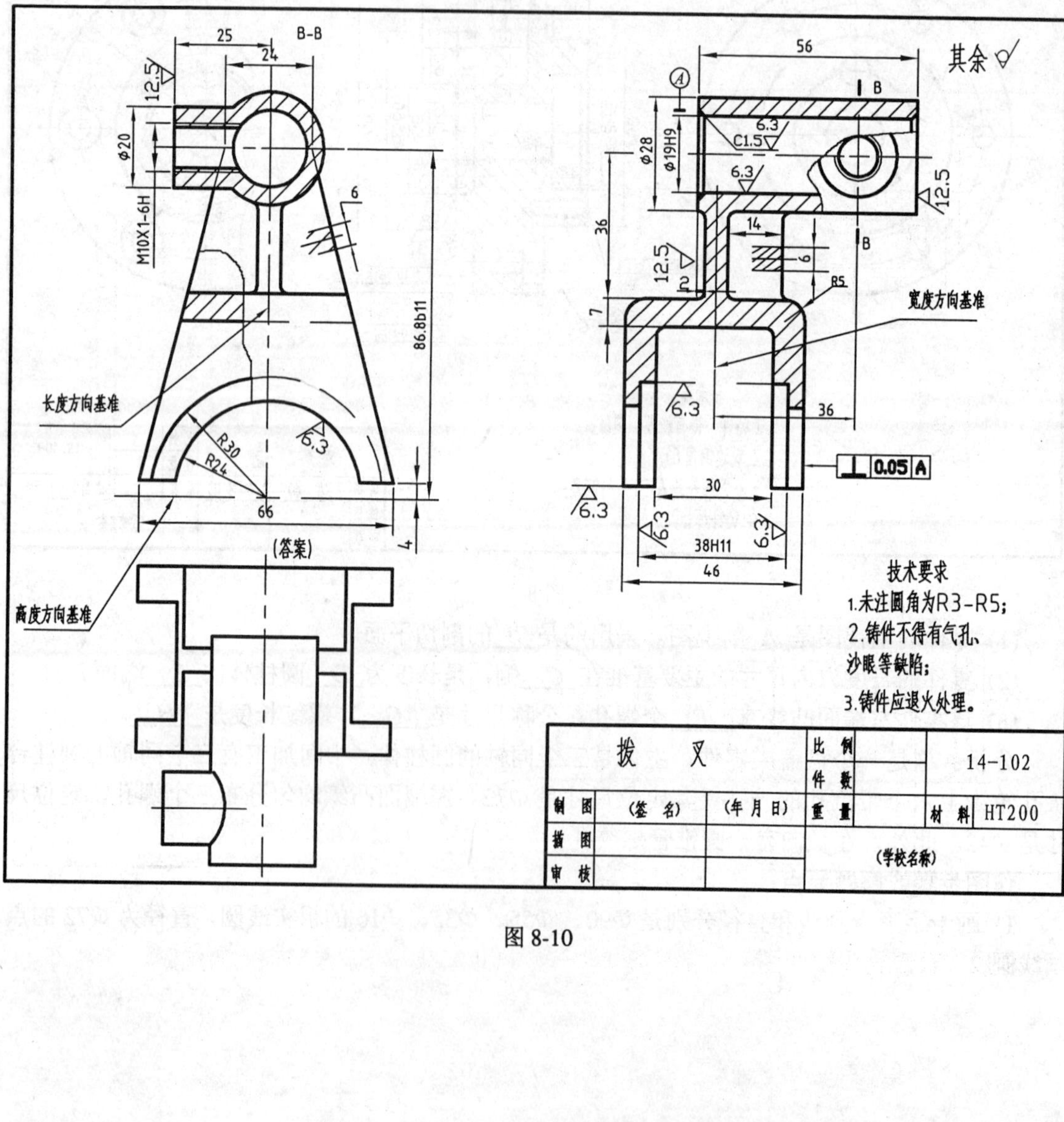

图 8-10

作图步骤或解题要点：

1) 读懂题给图形，完成俯视图；

2) 三个方向的尺寸基准：长度方向为过 *Φ*28 圆柱筒轴线的侧平面；宽度方向为梯形凹槽的前后对称面；高度方向为过 *R*30 和 *R*24 半圆的圆心的水平方向轴线。见图 8-10；

3) 填空：*A*： 38mm ；*B*： *H*11 ；*C*： *IT*11 ；*D*： *H* ； *E*： 0 ；*F*： 细牙普通 ；*G*： 1mm ；*M*： 中径和顶径 。

8-11 看懂托脚零件图，想象出形状；（1）补画左视图；（2）试述使用了哪些表达方法。

分析：这是叉架类零件。主视图采用了局部剖视图，俯视图为外形图，两图保留少数虚线（目的是为画左视图服务的），以显示连接板的厚度。另外还有 *B* 向局部视图表达凸台的端面形状，移出断面表示连接板正截面形状。

补画左视图，可清楚看出各板的厚度，中部的截交线为椭圆弧。

作图步骤或解题要点：

1) 先画点画线和前后连接板，再画上边方板和下边圆柱的外形，最后画板间的交线及中部的椭圆弧截交线，完成左视图；

2) 本零件的表达方法见解题分析。

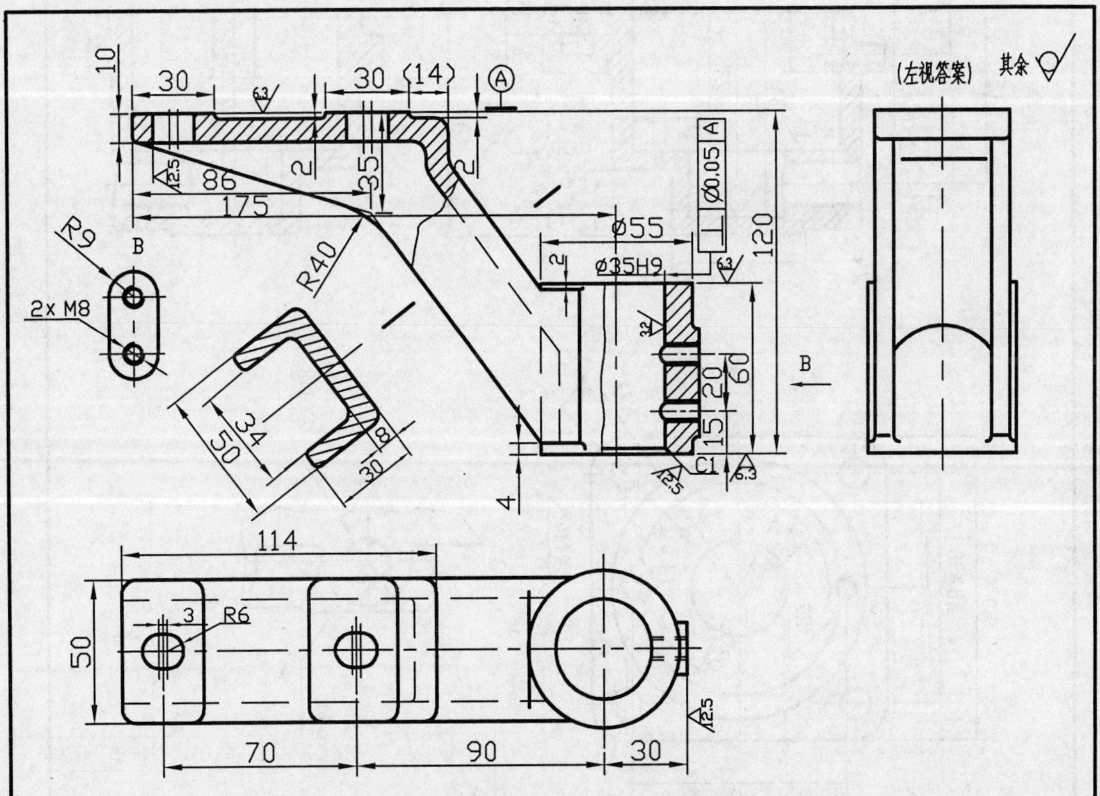

图 8-11

8-12 看懂壳体零件图，想象其形状，分析尺寸基准并补画全剖视的俯视图。

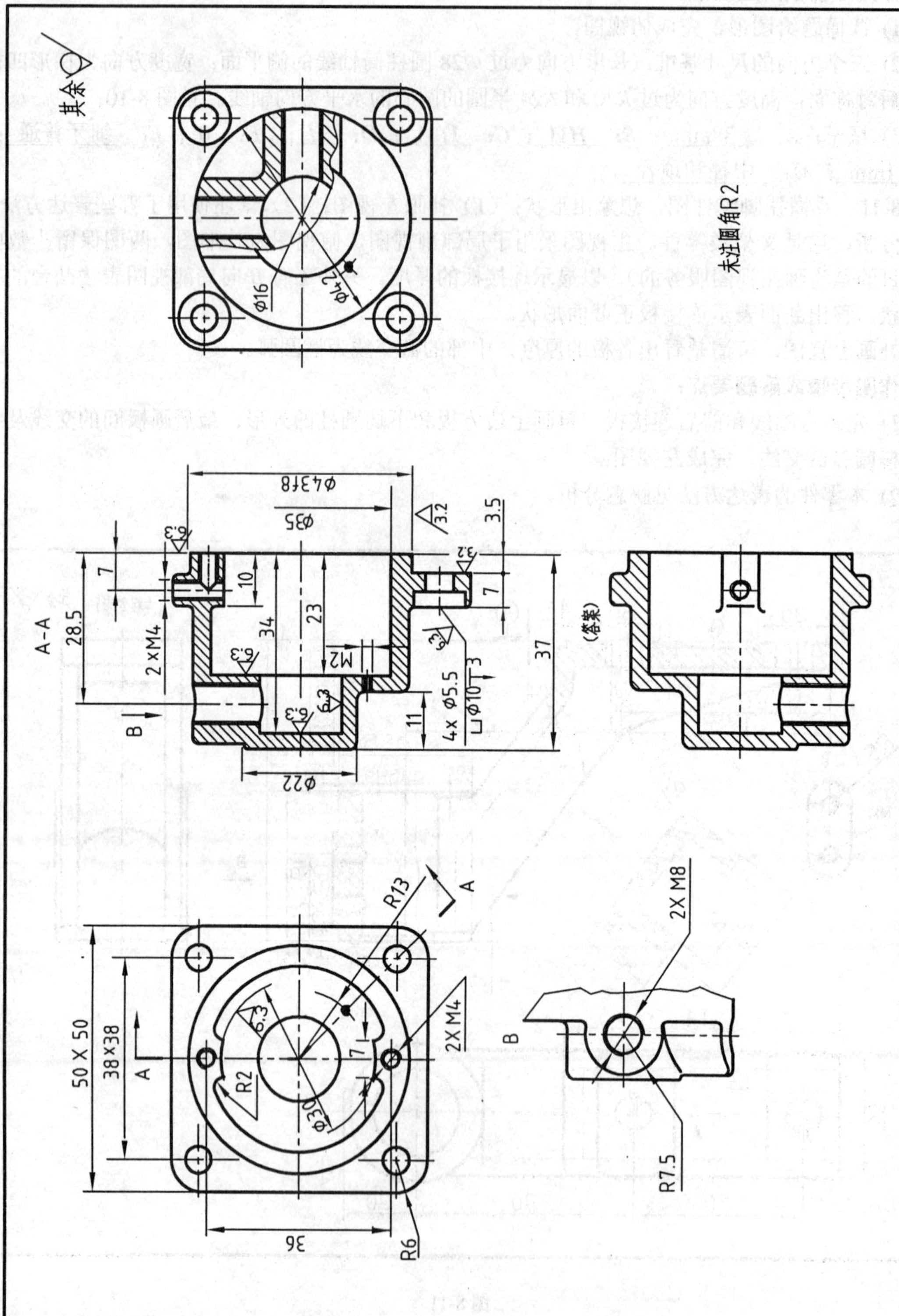
其余
未注圆角R2
A-A
(答案)
ϕ43f8
ϕ35
ϕ22
2×M4
4×ϕ5.5
⊔ϕ10↓3
50×50
38×38
2×M8
R7.5
R13
R6
R2
ϕ30
ϕ16
ϕ42
28.5
37
34
23
36

分析：这是一个壳体类零件，主体为两个同轴圆柱筒，右端有一块正方形板，板上除四角带4个Φ10沉孔的Φ5.5光孔外，上下还有两对垂直相交的*M*4螺孔。左端在Φ22圆筒上有两个拱形凸台，由*B*向局部视图及左视图可知，其上有两个*M*8的螺孔。因而产生了内外两处相贯线。

作图步骤或解题要点：

1) 剖切面剖到左边Φ16圆孔及左前方*M*8的螺孔，右边Φ35圆孔和*M*4螺孔的凸台；

2) 读懂题给图形，完成全剖的俯视图；

3) 尺寸基准：高度、宽度方向是两圆柱筒轴线，长度方向是右端面。

8-13　看懂泵体零件图，指出三个方向的尺寸基准，并完成*C*向视图。

分析：此为箱体类零件，主体结构为两同轴圆柱筒，下部是一长方体底板，通过一丁字形肋板连接为一个整体且前后对称。主视图采用单一剖切面的全剖视图，并用一重合断面图表达肋板的正截面形状。左视图采用两个局部剖视图分别表达进出油孔及安装螺栓孔的结构形状，同时反映了泵体左端面的外部形状结构特点。

作图步骤或解题要点：

1) 画*C*向局部视图，为三个同心圆，在最外和中间的两圆之间均匀分布三个*M*4的螺孔；

2) 尺寸基准：高度、宽度方向是两圆柱筒轴线，长度方向是左端面。

8-14　看懂泵体零件图，指出三个方向的尺寸基准，补出主视外形图。

分析：此为箱体类零件，前后对称，上下、前后不对称。主视图采用单一剖切面的全剖视图；左视图采用半剖视图加局部剖视图；俯视图采用简化画法只画出前半部分主要表达泵体的外形，同时采用局部剖视图，并用重合断面图来表达肋板的正截面形状；*B*向局部视图表达泵体前后两侧拱形凸台的端面形状。

作图步骤或解题要点：

1) 看懂泵体零件图，画出主视图外形图，注意此图必须标注(见图8-14中的*C*向视图)；

2) 尺寸基准：长度方向是左端面，宽度方向是前后对称面，高度方向是Φ62、Φ52和Φ12三个同轴圆柱孔的轴线。

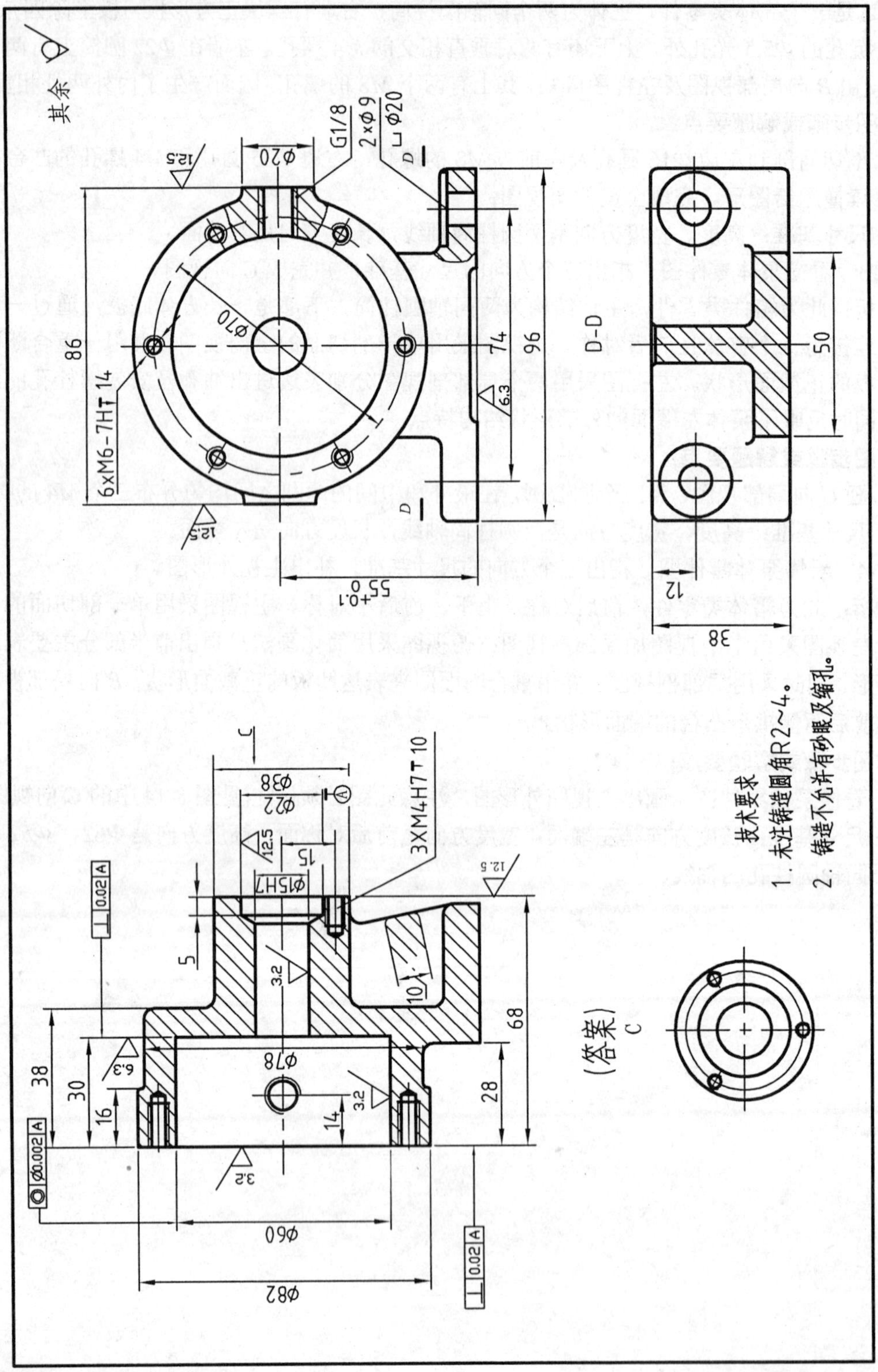
其余
D-D
(答案)
技术要求
1. 未注铸造圆角R2~4。
2. 铸造不允许有砂眼及缩孔。

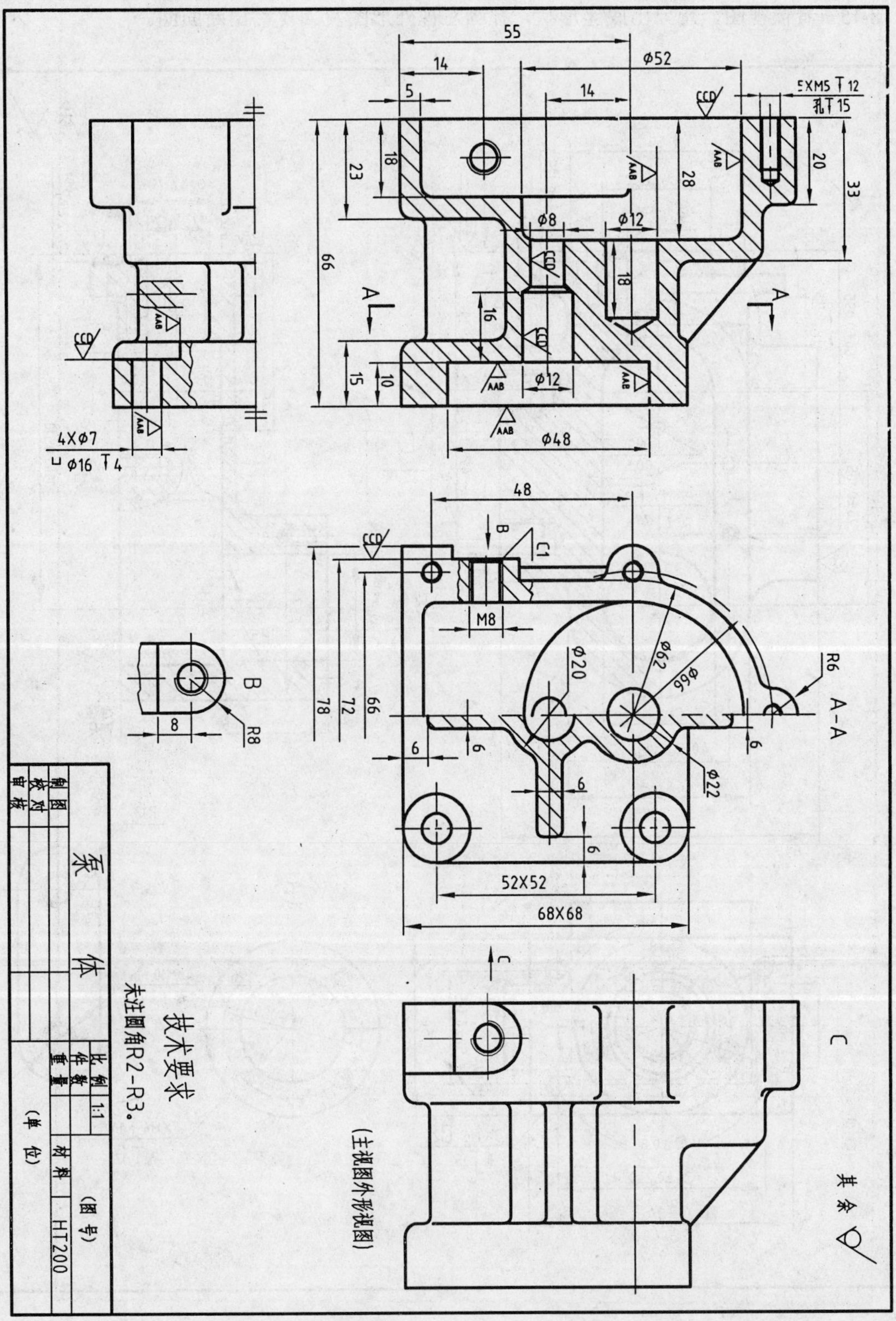
A-A
B
C
(主视图外形视图)
技术要求
未注圆角R2-R3。
泵体
比例 1:1
件数
重量
制图
校对
审核
材料 HT200
(图号)
(单位)
其余

8-15 看懂视图，想象出底座形状，补画左视外形图及 *A-A* 移出断面图。

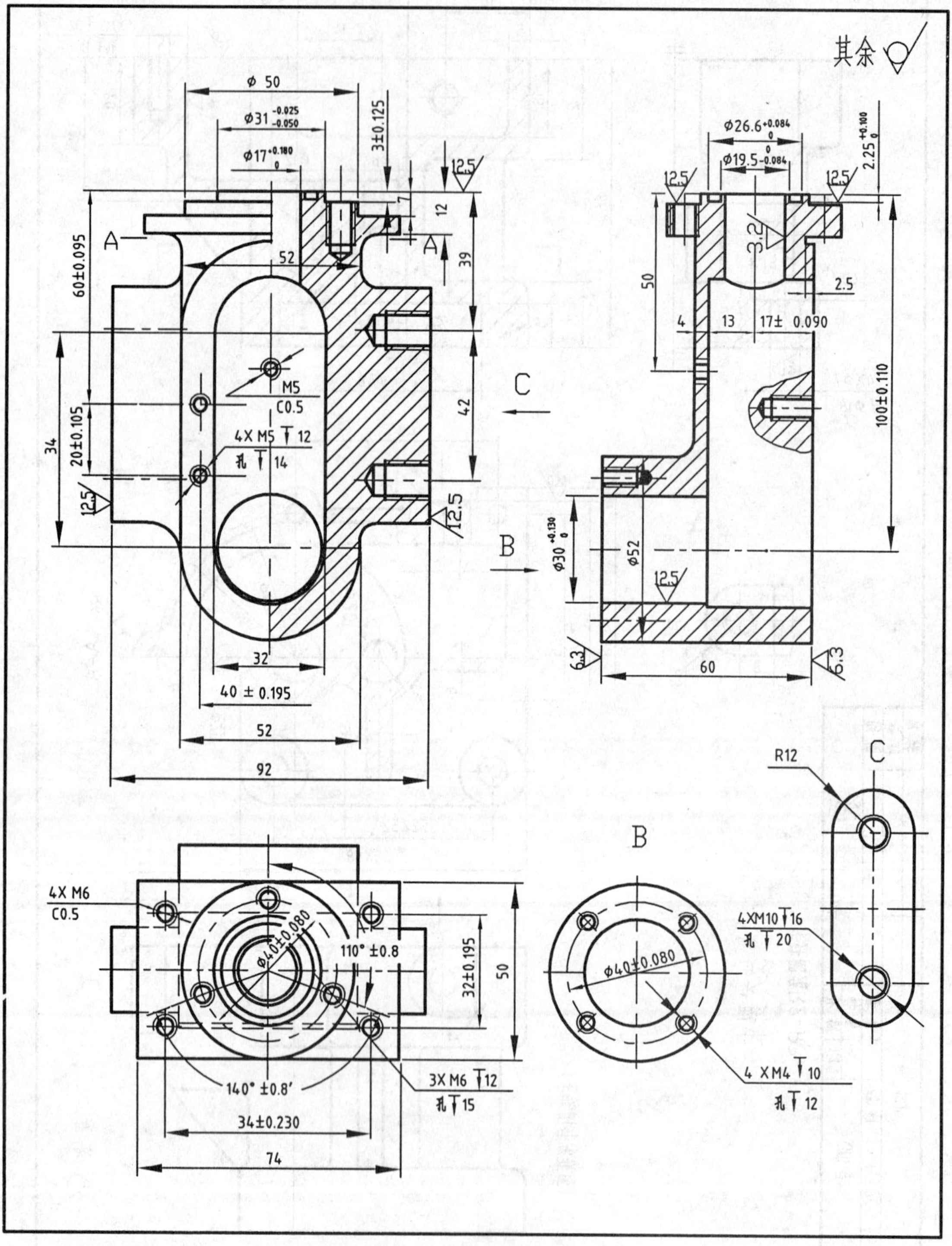

图 8-15 题

分析：此为箱体类零件，左右对称，上下、前后不对称。主视图采用单一剖切面的半剖视图，左视图采用全剖视图加局部剖视图，还有俯视图和局部视图（表达 *B*、*C* 方向的外形）。

此零件上部为不同直径的回转体和长方形板，其中 *Φ*50 端面钻有三个 *M*6 的螺孔，50×74 板上钻有四个 *M*6 的螺孔，中间为腰形的壳体，左右腰形凸台钻有 *M*10 螺孔；下部后方是圆筒，*Φ*52 端面钻有四个 *M*4 螺孔，其定位尺寸为 *Φ*40。

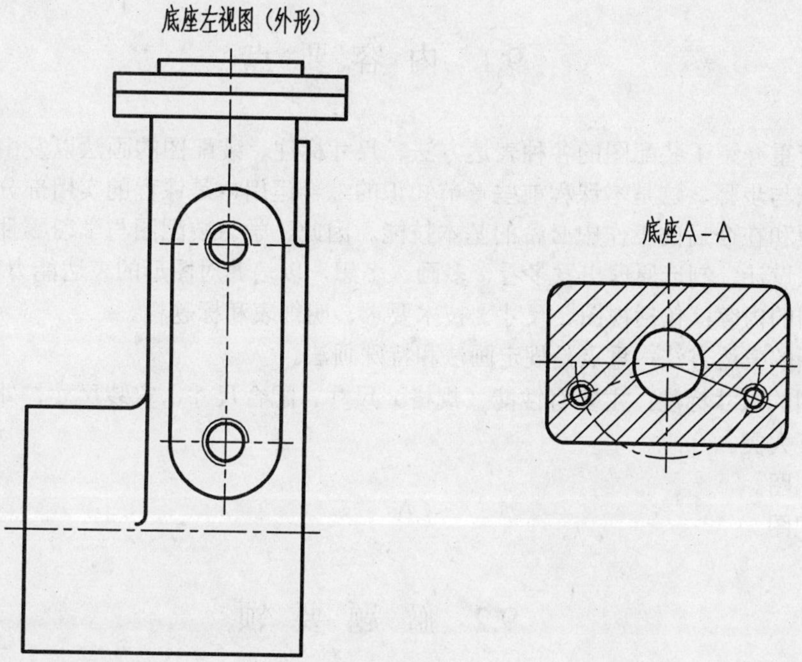

图 8-15 解

作图步骤或解题要点：

1) 画出上方圆柱及长方形板的外形；
2) 画连接上下壳体的外形,由 *C* 向视图可画出螺孔腰形凸台面；
3) 画下方 *Φ*52 圆柱外形；
4) 读懂题给的图形，完成左视图；
5) 画 *A-A* 断面，剖切面通过 *Φ*19.5 的孔和 *M*6 的两个螺孔，断面的外形为 52×32。

第9章 装 配 图

9.1 内 容 要 点

本章着重介绍了装配图的各种表达方法、尺寸标注、装配图的画法以及由装配图拆画零件图的方法与步骤。这是本课程前些章节知识的综合运用，是课程的实用部分，同时也是学习后继课程和在今后的工作中必备的基本技能。因此，学习装配图与学习零件图一样，要求学生应该从设计、制造原理出发多看、多画、多想，以培养对图形的表达能力和设计能力。

装配图的内容：包括视图、尺寸、技术要求、明细表和标题栏。

装配图的表达方法：重点是规定画法和特殊画法。

装配图的尺寸标注：主要有性能（规格）尺寸、配合尺寸、安装尺寸、外形尺寸和其他重要尺寸五大类。

画装配图。

读装配图。

9.2 解 题 要 领

本章与前一章“零件图”的联系较紧密，零件图侧重于表达零件的结构特点，而装配图侧重表达多个零件的装配关系。学习这一章的重点是要理解掌握装配图需要表达的内容、装配图的画法、装配图各种表达方法，特别是特殊表达方法，以及看装配图的方法和步骤、如何拆画零件图等。常见的题型可分为两大类：

（1）由零件图和装配示意图拼画装配图或者由装配体实物测绘，画出各零件草图，再根据装配体的装配关系，由零件草图拼画出装配体装配图（简称画装配图）。这类题目一般的解题步骤是：先根据装配体的工作原理和各零件的装配关系，结合装配图的作用，确定表达方案，然后在读懂零件图或零件草图的基础上，将各零件按规定的尺寸比例拼画到装配图的各个视图上。

（2）由装配图拆画零件图（简称拆图）。拆图必须在看懂装配图的基础上，从装配图上先分离出待拆零件的视图，想出其结构形状及在机器中的作用，再选择合理的表达方案。结构形状上，一要添补被遮盖的结构的投影；二要添补省略简化结构的投影，如倒角、退刀槽等；还要确定未给出的零件结构。在尺寸上要做好抄、查、量、算、估的工作，使尺寸标注完整合理，并能根据功能确定其技术要求。值得注意的是，由装配图拆画出的零件图应完全符合第8章“零件图”中所述的要求。

9.3 习题与解答

9.3.1 拼画装配图

千斤顶明细表

序号	名 称	数量	材 料	附 注
1	顶垫	1	Q275	
2	螺钉M8x12	1	Q235	GB/T75
3	螺旋杆	1	Q255	
4	绞杠	1	Q215	
5	螺钉M10x12	1	Q235	GB/T75
6	螺套	1	QA19-4	
7	底座	1	HT200	

千斤顶立体图

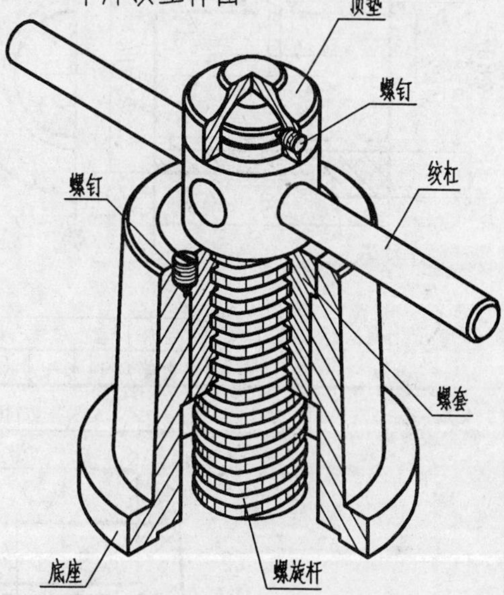

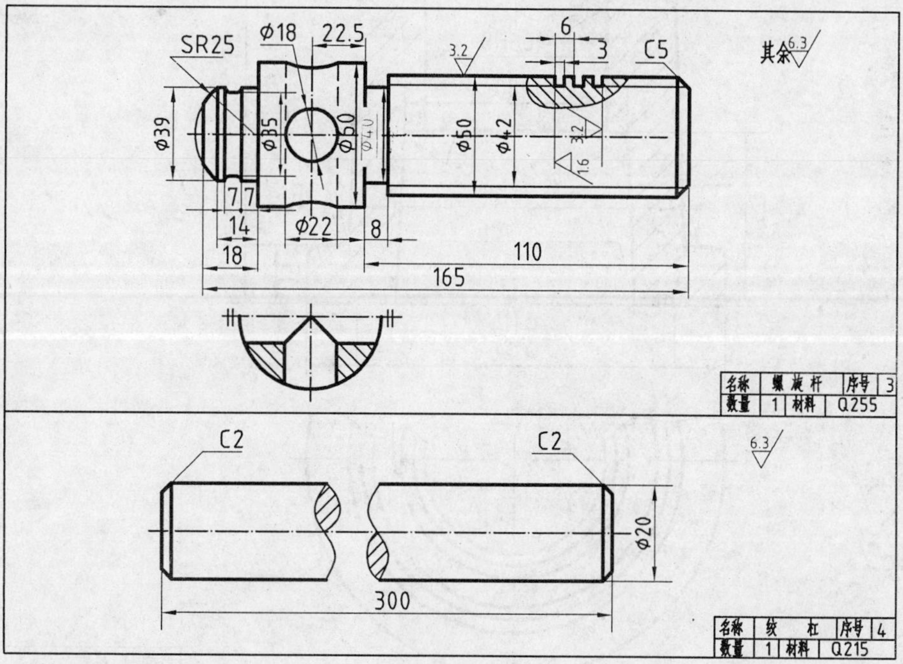

图 9-1 题　千斤顶明细表和立体图

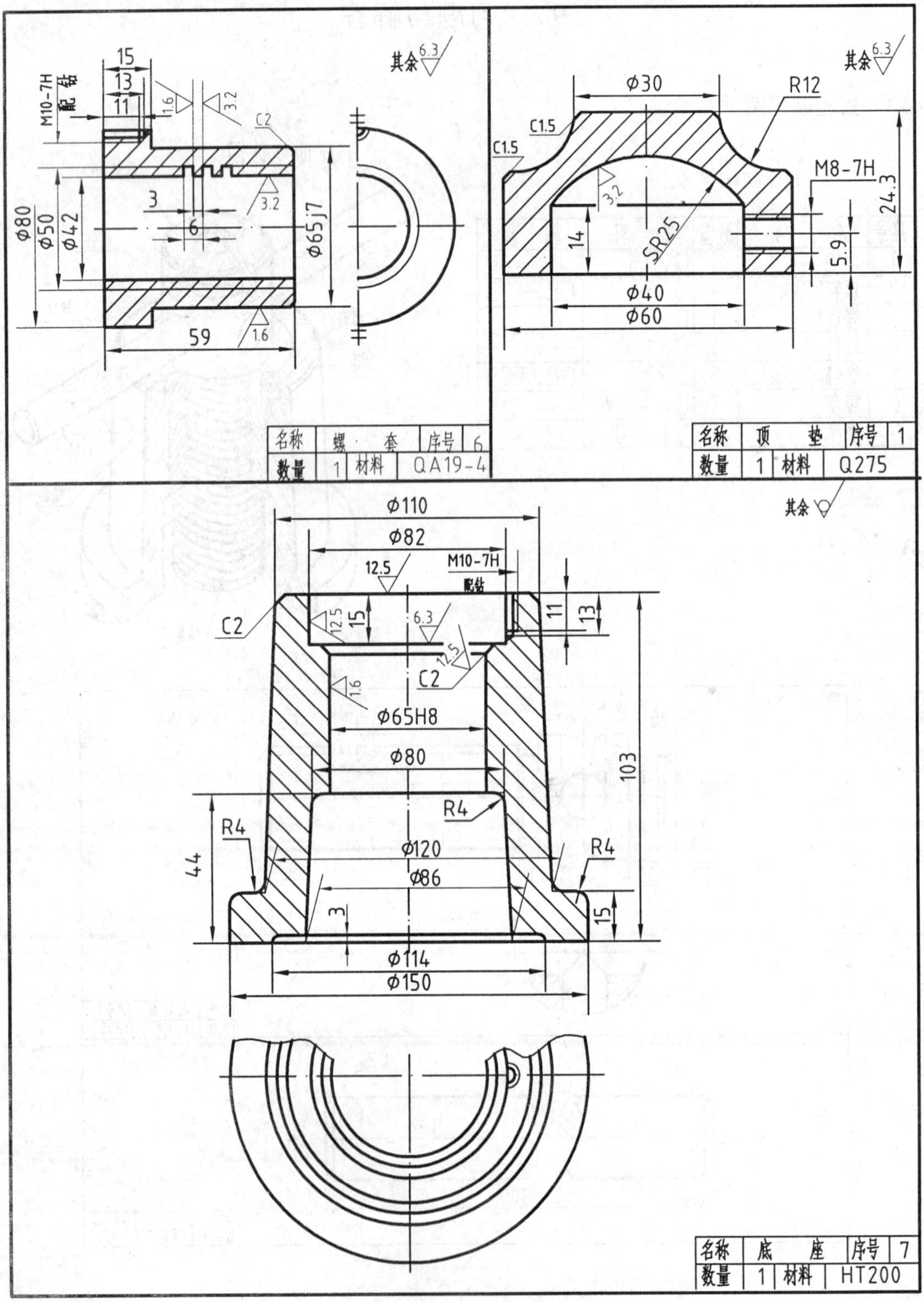
其余 6.3
15
13
11
M10-7H 配钻
1.6
3.2
C2
3
6
Φ80
Φ50
Φ42
Φ65j7
59
名称 螺 套 序号 6
数量 1 材料 QA19-4
Φ30
R12
C1.5
M8-7H
24.3
14
SR25
5.9
Φ40
Φ60
名称 顶 垫 序号 1
数量 1 材料 Q275
其余
Φ110
Φ82
12.5
M10-7H 配钻
C2
6.3
103
Φ65H8
Φ80
R4
44
Φ120
Φ86
Φ114
Φ150
名称 底 座 序号 7
数量 1 材料 HT200

图 9-1 题 千斤顶零件图

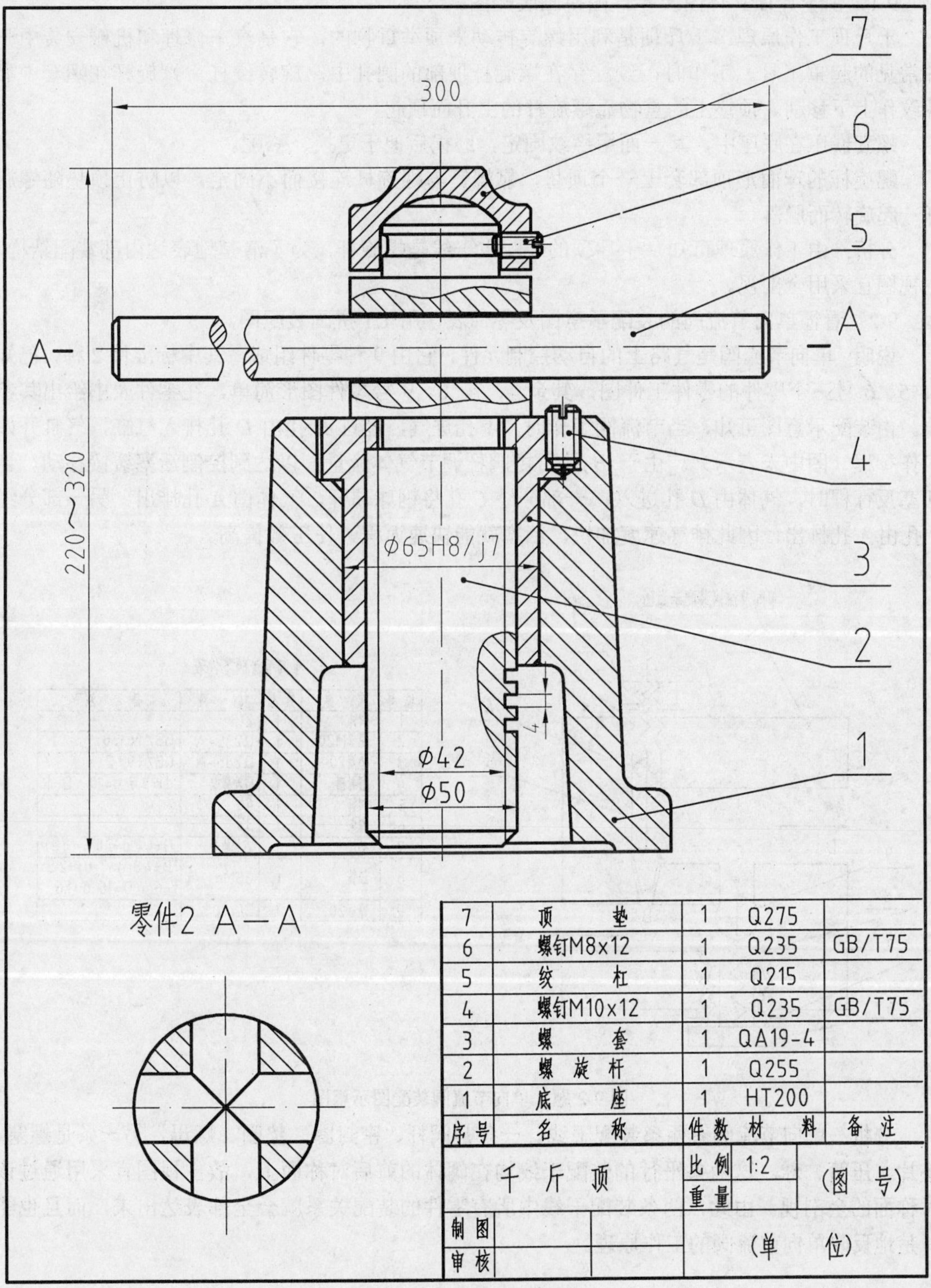

序号	名 称	件数	材 料	备 注
7	顶 垫	1	Q275	
6	螺钉M8×12	1	Q235	GB/T75
5	绞 杠	1	Q215	
4	螺钉M10×12	1	Q235	GB/T75
3	螺 套	1	QA19-4	
2	螺 旋 杆	1	Q255	
1	底 座	1	HT200	

千 斤 顶		比 例	1:2	(图 号)
		重 量		
制 图				(单 位)
审 核				

图 9-1 解 千斤顶装配图

9-1　由千斤顶立体图及零件图拼画装配图。

千斤顶工作原理：千斤顶是利用螺旋传动来顶举重物的，它是汽车修理和机械安装中一种常见的起重工具。工作时，绞杠穿在螺旋杆顶部的圆孔中。旋转绞杠，螺旋杆在螺套中靠螺纹作上下移动。顶垫上的重物靠螺旋杆的上升而顶起。

螺套嵌压在底座中，其一面用螺纹固定，磨损后便于更换、修配。

螺旋杆的球面形顶部套上一个顶垫，靠螺钉与螺旋杆连接而不固定，以防止顶垫随螺旋杆一起旋转而脱落。

分析：由工作原理可知，千斤顶的装配主干线是螺旋杆，为了清楚地表达内部装配结构，主视图宜采用全剖视。

9-2　看懂单向节流阀的装配示意图及零件表，用 1:1 拼画装配图。

说明: 单向节流阀是气路上的自动控制元件，它由 9 种零件组成，其中标准件 2 种，已知 1、5、6 号三个零件的零件工件图，其余 4、7、8、9 号零件图形简单，在零件表中给出其参数。由装配示意图可知，当节流阀工作时，*A* 孔进气，经过 *B* 孔由 *D* 孔排入气缸，气缸开始工作行程（图中未表示）。由于 *B* 孔可由阀杆调节气体流量，以达到控制活塞缓慢移动。当活塞反行程时，气体由 *D* 孔进入，一部分经 *C* 孔将钢球顶开，气体由 *A* 孔排出，另一部分经 *B* 孔由 *A* 孔排出，因此排气速度加快，活塞就能快速返程，使工效提高。

单向节流阀装配示意图

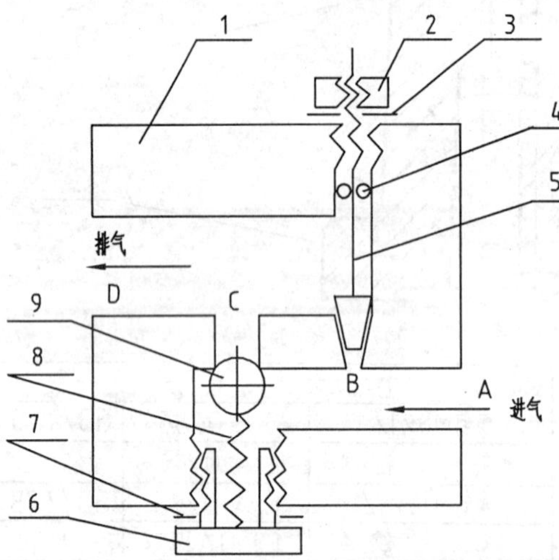

单向节流阀零件表

编号	名称	数量	材料	备注
1	阀体	1	Zl3	
2	螺母M20	1	Q235-A	GB/T6170
3	垫圈20	1	Q235-A	GB/T97.2
4	密封圈	1	耐油橡胶	d1=3.8 d=10 D=16
5	阀杆	1	45	
6	螺塞	1	35	
7	垫片	1	石棉橡胶	D=41 d=30.5 δ=1
8	压簧	1	65Mn	H_0=48 n=7 n_2=2.5 t=6.4 D=16 d=1.6
9	球Φ20	1	GCr10	

图 9-2 题　单向节流阀装配图示意图

分析：单向节流阀有两条装配干线。一条是阀杆、密封圈、垫圈、螺母，另一条是螺塞、垫片、压簧、球。这两条平行的装配干线均在阀体的前后对称面上，故主视图宜采用通过该对称面的全剖视。由此，两条装配干线中所有零件的装配关系就会全部表达出来，而且也能清楚地反映单向节流阀的工作原理。

拼画装配图要点说明：

(1) 先充分了解装配体工作原理、各零件间装配关系，选择好主视图。再根据装配图的作用，补充其他视图；

(2) 在看懂零件图的基础上，将各零件严格按尺寸比例绘制到各视图上。

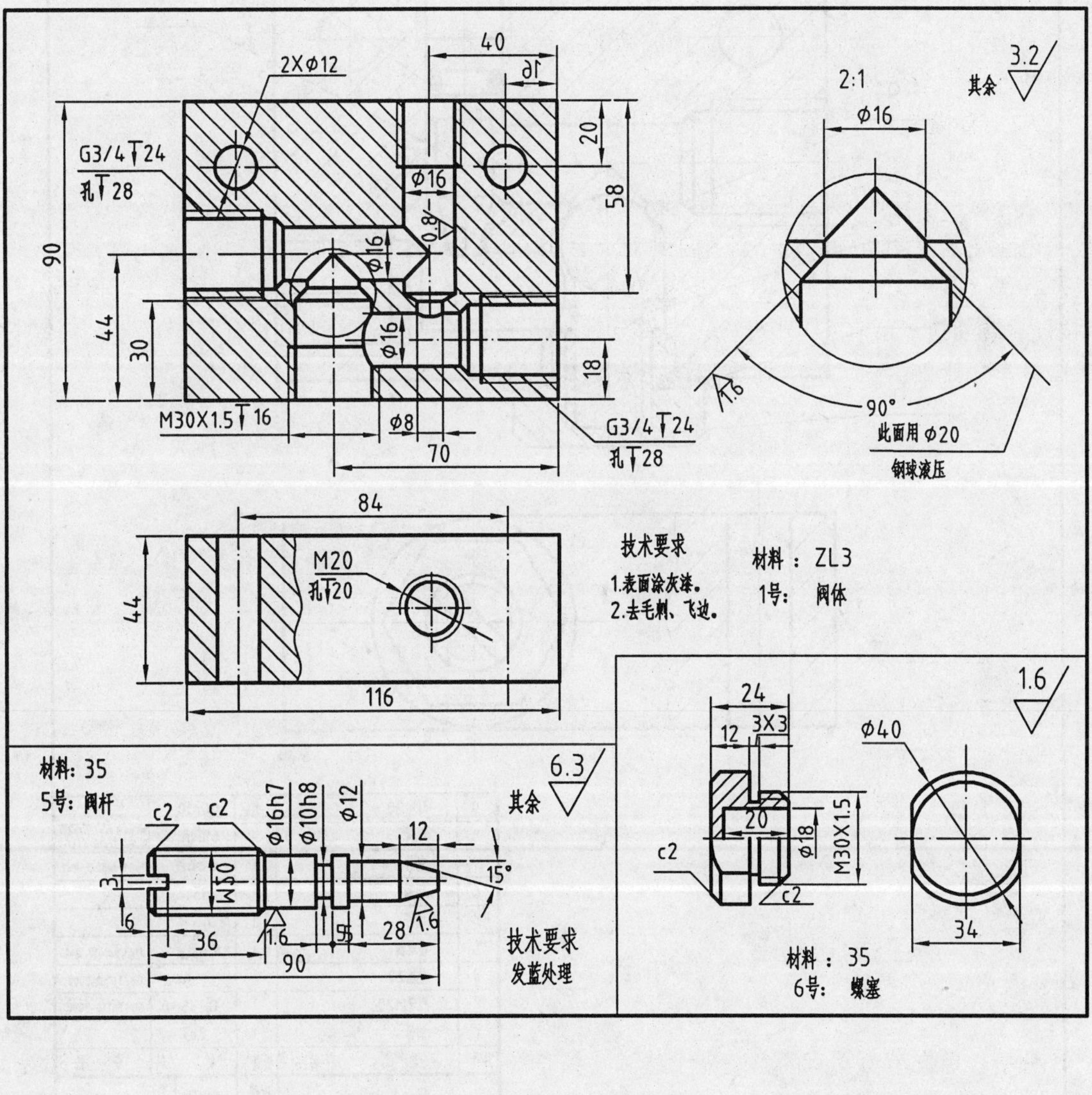

图 9-2 题 单向节流阀零件图

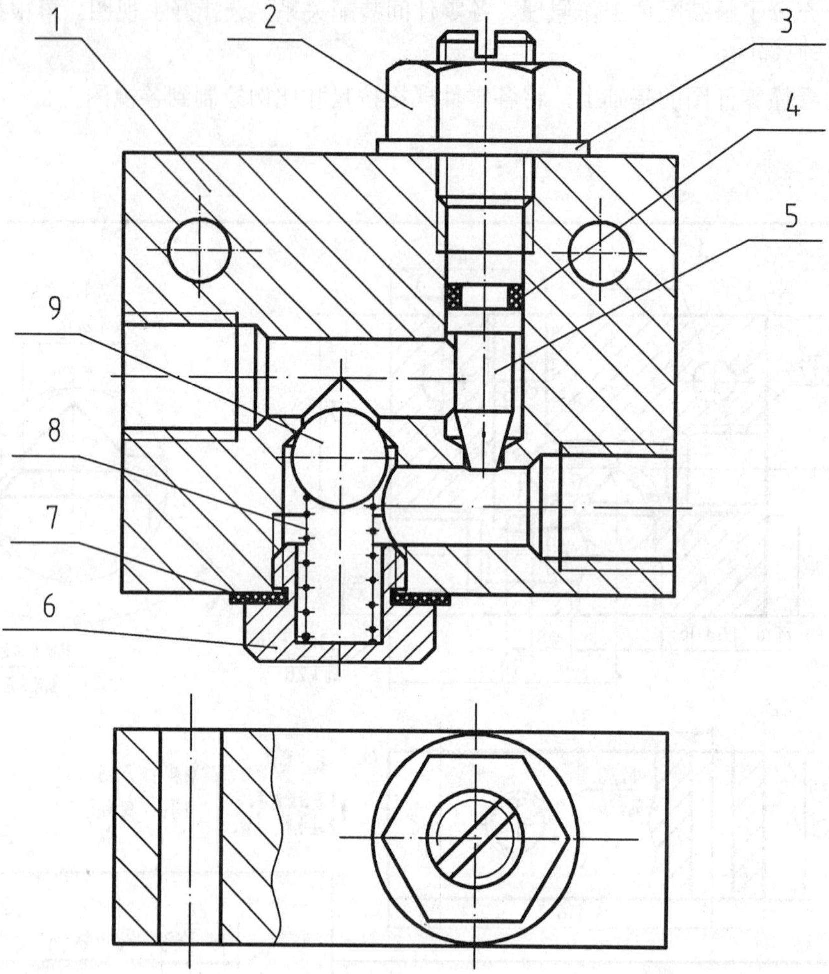

序号	名称	数量	材料	备注
9	球Φ20	1	GCr10	
8	压簧	1	65Mn	H_0=48 n=7 n_z=2.5 t=6.4 D=16 d=1.6
7	垫片	1	石棉橡胶	D=41 d=30.5 δ=1
6	螺塞	1	35	
5	阀杆	1	45	
4	密封圈	1	耐油橡胶	d1=3.8 d=10 D=16
3	垫圈20	1	Q235-A	GB/T97.2-2000
2	螺母M20	1	Q235-A	GB/T6170-2000
1	阀体	1	Zl3	

节流阀		比例			
		重量		共 张	第 张
制图			合肥工业大学		
描图					
审校					

图 9-2 解　单向节流阀装配图

9.3.2 拆画零件图

9-3 读阀门的装配图，回答问题并拆画出序号1阀体的零件图。

工作原理：转动手柄使阀杆4升降，带动活门2打开或关闭阀口。连接活门与阀杆的圆柱销3，处于阀杆的环形槽中，当拧紧阀门时，活门不会转动。

问答题：

1. 简要说明零件2活门的拆卸顺序是：

2. 回答配合代号$\Phi32H11/C11$的含义：基本尺寸是________，孔和轴的公差等级均为________，表示出其配合为________制________配合。

分析：阀体1是该装配体的主体部分，根据装配图的投影对应规律，想象出要拆画的零件的大致形状。如阀体上端加工有外螺纹$M50$，与螺母旋合。内部有铅垂的$\Phi36$、$M32$、$\Phi36$三个阶梯孔（装有活门、阀杆、填料、填料压盖等），其中$M32$用来与填料压盖旋合。

拆画零件图要点说明：按照工作位置原则和形状特征原则并参照装配图来确定表达方案。主视图采用全剖，表达内部结构，俯视图表达外形。主视图上部形状比较复杂，拆画时应先找出阀体内部、外部的边界线，注意拆出其他零件时原被遮挡的图线应补画出，螺纹连接的部位，内螺纹、外螺纹应正确画出。

问题答案：

1. 零件2活门的拆卸顺序是:旋开螺母8，转动手柄退出螺杆组件，打出圆柱销3，即可拆下活门2。

2. 配合代号$\Phi32H11/C11$的含义：基本尺寸是_$\Phi32$_，孔和轴的公差等级均为_11级_，表示出其配合为_基孔_制_间隙_配合。

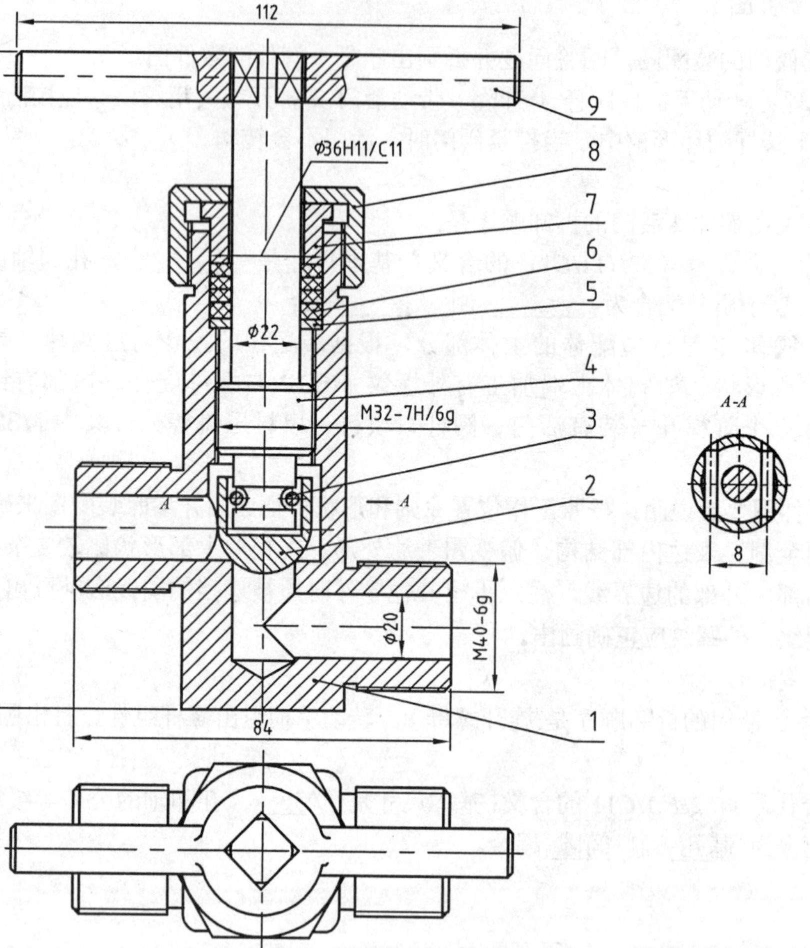

9	手柄	1	HT200	
8	螺母	1	HT200	GB/T6170
7	压盖	1	HT200	
6	填料	1	石棉绳	
5	垫圈	1	Q235A	GB/T97
4	阀杆	1	45	
3	圆柱销	2	45	GB/T119.1
2	活门	1	45	
1	阀体	1	HT200	
序号	名称	件数	材料	备注

阀门			比例		(图样代号)
			件数		
制图	(签名)	(年月日)	重量		共 张 第 张
描图			(学校名称)		
审核					

图 9-3 题 阀门装配图

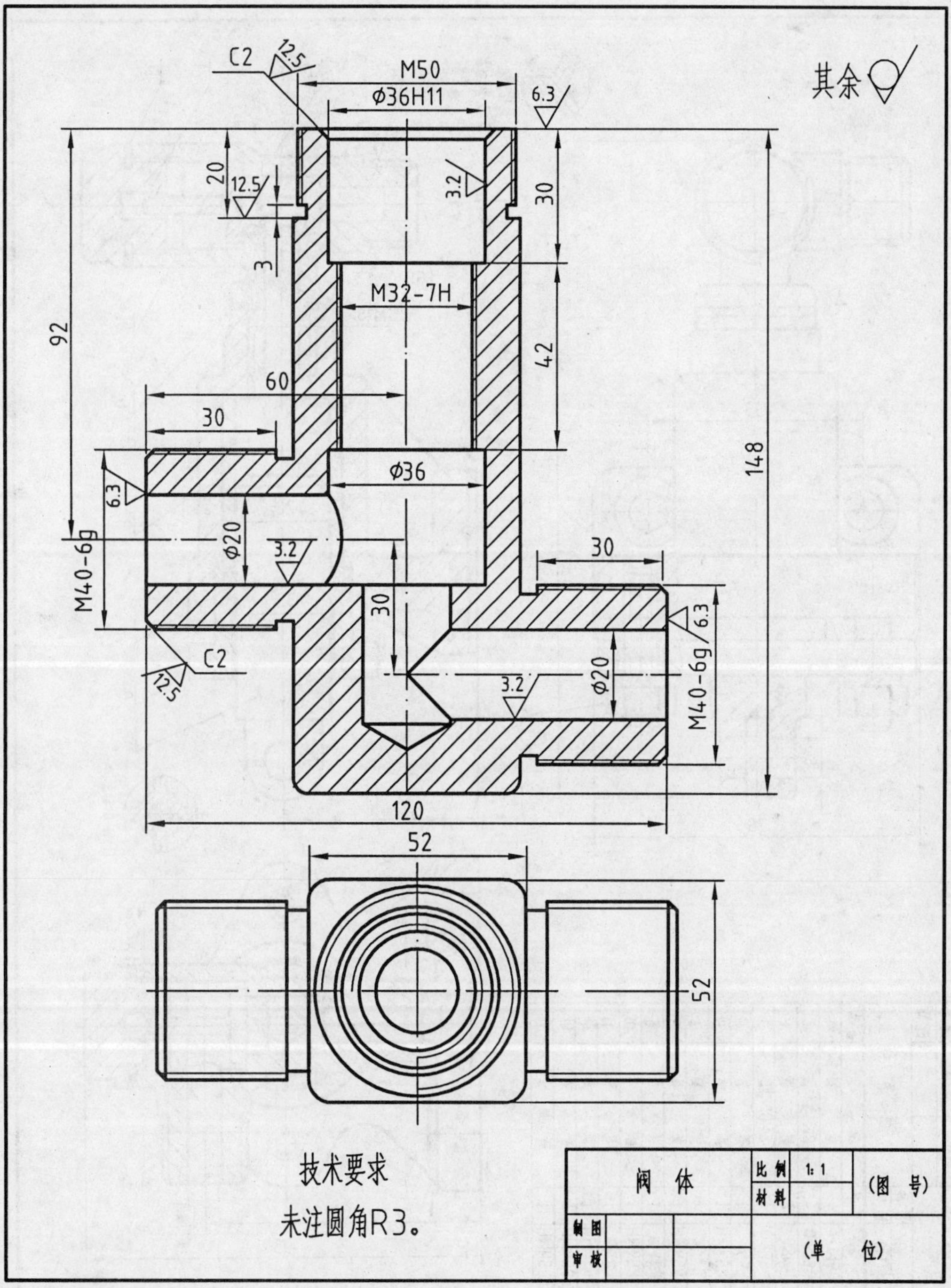
其余
M50
Φ36H11
C2
12.5
6.3
20
3.2
30
3
92
M32-7H
42
60
Φ36
148
M40-6g
Φ20
120
52
技术要求
未注圆角R3。
阀　体
比例
1:1
材料
(图　号)
制图
审核
(单　　位)

图 9-3 解　阀体零件图

9-4 读装配图，拆画件 1(柱塞泵)、件 13（管接头）的零件图。

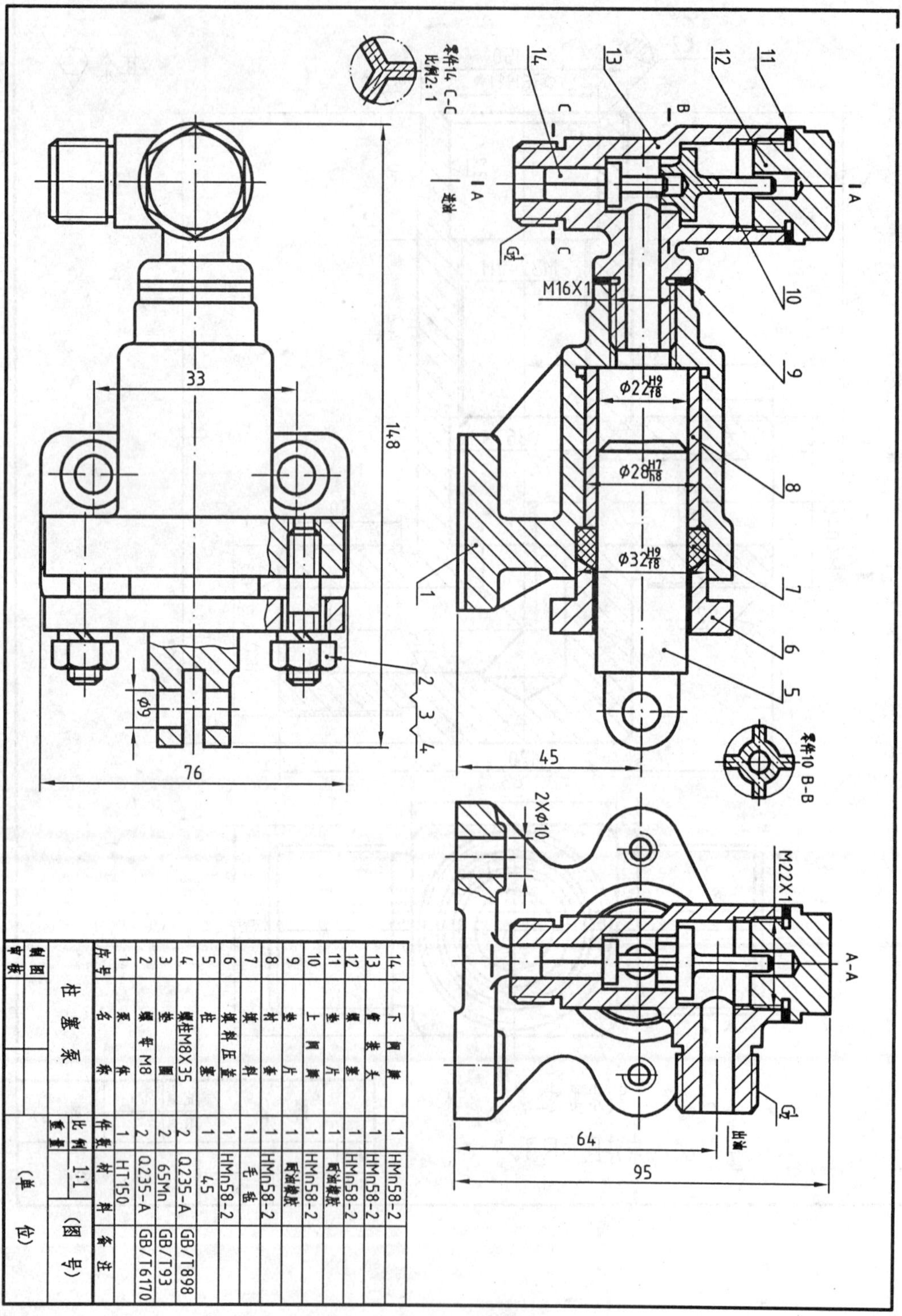

序号	名称	件数	材料	备注
14	下阀瓣	1	HMn58-2	
13	管接头	1	HMn58-2	
12	螺塞	1	HMn58-2	
11	垫片	1	耐油橡胶	
10	上阀瓣	1	HMn58-2	
9	垫片	1	耐油橡胶	
8	衬套	1	HMn58-2	
7	填料	1	毛毡	
6	填料压盖	1	HMn58-2	
5	柱塞	1	45	
4	螺柱M8X35	2	Q235-A	GB/T898
3	垫圈	2	65Mn	GB/T93
2	螺母M8	2	Q235-A	GB/T6170
1	泵体	1	HT150	

柱塞泵	比例 1:1	重量	(图号)
制图			
审核			(单位)

图 9-4 题 柱塞泵装配图

工作原理：

柱塞泵是用于以一定的高压供油的部件。当柱塞 5 在外力作用下向右移动时，腔体 V 由于体积增大而形成低压区，油箱中的油在大气压的作用下推开阀瓣 14 进入油腔 V，此时上阀瓣 10 关闭；当柱塞 5 左移时，油腔 V 由于体积减小而使油压升高，但不能打开下阀瓣 14，而只能顶开上阀瓣 10，输出高压油。

分析：

(1) 泵体为 1 号零件，其结构较复杂，加工位置多变，故应按工作位置选择主视图，由此决定了其他视图。泵体左端与管接头是以螺纹连接，拆画时应将泵体在该处画成内螺纹。泵体的右端顺次拆出填料压盖、填料、衬套，注意补画出原被这些零件遮住的泵体内部几个阶梯孔的投影。左右两端孔口处的倒角也应补画出。

泵体零件图除了注出在装配图上已给出的尺寸及相应的极限偏差之外，其余尺寸可以从装配图上按比例量取，并适当圆整注出。对零件的一些标准结构的形状和尺寸（如倒角等）以及表面粗糙度和其他技术要求应结合设计的要求，查阅有关手册确定后标注。

(2) 管接头在装配图中是 13 号零件，其形状类似于三通管。由于零件图中需要表达清楚其内部结构的连通情况，故主视图采用了全剖视。俯视图在 A-A 处剖开，既表达了前方通管的内部结构又表达了部分外形。该管接头的上方内部与螺塞以螺纹连接，右方外部也以螺纹连接，因此管接头在这两处应分别是内螺纹与外螺纹，另外，管接头的内部又分别与上阀瓣与下阀瓣相配合,可以直接从剖面线的边界处分离。

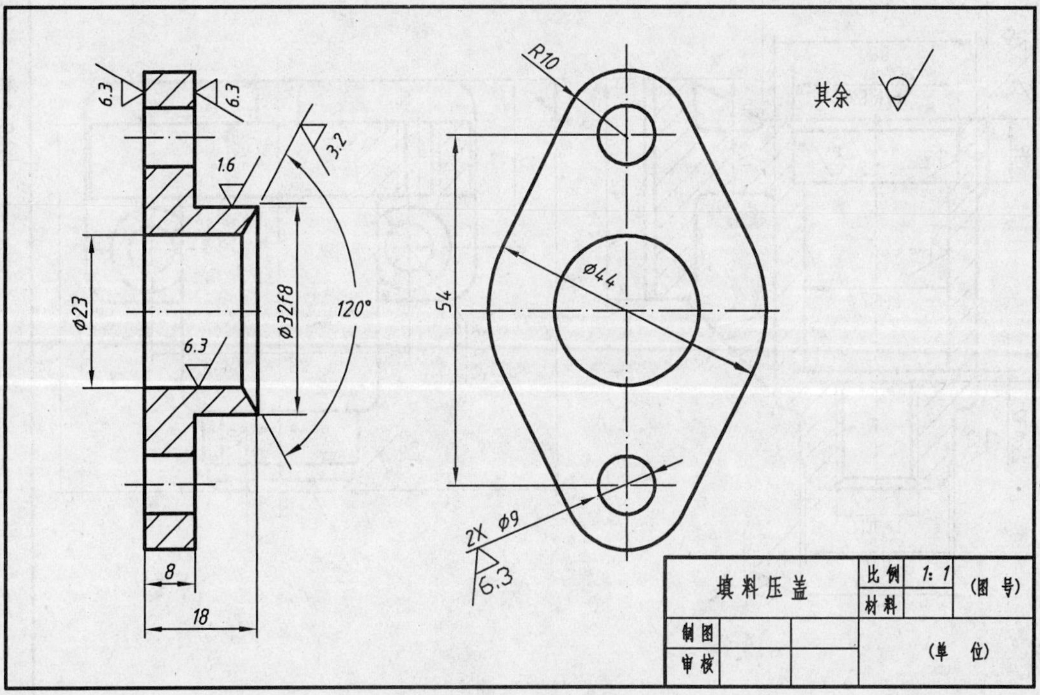

图 9-4 解　压盖零件图

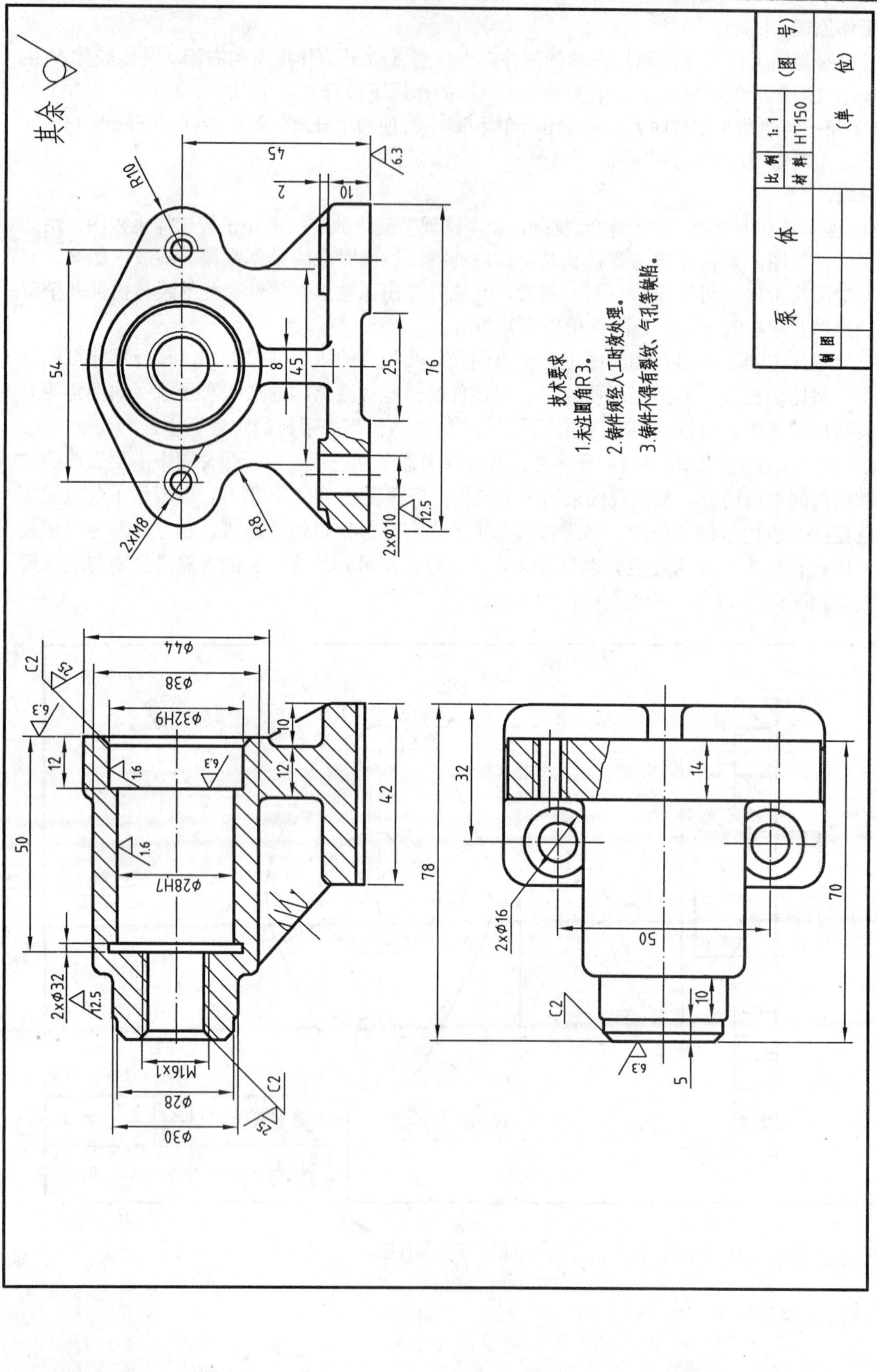
其余
技术要求
1.未注圆角R3。
2.铸件须经人工时效处理。
3.铸件不得有裂纹、气孔等缺陷。
泵 体
比例 1:1
材料 HT150
(图 号)
制图
(单 位)
R10
45
2
10
6.3
54
8
4.5
25
76
12.5
2xΦ10
R8
2xM8
Φ44
Φ38
Φ32H9
C2
25
6.3
12
1.6
50
10
12
42
Φ28H7
2xΦ32
M16x1
Φ28
Φ30
32
14
78
2xΦ16
50
70
10
5

图 9-4 解 泵体零件图

(3) 压盖为 6 号零件，它利用双头螺柱、螺母等连接在泵体上，所以该零件的外形与泵体左视图所示的形状一致（蝶形）。拆画零件图时以轴线水平放置作为主视图，并作全剖视，左视图表示外形。

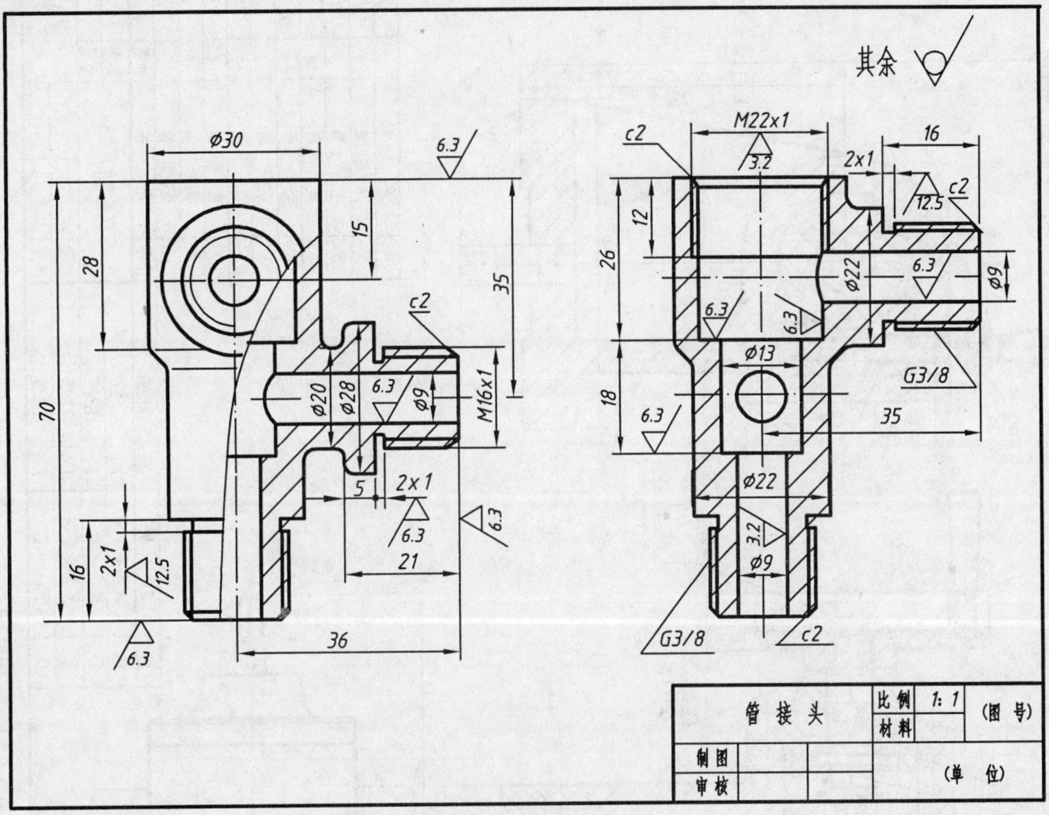

图 9-4 解　管接头零件图

9-5　看懂装配图，（1）拆画零件 1(尾架体)、件 2（轴套）的工作图；

（2）回答问题：1) 件 6 与件 2 之间用________固定。2) 件 15 的主要作用是_______。3)尾座体的安装尺寸是______，规格尺寸是______。

工作原理：该尾架是用于仪表车床上加工轴类零件时作顶紧工件用的部件。其中顶尖 4 装在轴套 2 中，螺母 6 用两个螺钉与轴套连接，螺钉 $M10\times22$ 用于限制轴套只作轴向移动；当转动手轮 10 时,则带动螺杆 7 转动，并带动螺母、轴套及顶尖作轴向移动；当移动到需要位置时，再旋转手柄 5 及螺杆 13,用夹紧套 2 及 14 将轴套锁紧，尾架用导向定位键 15 嵌入床身的 *T* 型槽中来定位，以纵向滑动来调节尾架与床头箱的距离。调整好后，用螺栓固定在床身上。(图中未画出)。

分析：（1）尾架体为 2 号零件，它是该装配体的主体部分，按照工作位置原则和形状特征原则并参照装配图来确定表达方案。主视图采用全剖，表达内部结构，左视图采用了 *A-A* 阶梯剖，以便表达尾架体上部夹紧套孔的结构，俯视图表达外形，同时增加一个 *B* 向局部视图，用来表达 8X*M*8 孔的位置。

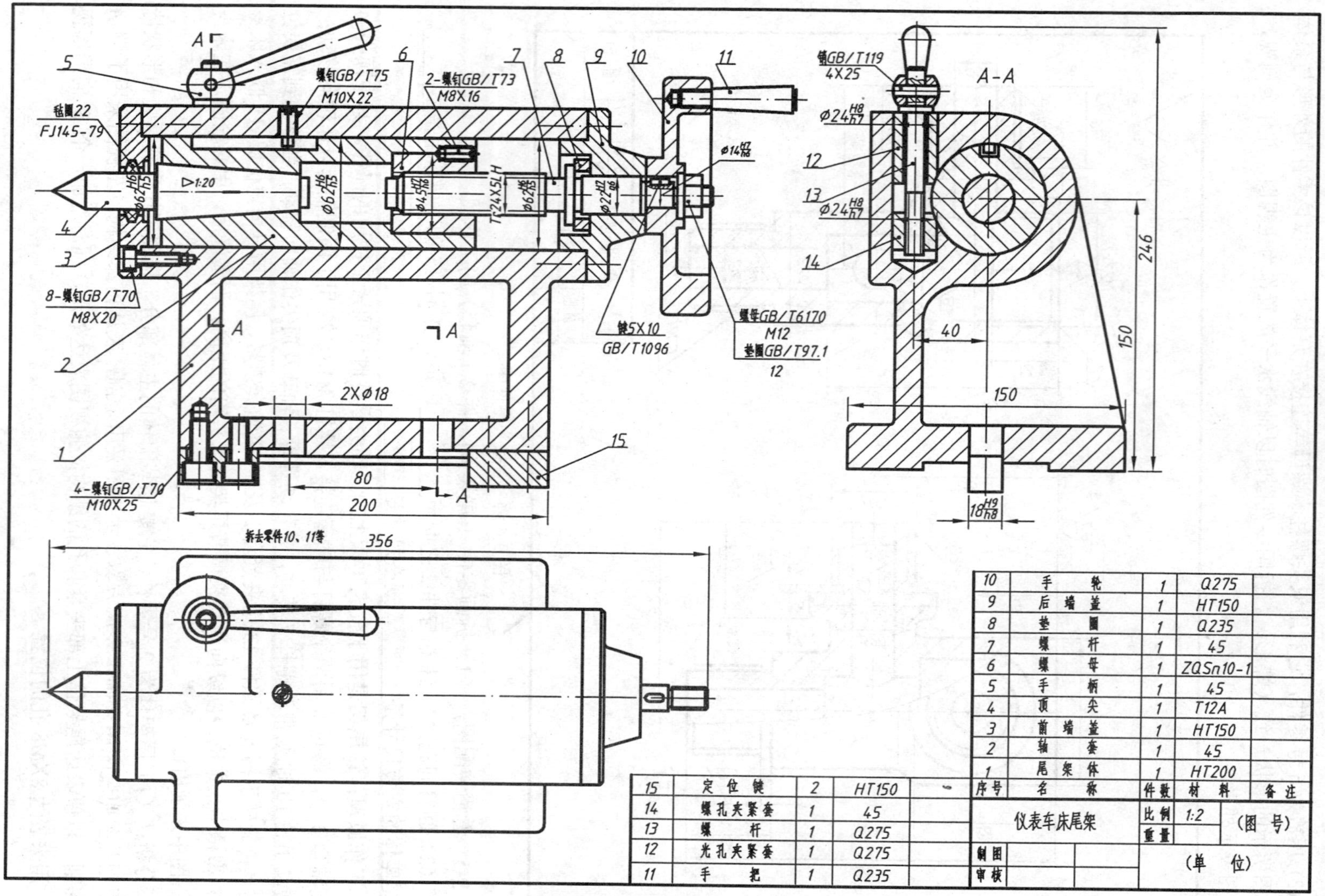

A-A
5
螺钉GB/T75
M10X22
6
2-螺钉GB/T73
M8X16
7
8
9
10
11
毡圈22
FJ145-79
4
3
8-螺钉GB/T70
M8X20
2
1
4-螺钉GB/T70
M10X25
15
键5X10
GB/T1096
螺母GB/T6170
M12
垫圈GB/T97.1
12
Ø14H7/k6
2XØ18
80
200
356
拆去零件10、11等
销GB/T119
4X25
12
13
14
40
150
150
246
10 手轮 1 Q275
9 后端盖 1 HT150
8 垫圈 1 Q235
7 螺杆 1 45
6 螺母 1 ZQSn10-1
5 手柄 1 45
4 顶尖 1 T12A
3 前端盖 1 HT150
2 轴套 1 45
1 尾架体 1 HT200
序号 名称 件数 材料 备注
15 定位键 2 HT150
14 螺孔夹紧套 1 45
13 螺杆 1 Q275
12 光孔夹紧套 1 Q275
11 手把 1 Q235
仪表车床尾架
比例 1:2
重量
(图号)
制图
审核
(单位)

图 9-5 题　尾架装配图

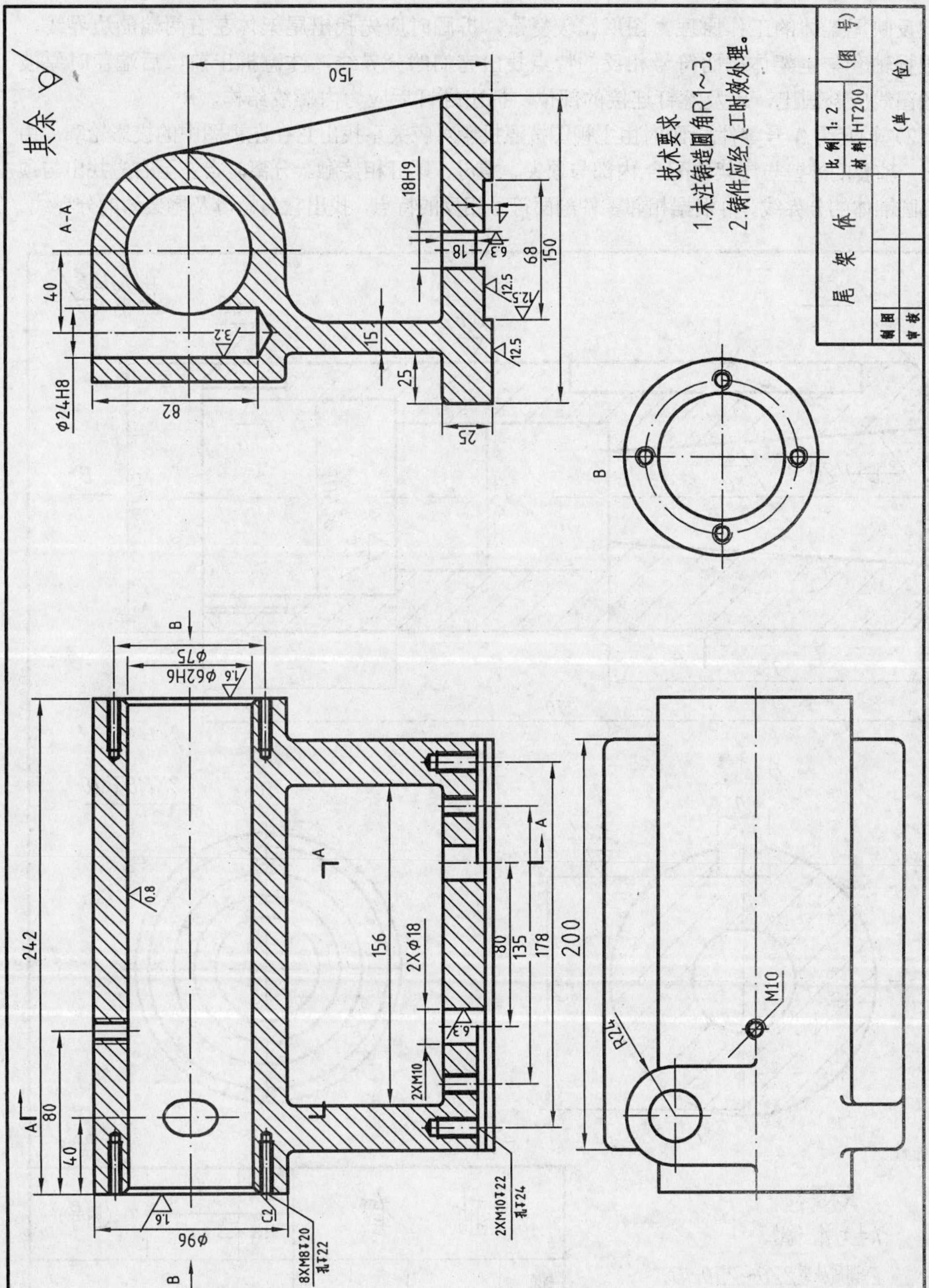
其余
A-A
B
技术要求
1.未注铸造圆角R1~3。
2.铸件应经人工时效处理。
尾架体
比例 1:2
材料 HT200
(图号)
(单位)
制图
审核
Φ24H8
18H9
Φ62H6
Φ75
Φ96
2XΦ18
2XM10
8XM8↧20
孔↧22
2XM10↧22
孔↧24
R24
M10

图9-5解 尾架体零件图

主视图反映尾架体的工作原理，图形比较复杂，拆画时应先找出尾架体左右两端的边界线，内部根据轴套与尾架体剖面符号相反的特点找出它们的分界线，注意拆出前、后端盖时原被遮挡的图线应补画出，以及螺钉连接的部位，拆出螺钉后应为内螺纹结构。

（2）轴套为 3 号零件.拆画时由主视图按照投影对应关系找出它在左视图中的投影轮廓。由此看出，轴套的外壁与尾架体配合,内部与顶尖、螺母、螺钉相接触。分离时自左至右先找出与顶尖后部圆锥体的分界线，再根据相邻零件剖面符号相反的特点，找出它与螺母及尾架体的分界线。

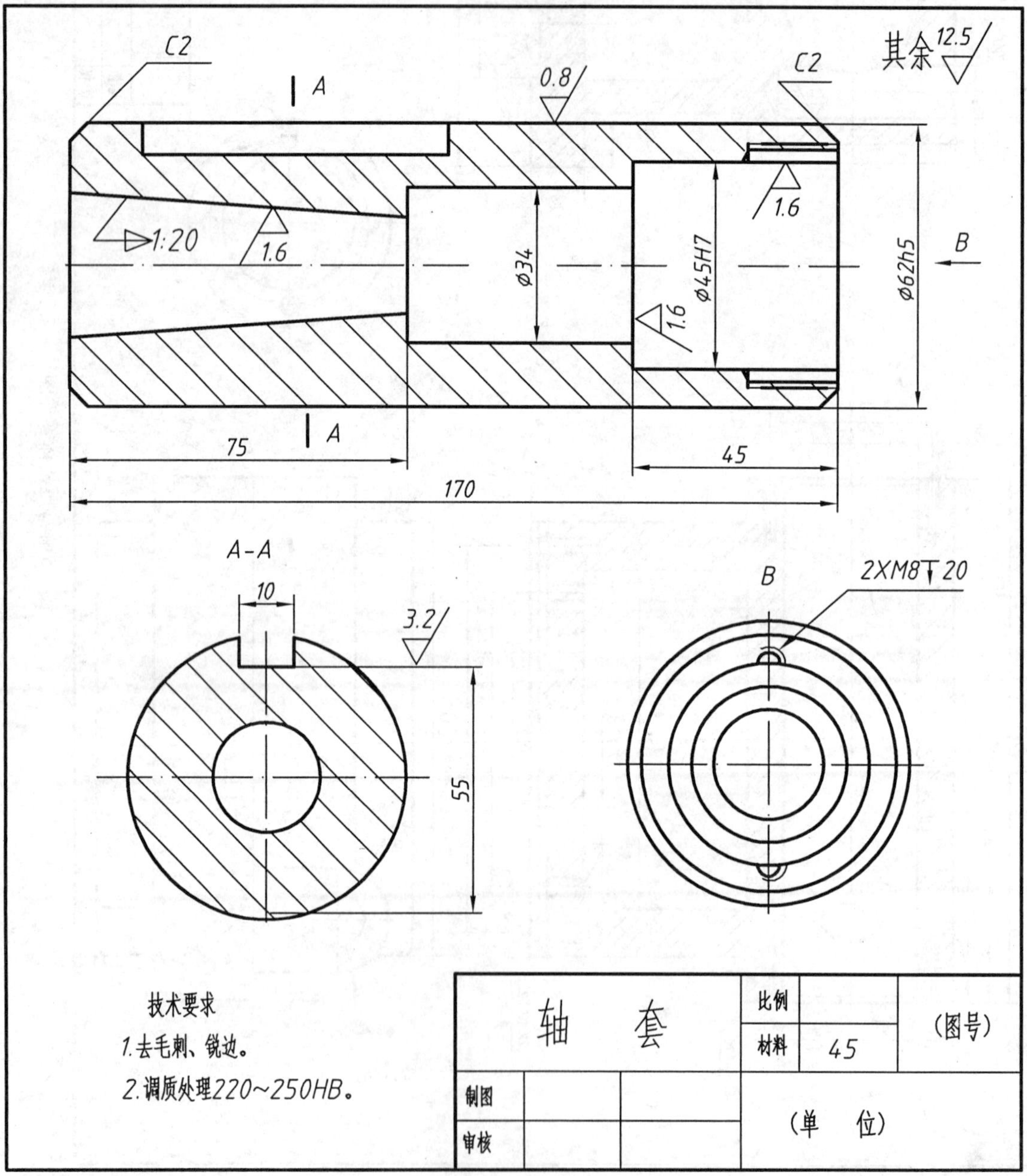

图 9-5 解 轴套零件图

问题答案：

1）件6与件2之间用_螺钉_固定。

2）件15的主要作用是_导向和定位_。

3）尾架体的安装尺寸是_80，Φ18_，规格尺寸是_150_。

9-6 看懂蜗轮传动箱的装配图。

（1）画出件5（蜗轮箱底）的零件图。

（2）回答问题：1）图中*M*5x32的螺钉共有___个，2）件18与件14之间是靠____连接，3）件18的主要作用_____。

工作原理：蜗轮传动箱是分步相机工作台纵向运动的传动装置。它能传递相互垂直交叉轴的旋转运动，速比大、降速快，广泛应用于机械、仪器制造业中。当蜗杆有动力输入时，它将带动蜗轮轴作低速旋转，并将输出的旋转运动通过丝杠使工作台作直线移动。蜗杆固定在下箱内，下箱和上箱连接在一起，蜗轮与蜗杆中心距由垫片进行调整。

分析：蜗轮箱底 5 的内腔可容纳水平放置的蜗杆，蜗杆的两端由滚动轴承支撑，故箱底左、右各有Φ17J7的轴承孔。

拆画零件图要点说明：拆图时，应先从装配图中区分出蜗轮箱底的视图轮廓，再根据对箱底的作用与装配关系的分析补齐所缺的轮廓线。主视图采用全剖，表达箱底的内部结构及左、右两个轴承孔，左视图采用半剖视图，俯视图表达外形。

在装配图上已给出的尺寸及相应的极限偏差可直接注到零件图上，其余尺寸可以从装配图上按比例量取，并适当圆整注出。

问题答案：

1）图中*M*5x32的螺钉共有_4_个，

2）件18与件14之间是靠_螺纹_连接，

3）件18的主要作用是_锁紧蜗轮_。

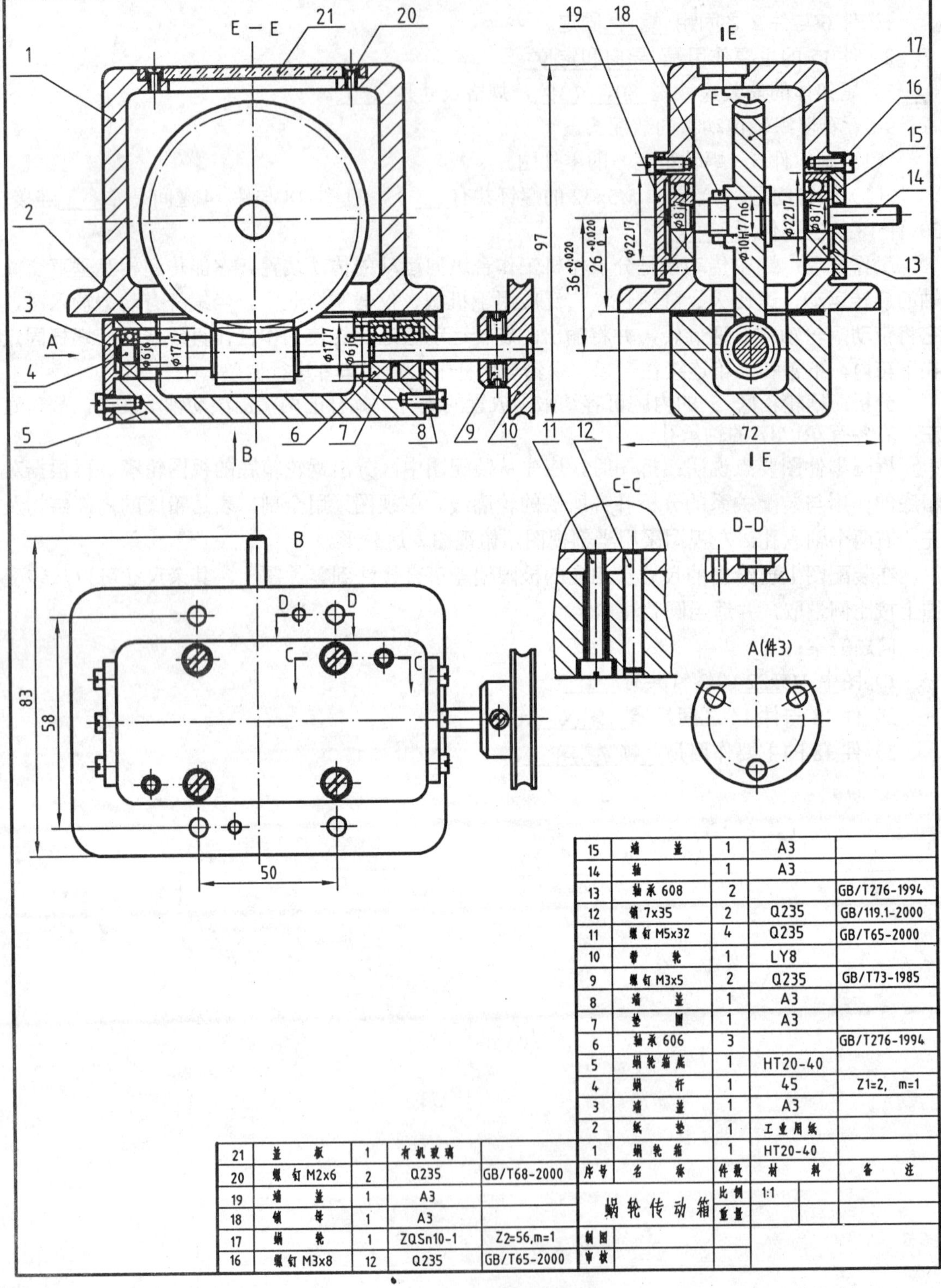

序号	名称	件数	材料	备注
21	盖板	1	有机玻璃	
20	螺钉 M2x6	2	Q235	GB/T68-2000
19	端盖	1	A3	
18	锁母	1	A3	
17	蜗轮	1	ZQSn10-1	Z2=56,m=1
16	螺钉 M3x8	12	Q235	GB/T65-2000
15	端盖	1	A3	
14	轴	1	A3	
13	轴承 608	2		GB/T276-1994
12	销 7x35	2	Q235	GB/119.1-2000
11	螺钉 M5x32	4	Q235	GB/T65-2000
10	带轮	1	LY8	
9	螺钉 M3x5	2	Q235	GB/T73-1985
8	端盖	1	A3	
7	垫圈	1	A3	
6	轴承 606	3		GB/T276-1994
5	蜗轮箱底	1	HT20-40	
4	蜗杆	1	45	Z1=2, m=1
3	端盖	1	A3	
2	纸垫	1	工业用纸	
1	蜗轮箱	1	HT20-40	

蜗轮传动箱	比例	1:1
	重量	
制图		
审核		

图 9-6 题　蜗轮箱装配图

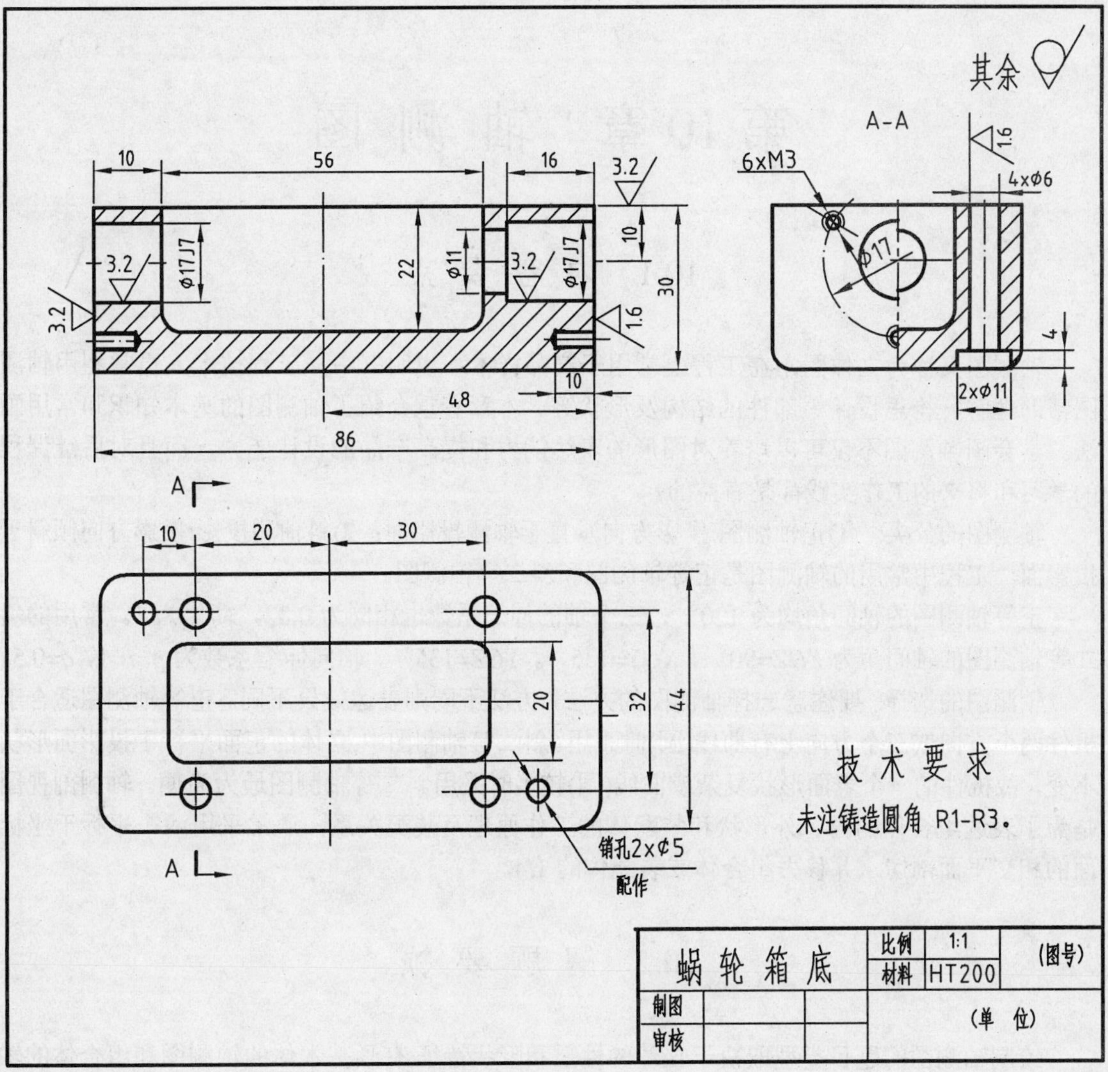

图 9-6 解 蜗轮箱底零件图

第10章 轴测图

10.1 内容要点

轴测图又称为立体图，在工程上常用于产品样本和说明书中，工程技术人员常利用轴测图帮助理解、构思设计零部件的结构及形状等。本章着重介绍了轴测图的基本知识和常用画法。学会画轴测图不仅可以培养对图形的表达能力和提高产品的设计能力，而且对后继课程的学习和将来的工作实践都是有益的。

轴测图的分类: 1)正轴测图:投影方向垂直于轴测投影面；2)斜轴测投影:投影方向倾斜于投影面。工程中常用的轴测图是正等轴测图和斜二等轴测图。

正等轴测图的轴间角均为120°，三个轴的伸缩系数也相同为0.82，简化为1。常用的斜二等轴测图的轴间角为XOZ=90°，XOY=135°，YOZ=135°，轴向伸缩系数为$p=r=1$，$q=0.5$。

轴测图的选择: 要注意选择轴测图的方法，方法不同则表达效果不同。正等轴测图适合于机件两个方向或三个方向上有曲线(圆)时采用。斜二等轴测图中,立体的正面平行于投影面形状不变，故机件的一个表面形状复杂或曲线(圆)较多时采用斜二等轴测图最为简便。轴测剖视图是为了表达组合体的内、外形状和装配体的工作原理及装配关系，通常采用两个平行于坐标面的相交平面剖切，并移去组合体或装配体的1/4。

10.2 解题要领

绘制轴测图的题目类型取决于立体的性质和形状特征,有画基本体的轴测图和组合体的轴测图，题目的形式一般是根据给出的立体视图来绘制它的轴测图。在绘制轴测图时要注意以下几点:

（1）轴间角与伸缩系数——不同的轴测图的轴间角不同，因此轴向伸缩系数也不同。

（2）投影方向——要从最能表达物体形状结构特征的方向去看。

（3）沿轴测量——画轴测图,要沿轴测轴方向测量形体的尺寸大小。

（4）抓住投影特性——立体上平行的线段，它们的轴测投影仍然相互平行；立体上平行于坐标轴的线段，其伸缩系数与该坐标轴的伸缩系数相同。

（5）椭圆长、短轴方向——初学者容易把长、短轴方向搞错，要注意不同坐标平面上的椭圆长、短轴方向是不同的。

10.3　习题与解答

10.3.1　基本体的正等轴测图

10-1　作正等轴测图。

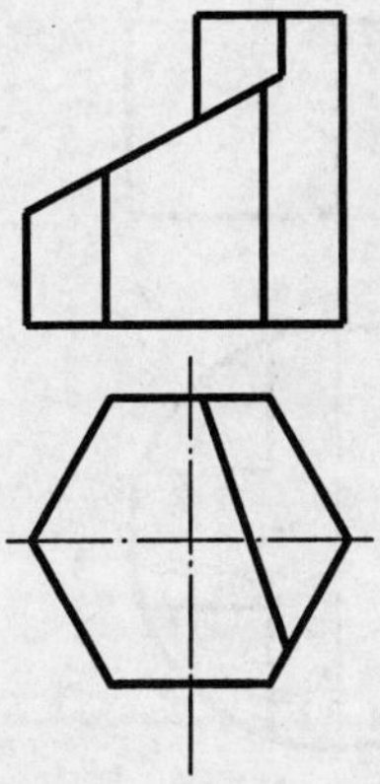

图 10-1 题

分析：该形体由六棱柱切割而成，左上部分被正垂面和铅垂面切掉部分形体。由于该棱柱的假想顶面和底面都是处于水平位置的六边形，于是取顶面的中心为原点。

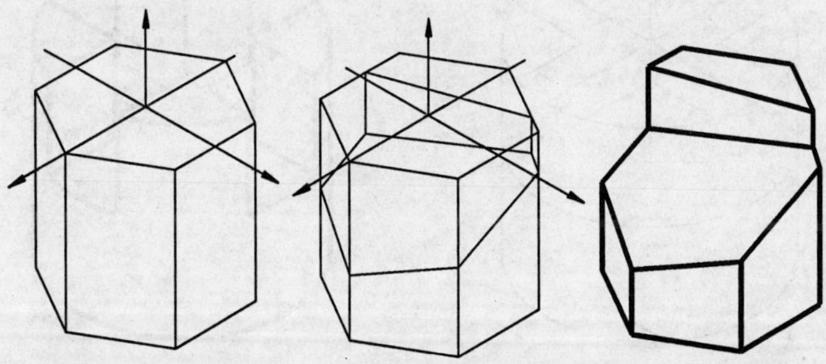

(1) 作轴测轴和六棱柱轮廓　　(2) 作出正垂面和铅垂面　　(3) 作图结果

图 10-1 解

10-2　作曲面立体的正等测图。

分析：该形体可假想由圆柱切割而成。上半部分被切掉部分形体。由于该圆柱的假想顶面和底面都是水平圆，于是取顶圆的中心为原点，顶圆采用四心扁圆代替轴测椭圆，底圆采用移心法画成。

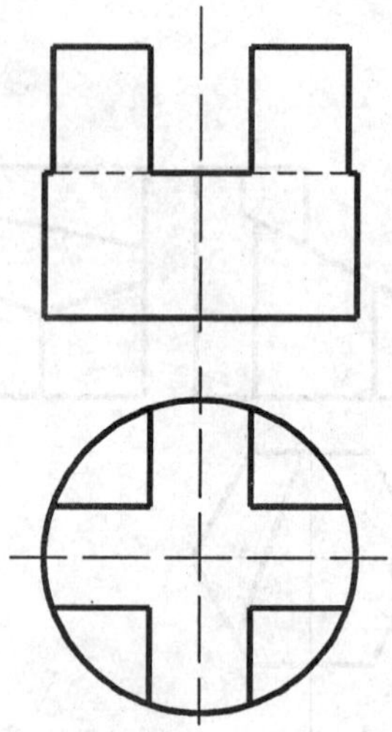

图 10-2 题

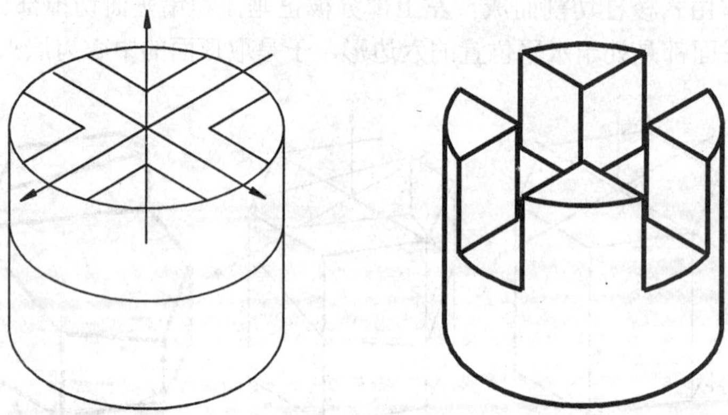

(1) 作轴测轴和圆柱的部分轮廓　　(2) 完成整个轮廓并加深

图 10-2 解

10.3.2 组合体的正等轴测图

10-3　已知组合体的三视图，画出该组合体的正等轴测图。

分析：对于能从基本形体切割得到的物体，可先画出基本形体的轴测投影，然后在轴测投影中把应去掉的部分切去，从而得到所需的轴测图。该组合体中正立的竖板上被正垂面和水平面切割，右边侧立的竖板上被切掉一个三棱柱。

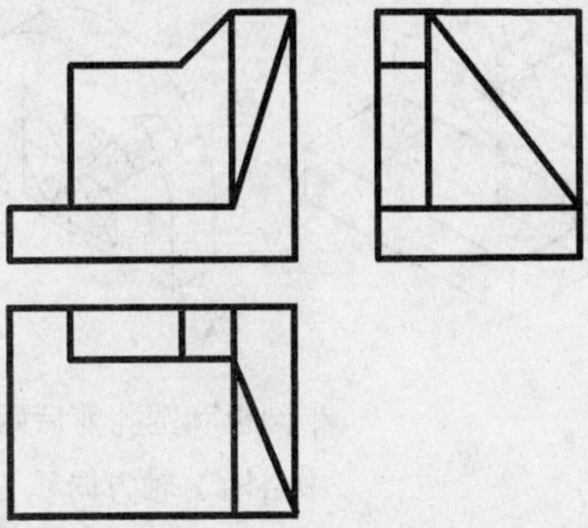

图 10-3 题

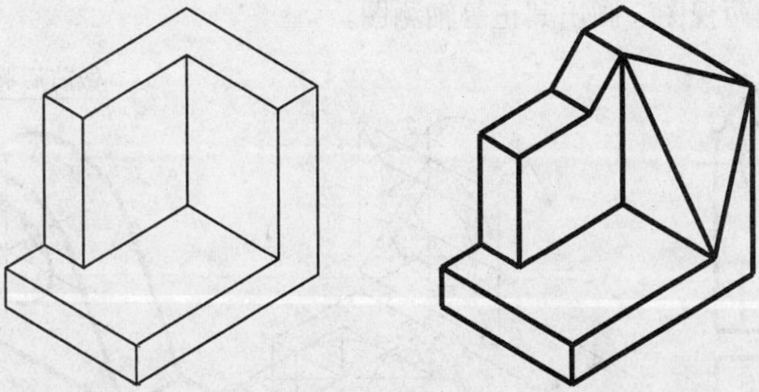

(1) 画出基本的组合体　　(2) 进行切割并完成全图。

图 10-3 解

10-4　已知组合体的主、俯视图，画出该物体的正等轴测图。

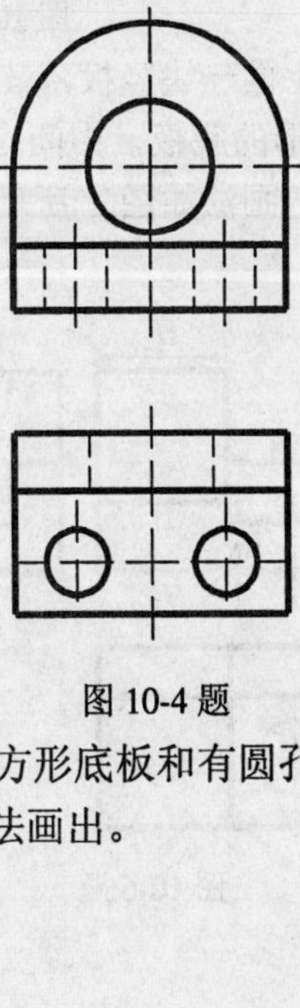

图 10-4 题

分析：该组合体由带两小孔的长方形底板和有圆孔的半圆板组成。半圆板和圆孔的轴测投影为部分椭圆和椭圆，可用四心圆法画出。

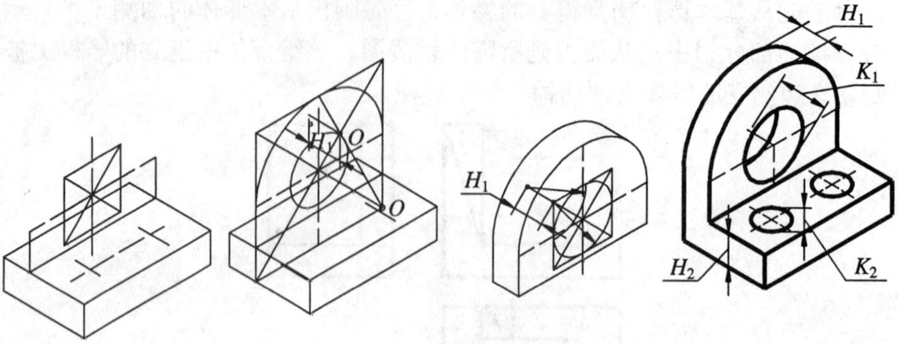

半圆板和圆孔前后两椭圆中心沿 Y 轴方向移 H_1。　$H_1<K_1$，则后圆可见；$H_2>K_2$，底圆不可见。

图 10-4 解

10-5　已知支架的两视图，画出其正等轴测图。

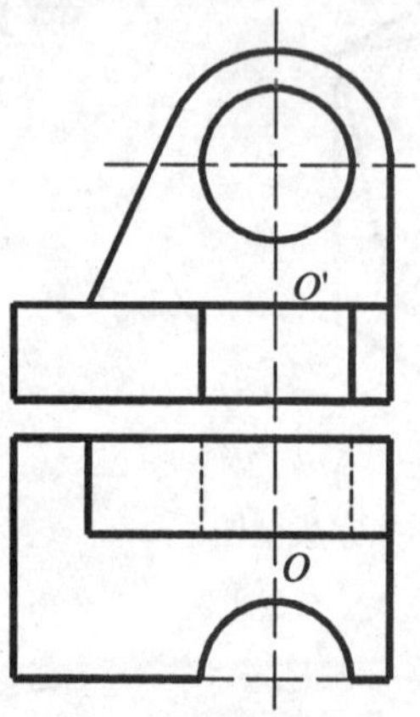

图 10-5 题

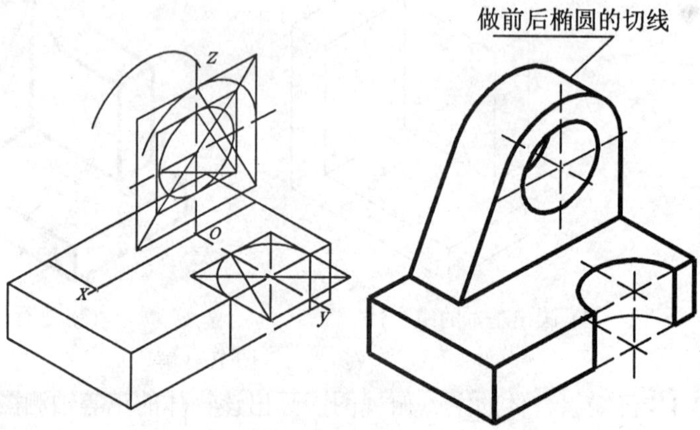

图 10-5 解

分析：支架由上下两块板组成，上面一块竖板，其顶部是圆柱面，两侧壁与圆柱面相切，中间有一个圆柱孔。下面是一块长方形的底板，中间有一个半圆柱孔。原点坐标、竖板上的圆柱面、圆柱孔及底板上的半圆柱孔的画法如图(1)所示。

10-6.画出正等轴测图。

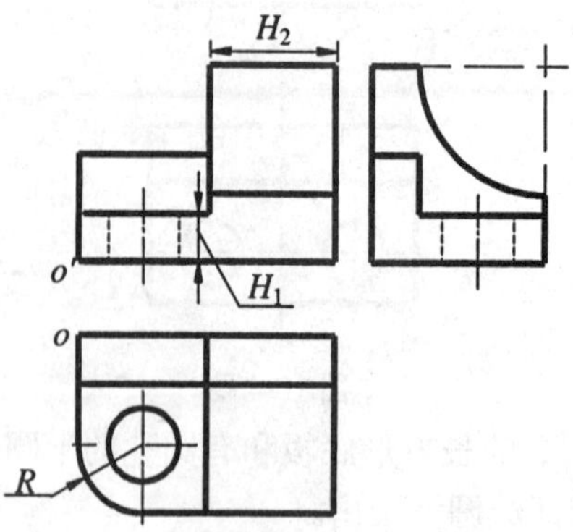

图 10-6 题

分析：底板上圆角的画法如图(1)所示：在轴图上量取圆角半径 R，自量取点作边线的垂线，以两垂线交点为圆心，垂线长为半径画弧，圆心向下移 H_1，作底面圆角。该组合体右半部分有1/4侧垂圆，其轴测投影的画法如图(1)所示。

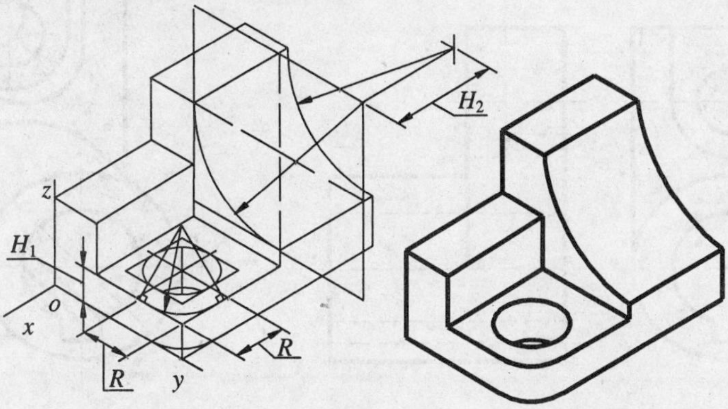

图 10-6 解

10.3.3 斜二等轴测图

10-7 画出轴承座的轴测图

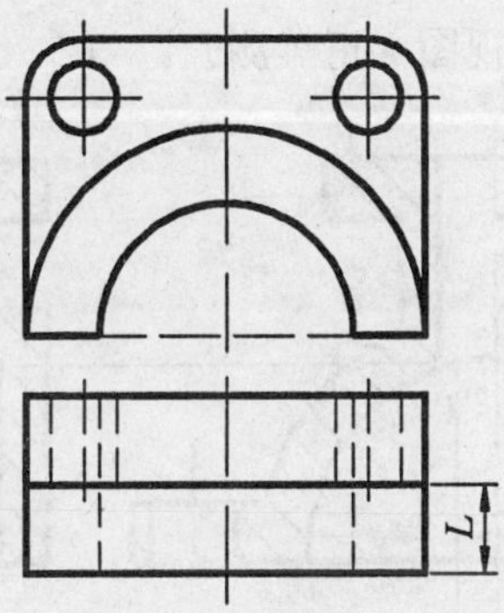

图 10-7 题

分析：从主视图可知该轴承座的半圆柱面及小圆孔和圆角均与 V 面平行，它们在正面斜二等轴测图中反映实形，所以选用正面斜二等轴测图既能表达清楚结构，作图又较为简便。

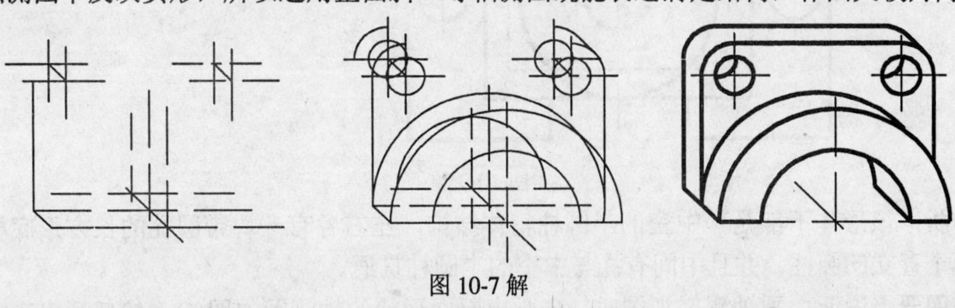

图 10-7 解

(1)作轴测轴，并在 Y 轴上量取 $L/2$ 定出半圆柱后端面的圆心及竖板的位置，并由此定出竖板上两个小孔及圆角的圆心。

(2)作出半圆柱和半圆孔前后端面的轴测投影，竖板上小圆孔和圆角的轴测投影，分别仍然是半圆及圆。

(3)作两端面半圆及圆角的切线，并画出其他的轮廓线。

10-8 画出支座的斜二测轴测图。

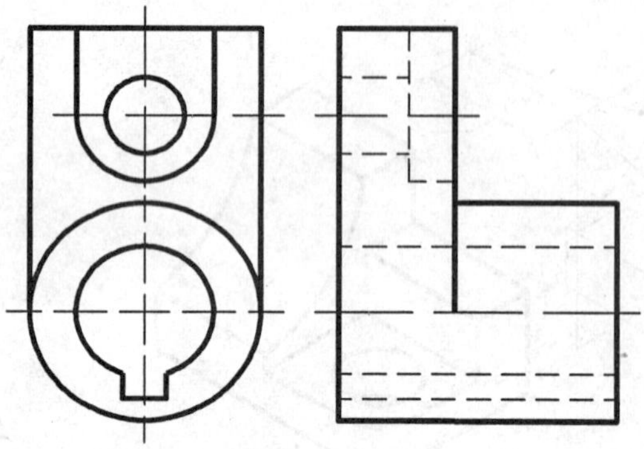

图 10-8 题

图 10-8 解

分析：支座的下半部分为带槽的圆柱筒，上部的长方体上有 *U* 形槽及小圆孔，这些结构均与 *V* 面平行，所以选用正面斜二测图作图较为简便。

10.3.4 轴测剖视图

10-9 根据剖视图绘制轴测剖视图（正等测）。

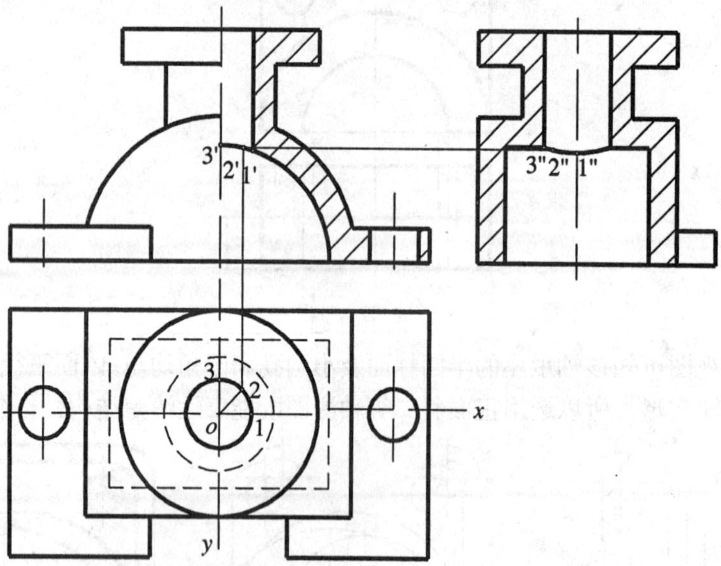

图 10-9 题

分析：该形体下部是一中空的半圆柱箱体结构，左右各有一块带圆孔的长方形底板。上部有两个直立的圆柱，并且中间有孔与中空的半圆柱贯通。

作图要点说明：画轴测剖视图时，先画出断面形状的轴测图如图(1)，然后画出和断面有关系的形状，再将其余可见形状画出，最后画剖面线,如图(2)。

注意：上部圆柱孔与下部半圆柱孔相交所形成的相贯线，其轴测投影用坐标法画出。根据三视图中相贯线上点的坐标，画出它们的轴测投影，然后用曲线板光滑连接各点。

（1）

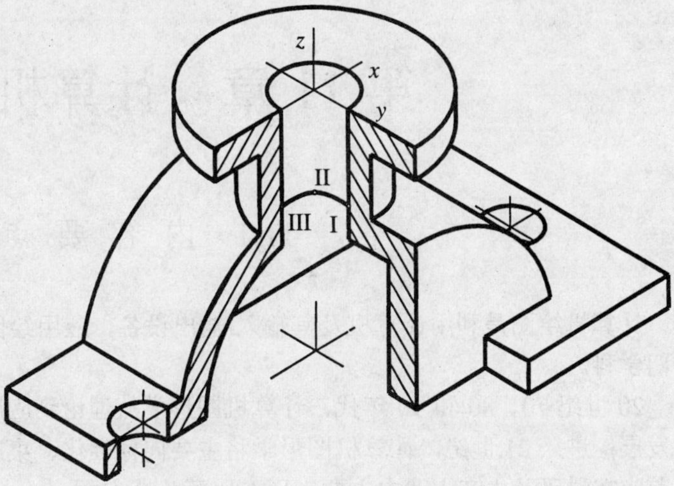

（2）

图 10-9 解

第 11 章 计算机绘图

11.1 内 容 要 点

计算机绘图是利用计算机及其输入/输出设备，应用绘图软件完成工程图样的设计绘制的一门学科。

20 世纪 70、80 和 90 年代，计算机图形学从理论到应用技术及设备等方面都得到了快速的发展；进入 21 世纪，计算机图形学将主要向标准化、集成化、智能化和网络化方向发展，当前它在科研及生产实践中主要应用在以下几个方面：

1）CAD-CG-CAM 的一体化和自动化。这是一个很使人们感兴趣的应用领域，例如设计并生产一种产品，可以利用计算机帮助人们进行收集资料、比较方案、数据计算等，进行人一机交互式的设计（CAD）及绘图（CG），并进而由计算机控制加工（CAM），生产产品；

2）科学计算、技术工程及事物管理；

3）系统模拟及动画技术；

4）计算机辅助教学（CAI）；

5）在艺术及商业广告方面的应用；

6）在办公室自动化方面的应用；

7）在计算机用户界面上的应用；

8）网上信息交流。

本章主要介绍如何使用计算机绘图软件绘制工程图样。

11.2 解 题 要 领

计算机图形的绘制基本过程包括：信息输入——计算机处理信息并生成图形输出信息——输出图形或图形信息。

信息输入中的信息可能包括设计思路、构思的草图、数据等，在收集完信息后，下面的工作就是如何将这些信息正确的输入计算机，也就是如何使用软件将收集的信息传输给计算机进行处理。

软件包括系统软件和应用软件（绘图软件）。当前应用最广泛的通用绘图软件是美国 Autodesk 公司推出的 AutoCAD 软件，它于 20 世纪 80 年代推出，该软件具有功能强大、人机界面友好、适应面广等优点，在众多的绘图软件中备受青睐。本章题目的求解所采用的软件即是基于 Windows 平台的 AutoCAD2004 中文版。

工程图样主要是由一些基本对象（例如点、直线、圆、圆弧、多线、样条曲线及图案等）组成的，AutoCAD 提供了一系列绘制这些基本对象的命令。

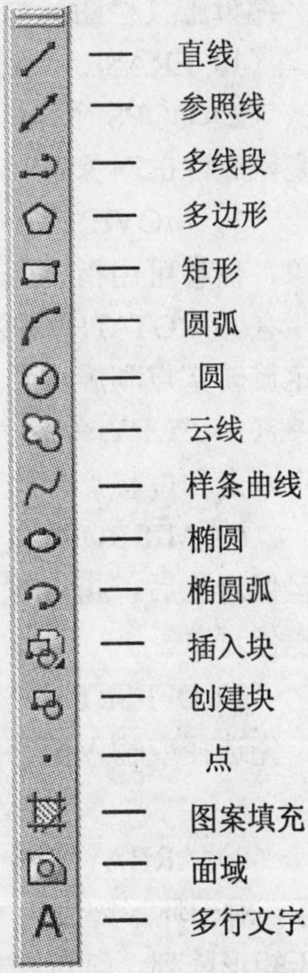

图 11-1　绘图工具栏

并且，在绘图过程中，用户可能经常需要对整个图形或某些对象进行修改、重组及查看调整信息特性等操作，通常称为图形编辑，AutoCAD 软件提供了强大的图形编辑功能，具有多条图形编辑命令。

用户可以随时根据需要调用绘图命令或编辑命令，十分方便的绘制图形或对象并进行编辑，对于这些命令的使用，主要掌握三点：

- 命令的功能
- 命令的位置，即激活命令的方法
- 命令的操作过程

下面我们就对图形绘制过程中经常用到的绘图命令和编辑命令进行简要的介绍。

1．绘图命令

绘图工具栏图标如图 11-1。

（1）POINT 命令——绘制点，可通过给定点的坐标或鼠标选取的方法得到点，并可指定点的样式。

（2）LINE 命令——绘制直线，可采取绝对坐标和相对坐标两种形式指定直线两端点坐标的方法绘制直线。

（3）CIRCLE 命令——绘制圆，默认的绘制方法是通过指定圆的圆心和半径的方法绘制圆，还有其他几种方法。

（4）ARC 命令——绘制圆弧，默认方法是指定三个点，即起点、第二点和端点，用这种方法绘制的圆弧将通过这些点。绘制圆弧的方法还有多种，用户可从下拉菜单“绘图——圆弧”选择绘制圆弧的方式。

（5）RECTANG 命令——绘制矩形，默认的绘制方法是指定矩形的对角点，所绘制的矩形平行于当前的用户坐标系。

（6）POLYGON 命令——绘制正多边形，在 AutoCAD 系统中，正多边形是由最少 3 条至最多 1024 条长度相等的边组成的封闭的多线段对象。绘制正多边形有两种方式，分别是内接于圆和外切于圆，AutoCAD 系统默认的绘制正多边形的方式是内接于圆。

（7）MLINE 命令——绘制多线，多线是指多条平行线，其绘制方法与直线绘制方法相识，不同的是，一条多线可以由一条或多条平行直线段组成。

（8）PLINE 命令——绘制多线段，多线段是作为单个对象创建的相互连接的序列线段，可以创建直线段、弧线段或两者的组合线段。用户可以用任何线型样式绘制多线段，它可以是固定不变的宽度，也可以在其长度范围内任意改变绘制的宽度。

（9）SPLINE 命令——绘制样条曲线，AutoCAD 使用“非一致有理 B 样条（NURBS）”曲线的特殊样条曲线类型，它在控制点间产生一条光滑的曲线。样条曲线可通过指定各控制点得到。

2．编辑命令

编辑工具栏图标如图 11-2。

（1）ERASE 命令——删除对象，从图形中删除选择的对象。

（2）OOPS 命令——恢复对象，当删除对象有误时，可用该命令恢复刚删除的对象。

（3）MOVE 命令——移动对象，通过指定位移的方法移动选择对象，位移可由指定两点得到。

（4）ROTATE 命令——旋转对象，使对象绕指定基点旋转。需要指定旋转基点和旋转角度。

（5）COPY 命令——复制对象，将对象复制一个或多个副本，需指定基点和位移点。

（6）MIRROR 命令——镜像对象，创建对象的镜像副本。在选择镜像对象后，指定镜像线的第一点和第二点，然后选择保留或删除原镜像对象。

（7）OFFSET 命令——偏移对象，创建同心圆、平行线和等距曲线。先选择或输入偏移的距离，然后选择偏移对象，再指定偏移的方向。

（8）ARRAY 命令——阵列对象，可以通过环形或矩形阵列复制对象。对于环形阵列，可以控制副本对象的数目和决定是否旋转对象。对于矩形阵列，可以控制行和列的数目以及它们之间的距离。

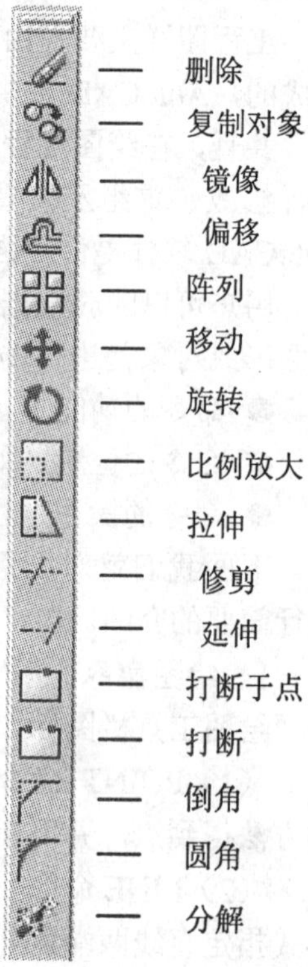

图 11-2　编辑工具栏

（9）SCALE 命令——缩放对象，可在 X、Y 和 Z 三个方向放大或缩小对象。在选择缩放对象后，指定基点，然后输入比例因子，输入数值大于一时为放大对象，小于一时为缩小对象。

（10）TRIM 命令——修剪对象，用其他对象定义的剪切边界修剪对象。修剪时，首先选择作为剪切边的对象或直接按 Enter 键选择所有对象作为剪切边，然后选择对象中要被修剪的部分。

（11）EXTEND 命令——延伸对象，把指定的图形延伸到指定的边界。使用该命令时，首先指定要延伸到的边界，然后指定要延伸的对象。

（12）BREAK 命令——打断对象，用来删除对象的一部分或将对象在给定的两点间打断，如果两个断点不重合则将删除对象的一部分，如果两个断点重合则将对象打开。

（13）CHAMFER 命令——倒角，用于在两条相交的直线间绘制一个斜角，斜角的大小由给定的第一个和第二个倒角的距离确定。

（14）FILLET 命令——圆角，使用一段指定半径的圆弧为两段圆弧、圆、椭圆弧、直线、多线段、射线、样条曲线加圆角，使用该命令时，首先应指定圆角的半径，然后选择需要圆角的对象。

11.3　习题与解答

11.3.1　工程图样的计算机绘制

11-1　绘制如图所示图形。

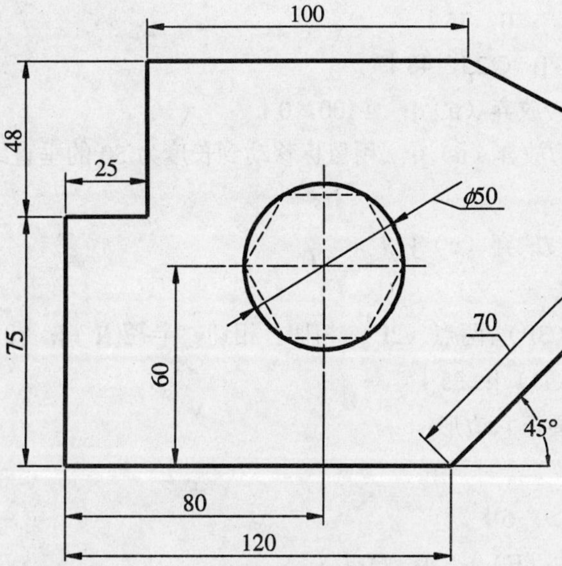

图 11-1 题

作图过程或作图要点说明：

1）使用向导中的高级设置建立新图；

2）下拉菜单：文件→新建→向导→高级设置；

3）将测量精度设为 0.0；宽度设为 297，长度设为 210；其余默认；

4）用图层属性管理器对话框建立图层；

5）下拉菜单：格式→图层，建立粗实线、细实线、尺寸、点画线、虚线图层；

6）将文件另存为样板文件；

7）下拉菜单：文件→另存为 “样板 1.dwt”；

8）绘图；

9）建立用户坐标系；

10）下拉菜单→新建 UCS→原点，在屏幕中间处任取一点作为原点；

11）绘粗实线，将粗实线层作为当前层，下面是以图形的左下角点为坐标原点的参考作图

命令：

命令：LINE↓

指定第一点：0，0↓

指定下一点或[放弃（u）]：120，0↓

指定下一点或[放弃（u）]：@70<45↓

指定下一点或[闭合（c）/放弃（u）]：@0，50↓

指定下一点或[闭合（c）/放弃（u）] ↓

命令：↓

指定第一点：0，0↓

指定下一点或[放弃（u）]：0，75↓

指定下一点或[放弃（u）]：@25，48↓

指定下一点或[闭合（c）/放弃（u）]：@100，0↓

指定下一点或[闭合（c）/放弃（u）]：（用鼠标移动到长度为50的垂直线端点处单击，画出外轮廓的最后条线）↓

指定下一点或[闭合（c）/放弃（u）] ↓

命令：CIRCLE↓

指定圆的圆心或 [三点（3P）/两点（2P）/相切、相切、半径(T)]：80，60↓

指定圆的半径或 [直径（D）]：25↓

将虚线层置为当前层，画正六边形：

命令：POLYGON↓

输入边的数目，<当前值>：6↓

指定多边形的中心或 [边（E）]：80，60↓

输入选项 [内接于圆 （I）/ 外切于圆（C）]：<I>↓

指定圆的半径：25↓

将点画线层置为当前层，画圆的中心线

命令：LINE↓

指定第一点：50，60↓

指定下一点或[放弃（u）]：@60，0↓

指定下一点或[放弃（u）]：↓

命令：↓

指定第一点：80，30↓

指定下一点或[放弃（u）]：@0，60↓

指定下一点或[放弃（u）]：↓

完成全图

保存图形

11-2 绘制如图所示图形。

作图过程或作图要点说明：

使用样板建立新图，样板文件名，样板1（如上题）

下拉菜单：文件→新建→样板→样板 1

1．新建用户坐标系

下拉菜单：工具→新建 UCS→原点

在屏幕中间处用鼠标任意定一点作为原点

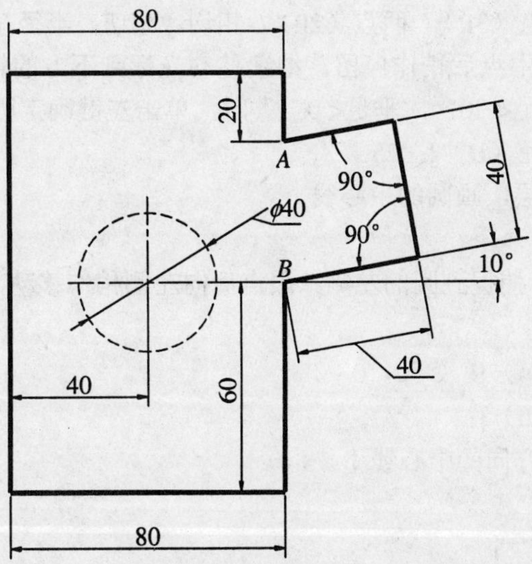

图 11-2 题

2．设置极轴追踪方式

下拉菜单：工具→草图设置→极轴追踪

设定极轴角 10°

3．设置对象捕捉模式

下拉菜单：工具→草图设置→对象捕捉

设置“中点、端点、交点、象限点”等捕捉方式

4．将粗实线层置为当前层，画出所有的粗实线，下面是以图形的左下角作为坐标原点的参考作图命令：

命令：LINE↓

指定第一点：0，0↓

指定下一点：80，0↓

指定下一点或 [放弃（U）]：@0，60↓

指定下一点或 [放弃（U）]：40　（向右上方移动光标直到工具提示为 10°，输入 40）↓

指定下一点或[闭合（C）/ 放弃（U）]：40（向右上方移动光标直到工具提示为 100°，输入 40）↓

指定下一点或 [闭合（C）/ 放弃（U）]：（先将光标移到 B 点处稍作停留，然后向上移动光标直到工具提示为 190° 时，拾取 A 点）↓

指定下一点或 [闭合（C）/ 放弃（U）]：(打开正交模式，光标向上移，直接输入线段长度即可) ↓

指定下一点或 [闭合（C）/ 放弃（U）]：80 （光标向左移）↓

指定下一点或 [闭合（C）/ 放弃（U）]：C↓

将虚线层设为当前层，画图

命令：CIRCLE↓

指定圆的圆心或 [三点（3P）/ 两点（2P）/ 相切、相切、半径（T）]：(先将光标移动到左边的轮廓线处，捕捉到中点后稍作停留，继续移动光标到下方的轮廓线处捕捉到中点，继续移动光标直到出现"垂足< 90°，垂足< 0°"时，单击左键确定圆心) ↓

指定圆的半径或 [直径（D）]：25↓

将点画线层置为当前层，画圆的中心线

命令：LINE↓

指定第一点：(用鼠标捕捉到圆的左侧象限点后向左侧稍作移动，单击鼠标左键确定点) ↓

指定下一点或[放弃（u）]：@50，0↓

指定下一点或[放弃（u）]：↓

用同样的方法画铅锤方向的中心线↓

5．保存图形。

11.3.2 尺寸标注

11-3 画如图所示组合体的三视图。

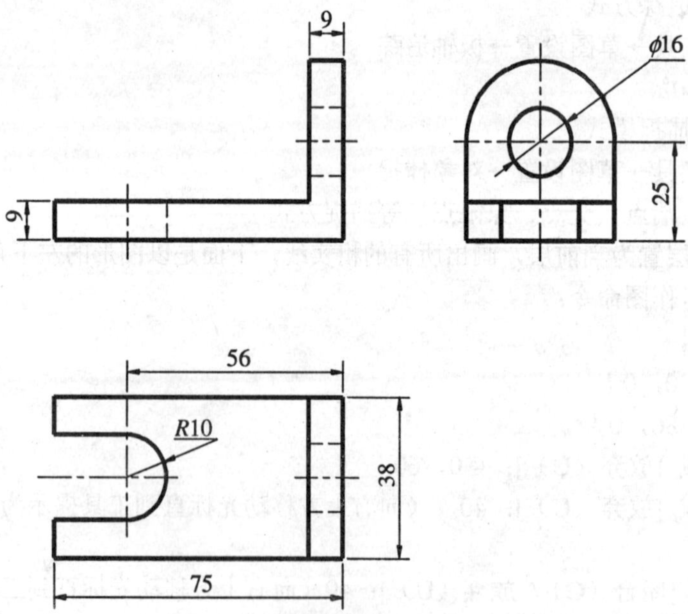

图 11-3 题

作图过程或作图要点说明：

1．使用样板建立新图。

2．设置对象捕捉模式：设置“中点、端点、交点、垂足”等捕捉方式打开对象追踪。

3．画主视图

使用“直线”命令，在屏幕上任取一点作为主视图的左下角点，运用相对坐标在粗实线层画轮廓线以及在细虚线层和点画线层画圆孔和中心线。

4．画左视图

1）使用“直线”命令，运用对象追踪的方法画底边和半圆柱的中心线；

2）使用“圆”命令，捕捉到中心线的交点，采用相切的方法画圆，然后修剪大圆。

5．画俯视图

1）使用“直线”命令，运用相对坐标画轮廓线；

2）使用“直线”命令，捕捉到宽度方向的中点，然后采用“对象追踪”的方法画圆孔和半圆孔的长度方向中心线，半圆孔宽度方向中心线采用“偏移”命令的方法得到，圆孔虚线同样采用偏移中心线的方法得到；

3）采用“对象捕捉”捕捉到切点和垂足的方法画半圆孔的上下切线，然后修剪轮廓线。

6．保存图形。

11-4　画如图所示组合体的三视图。

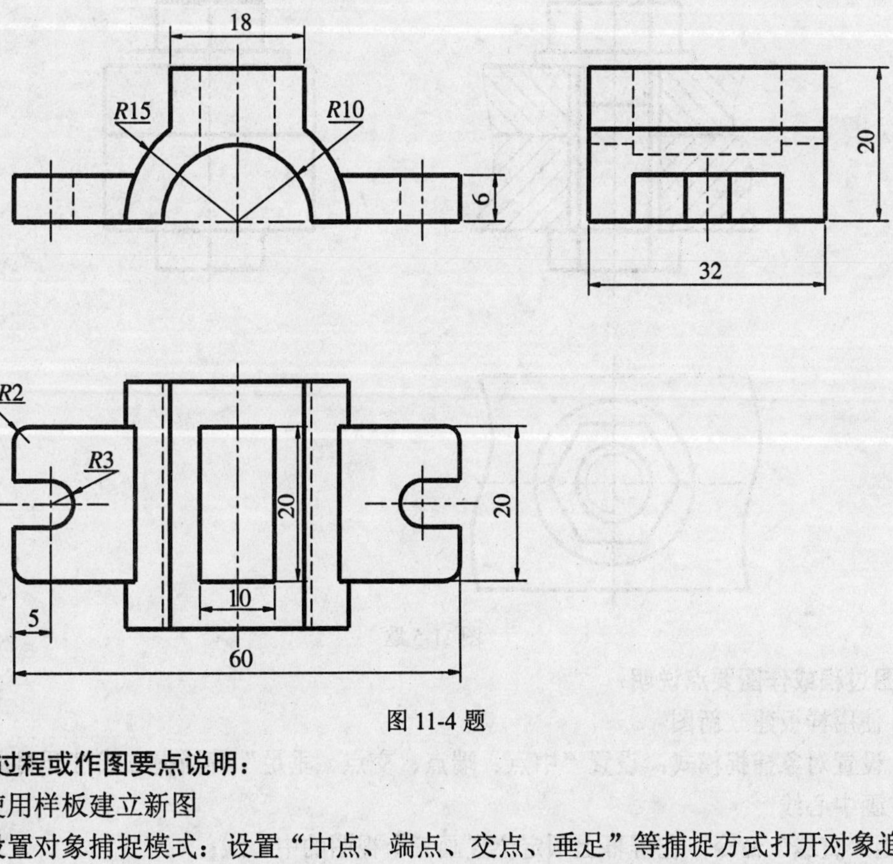

图 11-4 题

作图过程或作图要点说明：

1．使用样板建立新图

2．设置对象捕捉模式：设置“中点、端点、交点、垂足”等捕捉方式打开对象追踪

3．画主视图

1）使用“直线”命令，画对称中心线；

2）使用“圆弧”命令，画半圆；

3）使用“直线”命令，采用相对坐标画左侧轮廓线，然后镜像得到右轮廓线；圆上方轮廓线使用偏移中心线的方法得到。

4．画俯视图

1）使用“直线”命令，运用对象追踪，采用相对坐标画中间大矩形，然后通过“偏移”命令偏移矩形的边得到内部的线和小矩形；

2）使用“直线”命令，通过捕捉中点，画中心线；通过“偏移”和“修剪”命令得到两侧小矩形；

使用“偏移”、“修剪”和“圆”命令画两侧小矩形上的挖去部分轮廓线。

5．画左视图

1）使用“直线”命令，运用对象追踪和相对坐标画轮廓线；

2）使用“偏移”和“修剪”命令，运用对象追踪画内部轮廓线。

6．保存图形。

11-5 画如图所示螺栓联结，d=M20，δ_1=28mm，δ_2=35mm。

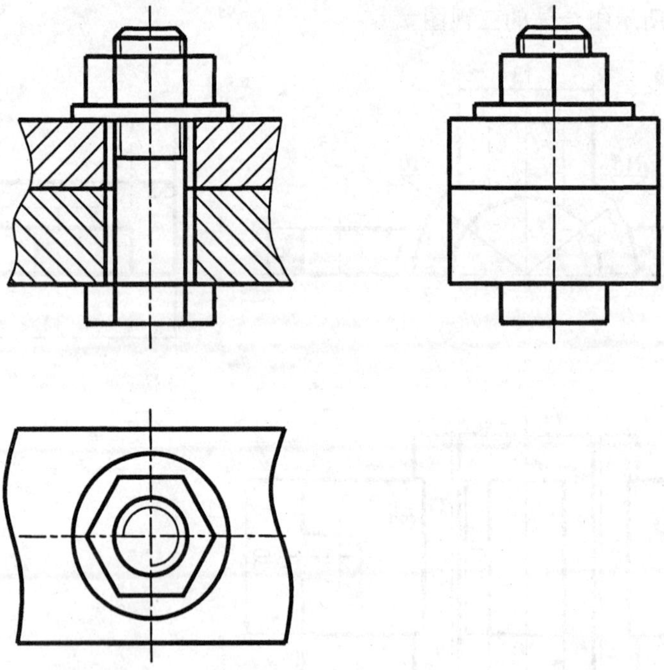

图 11-5 题

作图过程或作图要点说明：

1．使用样板建立新图

2．设置对象捕捉模式：设置“中点、端点、交点、垂足”等捕捉方式打开对象追踪

3．画中心线

使用“直线”命令，在屏幕上预定位置画三个视图的中心线；

4．画轮廓线

使用“直线”和“圆”命令，画三个视图的轮廓线；

5．画断裂边界线

使用“样条曲线”命令，画俯视图中断裂处的边界线；

6. 图案填充

使用“图案填充”命令，画主视图中的剖面线；

7．保存图形。

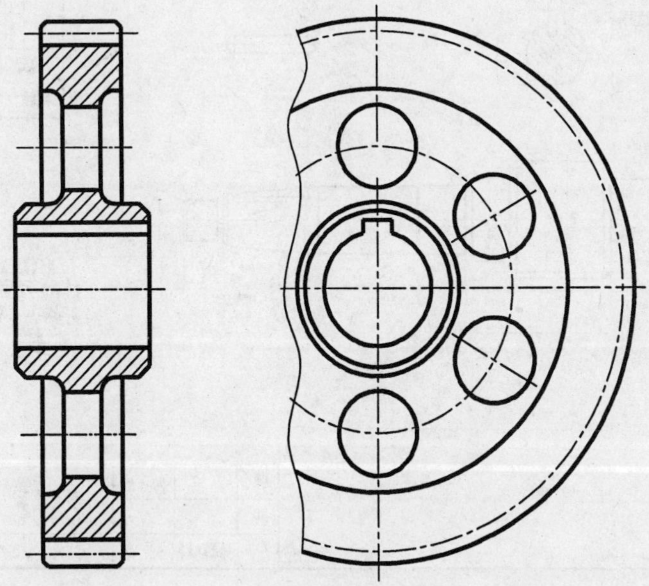

图 11-6 题

11-6　补全直齿圆柱齿轮的主左两视图，齿轮主要参数，模数 m =3mm，齿数 z=33，轮毂 D=24mm。

作图过程或作图要点说明：

1．使用样板建立新图

2．设置对象捕捉模式：设置“中点、端点、交点、垂足”等捕捉方式打开对象追踪

3．　画中心线

使用“直线”命令，在屏幕上画主、左两个视图的中心线；

4．画轮廓线

使用“直线”和“圆”命令，画两个视图的轮廓线；

5．画断裂边界线

使用“样条曲线”命令，画左视图中断裂处的边界线；

6. 图案填充

使用“图案填充”命令，画主视图中的剖面线；

7．保存图形。

11.3.3 工程图样中的文本注释

11-7 画如图所示齿轮轴零件图。

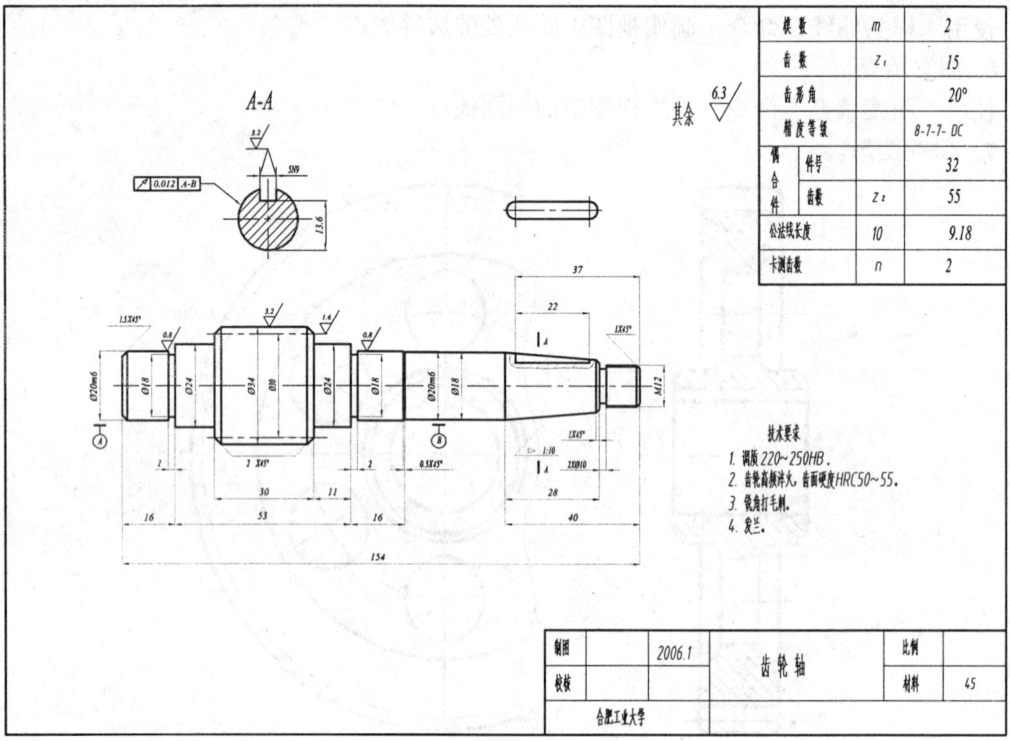

图 11-7 题

作图过程或作图要点说明：

1．建立图形文件，设置绘图环境

1）在图形样板中选择“Gb-a4”作为图形样板；

2）新建图层并设置图层的相关特性；

3）设置对象追踪。

2．绘制主视图、局部视图、剖面图

1）绘制轴的主视图

A．首先在点画线层使用“直线”命令画轴中心线，然后使用“偏移”命令，分别输入轴相对于线的相对位移，完成各段轮廓线的绘制，最后使用“修剪”命令修剪各段偏移线，得到各段轴的轮廓线。

B．在得到单侧轴轮廓线后，通过“镜像”命令得到另一侧的轮廓线。

C．使用“样条曲线”命令，画出轴上键槽局部剖的分界线；然后使用“图案填充”命令，在预绘制剖面线的区域拾取点，注意，设置图案为 ANSI31。

2）绘制键槽的局部视图

使用“直线”和“圆”命令，在图形上方与键槽投影对应的位置绘制键槽的局部视图。

3）绘制键槽的剖面图

通过“直线”、“圆”、“偏移”和“修剪”命令绘制剖面图的轮廓线，然后使用“图案填充”命令画剖面线。

3．标注尺寸

1）使用“线性标注”命令，标注长度尺寸及非圆视图直径尺寸标注；

2）使用“快速引线”命令，标注倒角尺寸；

4．标注粗糙度

1）使用“直线”命令，绘制粗糙度符号，并将其定义为“块”；

2）用“捕捉”的方法，插入粗糙度符号。

5．标注形位公差

使用“快速引线”命令，选择“注释类型”为公差，在形位公差对话框选择“圆跳动”选项，输入基准。

6．填写标题栏和技术要求

使用下拉菜单的“文字→单行文字”命令，指定文字的起始位置、字高后，输入文本，需要换行处，按回车键。

11-8　画如图所示阀盖零件图。

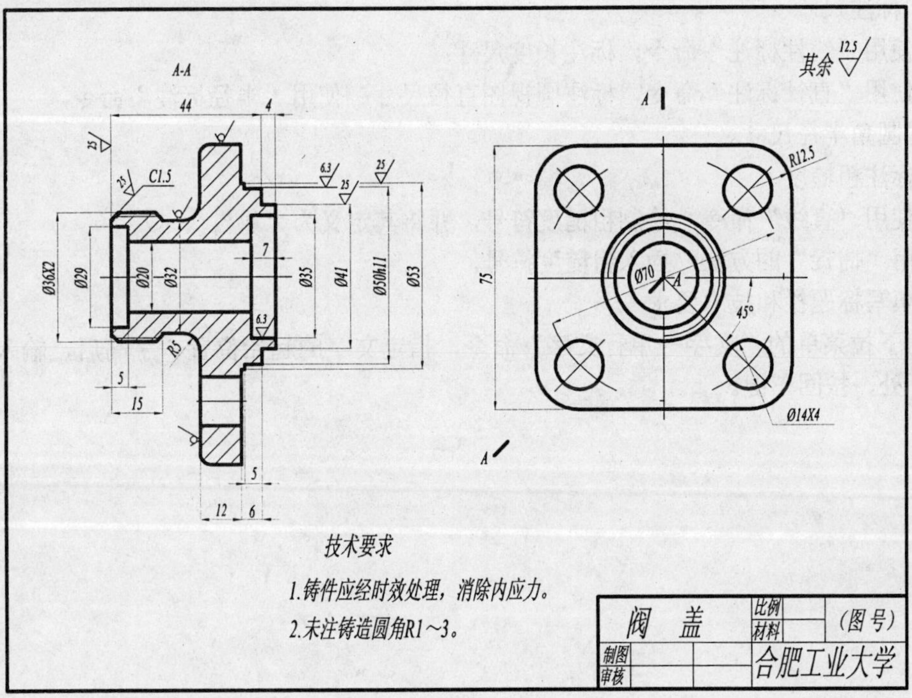

图 11-8 题

作图过程或作图要点说明：

1．建立图形文件，设置绘图环境

1）在图形样板中选择“Gb-a4”作为图形样板；

2）新建图层并设置图层的相关特性；

3）设置对象追踪。

2．绘制主视图、左视图

1）绘制阀盖的主视图

A．首先在点画线层使用“直线”命令画轴中心线，并在粗实线层画垂直于中心线的直线段，然后使用“偏移”命令，分别输入阀盖各段轮廓线相对于中心线的相对位移，完成各段轮廓线的绘制，最后使用“修剪”命令修剪各段偏移线，得到轮廓线。在得到单侧轴轮廓线后，通过“镜像”命令得到另一侧的轮廓线，注意另侧轮廓线增加了圆孔的轮廓。

B．使用“圆角”命令对需要倒圆角的部分绘制圆角。

C．使用“图案填充”命令，在预绘制剖面线的区域拾取点，设置图案为 ANSI31。

2）绘制阀盖的左视图

A．使用“直线”和命令，绘制左视图的正方形轮廓线，使用“圆角”命令对正方形的四个顶点倒圆角。使用“直线”命令，采用“对象捕捉”和“对象追踪”的方法在点画线层绘制中心线。

B．使用“圆”命令，捕捉到中心线的交点，绘制中心圆。

C．使用“直线”和“圆”命令，采用相对坐标法绘制正方形四个角小圆的中心线，然后使用“圆”命令捕捉到圆心画圆。

3． 标注尺寸

1）使用“线性标注”命令，标注长度尺寸；

2）使用“直径标注”命令，标注圆视图直径尺寸；使用“半径标注”命令，
标注圆角半径尺寸。

4．标注粗糙度

1）使用“直线”命令，绘制粗糙度符号，并将其定义为“块”；

2）用“捕捉”的方法，插入粗糙度符号。

5．填写标题栏和技术要求

使用下拉菜单的“文字→单行文字”命令，指定文字的起始位置、字高后，输入文本，需要换行处，按回车键。

第 12 章　考题范例和试卷浅析

12.1　机械类：　现代工程图学(上)及现代工程图学（下）

12.1.1　考题范例

1．已知 *AB* 为水平线，β=30°，*AC* 为正平线，α=45°，*B* 在 *A* 的左前方，*C* 在 *A* 的右上方，长度均为 25mm，完成两直线的两面投影。

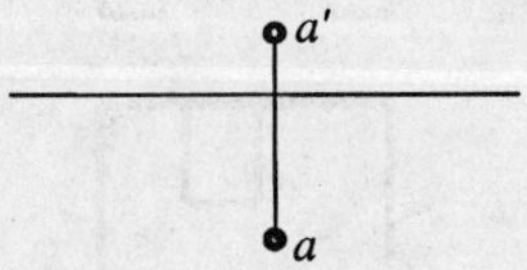

2．完成平面 *ABCDEF* 的水平投影。

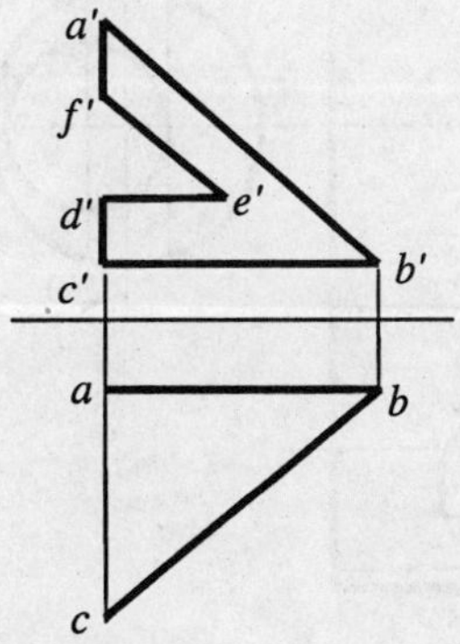

3．求平面△*ABC* 与△*DEF* 的交线，并判别可见性。

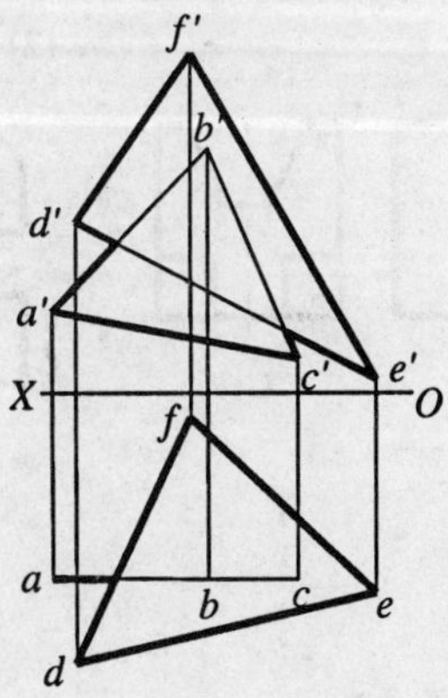

4．在平面 *ABC* 上作一条 *AD* 线，使其等于 42mm 长，交 *BC* 与 *D*。（提示：用换面法）

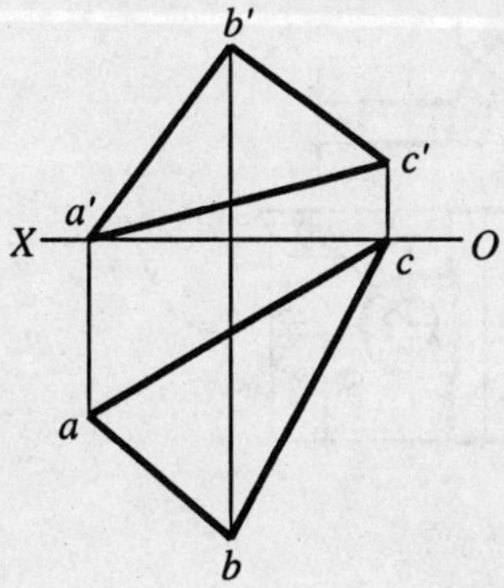

5．求两平行线 AB、CD 间的距离。

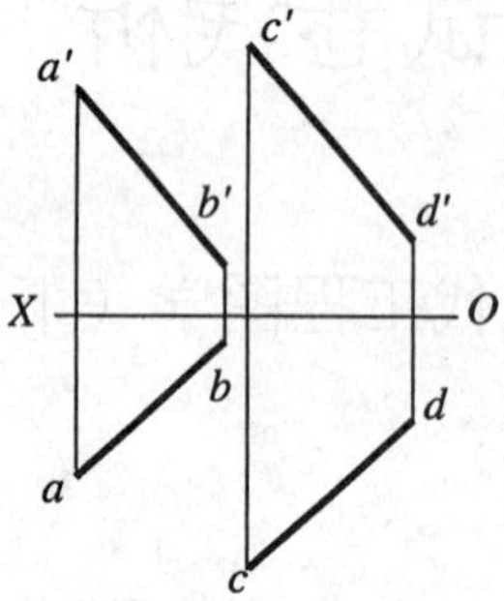

6．求作截交线，补全二面投影。

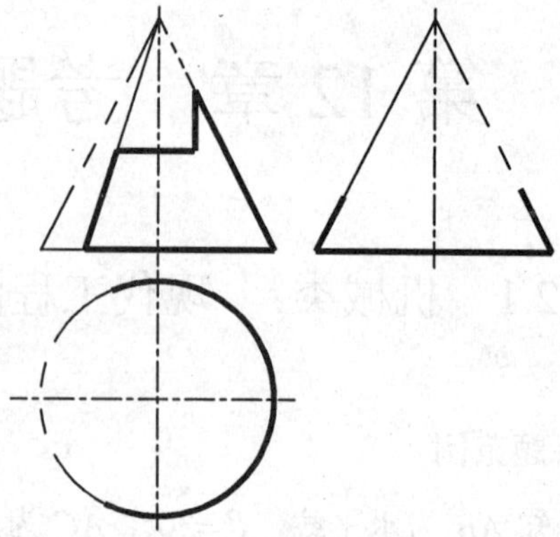

7．求作相贯线，并标记特殊点。

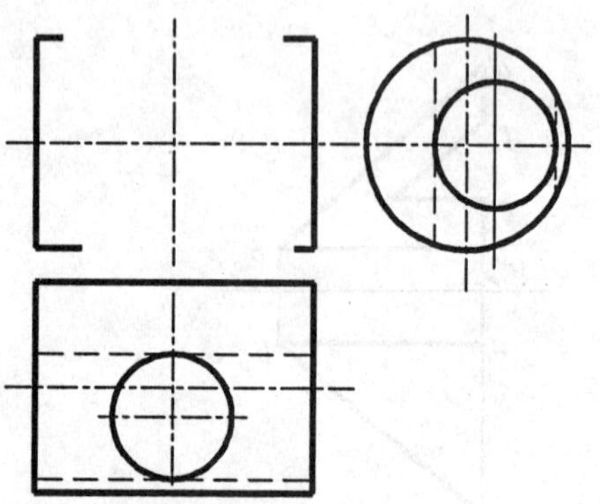

8．补全俯、左视图中所缺少的图线。

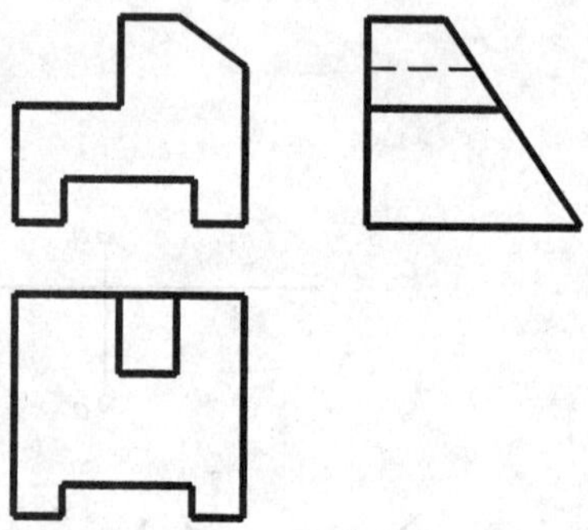

9．补全组合体的尺寸（从图上直接量取）。

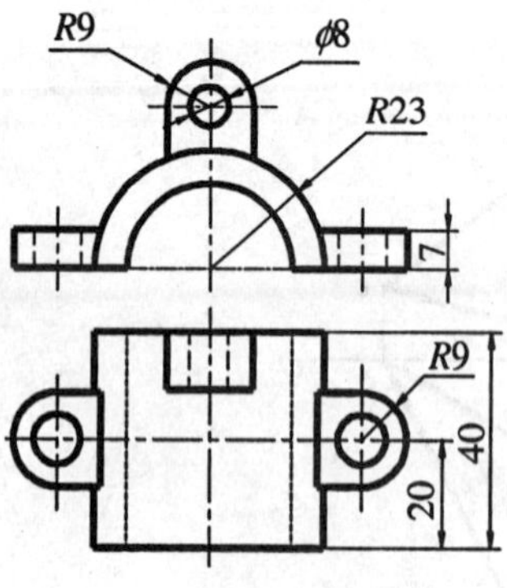

10．补画第三视图。

(1)

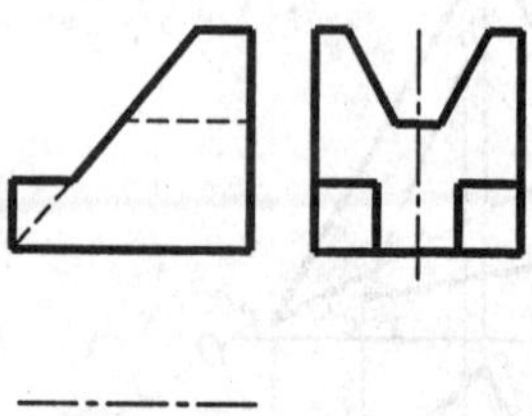

(2)

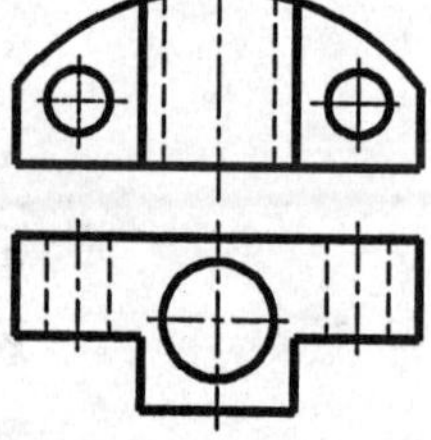

12.1.2　试卷浅析

机械类工程图学的学时数较多，因此一般分为两个学期进行。第一学期讲授的内容主要有：点、线、面的投影及相对位置关系；立体的投影及截交线、相贯线的求法；机械制图国家标准基本规定；组合体的三视图；机件表达方法的部分内容等。

试卷（一）以点、线、面和基本体的投影图以及组合体三视图等内容为主。

点、线、面部分包括：线与线、线与面、面与面之间的相对位置关系的理解，求线面交点、面面交线等作图方法，平面的投影表示和作法，垂直问题的投影表达和作图特点以及运用换面法求解实形、距离、角度等。题 1～题 5 考察的就是这一部分的内容。

基本立体的相贯、截交部分，突出以圆柱为主的各种相贯线、截交线的作法。组合体分切割、叠加两种组合方式。这一部分内容要求学生应能绘制组合体的三视图，反过来要能根据组合体的三视图，想象出组合体的形状结构特点，即读懂形体。这是学习机件的表达方法、零件图和读零件图等后续内容的基础。补画第三个视图或补画三视图中漏画的图线，是学习和掌握组合体的绘制、读懂组合体的三视图最常用的练习题型。尺寸标注也有个别题目涉及，同样需要读懂组合体视图。题 5~题 10 考察的就是这一部分的内容。

题目文字的叙述和题图设置一般都直截了当，条件充分，目的明确。做题时必须认真理解文字内容和看懂图形，特别是搞清楚题目中隐含的条件，明确要解决的问题才可动手作图。如题（2），平面 *ABCDEF* 实际上已给定，本题的实质就是根据平面 *ABCDEF* 上两条线段 *DE*、*EF* 的 *V* 面投影，求出它们的 *H* 面投影，即面上找点、找线的作图。题（5）是求作两平行线段的距离，显然关键是求出两平行线段的公垂线的实长。由于两平行线段的公垂线有无数条且相互平行，因此只要过其中一条线上任一点作另一线段的垂线，而要作垂线，则必须首先作垂面，再求出所作垂面与另一线段的交点，则两点的同面投影连线即为公垂线的两投影，最后再利用直角三角形法求出公垂线的实长即可。

其次要求考生仔细作图。如题（3），求两平面的交线，其中 *ABC* 平面是一个铅垂面，交线的水平投影落在 *ABC* 平面的积聚投影上，即交线的水平投影已知。再根据交线属于 *DEF* 平面，找出它与 *DEF* 的两条边界线 *DF* 和 *FE* 两交点的水平投影。交点的正面投影应由水平投影来确定，对应关系不能搞错。在 $d'f'$ 上找出一点，在 $f'e'$ 上找出一点，连线以后，在所给图形的区域内找它们的共有部分，确定交线的投影。最后将平面重叠部分的投影进行可见性判别，描粗可见的线段。题（6）首先要搞清楚各截交线的性质，若截交线是圆或直线应直接画出，否则应求出截交线上的一系列点，两两截平面之间的交线都不能漏掉；逐一分析每一视图中所缺少的图线并补画。题(10)也应读懂所给视图，分清各基本体，逐一画图，当两形体叠加时画上交线，当形体被挖切时补上切后产生的交线；题（9）分析组合体的各组成部分，按形体各部分的形状尺寸和各基本体之间的位置尺寸这两方面来标注尺寸。更详细的解题分析和作图，请结合前面各章所给习题的求解方法，自行练习。

12.1.3 参考答案

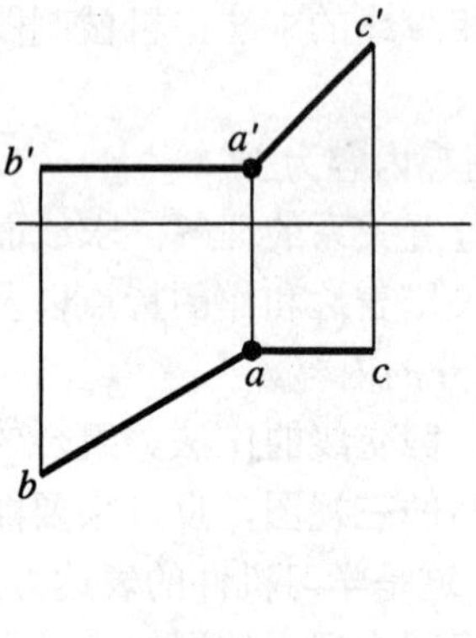

题 1

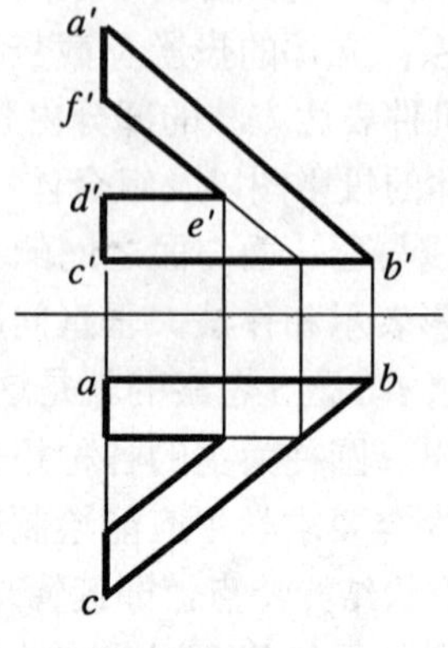

题 2

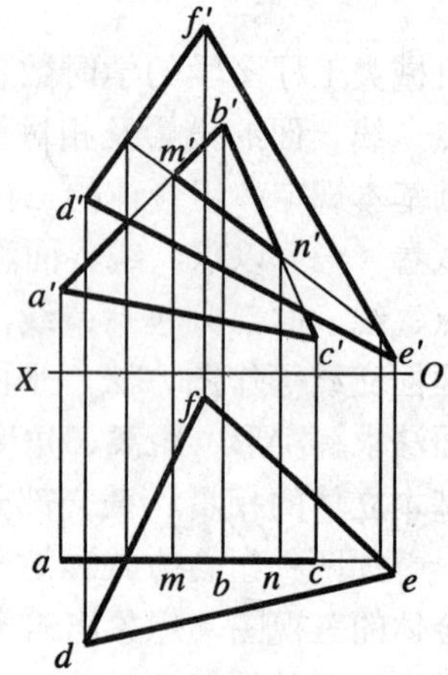

题 3

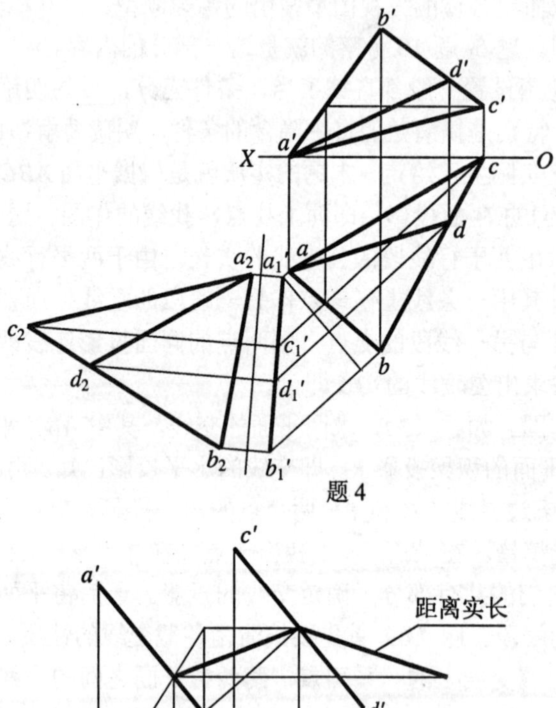

题 4

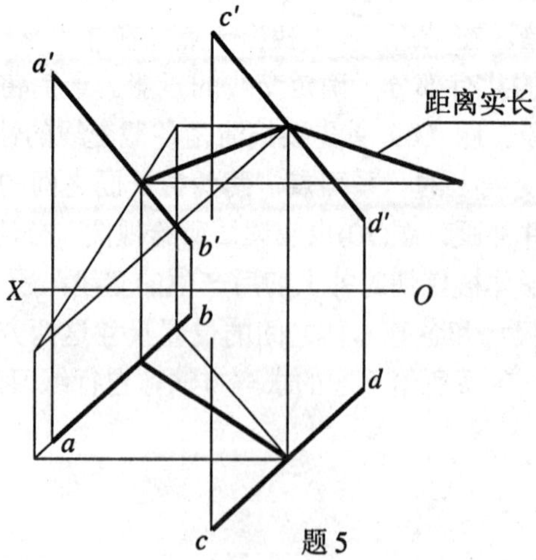

题 5

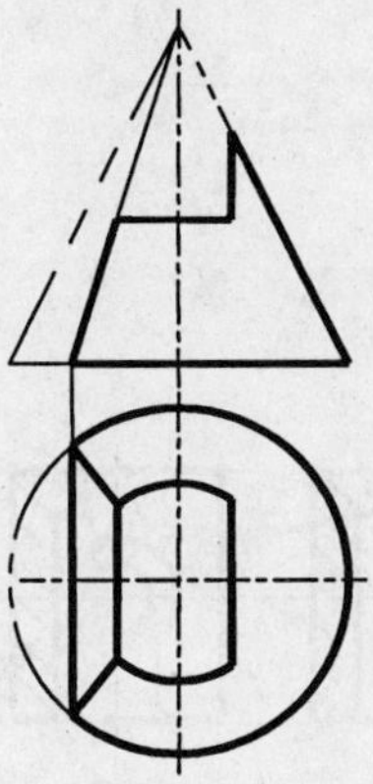

题 6

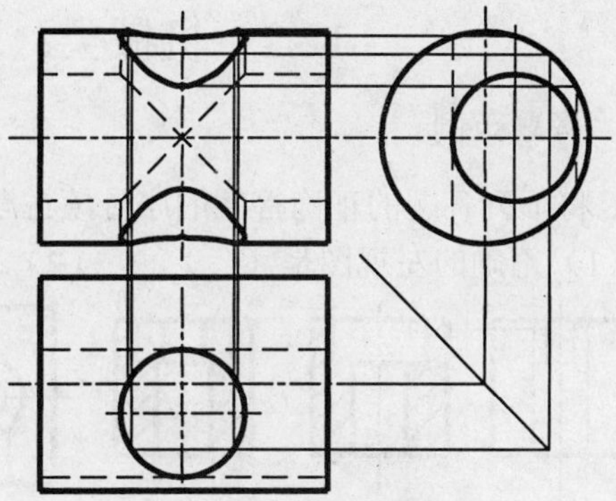

题 7

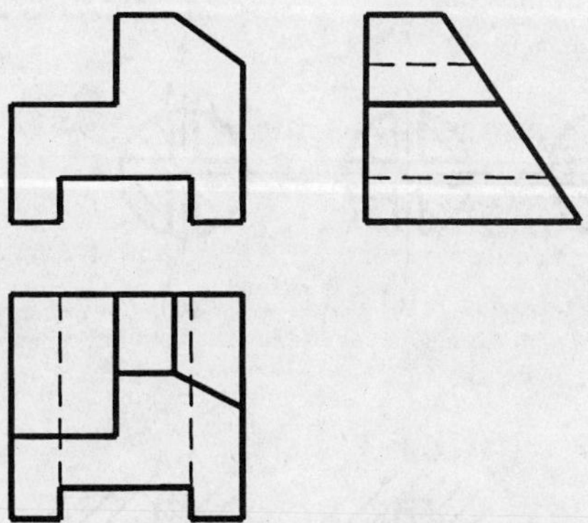

题 8

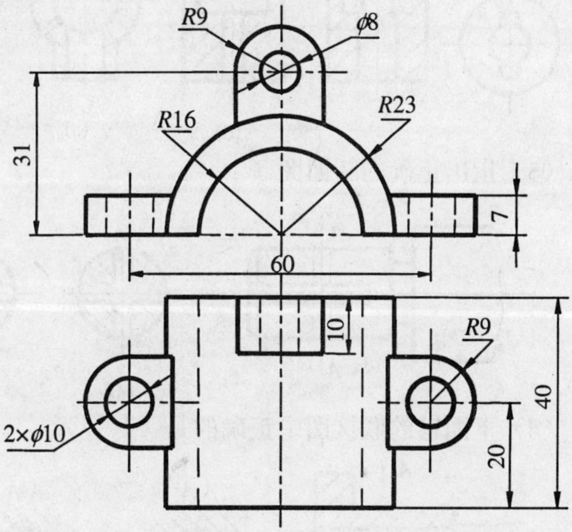

题 9

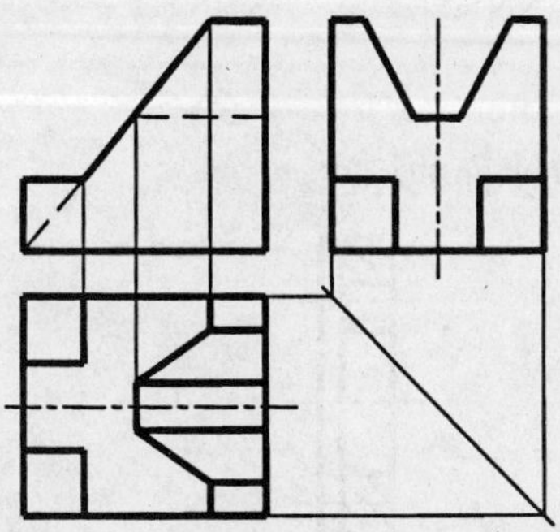

题 10（1）

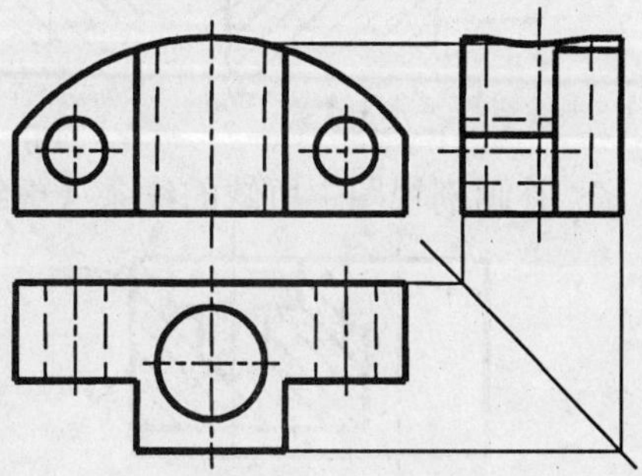

题 10（2）

12.2 机械类：现代工程图学（下）

12.2.1 考题范例

1. 将下列各题的正确答案的序号填在题后的括号内。

（1）正确的左视图是（ ） （2）下图中正确的画法是（ ）

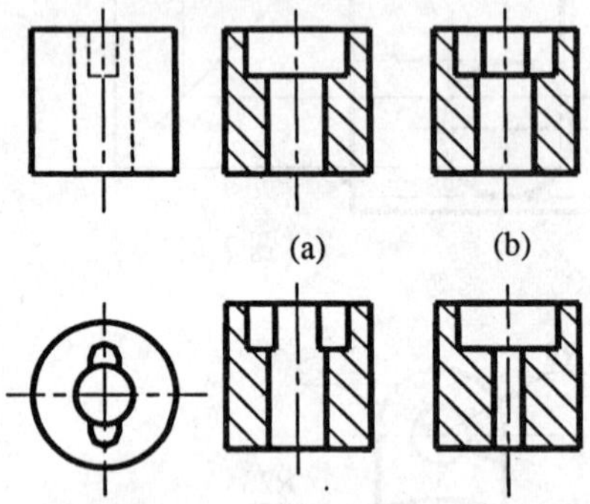

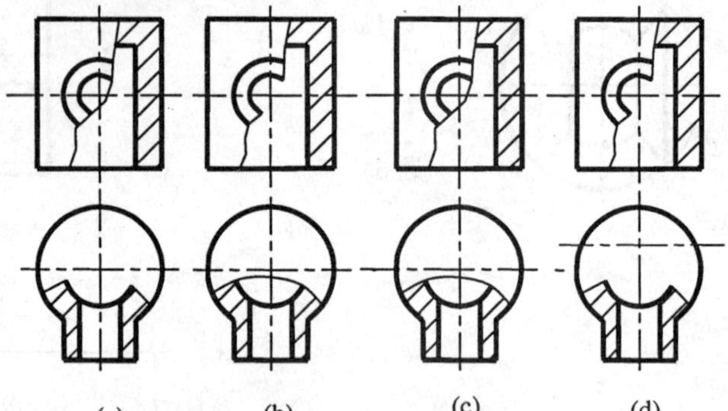

（3）指出正确的断面图（ ）

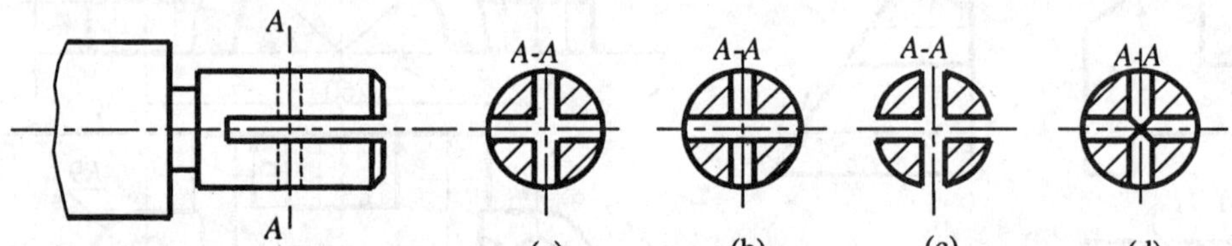

（4）下面键的联接图中正确的是（ ）

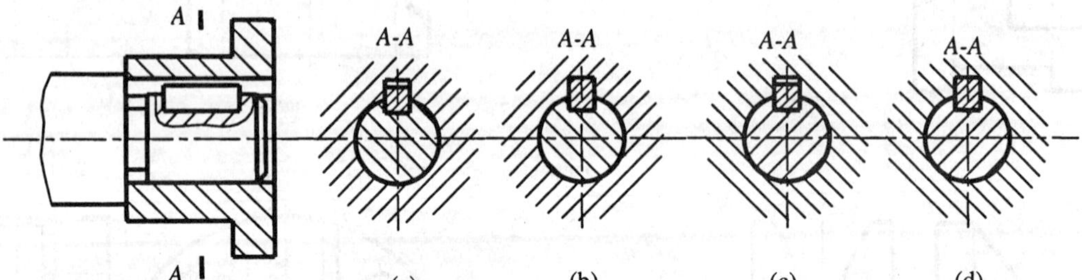

2. 补画剖视图中所缺的线条（虚线不补） 3. 补出剖切平面的标注。

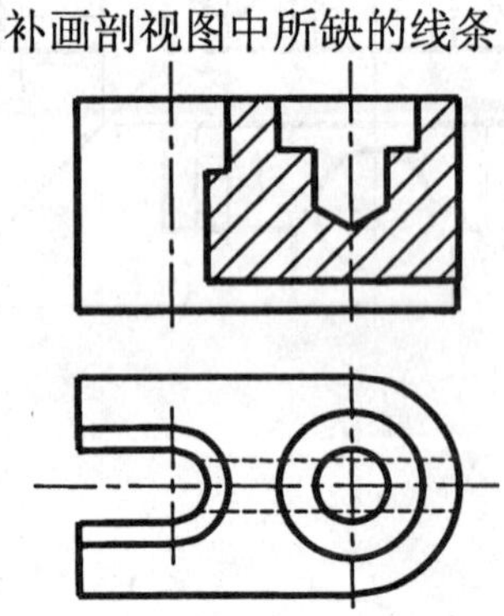

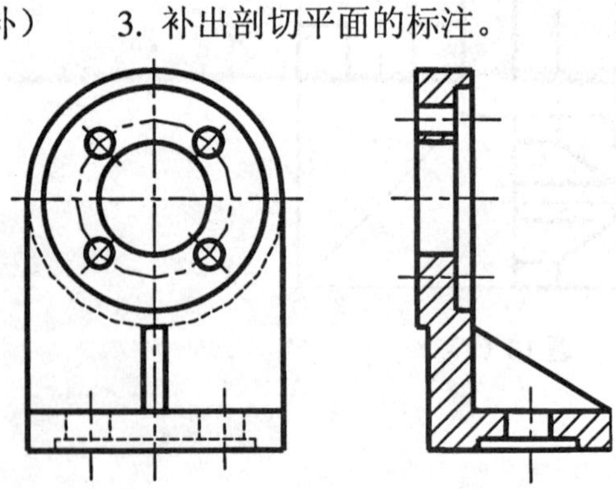

4. 在指定位置将主视图改画成全剖视图，并画出半剖的左视图。

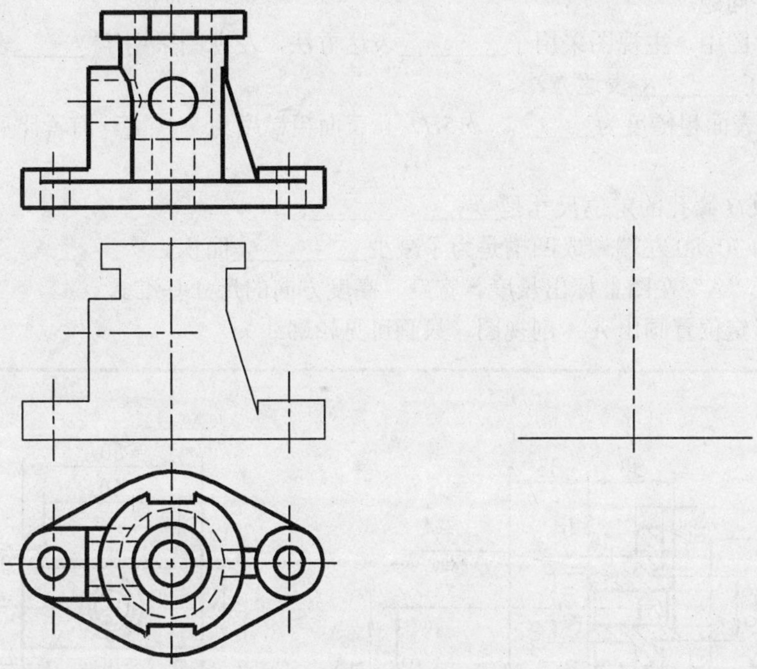

5. 改正螺钉联接画法中的错误，并将正确的图形画在指定位置。

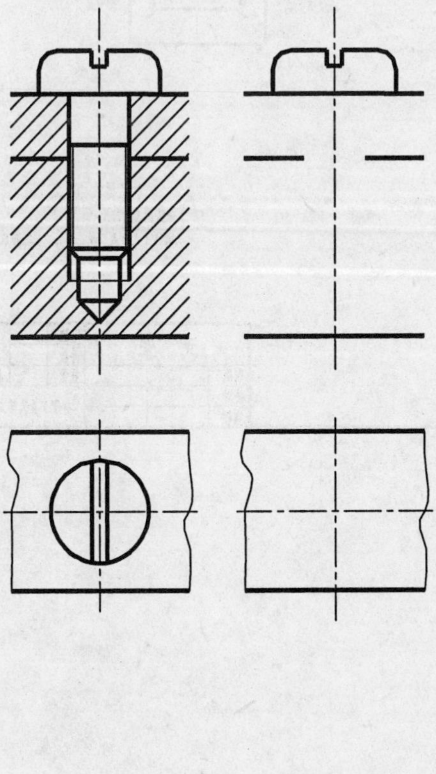

6. 用 1:1 完成一对啮合直齿圆柱齿轮的两视图。

（Z_1=17，m=2，小齿轮在上方）

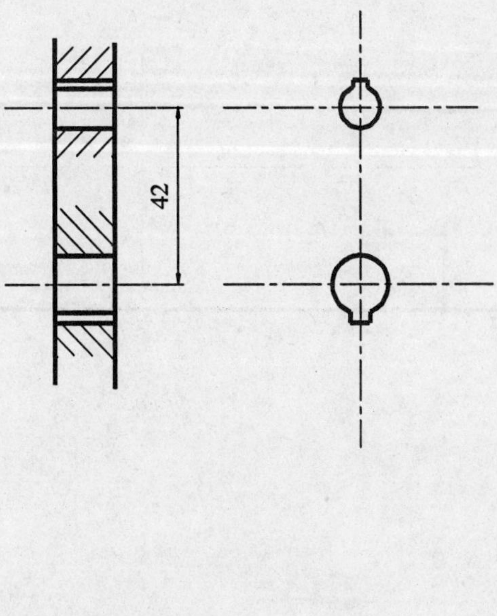

7. 读下面支架零件图。

（1）回答问题。

1）该零件图中，主视图采用了________表达方法，左视图采用了______表达方法，左下角的图角采用了________表达方法。

2）I 面的表面粗糙度为______，$\phi 15H7$ 孔表面粗糙度为______。前者比后者______（光滑、粗糙）。

3）4×*M*6-6*H* 螺孔的定位尺寸是_______，_______。

4）连接的 70×80 左端做成凹槽是为了减少__________面积。

5）用符号“Δ”在图上标出长度、宽度、高度方向的尺寸基准。

（2）在指定位置画出 *A*-*A* 剖视图（只画可见轮廓线）。

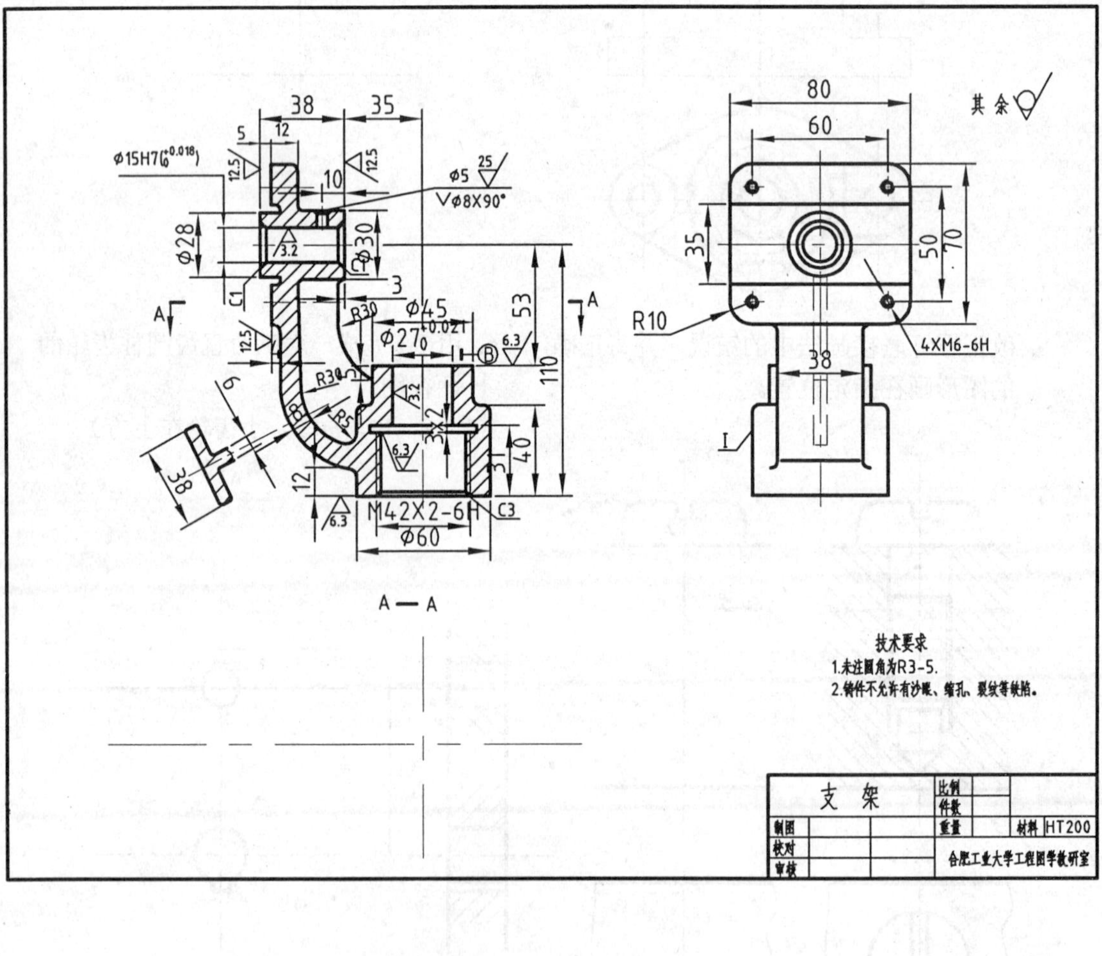

8. 读懂下面的装配图，并回答问题。

（1）填空。

1）装配体共有 15 种零件组成，其中标准件有______种。

2）装配体的总高是______，安装尺寸是______，______。

3）该图中有______处有配合要求的尺寸。其中$\phi 25\dfrac{H8}{f7}$的基本尺寸是______，属基______制，______配合，孔的公差带代号是______，其基本偏差是______mm。

4）柱塞泵密封是靠零件______和______来实现。

（2）拆画零件 1 泵体的零件图。

要求：1）视图完整，比例 1:1。

2）标注出装配图中所给尺寸，其余尺寸和表面粗糙度不注。

工作原理：滑阀 8 在外力和弹簧 14 作用下做上下往复运动。当滑阀 8 向上移动时，泵体内腔形成真空，液体推开钢球 11 进入油腔，滑阀 8 向下移动时，钢球 11 堵住右边进油孔，推开左边钢球，使液体从出油口压出流入润滑系统。

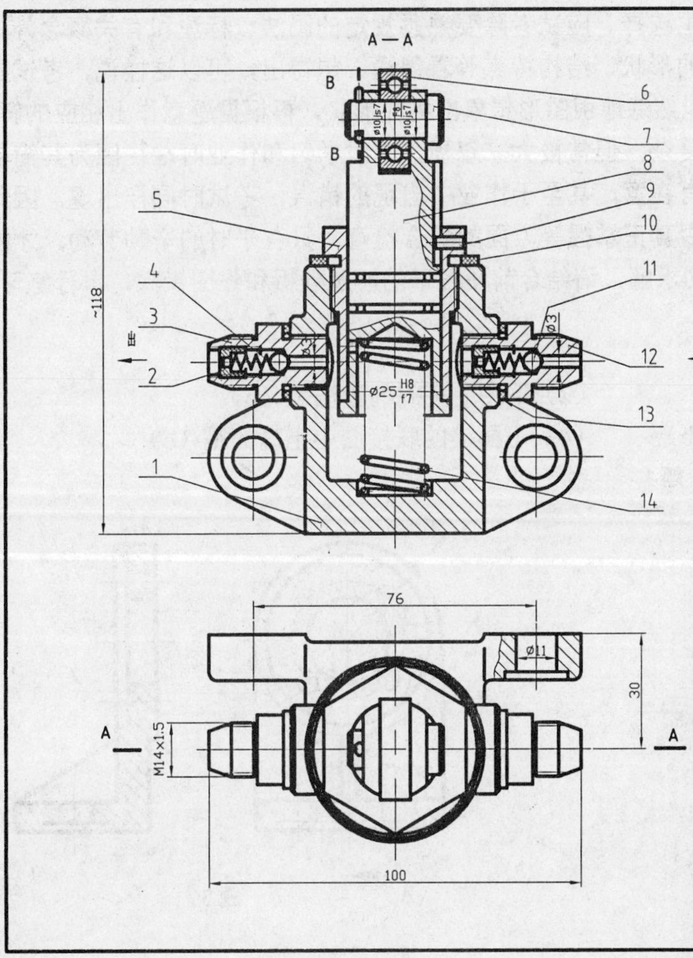

15	销 2x12	1	Q235	GB91-86
14	弹簧φ2	1	65Mn	
13	垫圈	2	橡胶	
12	右阀体	1	35	
11	钢球φ4.5	2	GCr15	
10	垫圈	1	橡胶	
9	销3n6x10	1	Q235	GB119-86
8	滑阀	1	45	
7	轴	1	45	
6	轴承6000	1		GB/T276-94
5	导向轴套	1	35	
4	弹簧φ0.6	2	65Mn	
3	左阀体	1	35	
2	调整螺套	2	Q235	
1	泵体	1	HT200	
序号	名称	数量	材料	备注

柱塞泵	比例	1:1	（图号）
	重量		
制图 / 审核	合肥工业大学工程图学教研室		

12.2.2 试卷浅析

机械类工程图学的第二学期讲授的内容主要有：表达方法未完部分、标准件常用件的规定画法、零件图和装配图。

试卷（二）内容有：机件表达方法中单个、多个剖切面的剖切所得到的剖视图的画法、断面图画法以及规定和简化画法；螺纹连接件的连接画法；齿轮的参数的计算，单个齿轮的画法及啮合画法；零件图和装配图的识读以及由装配图拆画零件图等。在零件图的读图中，要求能想出零件的形体，了解零件的结构特点，能找出尺寸基准和进行合理标注，并注写粗糙度，同时根据题目的要求画出该零件的其他视图。在装配图的识读中，必须了解装配体的工作原理，各零件的装配关系和装拆顺序，装配图的表达方法尤其是特有的表达方法以及各零件间的配合尺寸。在拆画零件图时，要能把零件从装配体中区分出来，并按零件图的表达方法加以表达。标注该零件的尺寸时，会正确标上装配图上已有的和与标准件有关的各种尺寸，装配图中没有的其他尺寸会从图中量取并经比例变换，如实标注。

试卷（二）内容较多，主要是围绕国家标准规定的表达方法来出题，考题直截了当。有些题目可能结合平时作业的问题，出一些画法和标注的错误改正题；本试卷出了一些选择题，将正确和错误混在一起，让考生选择。应试者除要熟悉规定的画法、标注和有关概念外，最主要的还是要对零件或装配体的形状、结构特点等看得懂、想得出，可以这样说，考试的重点、难点均在这里。作图时要能熟练地由图形想象出机件形状，再根据题意作出相应的解答。改错题和选择题中的问题并不复杂，但常被大家忽视，平时学习和作业时往往因为其简单而没有真正掌握，或者根本就没有在意，甚至于作业中出现的错误，考试时同样出现。因此考试是对大家学习态度、知识是否真正掌握等方面的综合检查，只有平时的辛勤劳动，才能获得考试的丰硕成果。具体各题的求解，请结合前面各章的解题分析和作图步骤，自行练习。

12.2.3 参考答案

（1）正确的左视图是（c） （2）下图中正确的画法是（b）

（3）指出正确的断面图（b） （4）下面键的联接图中正确的是（c）

题 1

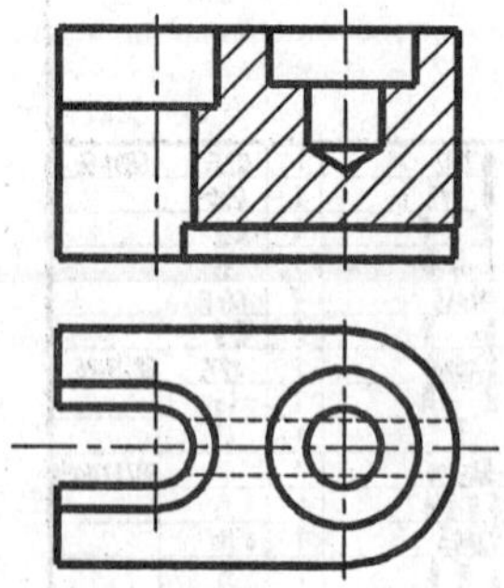

题 2

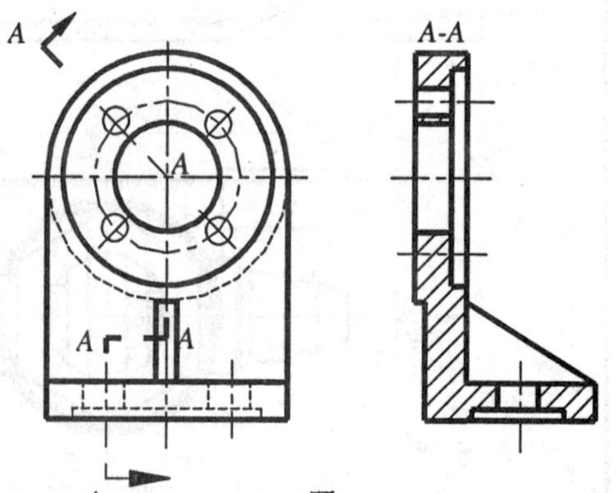

题 3

全剖视图的主视图　　　　半剖视图的左视图

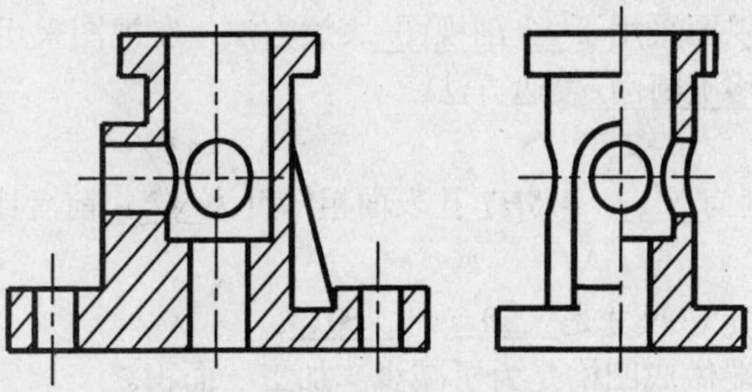

题 4

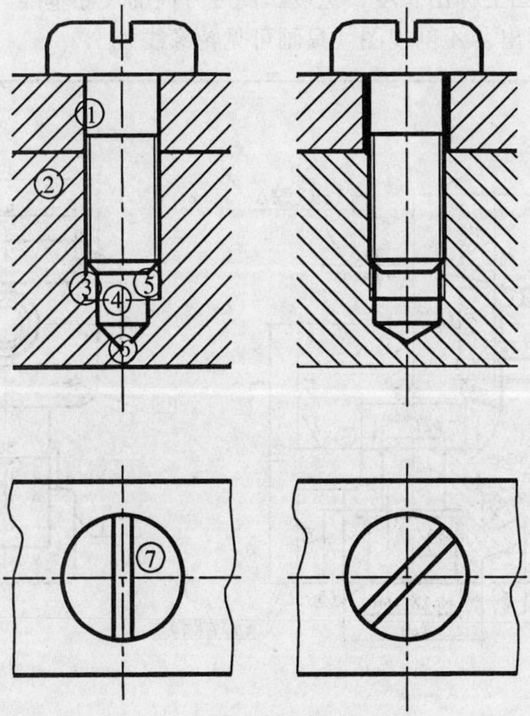

题 5

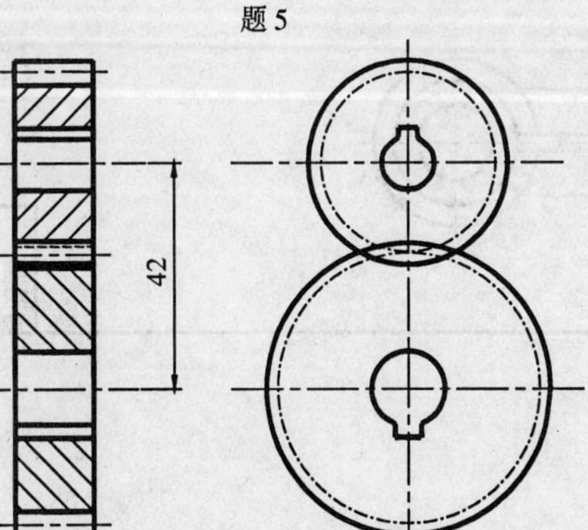

题 6

（1）回答问题：

1）该零件图中，主视图采用了<u>全剖视图</u>表达方法，左视图采用了<u>基本视图</u>的表达方法，左下角的图采用了<u>移出断面</u>表达方法。

2）I 面的表面粗糙度为<u>（不去除材料）</u>，$\phi 15H7$ 孔表面粗糙度为<u>3.2</u>。前者比后者<u>粗糙</u>（光滑、粗糙）。

3）$4\times M6\text{-}6H$ 螺孔的定位尺寸是<u>50</u>，<u>60</u>。

4）连接的 70×80 左端做成凹槽是为了减少<u>加工</u>面积。

5）用符号“Δ”在图上标出长度、宽度、高度方向的尺寸基准。

（2）在指定位置画出 *A-A* 剖视图（只画可见轮廓线）。

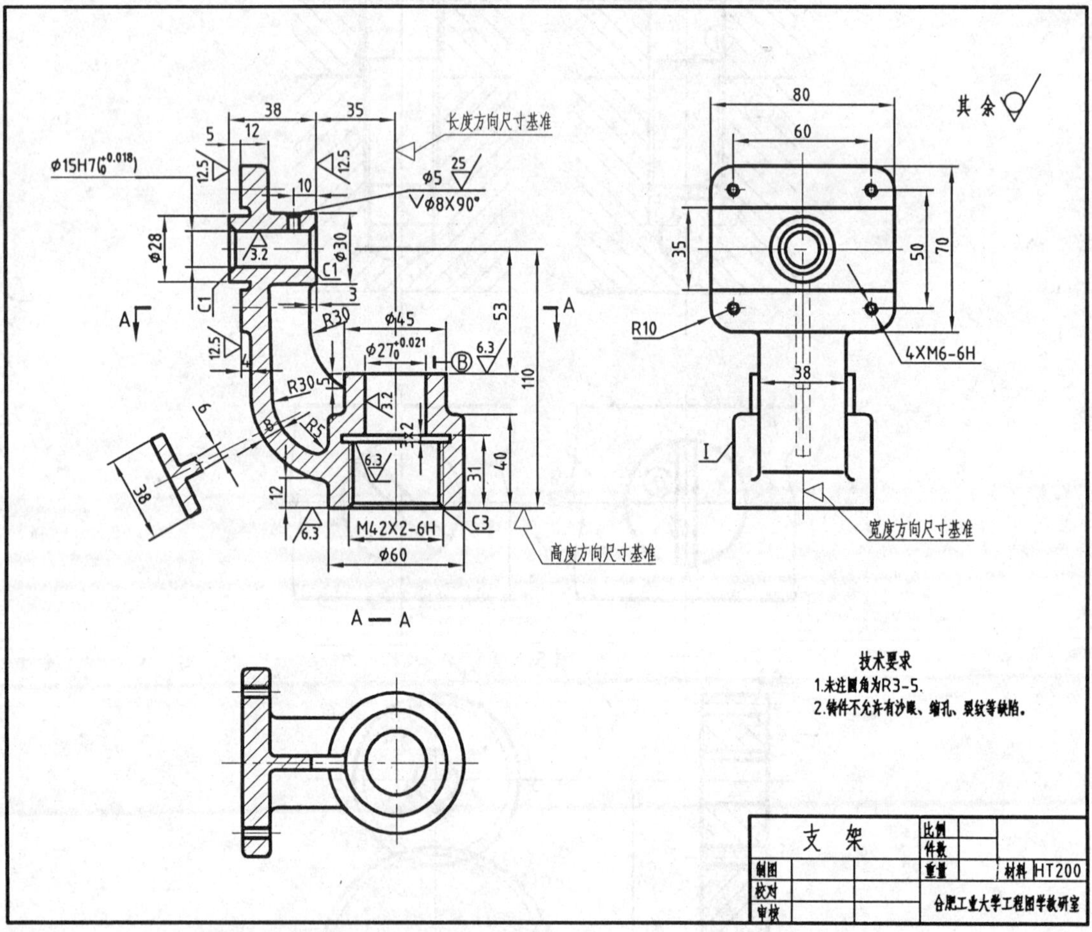

（1）填空：

1）装配体共有 15 种零件组成，其中标准件有__3__种。

2）装配体的总高是__118__，安装尺寸是__76__，__$\phi25$__。

3）该图中有__3__处有配合要求的尺寸。其中$\phi25\dfrac{H8}{f7}$的基本尺寸是__$\phi25$__，属基__轴__制，__间隙__配合，孔的公差带代号是__$H8$__，其基本偏差是__0__mm。

4）柱塞泵密封是靠零件__10__和__13__来实现。

（2）拆画零件 1 泵体的零件图。

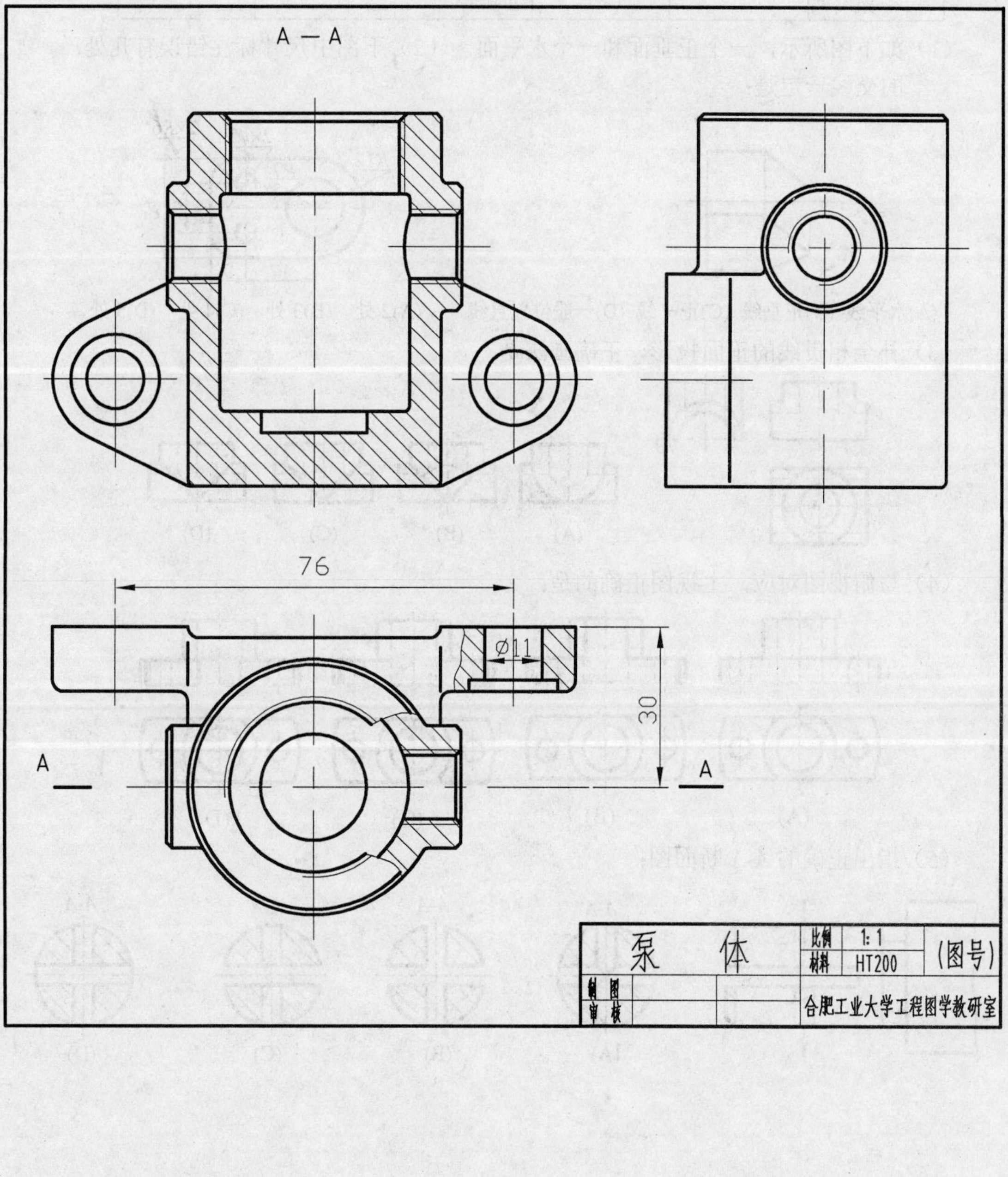

12.3 非机械类和电器类：工程制图基础

12.3.1 考题范例

1. 选择题。将正确答案的编号填入下面的表格内，写在其他地方不给分。每题只能填一个答案。

题号	1	2	3	4	5
答案					

（1）如下图所示，一个正垂面和一个水平面的交线一定是：

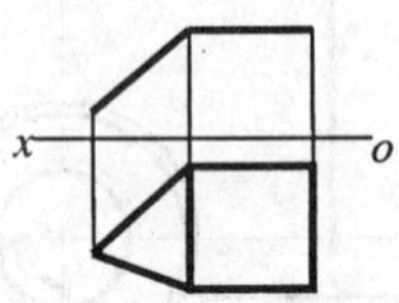

(A)水平线 (B)正垂线 (C)正平线 (D)一般位置直线

（2）下图中尺寸标注错误有几处：

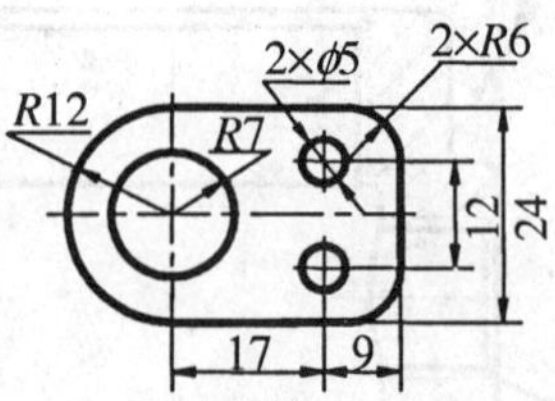

(A)2 处 (B)3 处 (C)4 处 (D)5 处

（3）补全相贯线的正面投影，正确画法是：

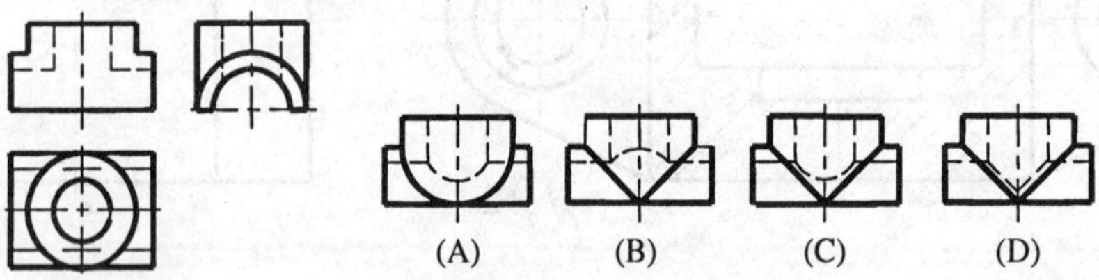

（4）与俯视图对应，主视图正确的是：

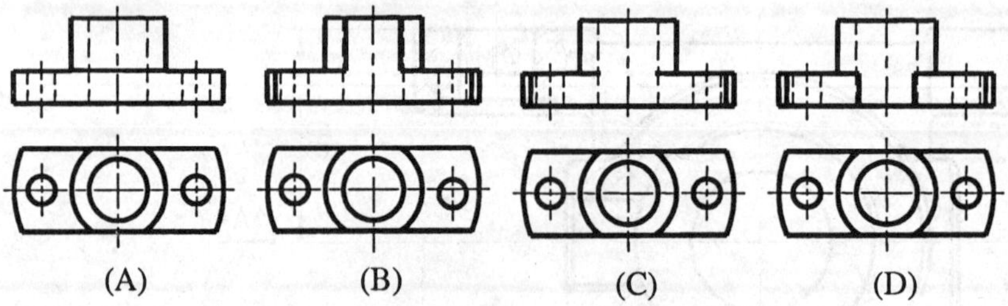

（5）指出正确的 *A-A* 断面图：

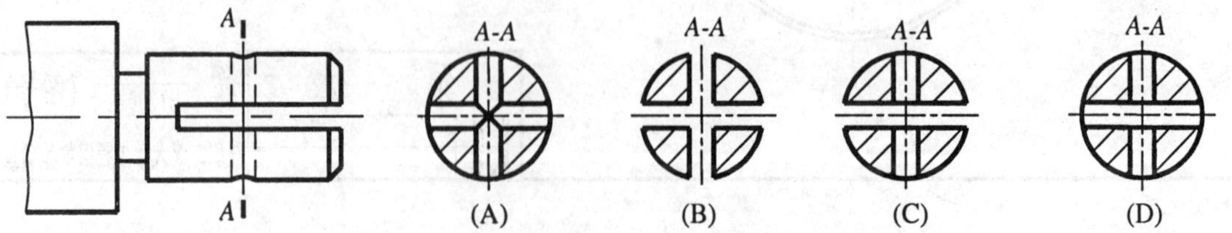

2. 作出平面的正面投影，并判别其空间位置（填空）。

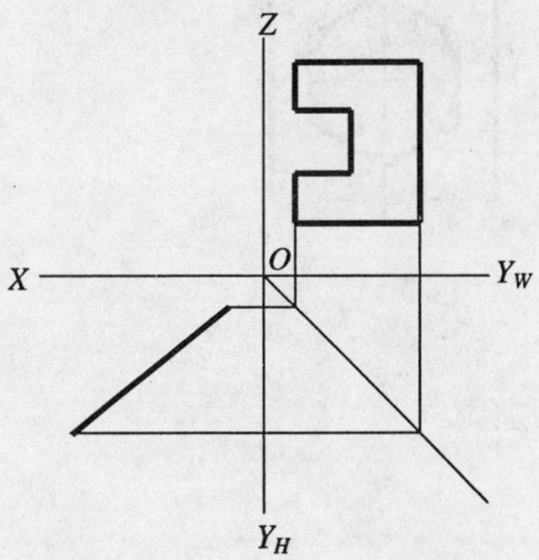

______面

3. 补画圆柱被切割后的正面投影，并画全水平投影。

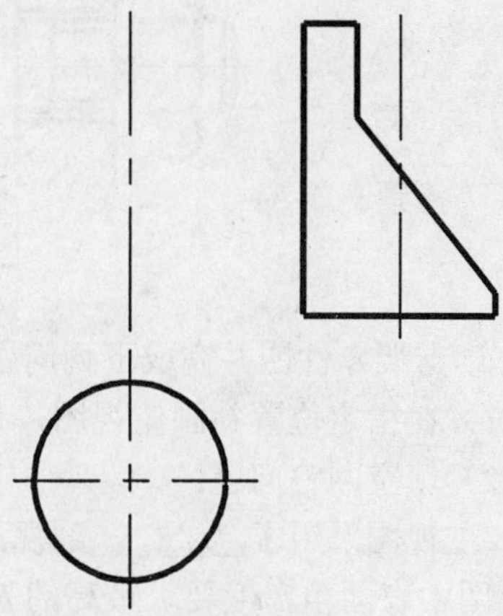

4. 补全主、俯视图中所缺的图线。

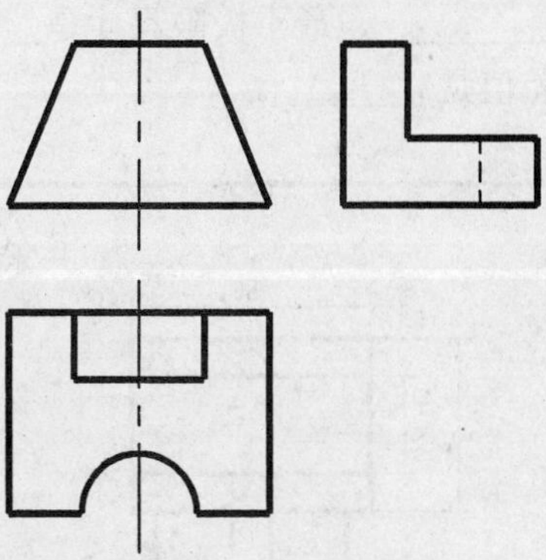

5. 补画左视图。

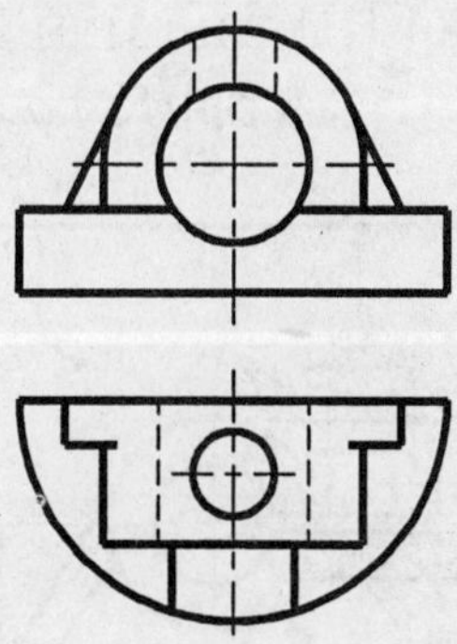

6. 补画主视图（全剖）中所缺的图线。（包括可见的轮廓线、剖面线）

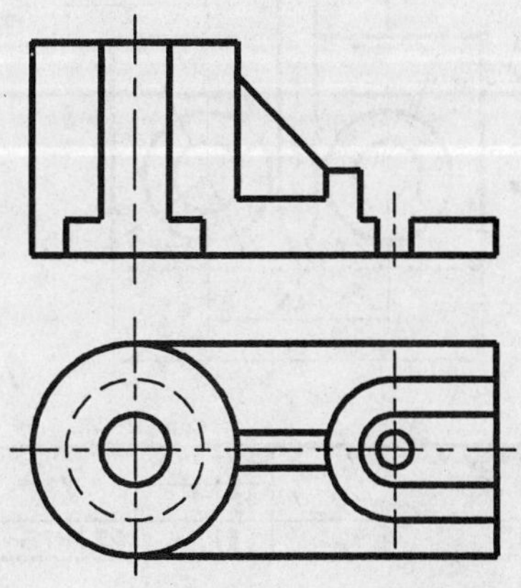

7. 补画半剖的左视图（剖切平面为左右对称面）。

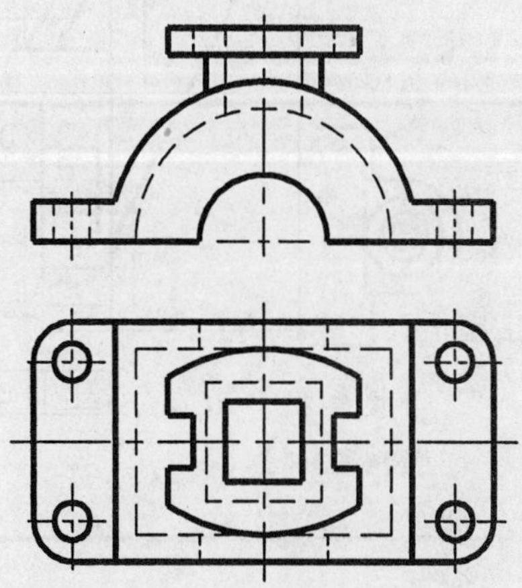

8. 补画螺柱联接两个视图中所缺的图线。

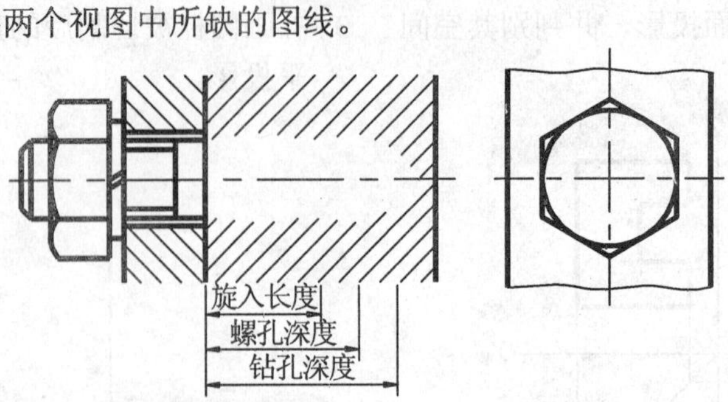

9. 读支架零件图并完成下列问题。

（1）在指定位置补画俯视图，只画外形，不要画虚线。

（2）填空回答问题：

1）主视图采用了________剖视，A 是______视图。

2）图中表面粗糙度要求最高的 R_a 值是______，这样的面共有____处。左视图中直径为$\phi30$的圆柱面表面粗糙度符号是______（画出该符号）。

3）主视图中尺寸 80±0.31 的最大极限尺寸是________，最小极限尺寸是________，尺寸公差是________。左视图中尺寸$\phi20H9$ 的基本偏差值是________。

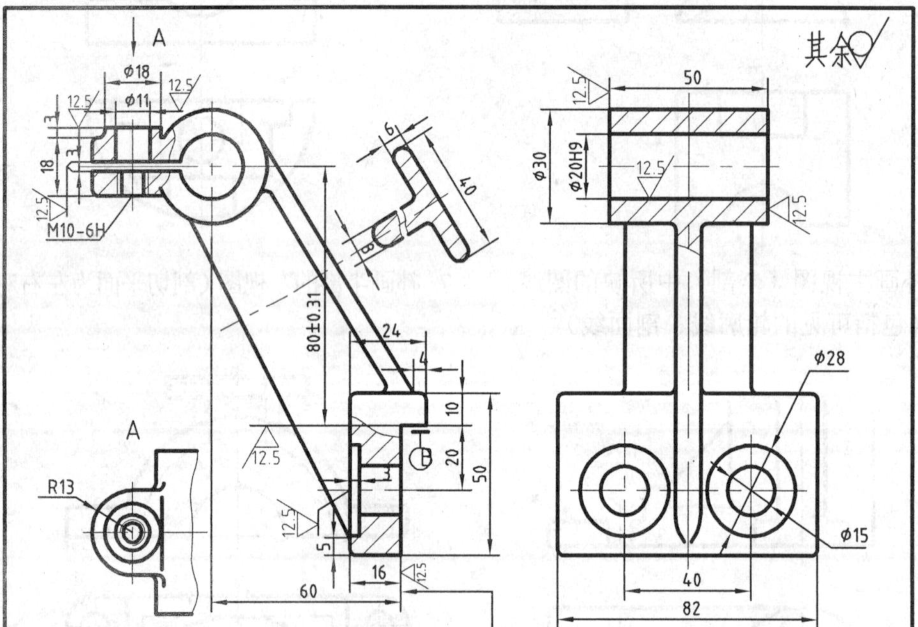

(在此补画俯视外形图→)

10. 已知主视图和俯视图，补画左视图。

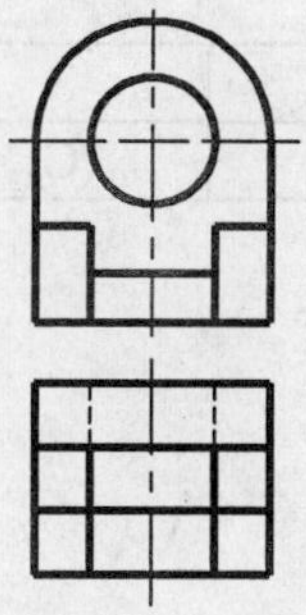

12.3.2　试卷浅析

非机类和电器类工程制图课程的要求是，学生通过学习本门课程能读懂各类零件图和一些简单的装配图，并能绘制中等复杂的零件图。因此涉及面较广，但都为基本内容，考试也围绕基本内容出题。主要有：

（1）点、线、面和基本体部分：点、线、面、体的投影表示，线、面相对位置（相交、平行）的表示和作图，换面法应用，基本体被截切和两回转体相贯时截交线和相贯线的画法；

（2）组合体和表达方法部分：识读视图表达，要求补线、补图，掌握基本表达方法，作剖视图和断面图；

（3）标准件和常用件部分：螺纹画法及标注，螺纹连接件的连接画法，键的连接画法，齿轮的视图表达及啮合画法；

（4）零件图和装配图部分：读懂零件图或简单的装配图，能回答零件图或装配图的表达方法，说明尺寸基准和进行尺寸标注，尺寸公差和配合尺寸的识读，粗糙度标注等，要求能想象出零件的形体并画出该零件的任意一个视图，或在装配体上进行零件的装拆并能从装配体上拆画一个零件图。在如此众多的内容中，应抓住组合体读图这一重点和关键，组合体读图既是点、线、面、体的投影表示的延伸，又是机件表达，零件图、装配图读图的基础，当然是工程制图考试的重要内容。

试卷题目简洁明了，作图过程不繁。作图时要理解题意，看懂题图，按题目要求逐步作图。在求解点、线、面各题时要注意投影对应关系准确，如题 2，平面缺口的投影位置不能搞反；在截交线、相贯线的作图时，构成交线的各点要一一准确找出。组合体读图要理清图线、线框的对应关系，分清图线、线框所代表的各不同形体或各不同表面，从而想出形体的形状。机件的表达重点在于剖视图的画法，除有关剖视图的概念、剖面线的画法、规定表达方法外，基础知识仍然是组合体视图的识读。螺纹及其他标准件、常用件的画图和标注，要遵循标准规定的方式进行。零件图或装配图的识读要有相关的知识作基础。当然，改错题选择题也会在试卷中出现。

12.3.3 参考答案

题号	1	2	3	4	5
答案	(B)	(C)	(C)	(B)	(D)

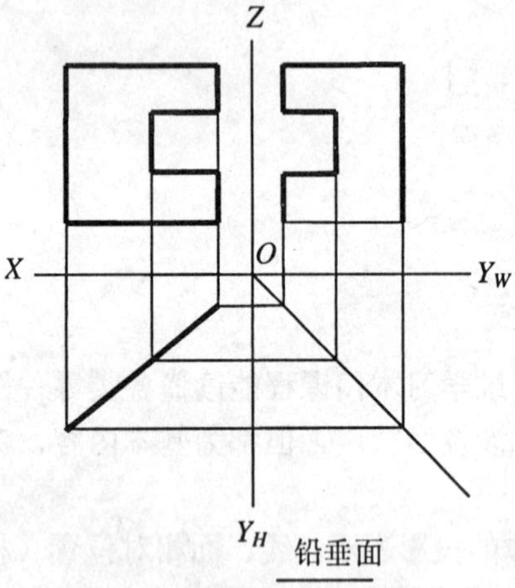

题 2

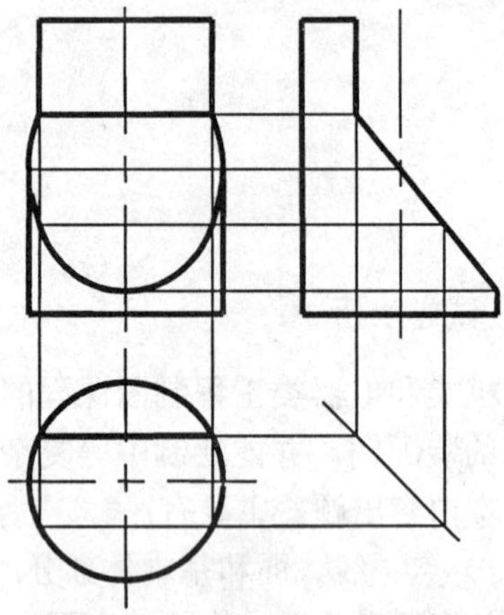

题 3

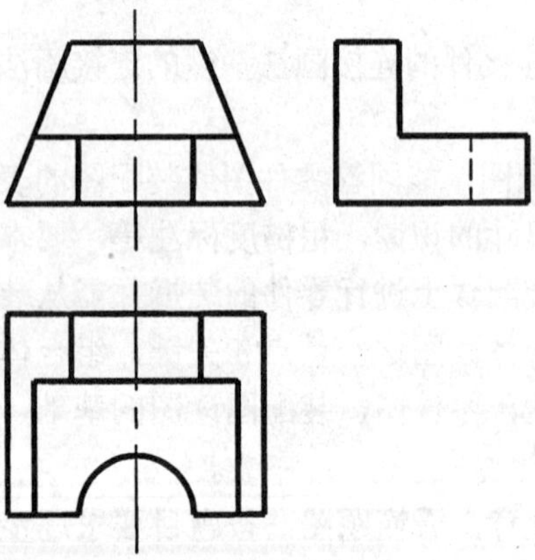

题 4

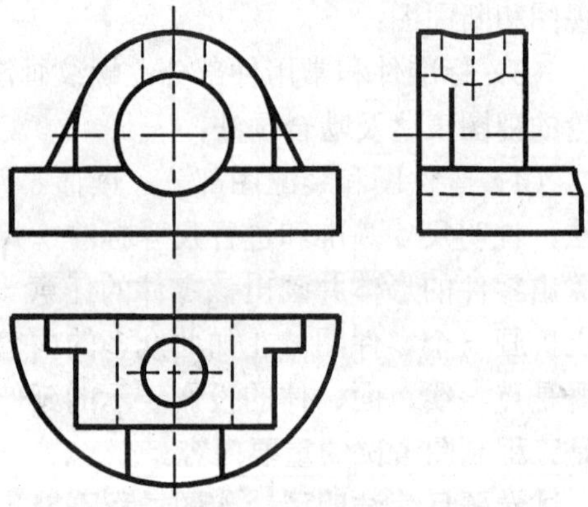

题 5

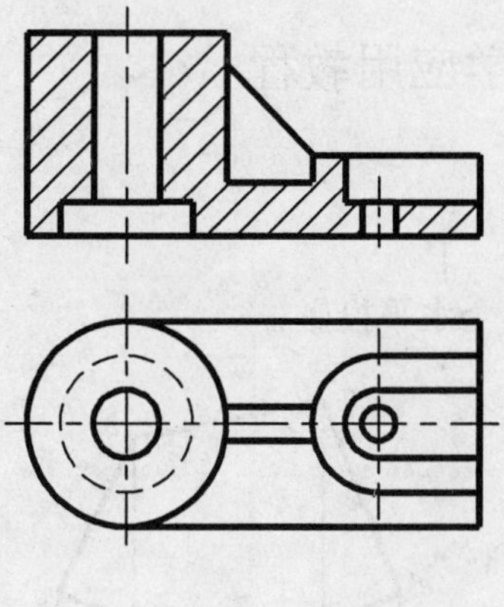

题 6

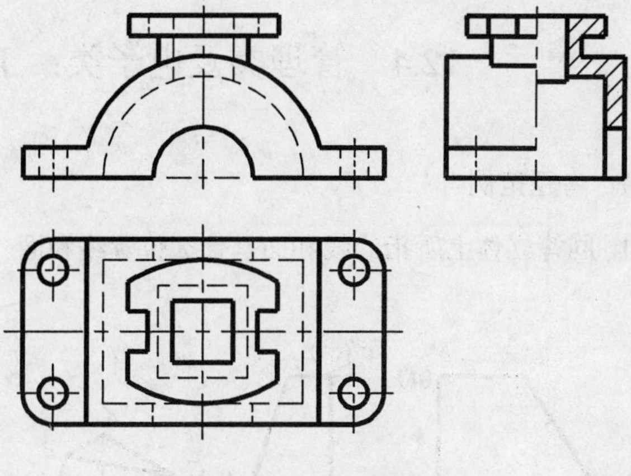

题 7

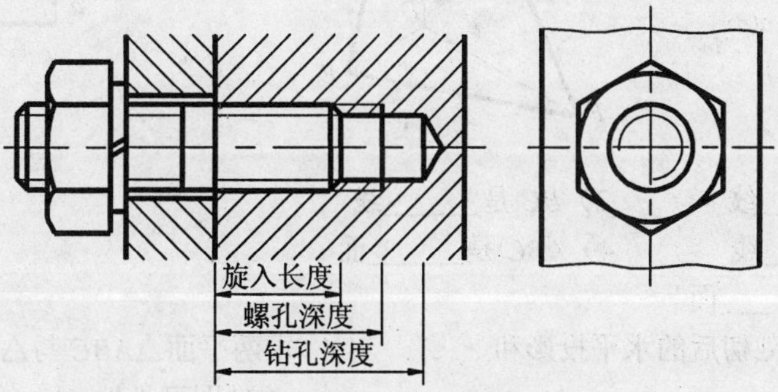

题 8

题 9（2）填空回答问题：

1）主视图采用了 局部 剖视，A 是 局部 视图。

2）图中表面粗糙度要求最高的 R_a 值是 3.2 ，这样的面共有 3 处。左视图中直径为$\phi30$的圆柱面表面粗糙度符号是 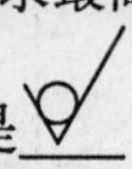 （画出该符号）。

3）主视图中尺寸 80±0.31 的最大极限尺寸是 80.31 ，最小极限尺寸是 79.69 ，尺寸公差是 0.62 。左视图中尺寸$\phi20H9$的基本偏差值是 0 。

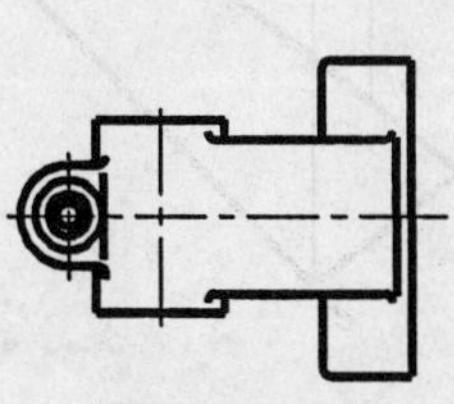

(1)俯视外形图

题 9 补画外形图

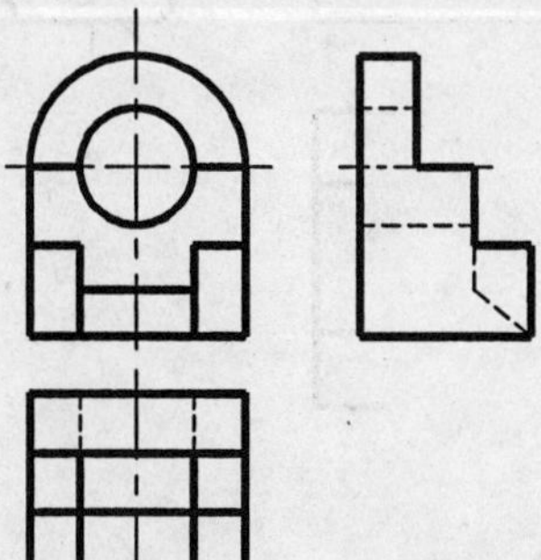

题 10

12.4 管理类及电子类：工程图学应用教程

12.4.1 考题范例

1. 回答立体上所指的线和面是什么位置线和面。

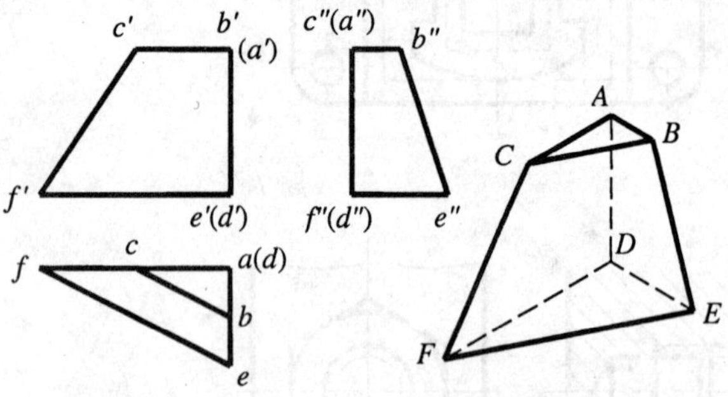

1）*AD* 是______线　　2）*BC* 是______线

3）*BE* 是______线　　4）*ABC* 是______面

5）*BCFE* 是______面

2. 补全水平投影。

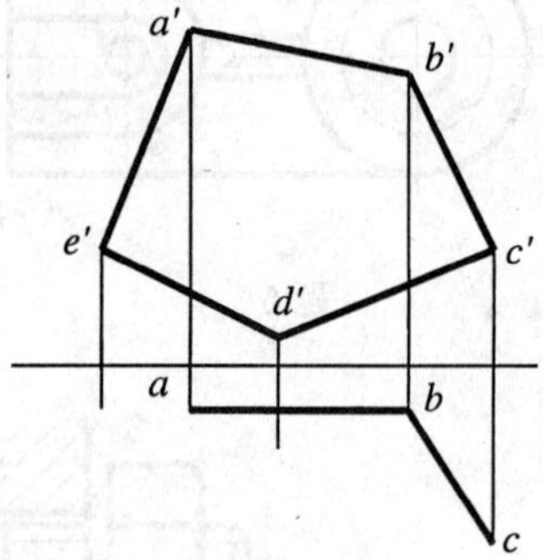

3. 完成立体被截切后的水平投影和侧面投影。

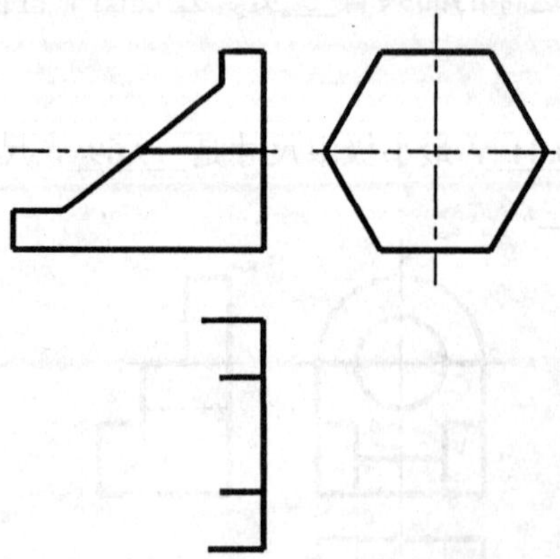

4. 求两平面△*ABC* 与△*DEF* 的交线，并判别可见性。

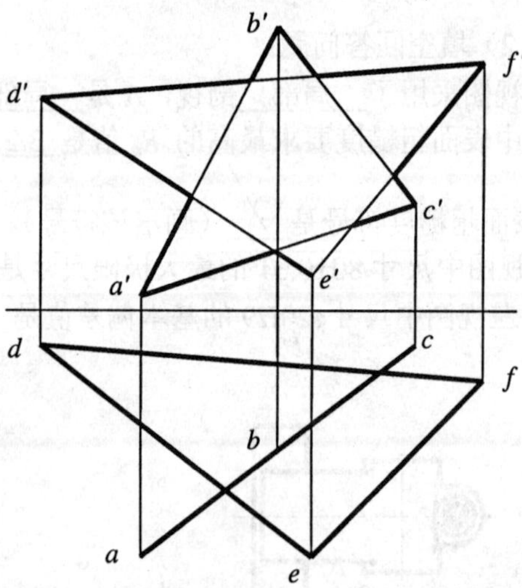

5. 补画主视图的相贯线。

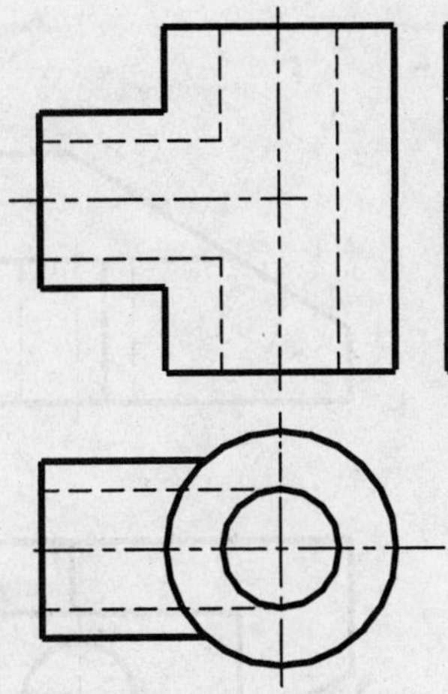

6. 补画 A 向、B 向局部视图和 C 向斜视图。

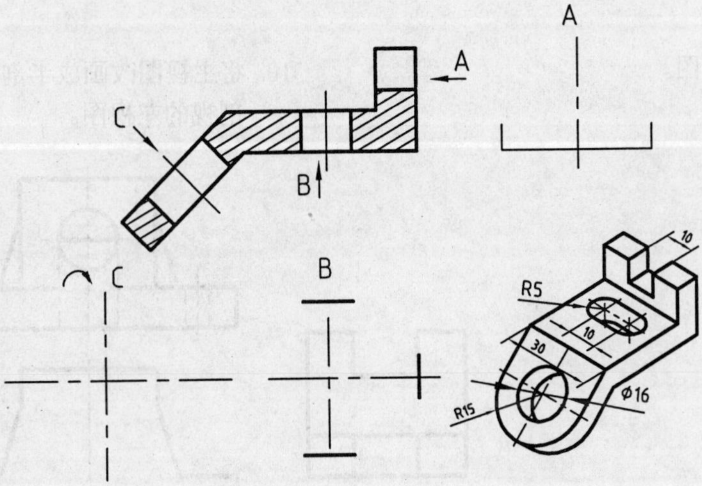

7. 补画图中所缺少的尺寸。

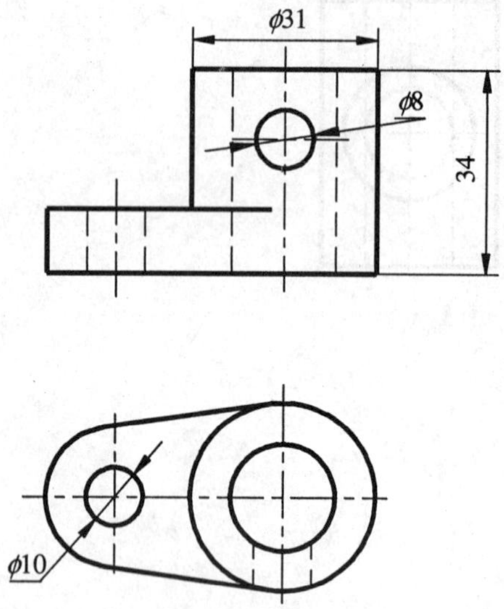

8. 补画左视图。

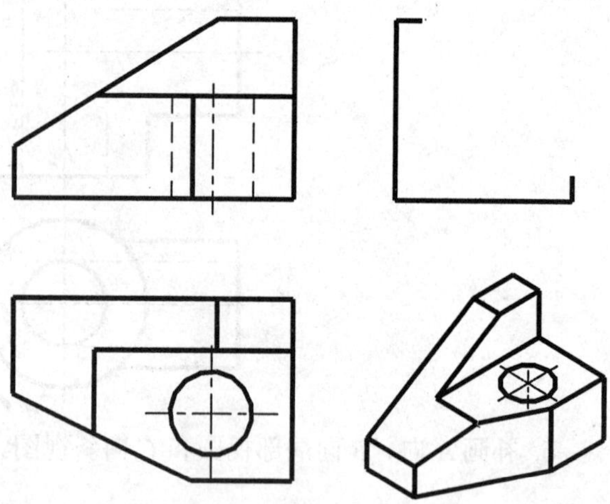

9. 补画主视图。

10. 将主视图改画成半剖视图，并补画全剖视的左视图。

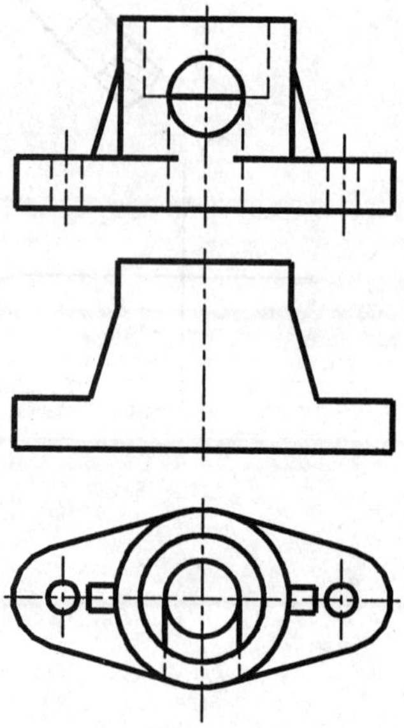

11. 补全主视图中所缺少的图线。

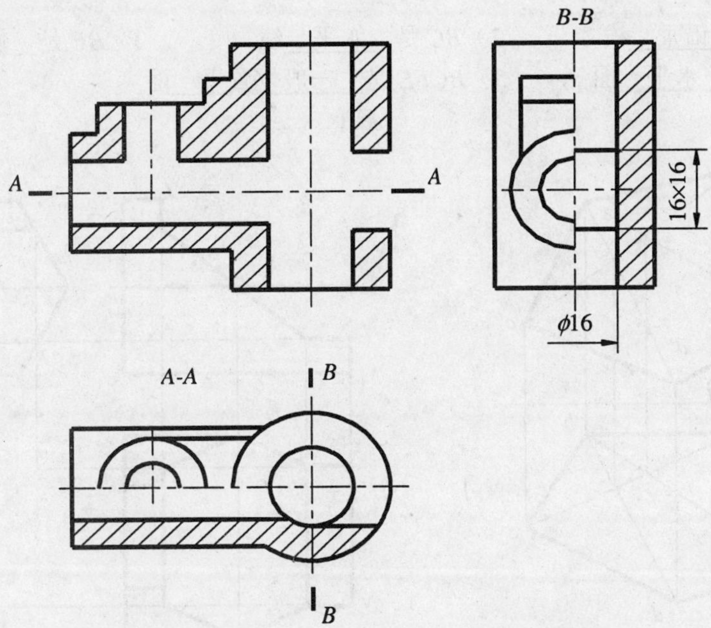

12.4.2　试卷浅析

管理类及电子类制图基础的考查内容局限在基础知识，有：点、线、面及基本体的投影作图，线、面位置关系（相交、平行）及投影作图，回转体（以圆柱为主）的截切、相交以及截交线、相贯线的画法，组合体三视图的画法，补画漏线和补画视图，机件各种表达方法等。其中组合体读图仍是重点内容。

由于课时少，上述基础内容也仅突出投影理论，基本作图方法以及规定画法等方面。题目的文字叙述和题图均明白易懂。改错题和选择题一般围绕规定画法和规定标注等容易混淆和出错的内容来出题，要求考生熟悉标准。试题分量较多的是体的投影，不管是作有截切或相贯的立体投影图或补画第三个视图，补画漏线（包括剖切以后的漏线）或补画合适的剖视图，最基础的知识就是组合体读图。如果能从所给的视图中想象出组合体或机件的形状，则不管是补线、补图或是作剖视图都能顺利作好。具体题目的分析和作图，请结合前面各章的题解，自行练习。

12.3.4 参考答案

1）*AD* 是<u> 铅垂 </u>线　　2）*BC* 是<u> 水平 </u>线　　3）*BE* 是<u> 侧平 </u>线

4）*ABC* 是<u> 水平 </u>面　　5）*BCFE* 是<u> 一般位置平 </u>面

题 1

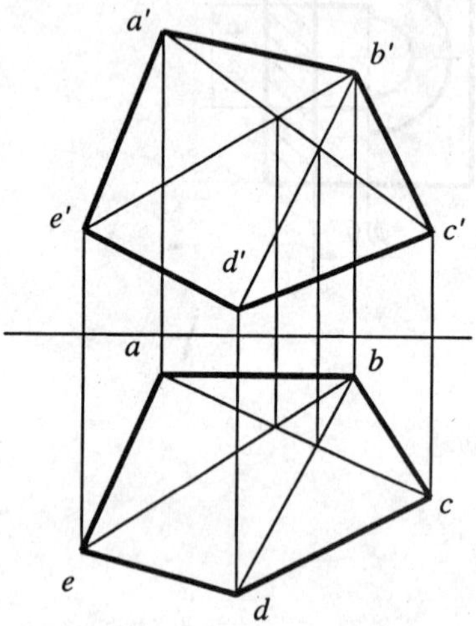

题 2

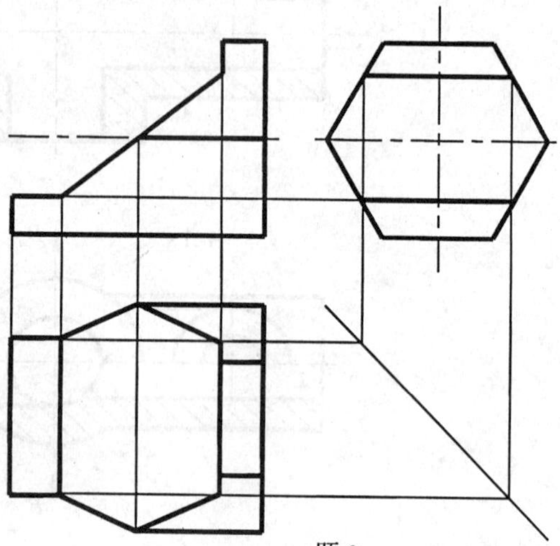

题 3

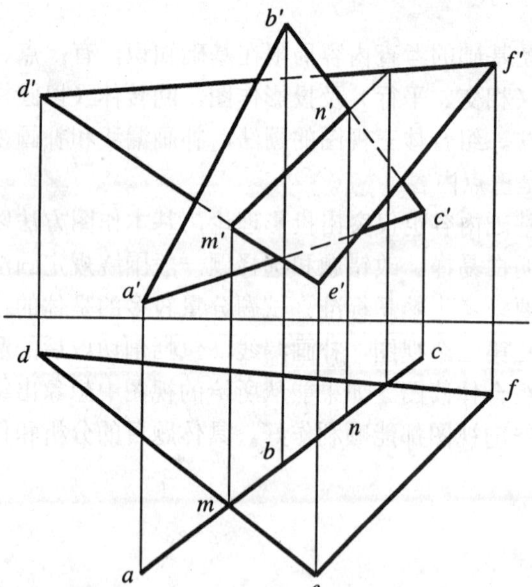

题 4

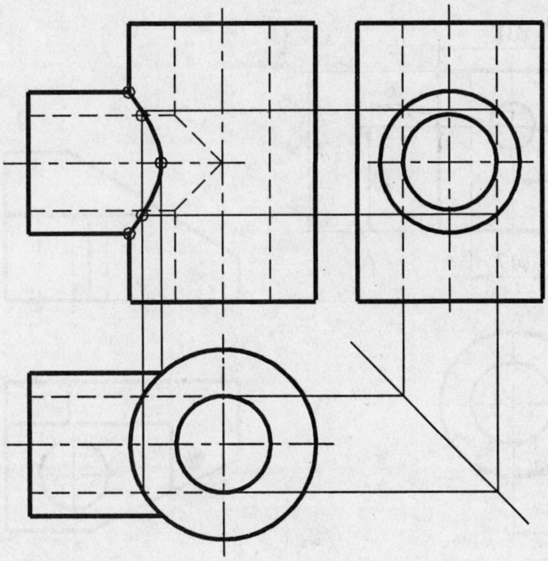

5. 补画主视图的相贯线。

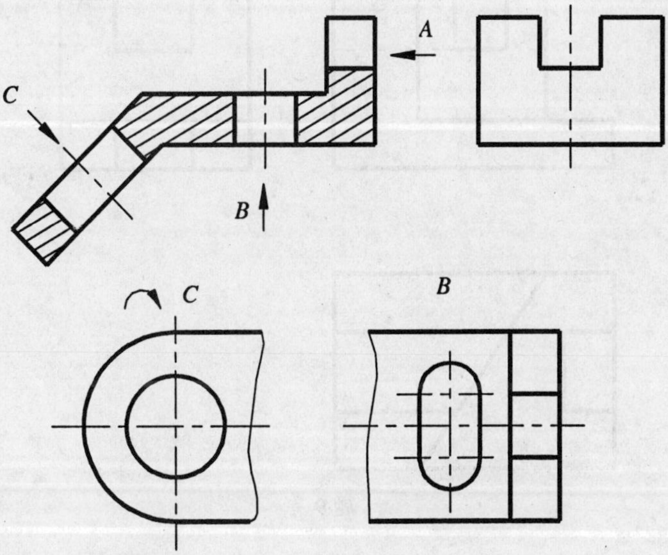

题 6

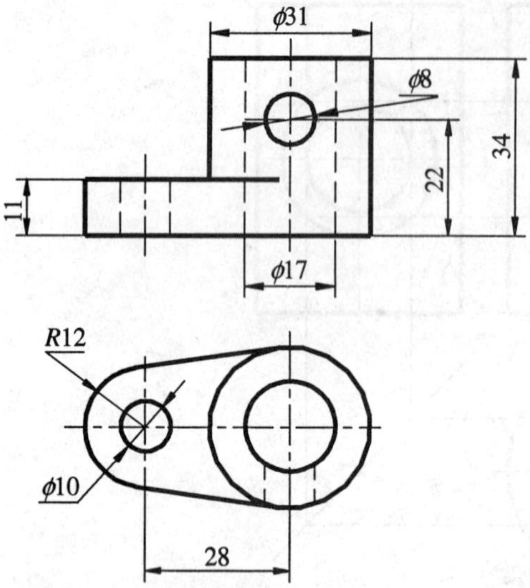

题 7

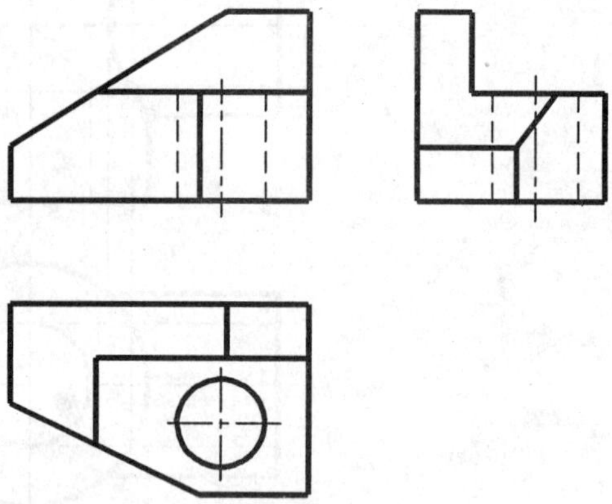

题 8

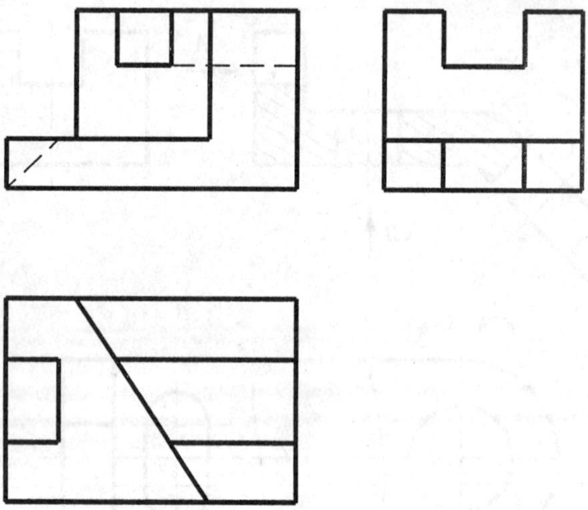

题 9

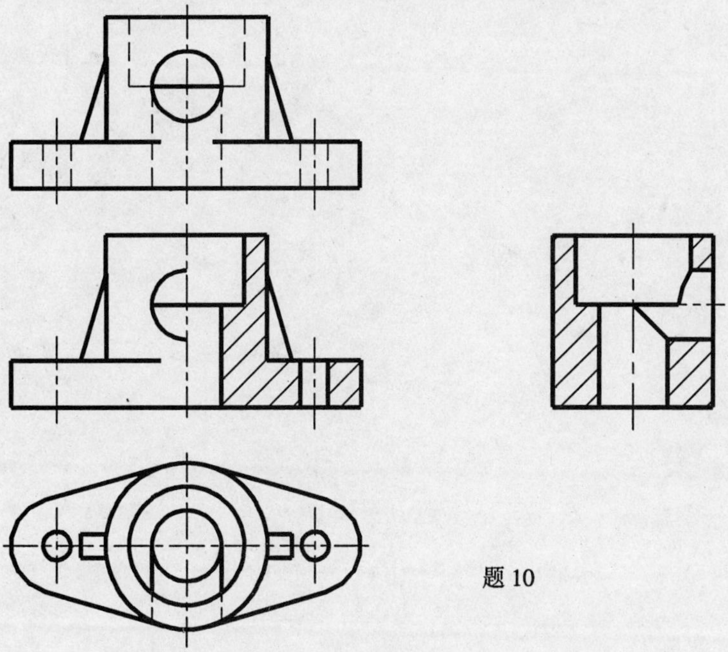

题 10

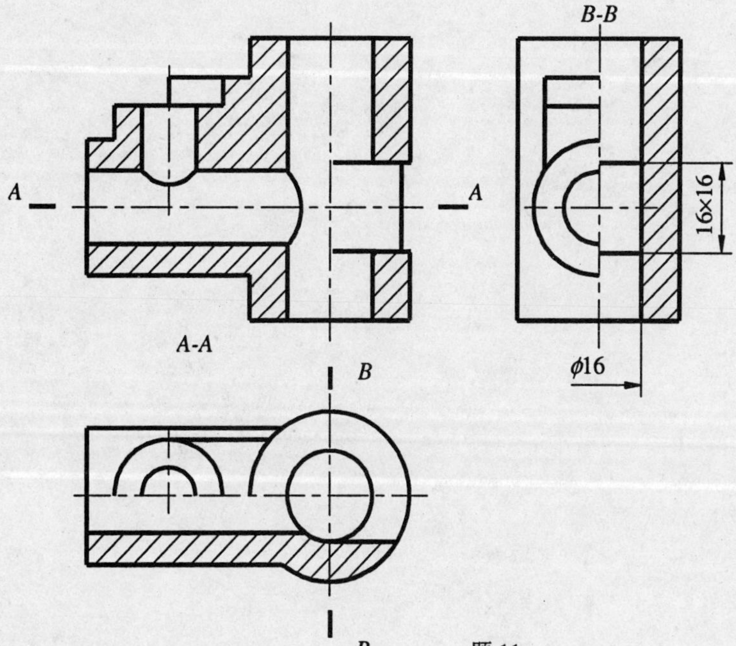

题 11